计算机应用基础项目化教程

主　编　荣　蓉
副主编　杨　正　钱　彬
参　编　韩洪杰　韩凌玲

北京理工大学出版社
BEIJING INSTITUTE OF TECHNOLOGY PRESS

图书在版编目(CIP)数据

计算机应用基础项目化教程／荣蓉主编.—北京：北京理工大学出版社,2022.7

ISBN 978-7-5763-1188-4

Ⅰ.①计…　Ⅱ.①荣…　Ⅲ.①计算机应用-教材　Ⅳ.①TP39

中国版本图书馆CIP数据核字(2022)第050638号

出版发行／北京理工大学出版社有限责任公司
社　　址／北京市海淀区中关村南大街5号
邮　　编／100081
电　　话／(010)68914775(总编室)
　　　　　(010)82562903(教材售后服务热线)
　　　　　(010)68944723(其他图书服务热线)
网　　址／http://www.bitpress.com.cn
经　　销／全国各地新华书店
印　　刷／三河市天利华印刷装订有限公司
开　　本／787毫米×1092毫米　1/16
印　　张／18.5
字　　数／436千字
版　　次／2022年7月第1版　2022年7月第1次印刷
定　　价／52.00元

责任编辑／钟　博
文案编辑／钟　博
责任校对／刘亚男
责任印制／施胜娟

图书出现印装质量问题，请拨打售后服务热线，本社负责调换

前　言

随着信息技术的普及和发展，计算机基础操作能力是当代大学生和职场办公人员的必备技能。本书以办公职业岗位所需的知识、技能和职业素养为目标，主要介绍 Windows 10 基本操作、Word 2019 文字处理、Excel 2019 电子表格、PowerPoint 2019 演示文稿、上网基本操作、计算机基础知识、前沿技术信息等内容。本书不仅适用于高职各专业的学生学习，也能够满足办公人员的办公软件应用需求。本书主要特点如下。

1. 河北省精品在线开放课程“办公室的故事”配套教材

“办公室的故事”精品在线开放课程获得河北省第一届精品在线开放课程评选活动一等奖、第二届超星杯全国慕课大赛三等奖，是第一轮（2015—2018 年）、第二轮（2019—2021 年）河北省创新发展行动计划精品在线开放课程项目建设课程。本书作为配套教材，将“办公室的故事”课程的主旨、思想、内容、技能全部融入，教材内容质量高，并且可以通过扫描二维码直接观看课程视频。

2. 应用“工学结合”理念，采用“活页式”教材形式

本书遵循教育部深化职业教育改革的相关政策文件要求，应用“工学结合”理念，紧密结合职业岗位需求，把教学内容与生产实际相结合。本书采用“活页式”教材形式，推广项目教学法、情景教学法，结合“办公室的故事”精品在线开放课程的视频资源，以“工作任务”为模块，以“工作过程”为导向，使高职学生或社会人员能够实现“学中做”“做中学”。

3. 采用“项目—任务—情境”内容结构

本书共分为五篇，每篇包含若干个项目，每个项目能够完成一个独立的工作内容；每个项目包含多个工作任务，每个工作任务完成项目中一个独立的工作步骤，分为“任务导入”“任务分析”和“任务实施”模块；在工作任务中，通过“任务导入”模块引入教学情境，使读者身临其境，了解任务的应用场景和任务目标。

4. 融入全国计算机等级考试一级 MS Office 考点

本书的知识点覆盖全国计算机等级考试一级 MS Office 的主要考点，能够作为全国计算机等级考试的参考书。

5. 面向行政办公应用、财务会计应用、人力资源应用等多种职业岗位

本书不仅面向高职学生，还面向应用 Office 软件的办公人员。本书除了介绍计算机基础知识、Windows 操作系统、Office 软件基本操作外，还针对行政办公应用介绍了个人工作总结、公司营销计划书、产品宣传海报、公司年度报告、项目方案汇报等文档的制作；针对财务会计应用介绍了工资管理表、工资条等表格的制作及财务函数应用；针对人力资源应用介绍了员工信息表、培训合格证书等文档的制作。

6. 增加 Office 办公实用技巧内容

本书针对 Word、Excel、PowerPoint 软件的应用，介绍了一些“实用技巧”。比如会议排座、文档修订、文档转换、数据规范、电子抽签、身份证号码分析、二级联动菜单、证件换背景、动画应用等技巧。

本书由河北能源职业技术学院荣蓉担任主编，杨正和钱彬担任副主编，参编为韩洪杰和韩凌玲。具体分工如下，韩洪杰编写第一篇和第五篇，荣蓉编写第二篇，杨正编写第三篇，钱彬编写第四篇，韩凌玲编写附录1和附录2。本书编写体例由荣蓉、杨正、韩洪杰设计，荣蓉统稿并审核。本书在编写过程中，参考使用了有关资料，在此谨向这些资料的作者致以诚挚的谢意。

本书编写团队希望在今后的教学实践与研究过程中不断完善、更新本教材，也希望得到更多的意见和帮助。由于时间仓促和编者水平有限，本书难免存在疏漏之处，欢迎同仁及读者朋友批评指正。

编者

目　录

第一篇　Windows 10 操作系统

第二篇　Word 2019 文字处理

第三篇 Excel 2019 电子表格

第四篇　PowerPoint 2019 演示文稿

第五篇　Internet 的应用

第一篇

Windows 10 操作系统

项目 1

玩转 Windows 10——Windows 基本操作

知识目标

(1)掌握操作系统的概念和种类。

(2)掌握 Windows 10 的资源管理器的应用。

(3)掌握文件和文件夹的基本操作方法。

(4)掌握 Windows 10 设置和控制面板的应用。

(5)掌握 Windows 10 桌面管理的方法。

(6)掌握 Windows 10 个性化设置的方法。

技能目标

(1)具备使用 Windows 10 资源管理器的能力。

(2)具备创建、重命名、复制、移动、删除文件或文件夹的能力。

(3)具备创建快捷方式的能力。

(4)具备查看及设置文件和文件夹属性的能力。

(5)具备查找文件或文件夹的能力。

任务 1　Windows 10 的启动与退出

任务导入

初入职场的小孙,在公司里做文员工作。公司办公用的计算机刚刚安装了 Windows 10 操作系统,而小孙之前使用的是 Windows 7 操作系统。小孙急需学习 Windows 10 的基本操作技能,以方便整理办公室的电子资料。

任务分析

操作系统是一个复杂庞大的程序,它控制所有在计算机上运行的程序并管理整个计算机的资源,最大限度地发挥计算机系统各部分的作用,为用户使用计算机创造了良好的工作环境。操作系统分为单用户操作系统、批处理操作系统、分时操作系统、实时系统和网络操作系统。

Windows 是微软公司推出的基于图形的、多用户多任务图形化操作系统,对计算机的操作是通过对“窗口”“图标”“菜单”等图形画面和符号的操作来实现的。用户的操作可以用键盘,但更多的是用鼠标来完成。Windows 10 操作系统作为目前应用最广泛的桌面操作系统,具有界面美观,操作稳定、安全等优点。

在日常办公中,上班时我们会开机启动 Windows 10;下班时我们会关机退出 Windows 10;在使用的过程中如果遇到了系统卡顿,我们可能会重新启动 Windows 10;临时外出回来的时候,电脑可能已经进入睡眠状态,此时我们会唤醒休眠的 Windows 10。

本任务介绍 Windows 10 的启动、退出、重启和休眠。

任务思路及步骤如图 1-1-1 所示。

任务实施

一、Windows 10 的启动

成功安装 Windows 10 后，当用户打开主机上的电源按钮，计算机会启动、自检、初始化硬件设备、将操作系统装入内存。如果系统运行正常，则进入 Windows 10 的系统加载界面，待加载完成后，即可进入 Windows 10 欢迎界面，如图 1-1-2 所示。

图 1-1-1　任务思路及步骤　　图 1-1-2　Windows 10 欢迎界面

二、Windows 10 的退出

如果要关闭计算机，不能直接切断电源，否则可能造成致命的错误，如硬盘损坏或启动文件缺损等。退出 Windows 10 的方法有以下 3 种。

(1)用鼠标右键单击“开始”菜单，在弹出的快捷菜单中选择“关机或注销”→“关机”命令，如图 1-1-3 所示。

(2)选择“开始”菜单→“电源”按钮→“关机”命令，如图 1-1-4 所示。

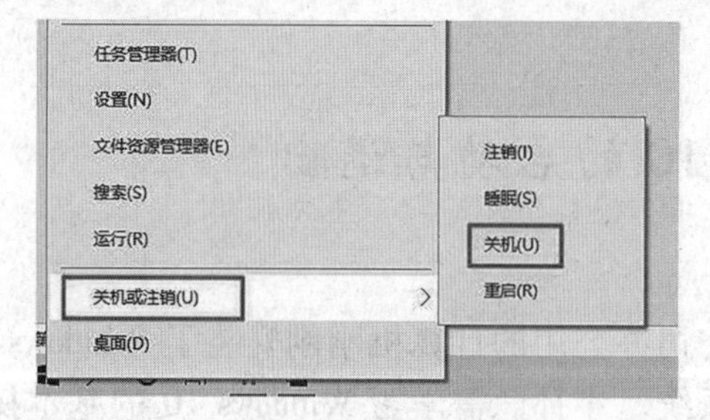

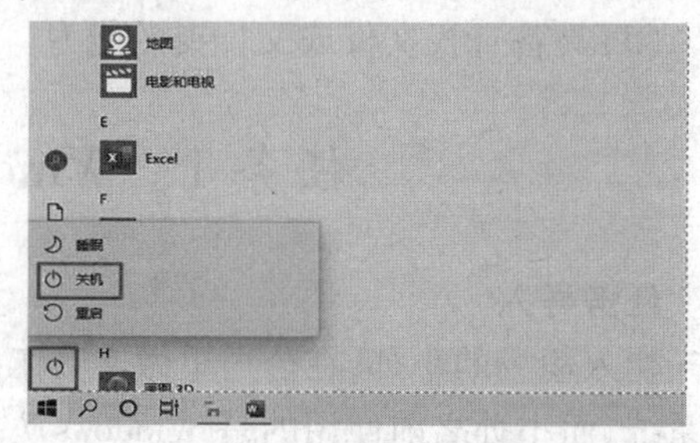

图 1-1-3　“开始”快捷菜单中“关机或注销”命令　　图 1-1-4　“开始”菜单中的“关机”命令

(3)按“Ctrl + Alt + Del”组合键，选择右下角的电源开关→“关机”命令。

三、Windows 10 的重新启动

重新启动是指重新打开计算机并且重新装载操作系统。重新启动计算机的主要作用是保存对系统的设置和修改以及立即启动相关服务等。重新启动 Windows 10 的方法有以下 4 种。

(1)用鼠标右键单击“开始”菜单，在弹出的快捷菜单中选择“关机或注销”→“重启”命令，如图 1-1-5 所示。

(2)选择“开始”菜单→“电源”按钮→“重启”命令，如图 1-1-6 所示。

(3)在 Windows 10 桌面显示的状态下(没有应用程序打开，或者所有应用程序已经最小化)，按“Alt + F4”组合键。在弹出的对话框的下拉菜单中选择“重启”命令，系统将进入重启程序，如图 1-1-7 所示。

(4)用鼠标右键单击“开始”菜单，在弹出的快捷菜单中选择“运行”命令。在打开的“运行”对话框中输入重启命令“Shutdown - r”。单击“确定”按钮或者按 Enter 键，系统将进入重启程序，如图 1-1-8 所示。

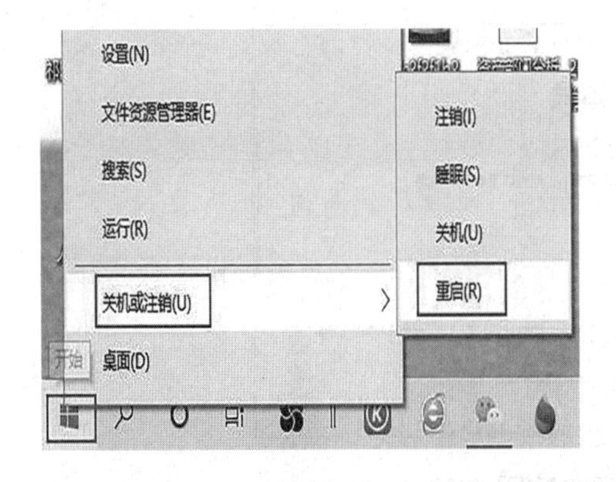

图 1－1－5　“开始”快捷菜单中的“重启”命令

图 1－1－6　“开始”菜单中的“重启”命令

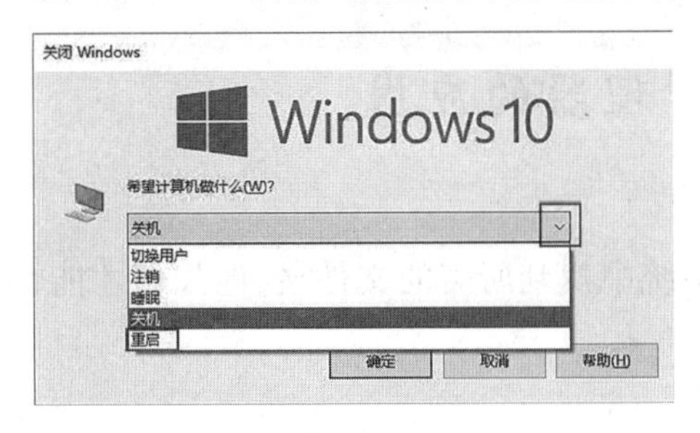

图 1－1－7　“关闭 Windows”对话框

图 1－1－8　“运行”对话框

四、Windows 10 的休眠

Windows 10 在用户长时间不进行操作的情况下会自动进入睡眠模式。在睡眠模式下可以按任意键唤醒，也可以单击唤醒。系统进入睡眠模式的时间可以通过系统设置进行修改。修改的方法和步骤如下。

选择“开始”菜单→“设置”命令，如图 1－1－9 所示。在“Windows 设置”对话框中选择“系统”选项，进入系统设置界面，如图 1－1－10 所示。

图 1－1－9　“设置”命令

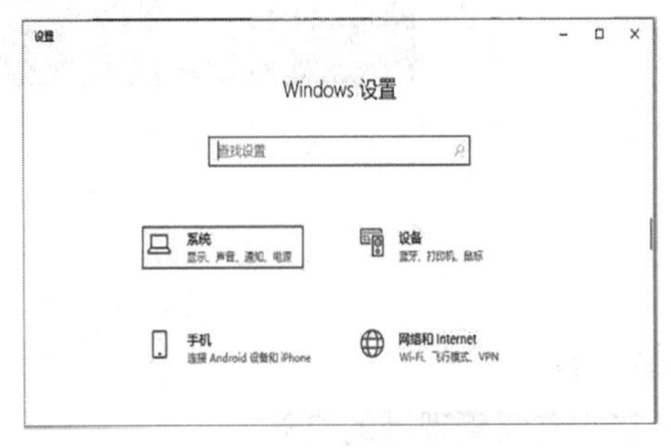

图 1－1－10　“Windows 设置”对话框

在系统设置界面选择“电源和睡眠”命令，在“电源和睡眠”窗口→“睡眠”下拉列表中选择合适的开始睡眠时间，如图 1－1－11 所示。

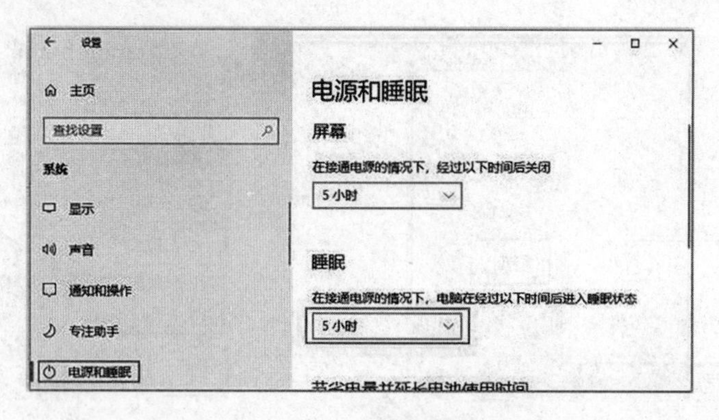

图 1-1-11 “电源和睡眠”窗口

任务 2　文件资源管理器的应用

任务导入

公司的办公室文员小孙想在 Windows 10 操作系统中找到所需的文件夹，他如何才能快速找到文件夹并确定文件夹的位置呢？

任务分析

Windows 10 操作系统中的文件资源管理器可以帮助我们更方便地管理计算机中的文件和文件夹。通过文件资源管理器，我们可以快速地访问常用文件夹、最近使用过的文件等。

本任务介绍 Windows 10 文件资源管理器的应用。

任务思路及步骤如图 1-1-12 所示。

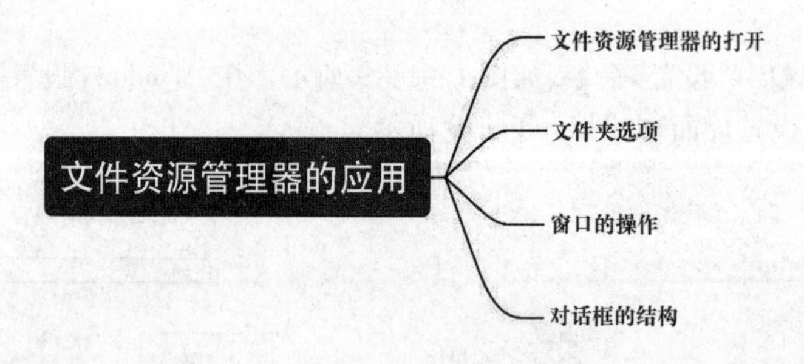

图 1-1-12 任务思路及步骤

任务实施

一、文件资源管理器的打开

在 Windows10 操作系统中打开文件资源管理器有以下 2 种方法。

(1)选择“开始”菜单→“Windows 系统”菜单项→“文件资源管理器”命令，将打开文件资源管理器，如图 1-1-13 所示。

(2)用鼠标右键单击“开始”菜单，在弹出的快捷菜单中选择“文件资源管理器”选项，打开文件资源管理器窗口，如图 1-1-14 所示。

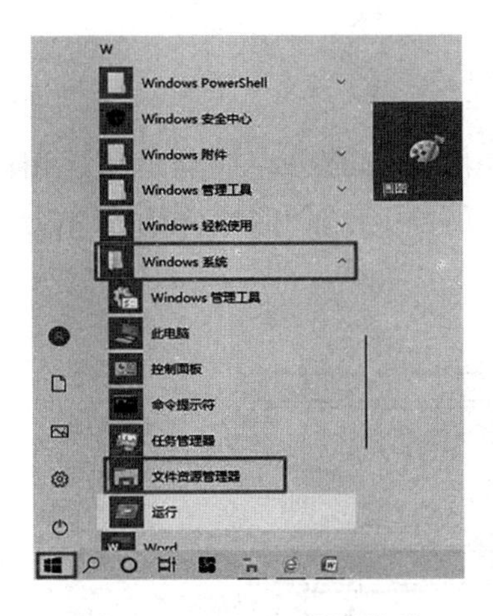

图 1－1－13　“开始”菜单中的“文件资源管理器”选项

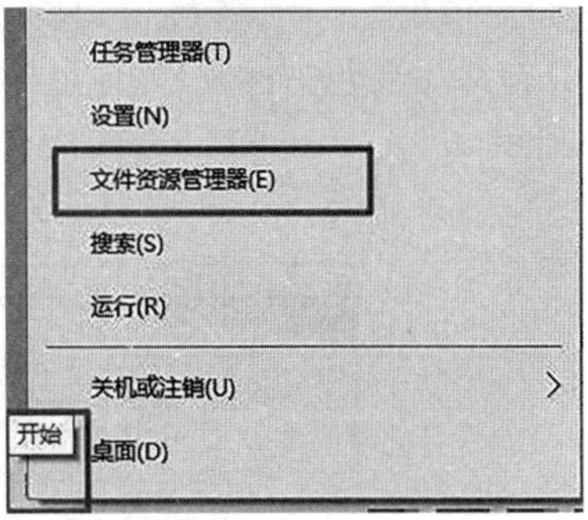

图 1－1－14　“开始”快捷菜单中的“文件资源管理器”选项

二、文件夹选项

打开“文件资源管理器”，单击“查看”选项卡→“显示/隐藏”组→“选项”按钮，如图 1－1－15 所示。

在打开的“文件夹选项”对话框中，在“查看”选项卡的“高级设置”列表框中选择“显示隐藏的文件、文件夹和驱动器”选项，将显示全部的隐藏文件/文件夹；勾选“隐藏已知文件类型的扩展名”复选框，将隐藏已知文件类型的扩展名。单击“确定”按钮完成设置，如图 1－1－16 所示。值得注意的是，设置“隐藏”属性的文件或文件夹显示的颜色比正常文件稍浅。

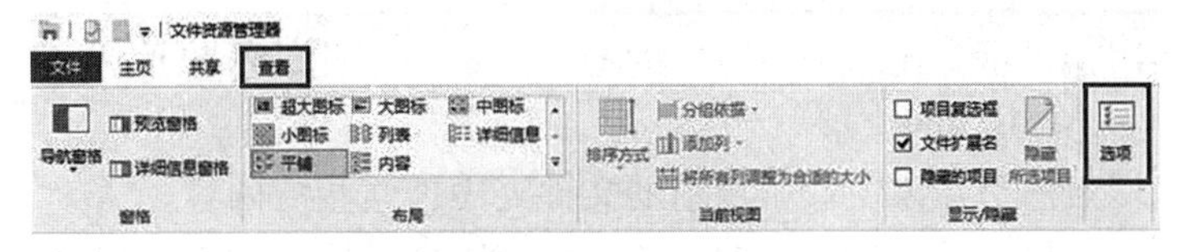

图 1－1－15　“选项”按钮

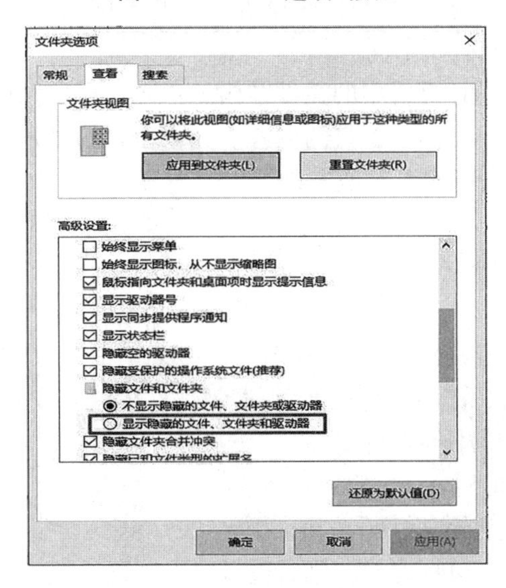

图 1－1－16　“文件夹选项”对话框

三、窗口的操作

1. 窗口的外观

由于程序和功能不同,各种窗口的外观会有所差异,但它们的一些基本元素是相同的。Windows 10 窗口主要包括标题栏、地址栏、搜索框、工具栏、窗口工作区和导航窗格等部分,如图 1-1-17 所示。

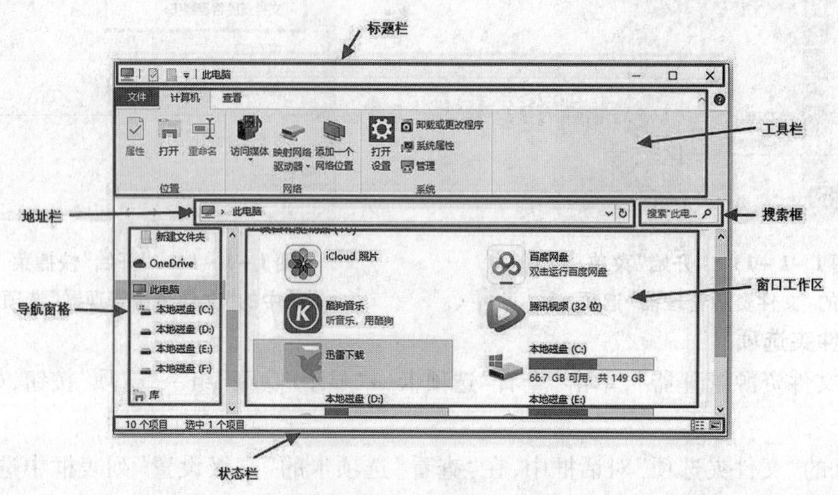

图 1-1-17 "此电脑"窗口

(1)标题栏。位于窗口的最顶端,其右侧有"最小化"按钮、"最大化/还原"按钮和"关闭"按钮。通过标题栏可以对窗口进行移动、最小化、最大化和关闭等操作。

(2)地址栏。用于显示和输入当前窗口的地址。单击右侧的下拉按钮,在弹出的下拉列表中选择路径,可以快速查找文件。

(3)搜索框。搜索框只在该窗口所显示的文件夹中搜索相应内容。

(4)工具栏。用于显示针对当前窗口或窗口内容的一些常用的工具按钮。通过这些按钮可以对当前的窗口和其中的内容进行调整或设置。打开不同的窗口或在窗口中选择不同的对象时,所显示的工具按钮也会有所不同。

(5)导航窗格。用于显示计算机中的文件结构。

(6)窗口工作区。用于显示当前窗口的内容。如果工作区的内容较多,在其右侧和下方将出现滚动条,通过拖动滚动条可查看其他未显示出的内容。

2. 窗口的打开与关闭

打开窗口的常用方法如下。

(1)双击某个对象。

(2)选择某个对象后单击鼠标右键,在弹出的快捷菜单中选择"打开"命令。

(3)先选择某个对象,然后按 Enter 键。

(4)选择"开始"菜单中的任何一个命令。

关闭窗口的常用方法如下。

(1)单击窗口标题栏右侧的"关闭"按钮。

(2)将鼠标光标定位到窗口标题栏左侧后进行双击。

(3)在任务栏上对相应窗口单击鼠标右键,在弹出的快捷菜单中选择"关闭窗口"命令。

(4)按“Alt + F4”组合键。

3. 窗口的移动

将鼠标光标定位到窗口标题栏的空白处,拖动鼠标,将窗口移动到适当的位置松开鼠标即可移动窗口。当窗口处于最大化状态时,采用这种方法,可将窗口还原到原始大小。

4. 改变窗口大小

在窗口“标题栏”右侧单击“最小化”按钮或“最大化/还原”按钮,或者在标题栏上单击鼠标右键,在弹出的快捷菜单中执行相应的命令都可以完成最小化和最大化/还原窗口的操作。更为简便的方法是双击窗口的标题栏的空白处,同样可以完成最大化/还原窗口的操作。

当窗口未处于最小化或最大化状态时,将鼠标光标移至窗口的四周,当鼠标光标变为⇕或⇔形状时,拖动鼠标可任意改变窗口的大小。

在移动窗口时,如果移动到屏幕的顶端,则自动将当前窗口最大化;如果移动到屏幕左端或右端,则自动将当前窗口以占屏幕50%的尺寸显示在屏幕的左端或右端。

5. 排列多个窗口

当打开多个窗口时,在任务栏的空白处右击,在弹出的快捷菜单中选择“层叠窗口”→“堆叠显示窗口”或“并排显示窗口”命令,可以让多个窗口以不同的排列方式进行显示。

6. 多窗口的切换

在对某个窗口操作前,需将该窗口切换为当前窗口。用户可以采用单击窗口可见区域或者通过在任务栏上单击窗口所对应的图标的方式来切换当前窗口,也可以使用“Alt + Tab”组合键来切换窗口。

四、对话框的结构

Windows10 为了完成某项任务而需要从用户那里得到更多的信息时,就会显示一个对话框,为用户和系统提供一个交流的场所,如图 1 – 1 – 18 所示。对话框常见的组件及其功能如下。

(1)标题栏。标题栏在对话框的最上方,左侧显示对话框的名称,右侧一般是关闭和帮助。

(2)下拉列表框。用于选择多重的项目。在下拉列表框中单击下拉按钮,将会出现一系列的选项供用户选择,选中的项目将在列表栏内显示。

(3)列表框。可以显示多个选项,用户一次只能选择一项,有时会有滚动条。

(4)选项卡。不同的对话框有不同的选项卡,单击某个选项卡,当前对话框里会出现该选项卡中的内容。

(5)复选框。在所有的选项中可以根据需要选择一项或者几项。

(6)单选按钮。是一些互相排斥的选项,每次只能选择其中一项。

(7)文本框。可以接收用户输入的信息,以便正确的完成对话框的操作。

(8)滑块。滑块的操作很简单,向某个方向移动滑块其值增加,反之其值减少。

(9)数值选择框。用户可以在其中输入数值,或通过微调按钮修改数值。

(10)微调按钮。位于数值选择框的右侧,由上、下箭头按钮组成。单击相应的箭头按钮,可增大或减小数值选择框中的数值。

(11)命令按钮。每个对话框中都有若干个命令按钮,单击对话框中的命令按钮便可执行对应的操作。

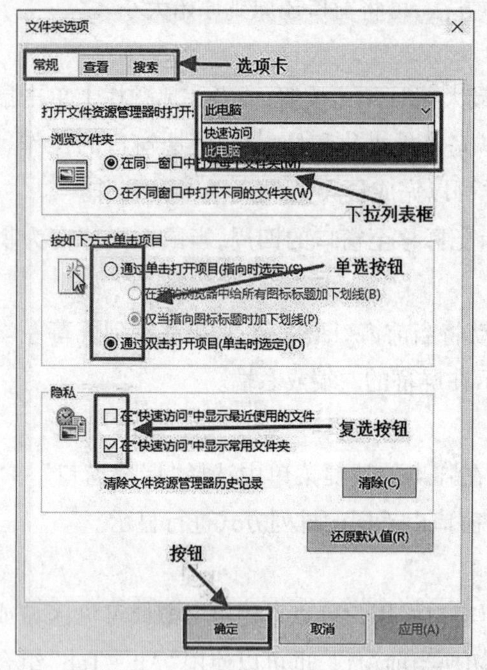

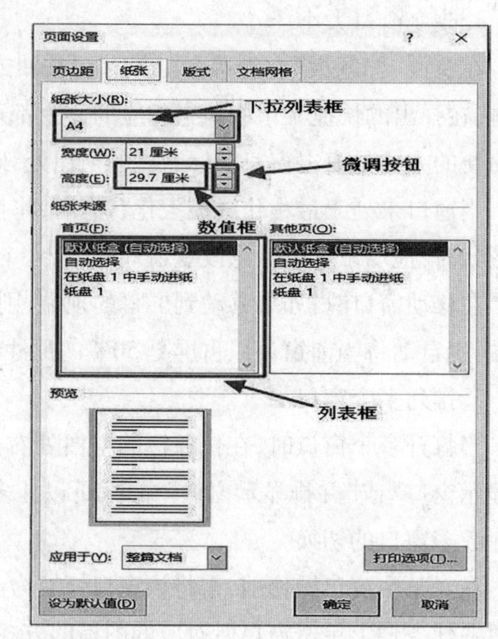

图 1-1-18　对话框

任务 3　文件/文件夹的组织与管理

任务导入

公司的办公室文员小孙想把各种文件统一归类整理,如何才能更快捷、更方便地处理文件和文件夹呢?

任务分析

计算机文件是以计算机硬盘为载体存储在计算机上的信息集合。文件可以是文本文档、图片、程序等。文件通常具有"."加 3 个字母的文件扩展名,用于指示文件类型(例如,图片文件常常以 JPEG 格式保存并且文件扩展名为".jpg")。

文件夹是用来组织和管理磁盘文件的一种数据结构。为了分门别类地有序存放文件,操作系统把文件组织在若干目录中,也称文件夹。文件夹一般采用多层次结构(树状结构),在这种结构中每个磁盘有一个根文件夹,它包含若干文件和文件夹。文件夹不但可以包含文件,而且可包含下一级文件夹,这样类推下去形成的多级文件夹结构既帮助了用户将不同类型和功能的文件分类储存,又方便文件查找,还允许不同文件夹中文件拥有同样的文件名。

本任务介绍 Windows10 的文件/文件夹的组织与管理。

任务思路及步骤如图 1-1-19 所示。

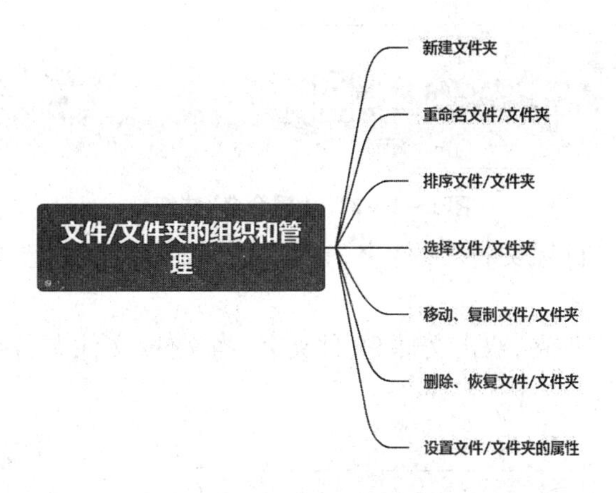

图 1-1-19　任务思路及步骤

任务实施

一、新建文件夹

新建文件夹有以下 2 种方法。

(1)打开任何一个文件夹窗口,单击“主页”选项卡→“新建”组→“新建文件夹”按钮,可在当前文件夹下创建新文件夹,如图 1-1-20 所示。

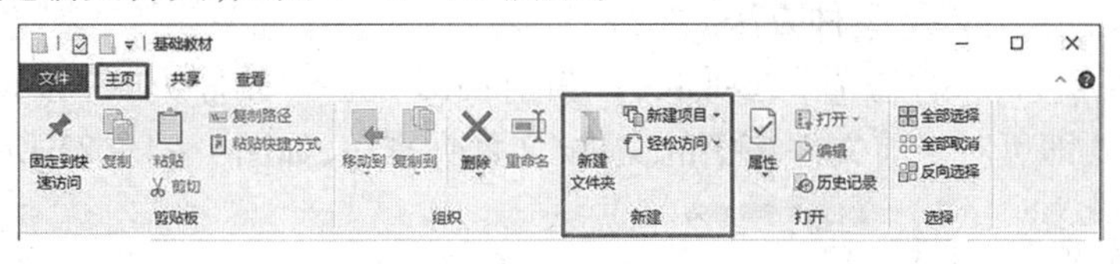

图 1-1-20　“新建文件夹”按钮

(2)打开任何一个文件夹窗口,在空白处单击鼠标右键,在弹出的快捷菜单中选择“新建”→“文件夹”命令,可在当前文件夹下创建新文件夹,如图 1-1-21 所示。

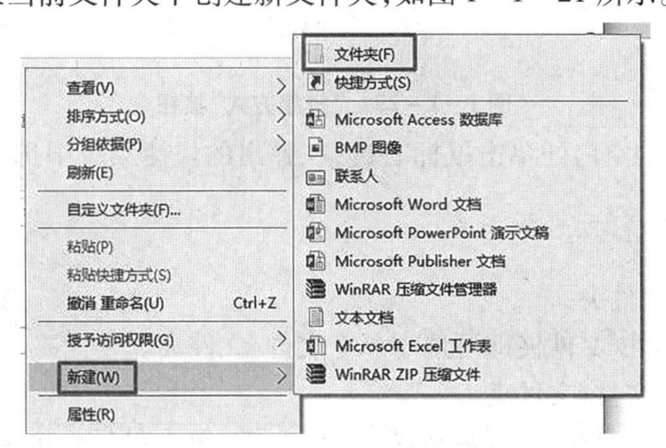

图 1-1-21　右键快捷菜单

二、重命名文件/文件夹

重命名文件/文件夹有以下 3 种方法。

(1)选中目标文件/文件夹,单击“主页”选项卡→“组织”组→“重命名”按钮,可为文件/文件夹重命名,如图 1-1-22 所示。

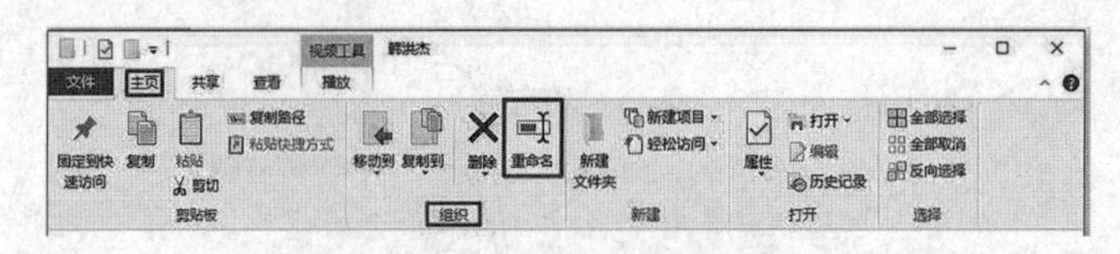

图 1－1－22　“重命名”按钮

(2)用鼠标右键单击目标文件/文件夹,在打开的快捷菜单中选择“重命名”命令,如图 1－1－23所示。

(3)选中目标文件/文件夹,双击文件/文件夹名,当文件/文件夹名被选中时即可重命名文件夹,如图 1－1－24 所示。

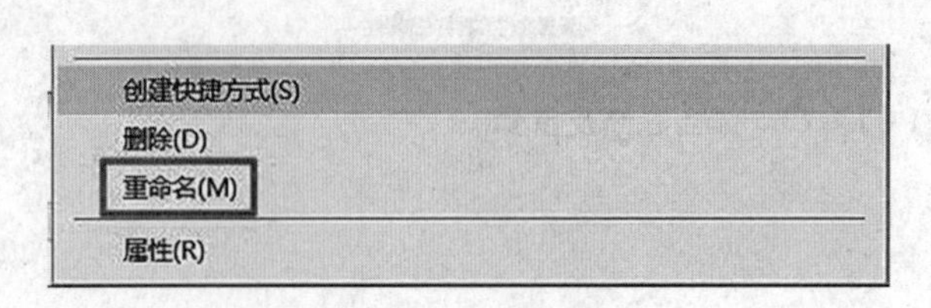

图 1－1－23　右键快捷菜单

图 1－1－24　重命名文件夹

三、排序文件/文件夹

排序文件/文件夹有以下 2 种方法。

(1)在文件夹窗口单击“查看”选项卡→“当前视图”组→“排序方式”按钮,在下拉菜单中选择一种排序方式即可对当前文件夹中的文件/文件夹排序,如图 1－1－25 所示。

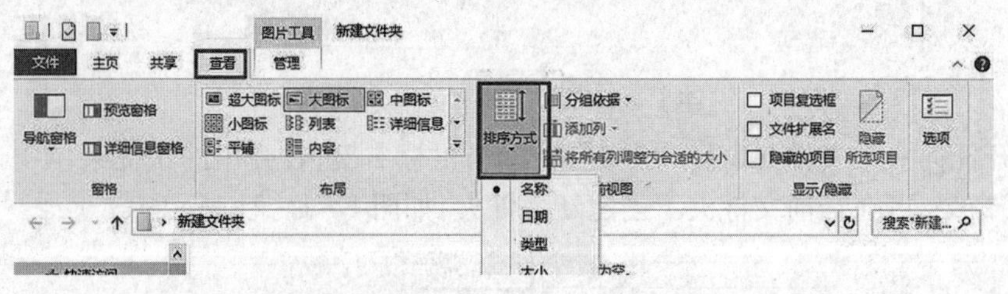

图 1－1－25　“排序方式”按钮

(2)在文件夹窗口的空白处单击鼠标右键,在弹出的快捷菜单中选择“排序方式”命令,可进行文件/文件夹的排序。

四、选择文件/文件夹

1. 选择单个文件/文件夹

单击所要选择的文件/文件夹即可选中单个文件/文件夹。

2. 选择多个连续的文件/文件夹

单击所要选择的第一个文件/文件夹,按住 Shift 键,单击最后一个文件/文件夹,可以选择多个连续的文件/文件夹。

3. 选择多个不连续的文件/文件夹

单击所要选定的第一个文件/文件夹,按住 Ctrl 键,单击其他的每个文件/文件夹,可以选择多个不连续的文件/文件夹。

五、移动、复制文件/文件夹

移动、复制文件/文件夹是计算机应用过程中很常见的操作。移动文件/文件夹是指将文

件/文件夹从一个位置转移到另一个位置,原位置不再保存。复制文件/文件夹是指为文件/文件夹制作一个备份。

1. 复制文件/文件夹

选择目标文件/文件夹,利用“主页”选项卡→“剪贴板”组的“复制”“粘贴”按钮进行复制、粘贴操作;或者按“Ctrl + C”组合键进行复制,按“Ctrl + V”组合键进行粘贴,如图 1 - 1 - 26 所示。

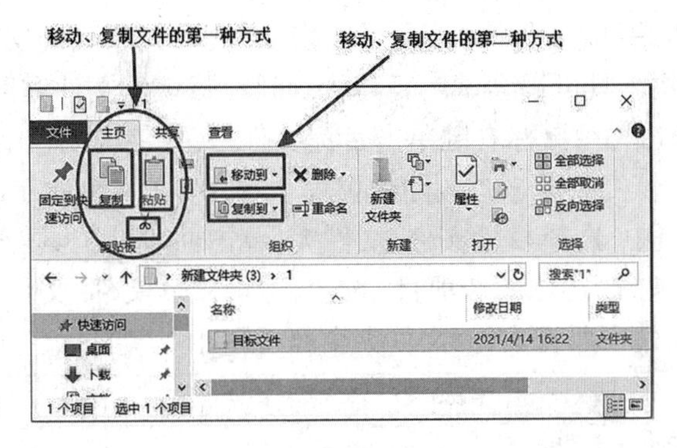

图 1 - 1 - 26　利用菜单功能移动、复制文件

2. 移动文件/文件夹

选择目标文件/文件夹,利用“主页”选项卡→“剪贴板”组的“剪切”“粘贴”按钮进行剪切、粘贴操作;或者按“Ctrl + X”组合键进行剪切,按“Ctrl + V”组合键进行粘贴。

六、删除、恢复文件/文件夹

1. 删除文件/文件夹

对于一些不需要的文件/文件夹应及时删除,以节约存储空间,同时也使得文件管理更加合理有效。删除文件/文件夹有以下 4 种方法。

(1)菜单功能删除。选中目标文件/文件夹,单击“主页”选项卡→“组织”组→“删除”按钮,在下拉菜单中选择删除文件到回收站或永久删除,如图 1 - 1 - 27 所示。

图 1 - 1 - 27　利用菜单功能删除文件

(2)快捷菜单删除。用鼠标右键单击目标文件/文件夹,在弹出的快捷菜单中选择“删除”命令,如图 1 - 1 - 28 所示。

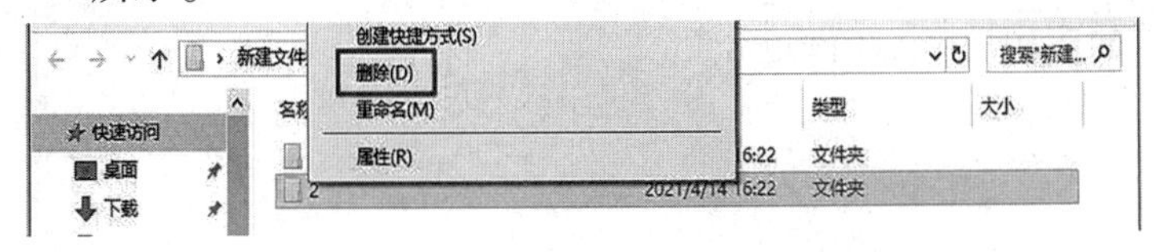

图 1 - 1 - 28　利用快捷菜单删除文件

(3)键盘删除。选择目标文件/文件夹,按 Delete 键将文件/文件夹删除到回收站;按“Shift + Delete”组合键将文件/文件夹永久删除。

(4)拖动删除。按鼠标左键将目标文件/文件夹拖动至“回收站”,释放鼠标左键即可删除。

执行上述任何一种操作后,在弹出的对话框中单击“是”按钮表示确认删除,如果单击“否”按钮将取消删除操作。

2. 恢复被删除的文件/文件夹

只有被删除到“回收站”的文件/文件夹可以恢复,被永久删除的文件/文件夹在没有被重新覆盖的前提下使用专用工具可以尝试恢复。从“回收站”恢复文件有以下 2 种方法。

(1)在“回收站”窗口中,用鼠标右键单击目标文件/文件夹,在弹出的快捷菜单中选择“还原”命令,文件/文件夹将恢复到原来被删除的位置,如图 1-1-29 所示。

(2)在“回收站”窗口中,选择目标文件/文件夹,单击回收站工具“管理”选项卡→“还原”组→“还原所有项目”按钮或“还原所选项目”按钮,即可恢复文件/文件夹。其中“还原所有项目”按钮的作用是将回收站中所有文件/文件夹全部还原。

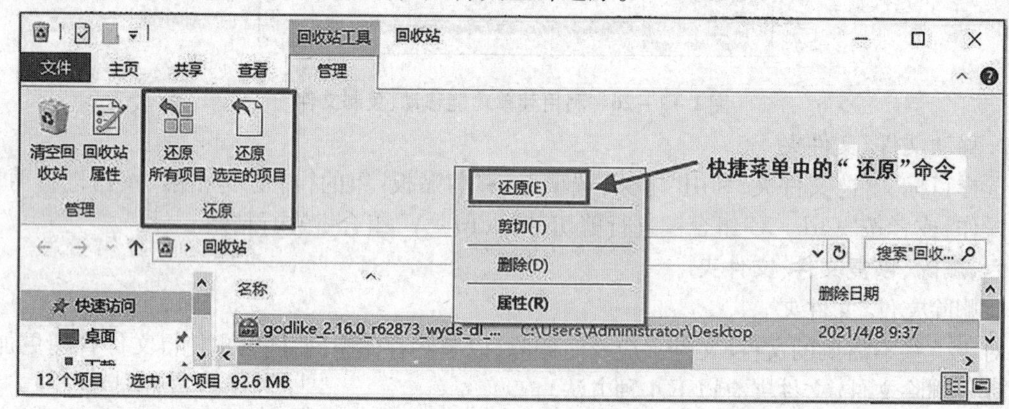

图 1-1-29 在“回收站”中恢复文件

七、设置文件/文件夹的属性

拥有不同属性的文件/文件夹可以执行的操作也不相同。通常在 Windows10 中可以设置文件/文件夹的“只读”和“隐藏”属性。设置为“只读”属性的文件/文件夹,用户只能查看文件/文件夹的内容,不能对其进行任何修改操作;设置为“隐藏”属性的文件/文件夹,在系统默认的情况下,窗口将不再显示该文件/文件夹。

设置文件/文件夹属性的方法如下。

用鼠标右键单击目标文件/文件夹,在弹出的快捷菜单中选择“属性”命令。在弹出的“属性”对话框中勾选“只读”或“隐藏”复选框,单击“确定”按钮,如图 1-1-30 所示。

对于“隐藏”属性的文件/文件夹,在查看时需要在“文件夹选项”对话框中设置。在“任务 2 文件资源管理器的应用”中已经做过介绍。

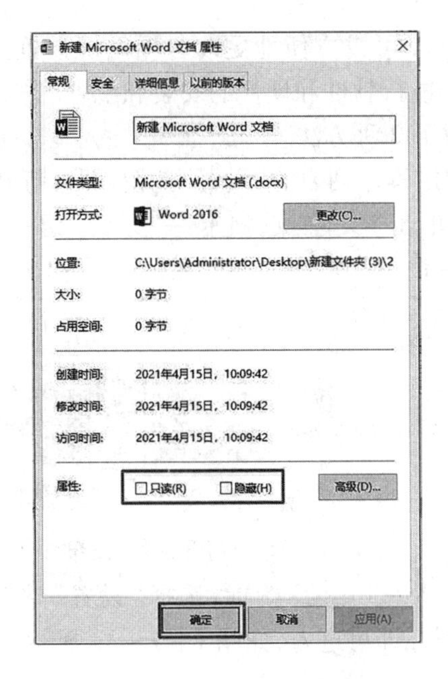

图 1-1-30 "属性"对话框

任务 4 Windows 10 系统设置

任务导入

公司的办公室文员小孙想对 Windows 10 操作系统设置开机密码,此时他该如何做呢?

任务分析

Windows 10 具有许多功能强大的系统管理工具,使用这些工具,用户可以更好地管理和维护自己的计算机系统,及时有效地解决系统运行中出现的问题。

本任务介绍 Windows 10 的系统管理工具,并使用这些工具优化系统设置。

任务思路及步骤如图 1-1-31 所示。

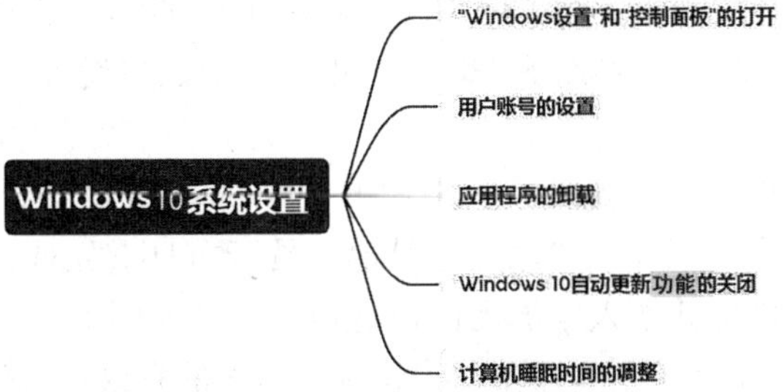

Windows 10系统设置
- "Windows设置"和"控制面板"的打开
- 用户账号的设置
- 应用程序的卸载
- Windows 10自动更新功能的关闭
- 计算机睡眠时间的调整

图 1-1-31 任务思路及步骤

任务实施

一、"Windows 设置"和"控制面板"的打开

"Windows 设置"和"控制面板"是 Windows 10 自带的查看和调整系统设置的工具。用户通过“Windows 设置”或“控制面板”可以方便地更改各项系统设置。例如:更改 Windows 系统的外观、设置桌面和窗口的颜色、进行软件和硬件的安装和配置、进行系统安全性的设置等。

打开“Windows 设置”有以下 2 种方法。

(1)单击“开始”菜单→固定程序列表的“设置”按钮,即可打开“Windows 设置”窗口。

(2)双击“此电脑”图标,单击“文件”选项卡→“系统”组→“打开设置”按钮,即可打开“Windows 设置”窗口,如图 1-1-32 所示。

图 1-1-32 “打开设置”按钮

打开“控制面板”的方法:单击“开始”图标,选择“设置”选项,在搜索框中输入“控制面板”,单击弹出的“控制面板”图标即可进入,如图 1-1-33 所示,控制面板窗口如图 1-1-34 所示。

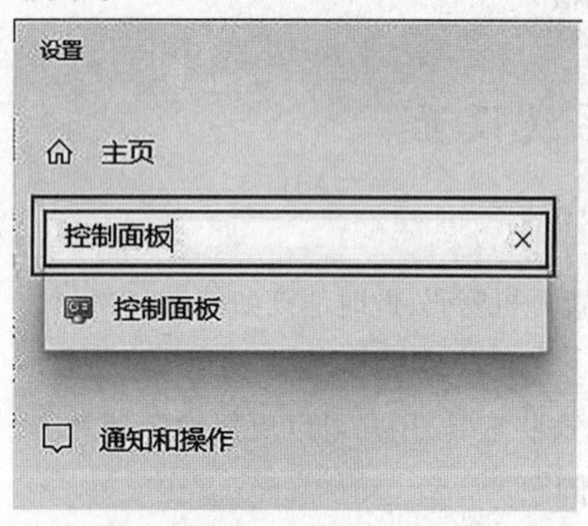

图 1-1-33 进入“控制面板”

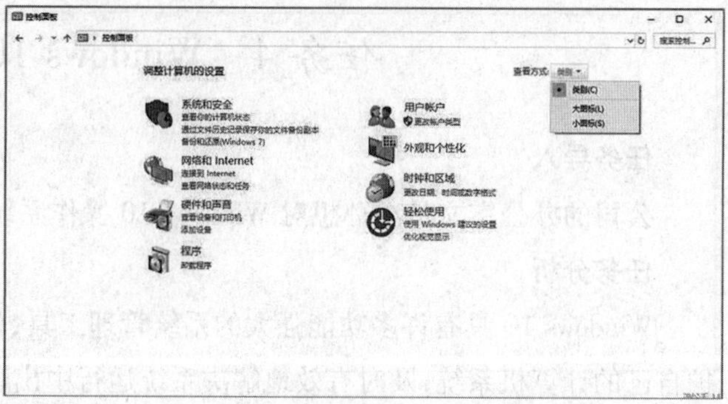

图 1-1-34 “控制面板”窗口

二、用户账号的设置

当多个用户使用同一台电脑时,为了保护各自在电脑中的私有数据,可以在系统中设置多个账户,让每个用户在自己的账户界面下工作。可以为每个账户设置密码,确保私有数据安全。

1. 创建用户账户

选择“开始”菜单→“设置”→“账户”选项,打开“Windows 设置”窗口,如图 1-1-35 所示。

选择“家庭和其他人员”命令。在“家庭和其他人员”窗口中,先选择左侧的“家庭和其他人员”选项,然后选择右侧的“将其他人添加到这台电脑”选项,如图 1-1-36 所示。

在“Microsoft 账户”窗口中,单击下方的“我没有这个人的登录信息”链接,单击“下一步”按钮,如图 1-1-37 所示。

在打开的对话框中,单击左下方的“添加一个没有 Microsoft 账户的用户”链接,单击“下一步”按钮,如图 1-1-38 所示。

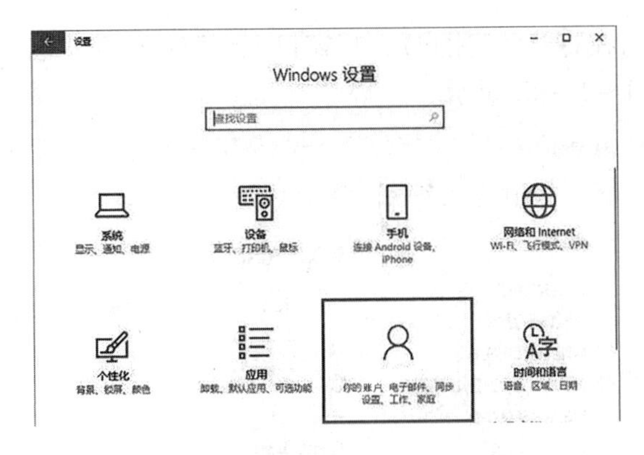

图 1-1-35 “Windows 设置”窗口

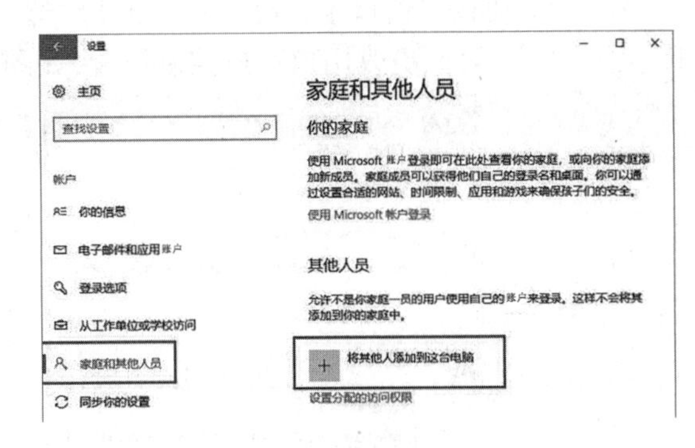

图 1-1-36 “家庭和其他人员”窗口(1)

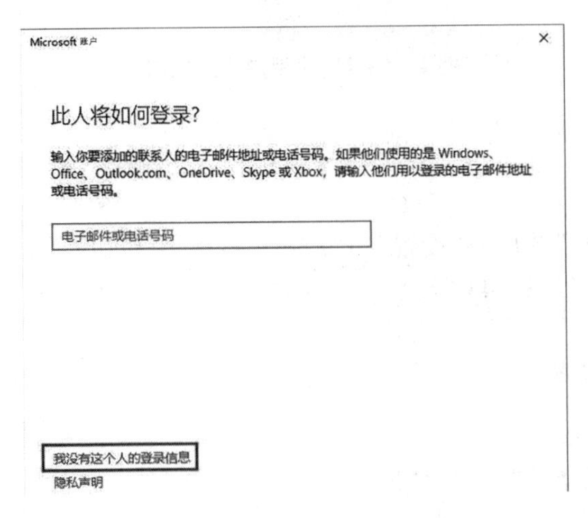

图 1-1-37 “此人将如何登录?”对话框

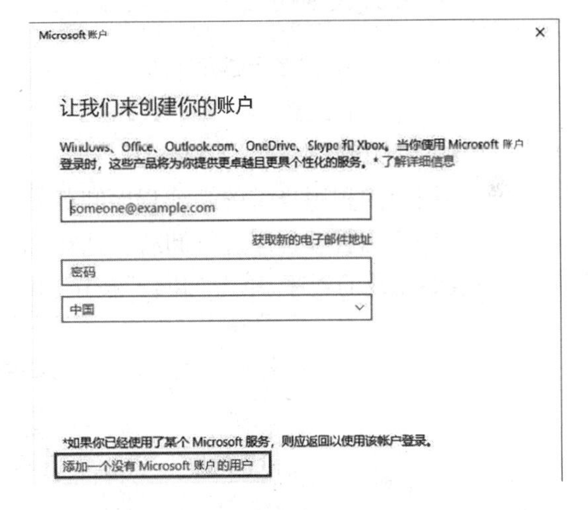

图 1-1-38 “让我们来创建你的账户”对话框

在打开的对话框中，填写本地账户名称、密码和密码提示，单击“下一步”按钮，本地账户创建完成，如图 1-1-39 和图 1-1-40 所示。

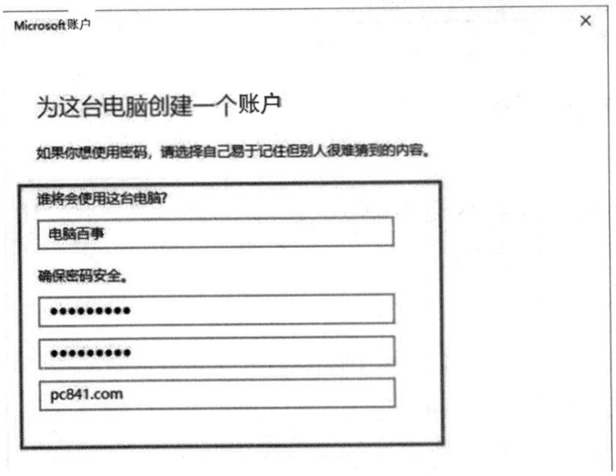

图 1-1-39 “为这台电脑创建一个账户”对话框

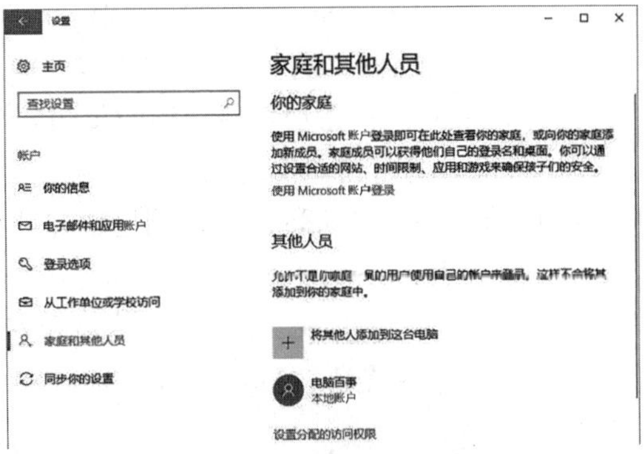

图 1-1-40 “家庭和其他人员”窗口(2)

2. 设置或更改用户账户和密码

选择“开始”菜单→“设置”→“账户”→“登录选项”选项，即可进行账户密码的设置或修改，如图 1-1-41 所示。

在“控制面板”窗口中，选择“用户账户”选项，在打开的“用户账户”窗口中可以更改账户名称、更改账户类型、更改用户账户控制设置，如图 1－1－42 所示。

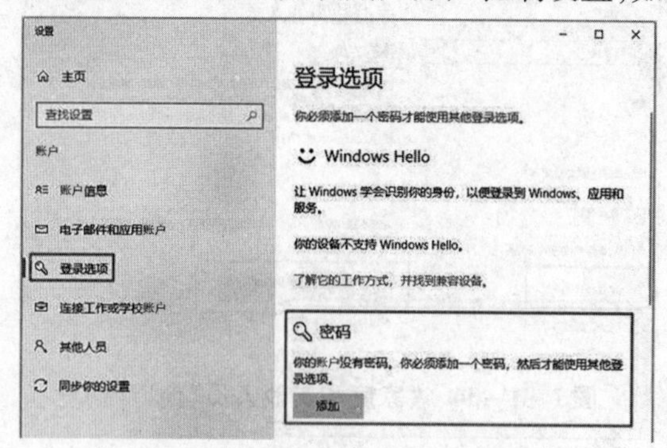

图 1－1－41 “登录选项”窗口

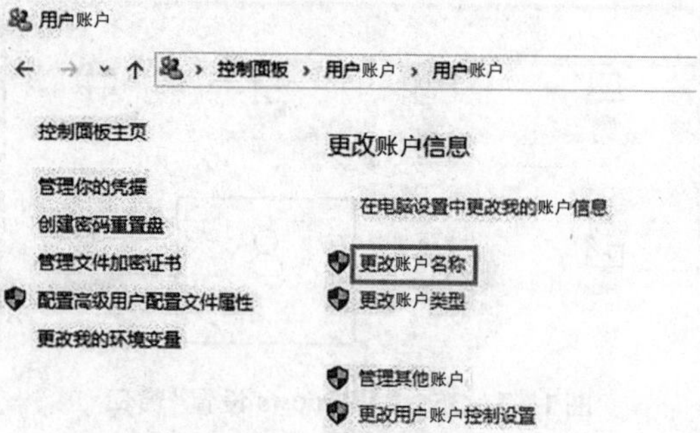

图 1－1－42 “用户账户”窗口

三、应用程序的卸载

应用程序的卸载有以下 2 种方法。

(1)利用应用程序自带的卸载程序卸载。

(2)利用应用管理程序进行卸载。选择“开始”菜单→“设置”→“应用”→“应用和功能”选项，找到需要卸载的程序，单击“卸载”按钮，如图 1－1－43 所示。

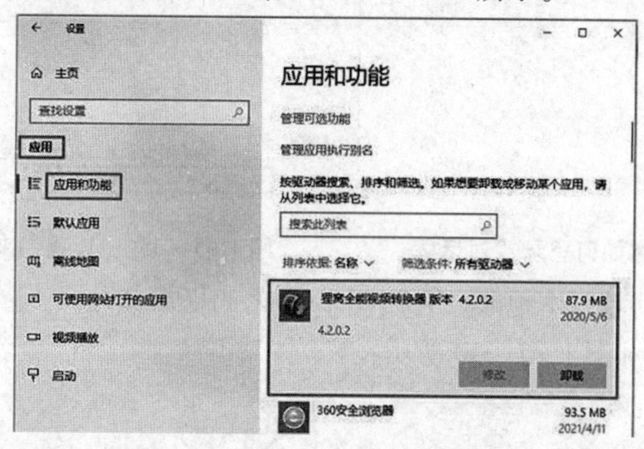

图 1－1－43 “应用和功能”窗口

四、Windows 10 自动更新功能的关闭

计算机关机时，有时候会出现“更新并关机”选项。如果不想更新，就需要关闭 Windows 10 的自动更新功能。Windows10 取消更新并关机有以下 2 种方法。

1. 通过“Windows 设置”取消自动更新

单击“开始”菜单→“设置”→“更新和安全”按钮，如图 1－1－44 所示。

在“Windows 更新”窗口，单击“高级选项”链接，如图 1－1－45 所示。

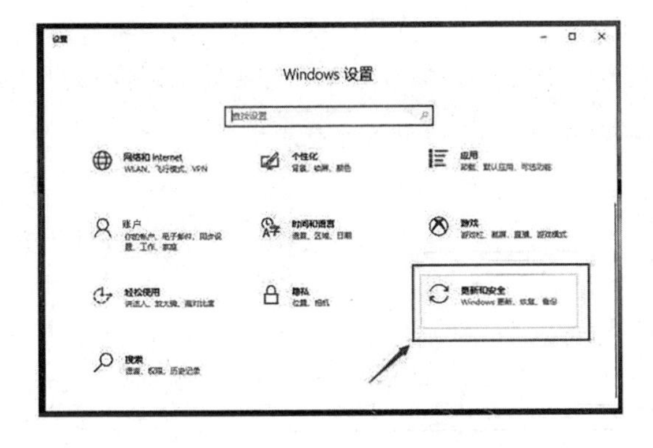

图 1－1－44 “更新和安全”按钮

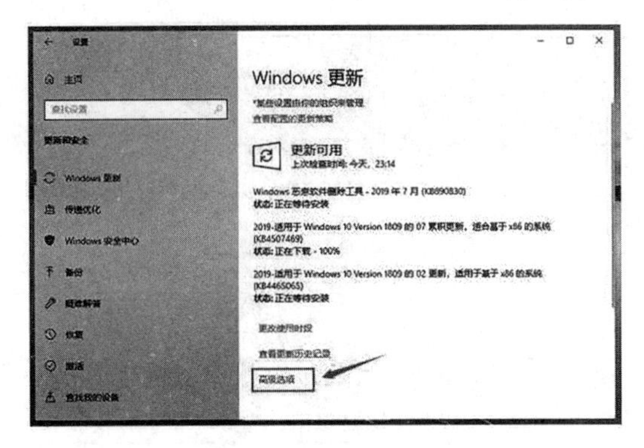

图 1－1－45 “Windows 更新”窗口

在“高级选项”窗口，关闭“自动更新按钮”和“更新通知按钮”，如图 1－1－46 所示。

返回“Windows 更新”窗口，可以看到提示“你的电脑已关闭自动更新”，如图 1－1－47 所示。

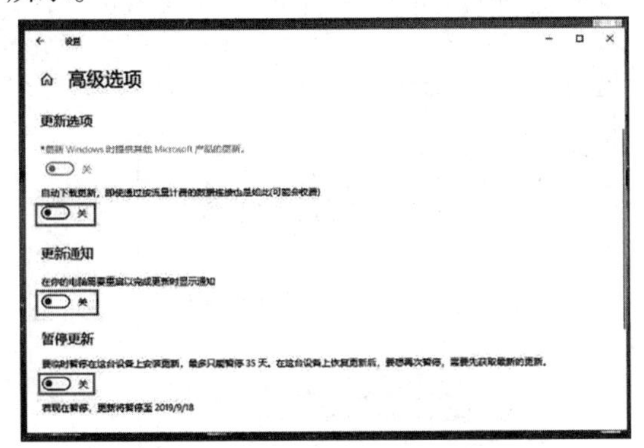

图 1－1－46 “高级选项”窗口

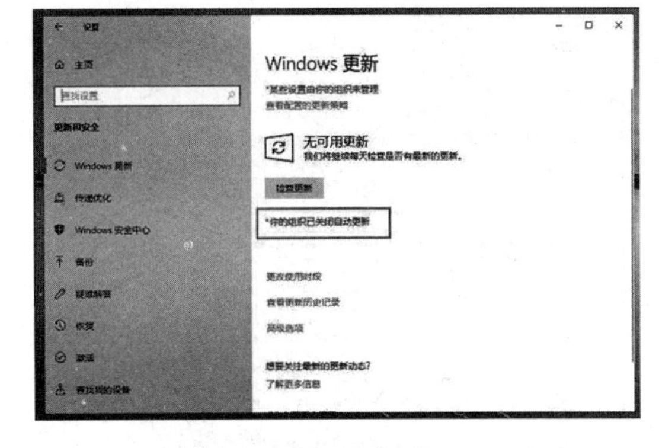

图 1－1－47 关闭自动更新成功

2. 通过“控制面板”取消自动更新

用鼠标右键单击“开始”菜单，在弹出的快捷菜单中选择“控制面板”选项。

在“控制面板”窗口，在“查看方式”下拉列表中选择“大图标”选项，单击“管理工具”按钮，如图 1－1－48 所示。

图 1－1－48 “控制面板”窗口

在“管理工具”窗口，双击“服务”选项，如图 1－1－49 所示。

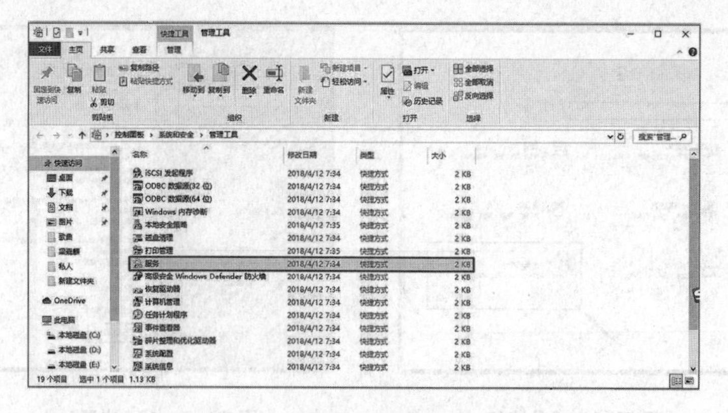

图 1-1-49 “管理工具”窗口

在打开的“服务”窗口中,双击“Windows Update”,如图 1-1-50 所示。

在打开的“Windows Update 的属性”窗口,在“启动类型”下拉列表中选择“禁用”选项,然后单击“应用”按钮,最后单击“确定”按钮,即可关闭自动更新,“Windows Update”为禁用状态,如图 1-1-51 所示。

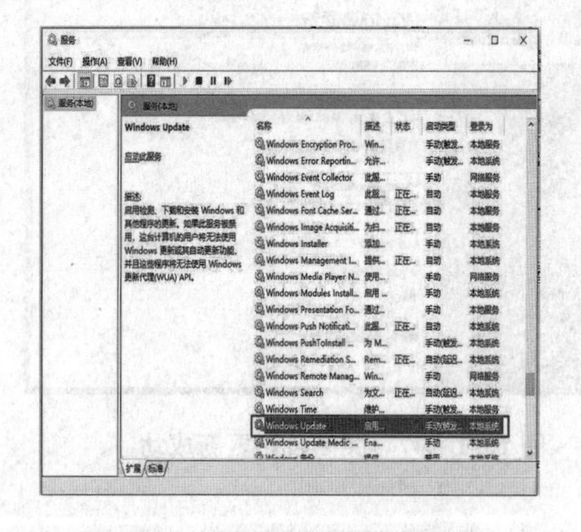

图 1-1-50 “服务”窗口

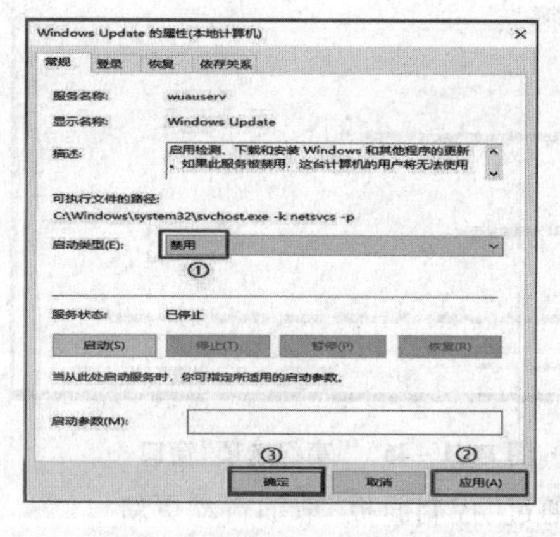

图 1-1-51 “Windows Update 的属性”窗口

五、计算机睡眠时间的调整

单击“控制面板”→“电源选项”→“高级设置”选项卡,在“睡眠”分组中可以调整计算机睡眠的相关参数,如图 1-1-52 所示。

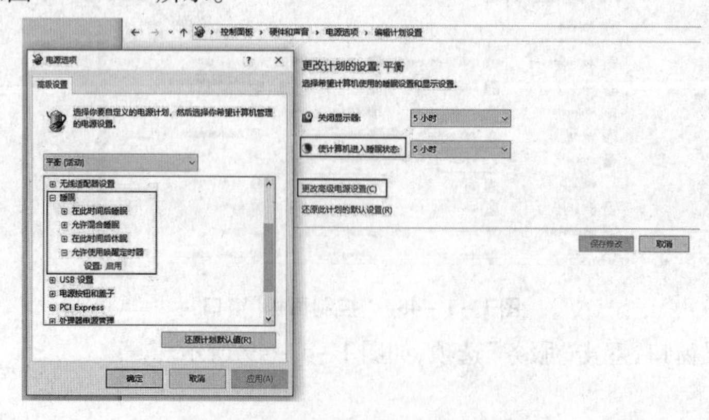

图 1-1-52 “电源选项”对话框

任务5　网络连接的配置

任务导入

公司的办公室文员小孙需要登录公司的内部邮箱，接收其他部门传来的资料，但他发现电脑尚未连接网络。将网线与电脑连接后，他该如何配置网络连接呢？

任务分析

每台连接到网络的计算机都有独一无二的 IP 地址，就像身份证一样。要想上网需要先设置好 IP 地址，配置好网络连接，这样才能够快速稳定的连接网络。目前的全球因特网所采用的协议集是 TCP/IP。IP 是 TCP/IP 的核心协议。IP 的版本号由 IPv4 发展到了 IPv6，IP 地址位数也由 32 位发展到了 128 位。

本任务介绍 Windows 10 网络连接的配置方法。

任务实施

Windows 10 操作系统的网络配置方法如下。

（1）选择“开始”菜单→“设置”→“网络和 Internet”选项。在打开的“状态”窗口中，可以查看目前计算机与网络连接情况，如图 1－1－53 所示。目前计算机与 Internet 已经正常连接，可以进行下一步设置。

（2）在“状态”窗口中，选择“以太网”→“更改适配器选项”命令，如图 1－1－54 所示。

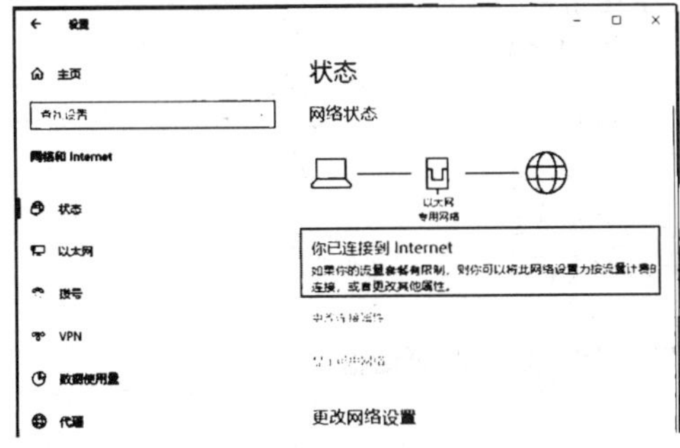

图 1－1－53　“状态”窗口

图 1－1－54　“以太网”窗口

（3）在打开的“网络连接”窗口中，显示出目前计算机所有的网络连接方式。双击“以太网”图标，在打开的“以太网状态”对话框中，单击“属性”按钮，如图 1－1－55 所示。

（4）在打开的“以太网 属性”对话框中，选择“Internet 协议版本 4（TCP/IPv4）”选项，单击“属性”按钮，如图 1－1－56 所示。

（5）在打开的“Internet 协议版本 4（TCP/IPv4）属性”对话框中，可以对计算机的 IP 地址、DNS 服务器地址进行设置，如图 1－1－57 所示。设置完成后单击“确定”按钮，网络连接配置完成。

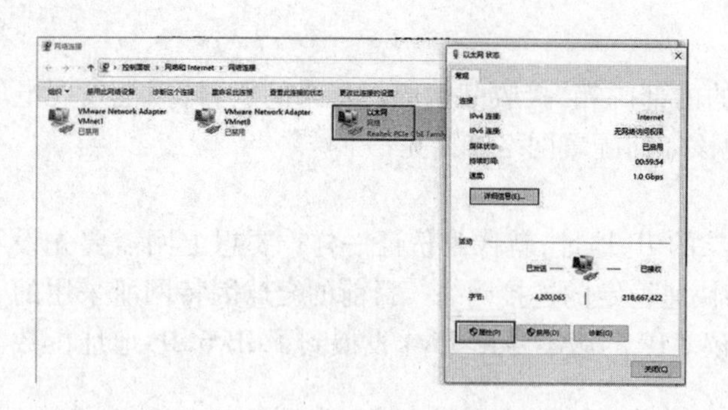

图 1－1－55 “以太网状态”对话框

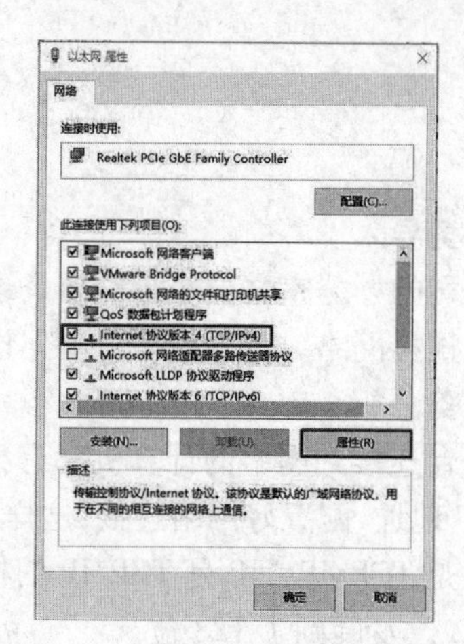

图 1－1－56 “以太网 属性”对话框

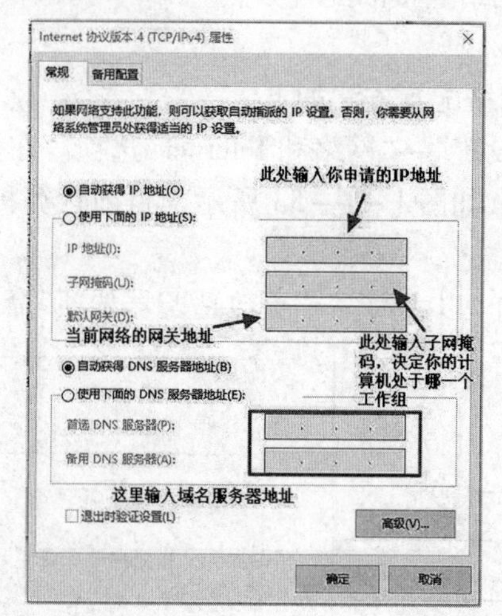

图 1－1－57 “Internet 协议版本 4(TCP/IPv4)属性”对话框

项目 2

我的桌面我做主——桌面个性化设置

知识目标

（1）掌握 Windows 10 桌面管理的方法。

（2）掌握 Windows 10 个性化设置的方法。

技能目标

（1）具备创建文件/文件夹的快捷方式的能力。

（2）具备设置个性化桌面的能力，包括桌面背景、主题、图标、分辨率、时间和日期、输入法的设置等。

任务 1　Windows 桌面管理

任务导入

公司的办公室文员小孙打开电脑后发现电脑桌面的文件有些混乱。此时他该如何管理 Windows 桌面呢？

任务分析

桌面是指打开计算机并成功登录系统之后看到的显示器主屏幕区域。在日常的办公中，需要频繁使用各种办公软件。有时为了方便，会将一些文件、应用小程序等放到桌面上，导致桌面混乱。这就需要及时整理桌面，减少查找文件的时间，提高工作效率。

本任务介绍 Windows 10 桌面管理的方法。

任务思路及步骤如图 1－2－1 所示。

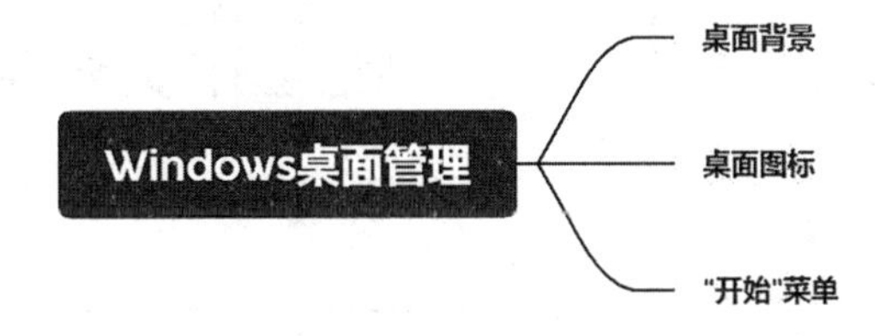

图 1－2－1　任务思路及步骤

任务实施

Windows 桌面包括桌面背景、桌面图标“开始”菜单、任务栏及工具栏，如图 1－2－2 所示。

图 1-2-2　Windows 10 桌面

一、桌面背景

桌面背景是指 Windows 10 桌面的背景图案,又称为桌面墙纸。Windows 10 操作系统自带很多漂亮的背景图片。除此之外,用户还可以把自己收藏的精美图片设置为背景图片。

二、桌面图标

Windows 10 操作系统中,所有的文件、文件夹和应用程序等都由相应的图标表示。桌面图标一般由文字和图片组成,文字说明图标的名称和功能,图片是它的标识符。桌面图标分为系统图标和快捷方式图标两种类型,双击这些图标可以快速地打开相应的窗口或程序。

Windows 10 操作系统刚刚安装完成之后,桌面上只有"回收站"和"此电脑"两个系统图标,其他桌面图标需要用户自行设置。具体操作如下。

1. 添加 Windows 10 自带的系统图标

用鼠标右键单击桌面空白处,在弹出的快捷菜单中选择"个性化"命令,如图 1-2-3 所示;也可以在"Windows 设置"窗口中,单击"个性化"按钮,如图 1-2-4 所示。

图 1-2-3　桌面快捷菜单

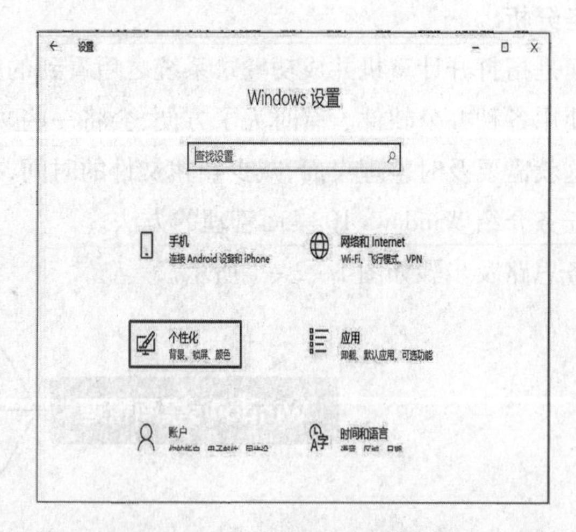

图 1-2-4　"Windows 设置"窗口

在打开的"设置"窗口中,选择"主题"→"桌面图标设置"选项。在打开的"桌面图标设置"窗口中,勾选想要显示桌面图标项目的复选框,单击"确定"按钮。单击"更改图标"按钮,可对图标显示的图片进行更改,如图 1-2-5 所示。

2. 添加快捷方式图标

添加快捷方式图标有以下 2 种方法。

（1）双击桌面“此电脑”图标，在打开的窗口中定位到目标文件/文件夹所在的位置。用鼠标右键单击目标文件/文件夹，在打开的快捷菜单中选择“发送到”命令。在弹出的下一级菜单中选择“桌面快捷方式”选项，即可在桌面建立相应的快捷方式图标，如图 1－2－6 所示。

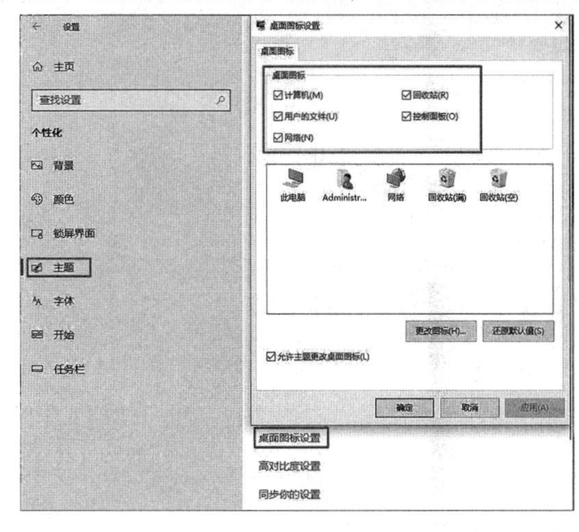

图 1－2－5　“桌面图标设置”窗口

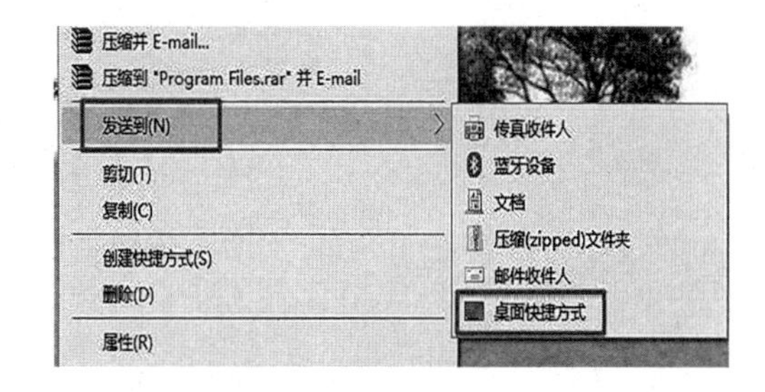

图 1－2－6　创建桌面快捷方式

（2）用鼠标右键单击桌面空白处，在弹出的快捷菜单中选择“新建”选项，在弹出的下一级菜单中选择“快捷方式”选项，如图 1－2－7 所示。

在弹出的“创建快捷方式”对话框中，单击“浏览”按钮，定位目标文件位置，单击“下一步”按钮，如图 1－2－8 所示。按照提示修改快捷方式名称后单击“确定”按钮，即可创建快捷方式图标。

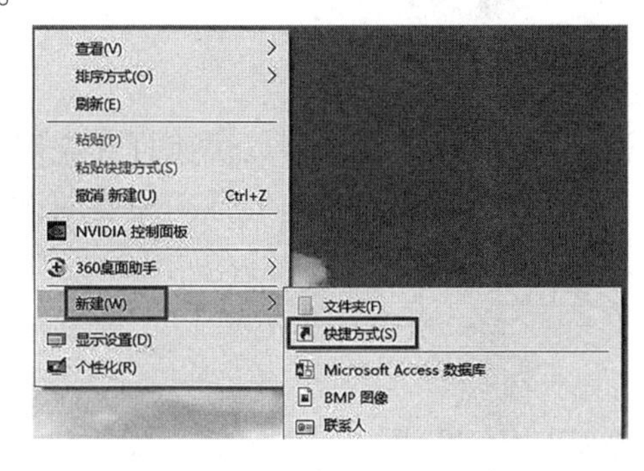

图 1－2－7　新建快捷方式

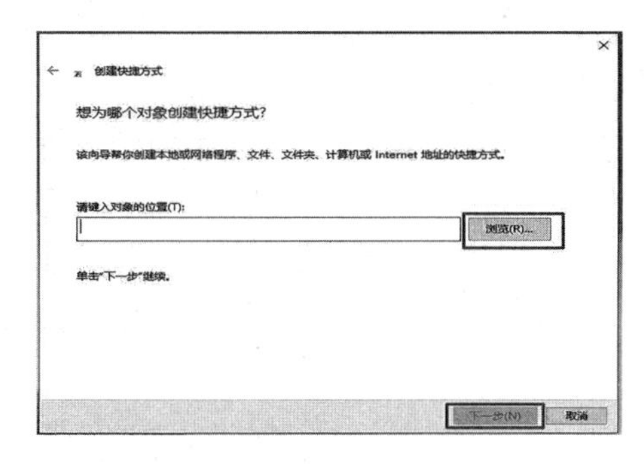

图 1－2－8　“创建快捷方式”对话框

三、“开始”菜单

“开始”菜单中存放着 Windows 10 的绝大多数命令和安装到系统里面的所有程序，是操作系统的中央控制区。大多数操作都是从“开始”菜单开始的。“开始”菜单分为 3 个区域：固定程序列表、应用程序列表和动态磁贴面板，如图 1－2－9 所示。

图 1-2-9 “开始”菜单

通过单击屏幕左下角的“开始”按钮,或按键盘上的“Windows 视窗图标”键,可以打开“开始”菜单。

1. 固定程序列表

固定程序列表位于“开始”菜单最左侧区域,是 Windows 的系统控制区。这里保留了最常用的几个选项,从上到下依次是用户名、文档、图片、设置、电源。

2. 应用程序列表

应用程序列表可以显示最近添加列表、最常用程序列表或所有应用选项。针对所有应用选项,可显示系统中安装的所有程序,并以数字或首字母升序排列。单击排列的首字母,可以显示排序索引,通过索引可以快速查找应用程序。用户可以在应用程序上单击鼠标右键,在弹出的菜单中选择对该应用的操作,如固定到“开始”屏幕中等。

3. 动态磁贴面板

动态磁贴是“开始”屏幕界面中的图形方块,也叫“磁贴”,通过它可以快速打开应用程序。磁贴中的信息是根据时间或发展活动的。开启了动态磁贴,会显示当前的日期和星期;如果关闭动态磁贴,则只显示日历的图标。

任务 2　桌面个性化设置

任务导入

公司的办公室文员小孙想使自己的 Windows 10 桌面具有个性化的特色,以便于工作,舒缓工作带来的紧张情绪。他该如何做呢?

任务分析

用户可以通过调整桌面来提升界面的舒适度,增强视觉或提升个人兴趣。可以使用 Windows 工具选择不同的主题、背景、配色方案、字体、“开始”菜单、任务栏、声音、屏保、分辨率、鼠标设置等来实现桌面个性化设置。

本任务介绍 Windows 10 桌面个性化设置的方法。

任务思路及步骤如图 1-2-10 所示。

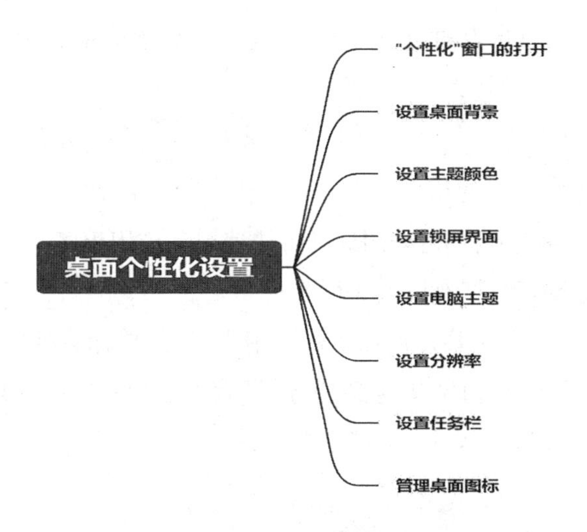

图 1－2－10　任务思路及步骤

任务实施

一、"个性化"窗口的打开

"个性化"窗口的打开有以下 2 种方法。

(1)用鼠标右键单击桌面空白处,在弹出的快捷菜单中选择"个性化"命令。

(2)选择"开始"菜单→固定程序列表"设置"命令。在打开的"Windows 设置"窗口中,单击"个性化"按钮。

二、设置桌面背景

在"个性化"窗口中选择"背景"选项,单击右侧"背景"文本框的下三角按钮,即可在弹出的下拉列表中对背景的样式进行设置,包括图片、纯色和幻灯片放映。

三、设置主题颜色

Windows 10 默认的背景主题色为黑色,如果用户不喜欢,可以根据自己的喜好设置。在"个性化"窗口中选择"颜色"选项,可在右侧看到"选择颜色"选项与"选择主题色"选项,即可设置主题颜色。

四、设置锁屏界面

锁屏主要用于保护电脑的隐私和安全,同时可以在不关机的情况下省电。锁屏用的图片称为锁屏界面。锁屏界面包括图片、Windows 聚焦和幻灯片 3 种类型。按"Windows + L"组合键,就可以进入系统锁屏状态。在"个性化"窗口中选择"锁屏界面"选项, 即可设置锁屏界面。

五、设置电脑主题

主题是桌面背景图片、窗口颜色和声音的组合。用户可以对主题进行设置,具体操作如下:在"个性化"窗口中选择"主题"选项,单击其中某个主题,可同时更改桌面背景、颜色、声音和屏幕保护程序,也可单独对桌面背景、颜色、声音和鼠标光标进行修改。

六、设置分辨率

屏幕分辨率是指屏幕上显示的文本和图像的清晰度。分辨率越高,文本和图像显示越清晰,同时屏幕上的项目越小,则屏幕可以显示的项目越多;分辨率越低,在屏幕上显示的项目越少,但尺寸越大。

七、设置任务栏

Windows 10 中的任务栏可以使用户轻松地管理和访问需要的应用程序。用户可以将常用的应用程序图标锁定到任务栏上,单击该图标即可快速启动应用程序。

将应用程序图标锁定到任务栏有以下 3 种方法。

(1)利用鼠标右键锁定到任务栏。启动目标应用程序,用鼠标右键单击任务栏的目标应用程序按钮,在弹出的快捷菜单中选择“固定到任务栏”命令,如图 1-2-11 所示。将程序锁定之后,即使关闭该应用程序,其图标还是会锁定在任务栏上。

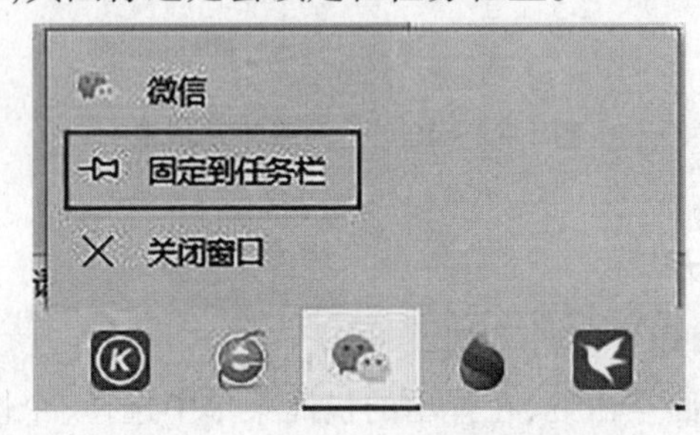

图 1-2-11　利用鼠标右键固定到任务栏

(2)拖动程序锁定到任务栏。找到目标应用程序在本机的安装位置,将该目标应用程序的可执行程序文件拖曳到任务栏上,松开鼠标即可将其锁定。

(3)从“开始”菜单锁定到任务栏。用鼠标右键单击“开始”菜单→目标应用程序,在弹出的快捷菜单中选择“固定到任务栏”命令,如图 1-2-12 所示。

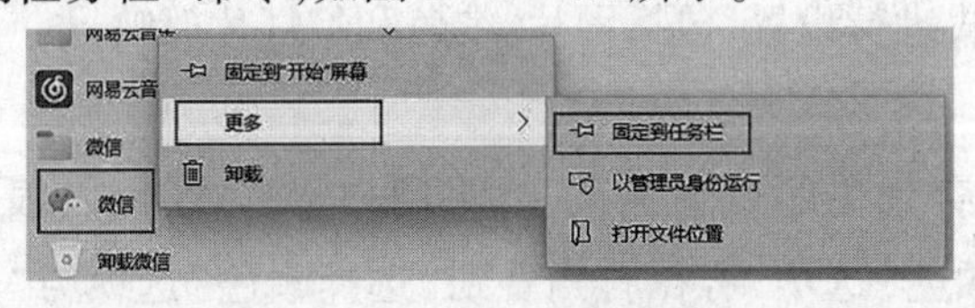

图 1-2-12　从“开始”菜单锁定到任务栏

解除任务栏锁定的方法如下:用鼠标右键单击任务栏锁定的应用程序图标,在弹出的快捷菜单中选择“从任务栏取消固定”命令。

八、管理桌面图标

管理桌面图标的方法如下。

(1)用鼠标右键单击桌面空白处,在弹出的快捷菜单中选择“查看”命令,可以调整图标大小、排列方式以及是否显示桌面图标等项目,如图 1-2-13 所示。

(2)用鼠标右键单击桌面空白处,在弹出的快捷菜单中选择“排序方式”命令,可以调整桌面图标的排列顺序,如图 1-2-14 所示。

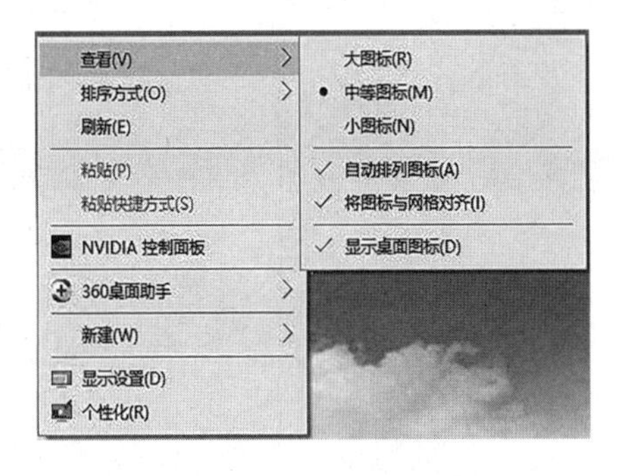

图 1－2－13　“查看”命令

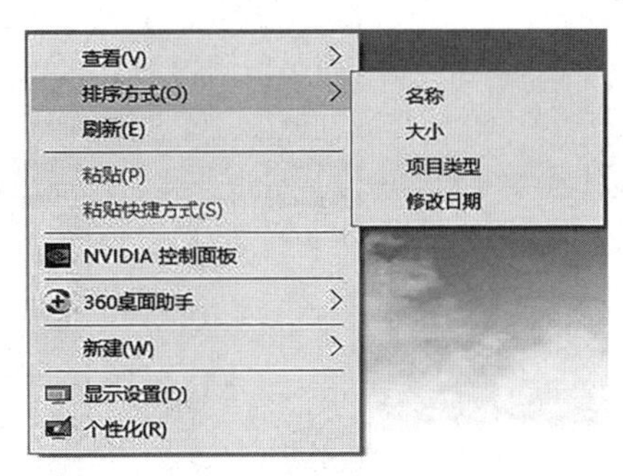

图 1－2－14　“排序方式”命令

任务 3　时间和输入法的设置

任务导入

公司的办公室文员小孙想在桌面上方便地查询当前的日期、星期等信息，同时更换自己熟悉的输入法。他需要如何设置呢？

任务分析

个性化的时间显示可以使人们更加方便地了解当前所处的时间，如日期、星期。此外，使用一款自己熟悉的输入法可以提高输入效率。

本任务介绍 Windows 10 的时间设置和输入法设置。

任务思路及步骤如图 1－2－15 所示。

图 1－2－15　任务思路及步骤

任务实施

一、日期和时间设置

选择“开始”菜单→“设置”命令。在打开的“Windows 设置”窗口中选择“时间和语言”→“日期和时间”选项。

在打开的“日期和时间”窗口中，将“自动设置时间”的滑块设置为“开”，系统将在连网状态下自动同步网络时间；将“自动设置时区”滑块设置为“开”，由系统自行设置时区，也可以在“时区”下拉列表框中选择相应的时区，如图 1－2－16 所示。

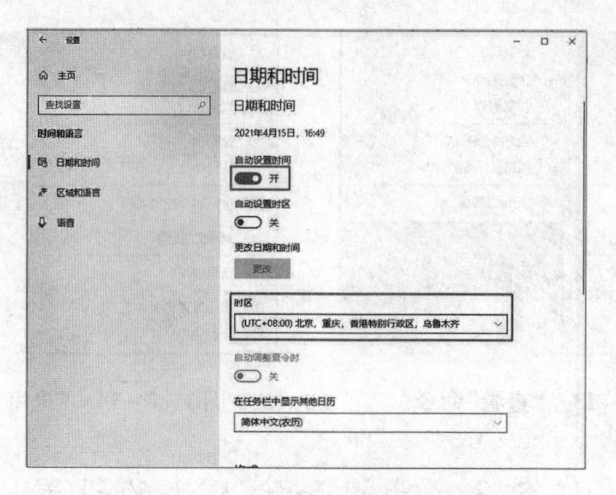

图 1-2-16 “日期和时间”窗口

二、输入法设置

选择“开始”菜单→“设置”命令。在打开的“Windows 设置”窗口中选择“时间和语言”→“区域和语言”选项。

在“区域和语言”窗口中，选择“高级键盘设置”选项，如图 1-2-17 所示。

在打开的“高级键盘设置”窗口中，在“替代默认输入法”下拉列表中选择第一顺序输入法，如图 1-2-18 所示。在 Windows 10 中默认初始输入法除英文外只有“中文(简体，中国)-微软拼音输入法”，如果需要其他输入法需要下载相应输入法程序自行安装。

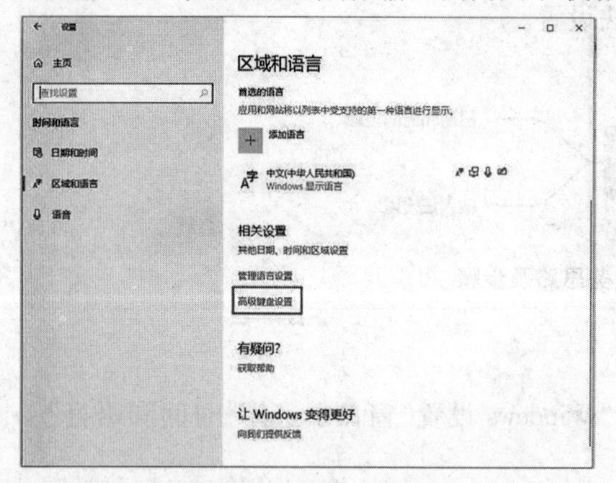

图 1-2-17 “区域和语言”窗口

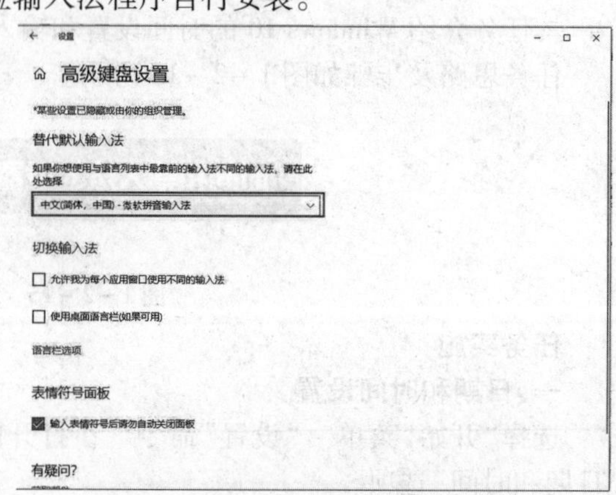

图 1-2-18 “高级键盘设置”窗口

第二篇

Word 2019 文字处理

项目 1

制作“个人工作总结”——文字段落处理

知识目标

(1)掌握 Word 2019 的基本概念以及启动和退出的方法。

(2)掌握 Word 2019 文档的创建、打开、保存和关闭的方法。

(3)掌握 Word 2019 文字处理方法,包括文本的录入和编辑、字体字号字形的设置、文本效果设置、格式刷的使用方法、查找和替换的方法。

(4)掌握 Word 2019 文字段落处理方法,包括段落对齐方式、首字下沉、段落缩进、段间距、行间距等的设置。

(5)掌握多窗口和多文档的编辑方法。

技能目标

(1)具备创建并编辑 Word 2019 文档的能力。

(2)具备对 Word 2019 文档进行文字处理的能力。

(3)具备对 Word 2019 文档进行段落处理的能力。

(4)具备多窗口和多文档编辑的能力。

任务 1　Word 2019 基本操作

任务导入

到了年底,办公室的小郑要写“个人工作总结”,总结这一年的工作和收获。她准备使用文字处理软件 Word 2019 来完成。下面让我们来认识一下 Word 2019 吧。

任务分析

Word 2019 是微软公司 Office 2019 系列办公软件的组件之一,是一款功能强大的文字处理软件。人们广泛使用 Word 软件撰写书信、公文、报告、论文、合同等文档。Word 2019 具有文本编辑、图文混排、格式设置、文档打印等功能,界面友好、操作简便,给用户提供了用于创建专业文档的工具,帮助用户节省时间,并得到优雅美观的结果。

本任务介绍 Word 2019 基本操作方法。

任务思路及步骤如图 2－1－1 所示。

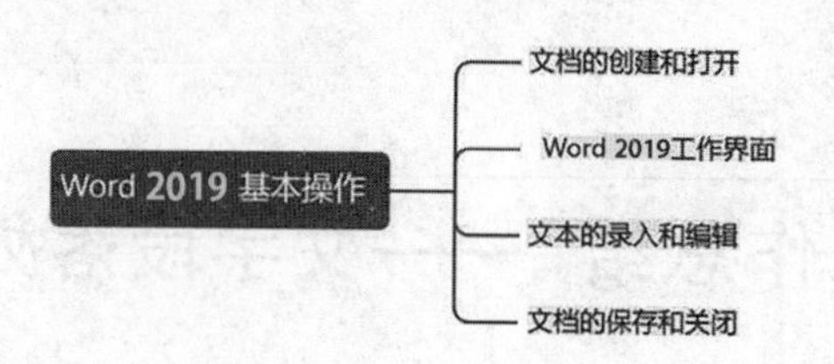

图 2-1-1 任务思路及步骤

任务实施

Word 2019 基本操作如下。

一、文档的创建和打开

文档创建的 3 种常用方法如下。

(1)选择“开始”菜单→“Word”选项,打开 Word 软件,单击“空白文档”按钮,将创建一个空白文档,如图 2-1-2 和图 2-1-3 所示。

图 2-1-2 新建空白文档

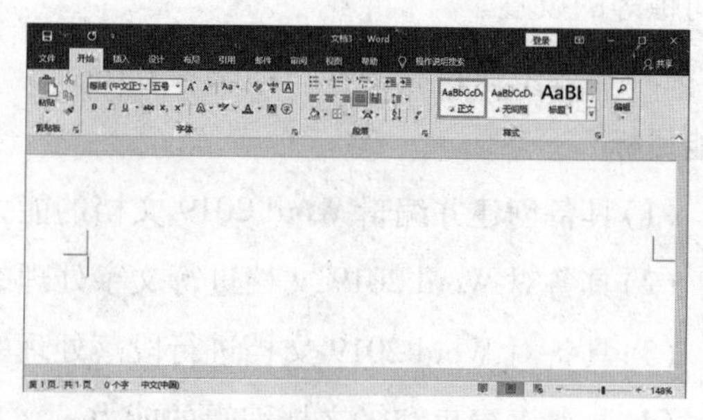

图 2-1-3 空白文档

(2)双击桌面上的“Word”快捷图标,打开 Word 2019 软件并创建空白文档,如图 2-1-4 所示。

(3)在桌面空白处单击鼠标右键,在弹出的快捷菜单中选择“新建”→“Microsoft Word 文档”命令,将在桌面上创建一个名为“新建 Microsoft Word 文档. docx”的新文档,如图 2-1-5 和图 2-1-6 所示。双击即可打开此文档。

图 2-1-4 “Word”快捷图标

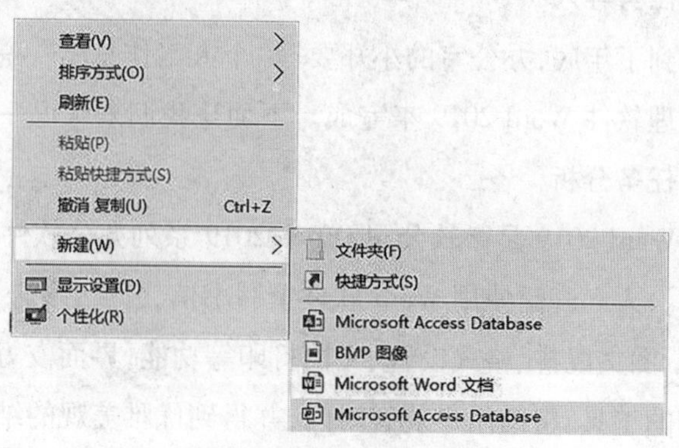

图 2-1-5 快捷菜单

文档打开的 2 种常用方法如下。

(1)双击 Word 文档图标,将直接打开此文档,如图 2－1－7 所示。

图 2－1－6　新建文档

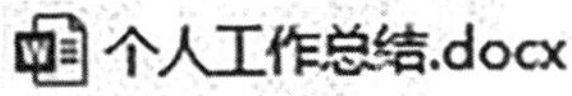

个人工作总结.docx

图 2－1－7　Word 文档图标

(2)打开 Word 2019 软件,选择左侧窗格中的“打开”命令,然后单击中间窗格的“浏览”按钮,在“打开”对话框中选择需要打开的 Word 文档,单击“打开”按钮即可打开此文档,如图 2－1－8 和图 2－1－9 所示。

图 2－1－8　打开 Word 文档

图 2－1－9　“打开”对话框

二、Word 2019 工作界面

Word 2019 的工作界面由快速访问工具栏、标题栏、选项卡、功能区、用户编辑区等部分组成,如图 2－1－10 和表 2－1－1 所示。

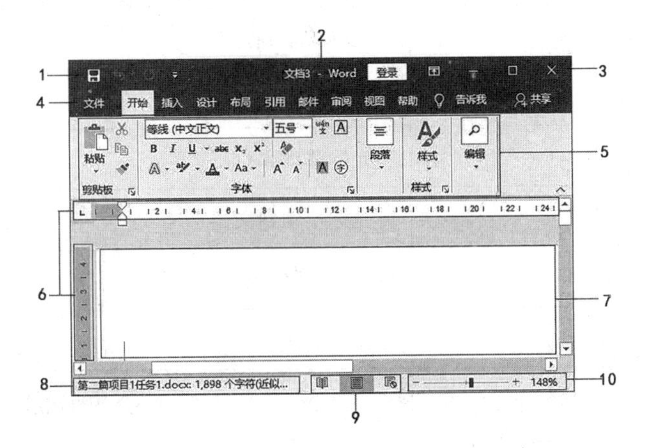

图 2－1－10　Word 2019 的工作界面

表 2-1-1　Word 2019 的工作界面

序号	名称	功能
1	快速访问工具栏	用于放置常用的按钮,如“保存”“撤销”“重复”等
2	标题栏	用于显示当前文档的名称
3	控制按钮	对当前窗口进行最大化、最小化及关闭操作
4	选项卡	显示各个功能区的名称
5	功能区	包含大部分功能按钮,并分组显示,方便用户使用
6	标尺	用于手动调整页边距或表格列宽等
7	用户编辑区	用于输入和编辑文档内容
8	状态栏	用于显示当前文档的信息
9	视图按钮	用于切换各种文档视图
10	显示比例	用于更改文档的显示比例

三、文本的录入和编辑

1. 文本的录入

新建一个空白文档后,文档开头会有“|”形状的光标在闪烁,光标代表当前文本的插入点。如果需要在某处录入文本,必须先将光标定位于相应位置。定位光标通常有 3 种方法。

方法一:单击要录入文本的地方。

方法二:利用上、下、左、右移动键移动光标。

方法三:利用组合键快速定位光标。常用的定位光标组合键如表 2-1-2 所示。

表 2-1-2　常用的定位光标组合键

组合键	功能
Home	将光标移动到行首
Ctrl + Home	将光标移动到文档开头
End	将光标移动到行尾
Ctrl + End	将光标移动到文档末尾
Page Up	将光标上移一屏
Page Down	将光标下移一屏

光标定位之后,就可以进行文字录入了。按“Ctrl + Shift”组合键,可以进行输入法的切换。当录入的文字到达一行的末尾后,光标会自动切换到下一行的行首;当一个段落录入完毕时,按 Enter 键结束当前段落,末尾显示出段落标记,同时,光标自动移动到下一个新段落;删除段落标记,前后两个段落将合并成一个段落。

2. 文本的选择

单击要选择的文本的开头，按住鼠标左键拖动到要选择的文本的末尾，可选择连续的一段文本。

选择“开始”选项卡→“编辑”组→“选择”下拉菜单中的“全选”命令，将选择当前整个文档，如图 2－1－11 所示。

3. 文本的删除

选择要删除的文本，按 Delete 键或 BackSpace 键删除。

4. 文本的剪切、复制和粘贴

文本的剪切、复制和粘贴是编辑 Word 2019 中最常用的操作，主要有 3 种方法。

(1)快捷菜单

选择文本，单击鼠标右键，在弹出的快捷菜单中选择“剪切”“复制”命令，实现文本的剪切、复制；将光标定位到要粘贴文本的位置，在弹出的快捷菜单中选择“粘贴选项”中的命令，可以按照“保留源格式”“合并格式”“图片”“只保留文本”等方式进行粘贴，如图 2－1－12 所示。

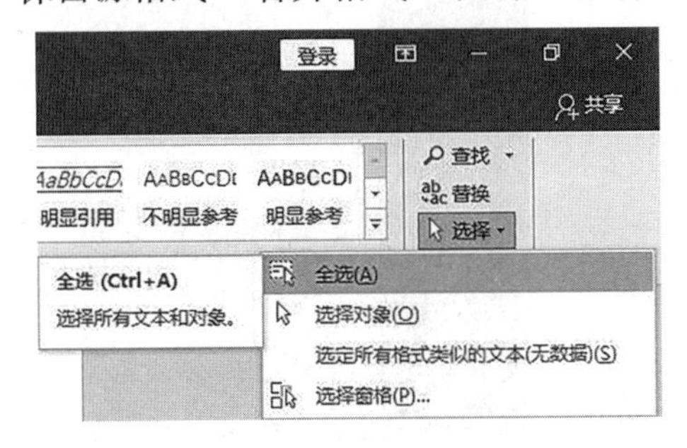

图 2－1－11　“全选”命令

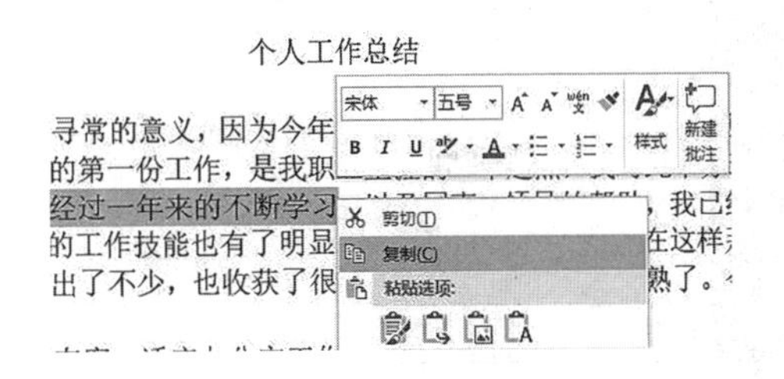

图 2－1－12　快捷菜单

(2)选项卡

选择文本，选择“开始”选项卡→“剪贴板”组的“剪切”“复制”命令，实现文本的剪切、复制；将光标定位到要粘贴文本的位置，选择“开始”选项卡→“剪贴板”组的“粘贴”命令，可以按照“保留源格式”“合并格式”“图片”“只保留文本”等方式进行粘贴，如图 2－1－13 所示。

(3)组合键

选择文本，按“Ctrl＋X”组合键进行剪切，按“Ctrl＋C”组合键进行复制；将光标定位到要粘贴文本的位置，按“Ctrl＋V”组合键进行粘贴。

四、文档的保存和关闭

文档保存的 3 种常用方法如下。

(1)单击文档窗口左上角快速访问工具栏中的“保存”按钮，可保存当前文档，如图 2－1－14 所示。

图 2-1-13 “剪贴板”组

图 2-1-14 快速访问工具栏中的“保存”按钮

(2)选择“文件”选项卡→“保存”命令,可保存当前文档,如图 2-1-15 所示。

注意:如果是已存在的文档,“保存”命令将文档保存在原有位置;如果是新建文档,将打开“另存为”窗口对文档进行保存,如方法(3)所示。

(3)选择“文件”选项卡→“另存为”命令,在“另存为”窗口中单击“浏览”按钮,打开“另存为”对话框,可将当前文档保存在指定位置,如图 2-1-16 和图 2-1-17 所示。

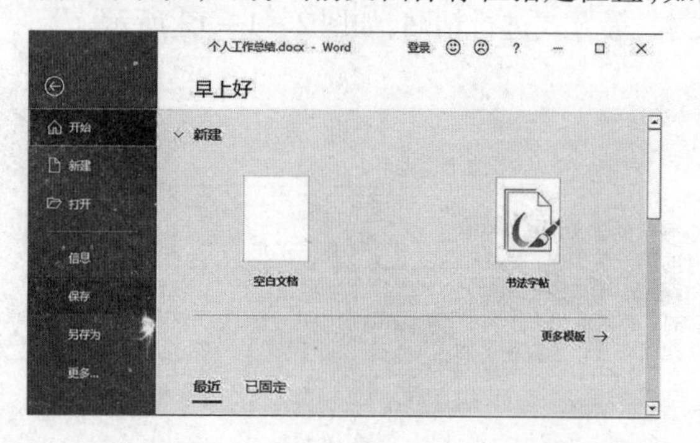

图 2-1-15 “文件”选项卡中的“保存”命令

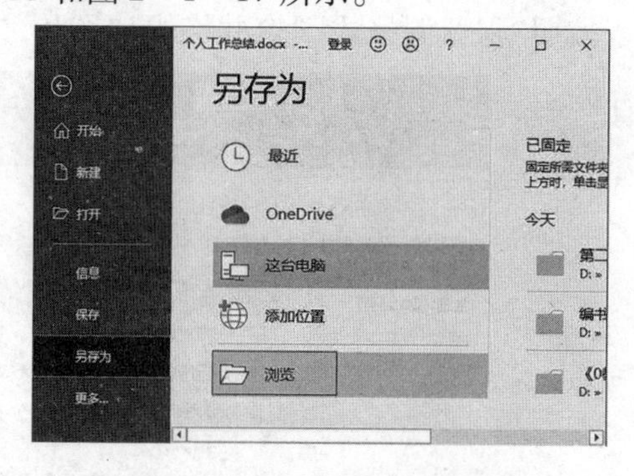

图 2-1-16 “另存为”窗口

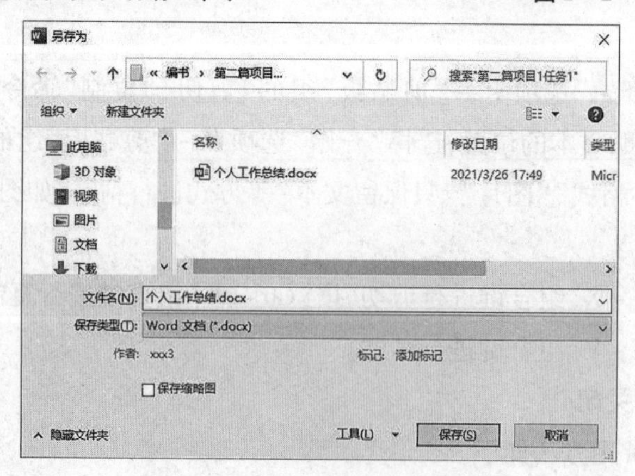

图 2-1-17 “另存为”对话框

文档关闭的 4 种常用方法如下。

(1)单击窗口右上角的“关闭”按钮,如图 2-1-18 所示。

图 2－1－18　窗口右上角的“关闭”按钮

(2)用鼠标右键单击文档窗口顶部标题栏,在快捷菜单中选择“关闭”命令,如图 2－1－19 所示。

(3)单击要退出的 Word 2019 文档窗口,按“Alt＋F4”组合键。

(4)选择“文件”选项卡→“关闭”命令,如图 2－1－20 所示。

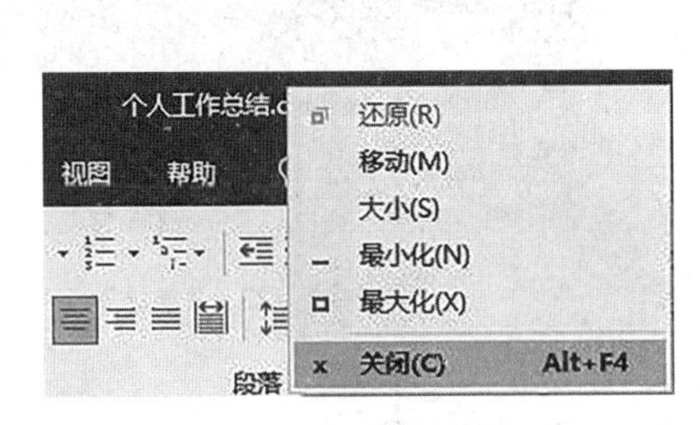

图 2－1－19　快捷菜单中的“关闭”命令

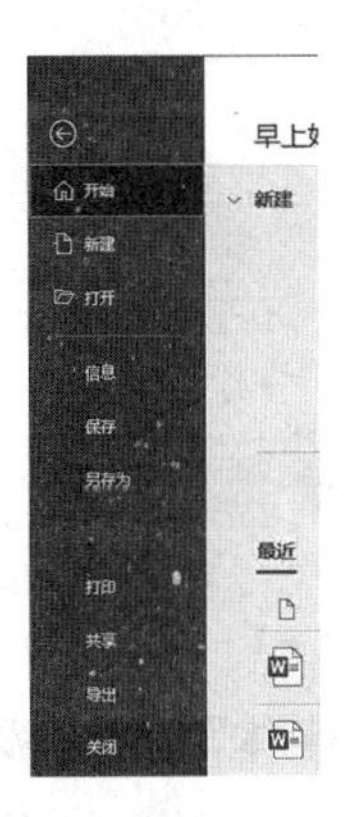

图 2－1－20　“文件”选项卡中的“关闭”命令

任务 2　字体、字号、字形

任务导入

小郑正在写“个人工作总结”,公司要求将标题设置为黑体、加粗、三号、蓝色,加着重号,正文设置为宋体、小四号。这就需要设置 Word 2019 的字体、字号、字形。

任务分析

在 Word 2019 中设置字体、字号、字形有 3 种方法。

方法一:利用浮动工具栏设置。

方法二:利用功能区设置。

方法三:利用“字体”对话框设置。

本任务介绍字体、字号、字形的设置方法。

任务思路及步骤如图 2－1－21 所示。

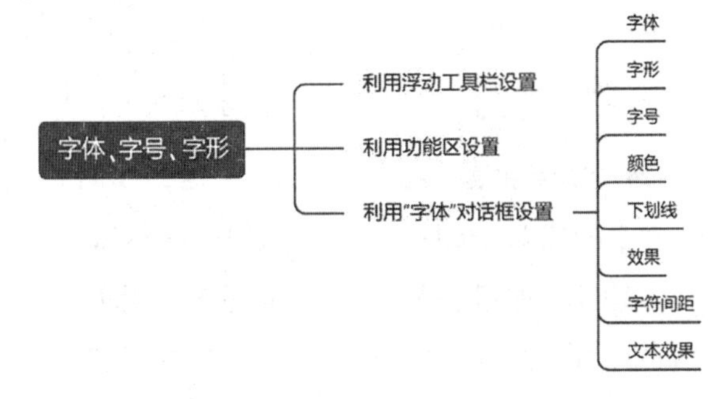

图 2－1－21　任务思路及步骤

任务实施

设置字体、字号、字形的操作如下。

一、利用浮动工具栏设置

用鼠标选中文本,释放鼠标左键后,出现浮动工具栏,可以设置字体、字号、字形、颜色、样式、项目符号、格式刷、批注等,如图2-1-22所示。

二、利用功能区设置

在“开始”选项卡→“字体”组中,可以设置字体、字号、字形、颜色、文字效果等,如图2-1-23所示。

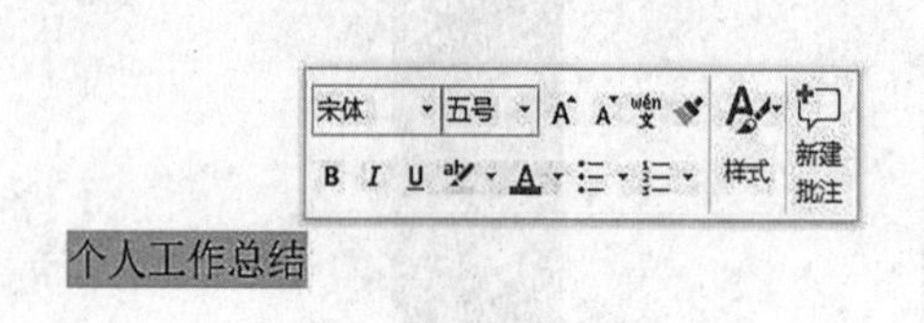

图2-1-22 浮动工具栏

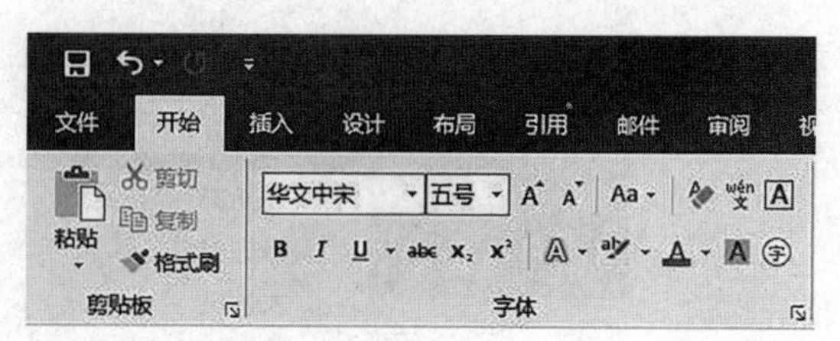

图2-1-23 “字体”组

三、利用“字体”对话框设置

单击“开始”选项卡→“字体”组右下角的“功能扩展”按钮;或者用鼠标右键单击选中的文本,在弹出的快捷菜单中选择“字体”命令,将打开“字体”对话框,如图2-1-24和图2-1-25所示。

在“字体”对话框“字体”选项卡中,可以设置中文字体、西文字体、字形、字号、字体颜色、下划线线型、下划线颜色、着重号、效果;在“高级”选项卡中,可以设置字符间距、OpenType功能、文字效果,如图2-1-26和图2-1-27所示。

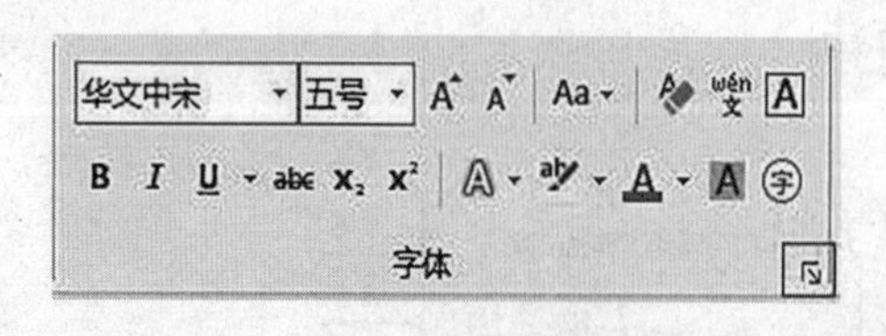

图2-1-24 “功能扩展”按钮

图2-1-25 快捷菜单

选择“个人工作总结”文章的标题,单击“开始”选项卡→“字体”组右下角的“功能扩展”按钮,打开“字体”对话框。设置黑体、加粗、三号、蓝色、着重号,如图2-1-28所示。同理,选择“个人工作总结”的文章内容,设置为宋体、小四号。

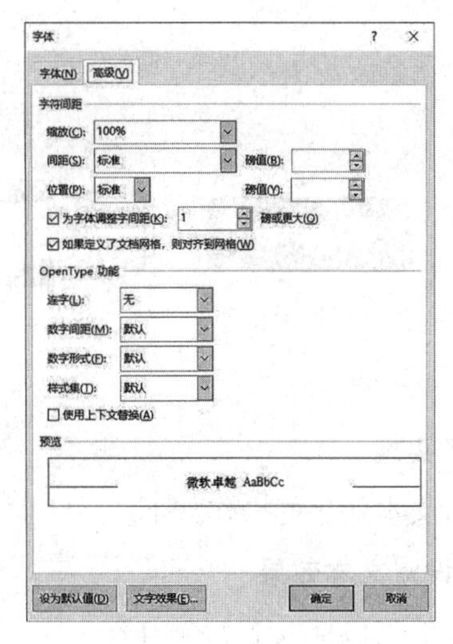

图 2-1-26 “字体”对话框的“字体”选项卡　　图 2-1-27 “字体”对话框的“高级”选项卡

“个人工作总结”最终修改效果如图 2-1-29 所示。

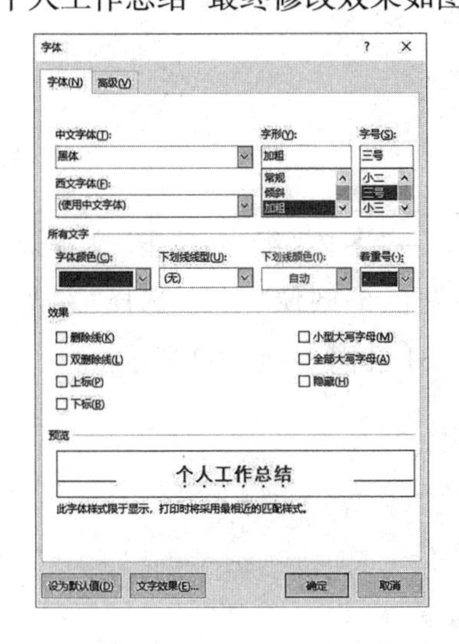

图 2-1-28 “个人工作”总结字体设置　　图 2-1-29 “个人工作总结”最终修改效果

任务 3　文本效果设置

任务导入

小郑正在写“个人工作总结”，公司要求设置标题的文字效果为“渐变填充：蓝色，主题色 5；映像”“发光：5 磅；灰色，主题色 3”。这就需要设置 Word 2019 的文本效果。

任务分析

Word 2019 的文本效果包括主题、轮廓、阴影、映像、发光等。

本任务介绍文本效果的设置方法。

任务思路及步骤如图 2-1-30 所示。

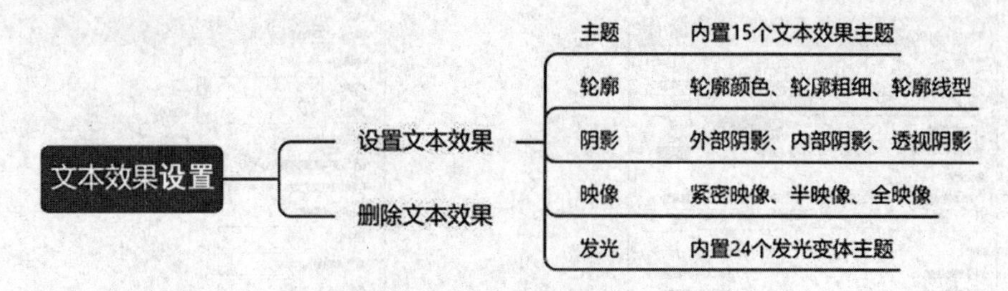

图 2－1－30　任务思路及步骤

任务实施

设置文本效果的操作如下。

一、设置文本效果

文本效果包括以下 5 个内容。

(1) 主题,包括 15 个文本效果主题的设置。

(2) 轮廓,包括轮廓颜色、轮廓粗细、轮廓线型的设置。

(3) 阴影,包括外部阴影、内部阴影、透视阴影的设置。

(4) 映像,包括紧密映像、半映像、全映像的设置。

(5) 发光,包括 24 个发光变体主题的设置。

选择“个人工作总结”文章的标题,在“开始”选项卡→“字体”组中,单击“文本效果和版式”按钮,在弹出的下拉菜单中选择“渐变填充:蓝色,主题色 5;映像”主题,选择“发光”→“发光变体”→“发光:5 磅;灰色,主题色 3”主题,如图 2－1－31 和图 2－1－32 所示。

“个人工作总结”最终修改效果如图 2－1－33 所示。

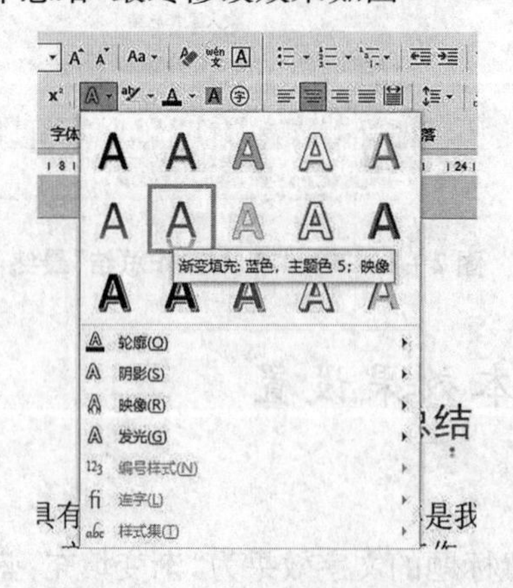

图 2－1－31　文本效果主题

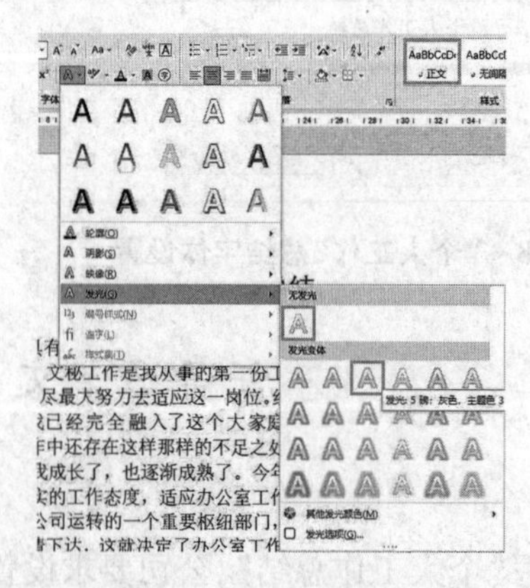

图 2－1－32　发光变体主题

二、删除文本效果

选择要删除的文本,在“开始”选项卡→“字体”组中单击“清除所有格式”按钮,将删除所有的文本效果,如图 2－1－34 所示。

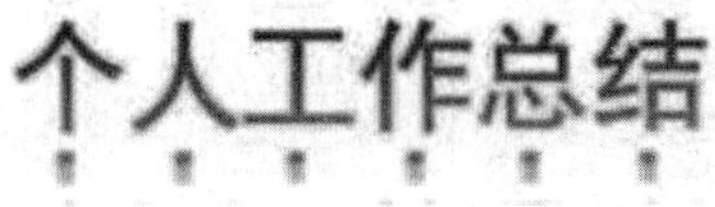

图 2 -1 -33 “个人工作总结”最终修改效果

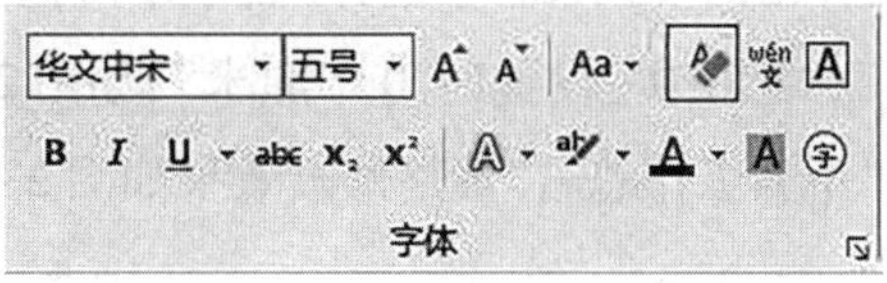

图 2 -1 -34 “清除所有格式”按钮

任务 4 段落处理

任务导入

小郑正在写“个人工作总结”,公司要求正文每段左对齐并缩进两个字符,第一段首字下沉 2 行,距正文 0.1 厘米。这就需要设置 Word 2019 的段落对齐方式、段落缩进和首字下沉。

任务分析

段落对齐方式包括左对齐、居中、右对齐、两端对齐和分散对齐;段落缩进包括首行缩进和悬挂缩进;首字下沉就是段落开头的第一个文字以增大字号的形式来显示,可以很好地凸显段落的位置和整个段落的重要性,有下沉和悬挂 2 种方式。

本任务介绍段落对齐方式、段落缩进和首字下沉的设置方法。

任务思路及步骤如图 2 -1 -35 所示。

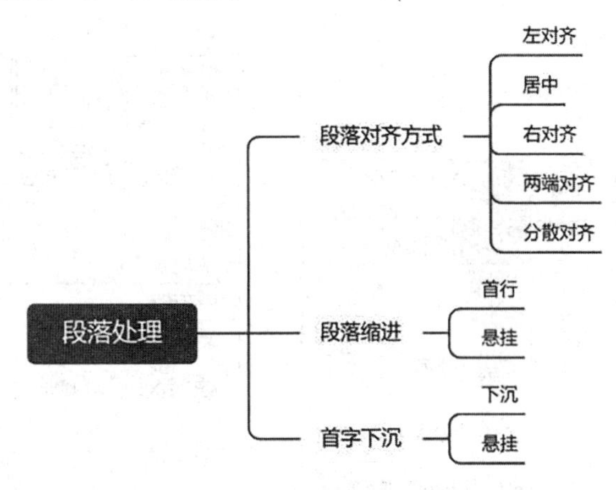

图 2 -1 -35 任务思路及步骤

任务实施

一、设置段落对齐方式和段落缩进

选择“个人工作总结”文章的全部正文内容,在“开始”选项卡→“段落”组中,单击右下角的“功能扩展”按钮,在弹出的“段落”对话框中,设置对齐方式为“左对齐”,设置特殊为“首行”,缩进值为“2 字符”,如图 2 -1 -36 和图 2 -1 -37 所示。

二、设置首字下沉

选择“个人工作总结”文章的第 1 段,在“插入”选项卡→“文本”组中,单击“首字下沉”按钮，在弹出的下拉菜单中选择“首字下沉选项”命令，打开“首字下沉”对话框，“下沉行数”设置为“2”，“距正文”设置为“0.1 厘米”，如图 2-1-38 和图 2-1-39 所示。

“个人工作总结”最终修改效果如图 2-1-40 所示。

图 2-1-36 “功能扩展”按钮

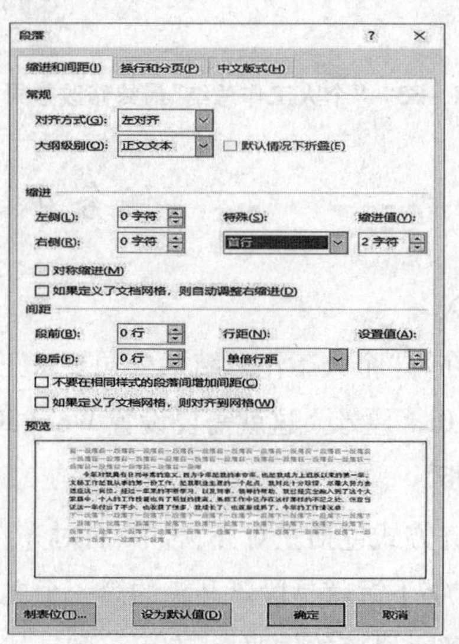

图 2-1-37 段落对齐方式

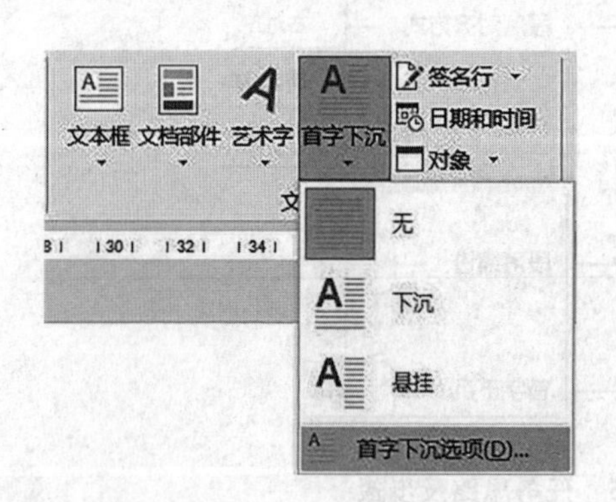

图 2-1-38 首字下沉选项

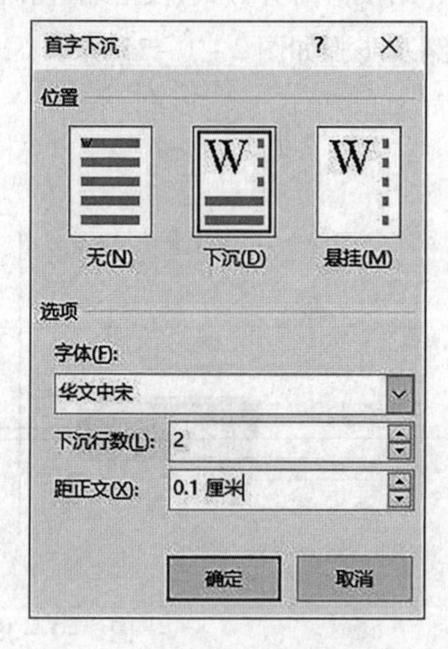

图 2-1-39 “首字下沉”对话框

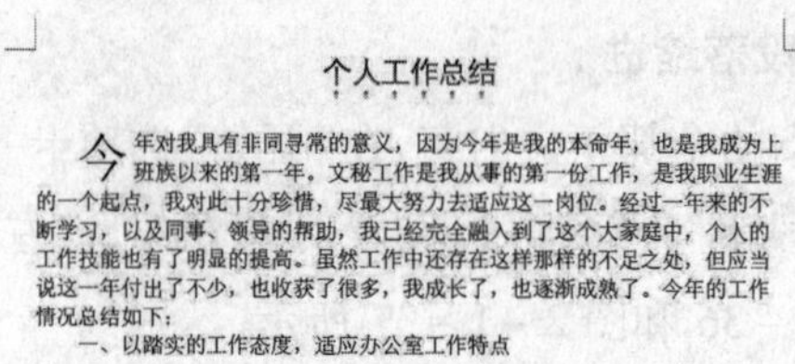

个人工作总结

今年对我具有非同寻常的意义，因为今年是我的本命年，也是我成为上班族以来的第一年。文秘工作是我从事的第一份工作，是我职业生涯的一个起点，我对此十分珍惜，尽最大努力去适应这一岗位。经过一年来的不断学习，以及同事、领导的帮助，我已经完全融入到了这个大家庭中，个人的工作技能也有了明显的提高。虽然工作中还存在这样那样的不足之处，但应当说这一年付出了不少，也收获了很多，我成长了，也逐渐成熟了。今年的工作情况总结如下：

一、以踏实的工作态度，适应办公室工作特点

图 2-1-40 “个人工作总结”最终修改效果

任务5　段落基本设置

任务导入

小郑正在写“个人工作总结”，公司要求正文每段段前间距为0.5行，行距为22磅。这就需要设置Word 2019的段间距和行间距。

任务分析

段间距指段落和段落之间的距离，包括段前间距和段后间距；行间距指行与行之间的距离，包括单倍行距、1.5倍行距、2倍行距、最小值、固定值和多倍行距。

本任务介绍段间距和行间距。

任务思路及步骤如图2－1－41所示。

任务实施

选择“个人工作总结”文章的全部正文内容，在“开始”选项卡→“段落”组中，单击右下角的“功能扩展”按钮，在弹出的“段落”对话框中，设置“段前”为“0.5行”；设置“行距”为“固定值”，设置“设置值”为“22磅”，如图2－1－42所示。

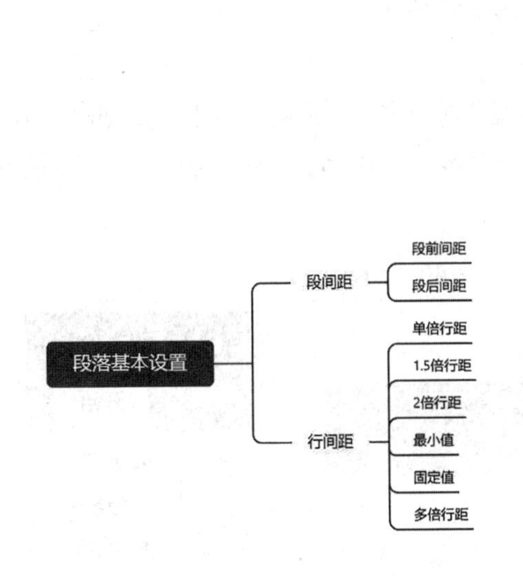

图2－1－41　任务思路及步骤

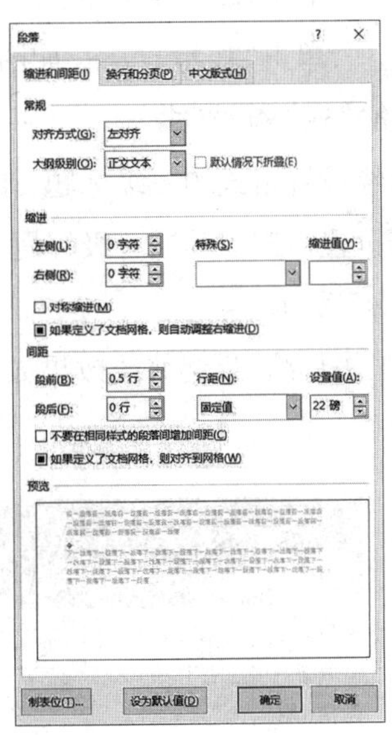

图2－1－42　“段落”对话框

任务6　格式刷的使用

任务导入

小郑正在写“个人工作总结”，公司要求正文每个一级标题为黑体、加粗、小四号。这就需要应用Word 2019的格式刷功能。

任务分析

格式刷是 Word 2019 的一种工具。用格式刷“刷”格式,可以快速将指定段落或文本的格式复制到其他段落或文本上,让用户免受重复设置之苦,同时也让文档的格式更统一,看起来更规范、美观。

本任务介绍格式刷的使用方法。

任务思路及步骤如图 2-1-43 所示。

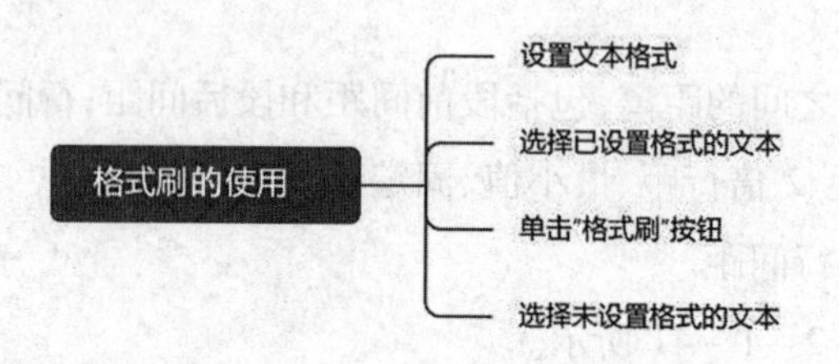

图 2-1-43　任务思路及步骤

任务实施

一、设置文本格式

选择“个人工作总结”文章的某个一级标题,在“开始”选项卡→“字体”组中,选择“黑体”“小四号”选项,单击“加粗”按钮,如图 2-1-44 所示。

二、用格式刷“刷”格式

选择已经设置格式的一级标题,在“开始”选项卡→“剪贴板”组中,单击“格式刷”按钮后,依次选择未设置格式的其他一级标题,设置完毕后再次单击“格式刷”按钮,取消格式刷设置,如图 2-1-45 所示。

“个人工作总结”最终修改效果如图 2-1-46 所示。

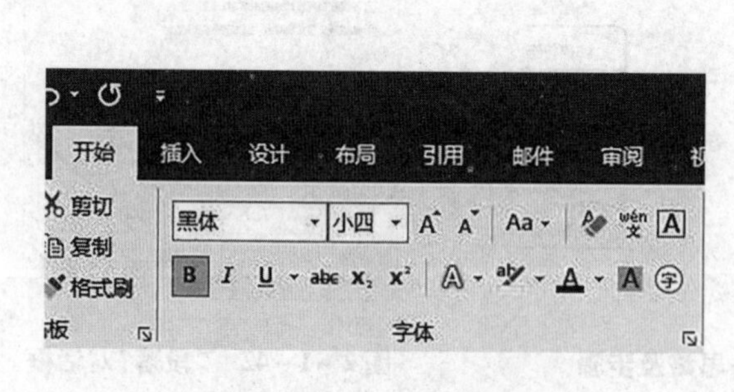

图 2-1-44　字体设置

图 2-1-45　格式刷

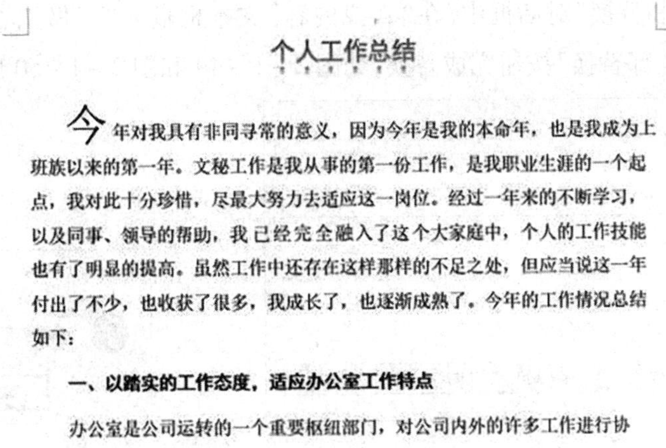

个人工作总结

今年对我具有非同寻常的意义，因为今年是我的本命年，也是我成为上班族以来的第一年。文秘工作是我从事的第一份工作，是我职业生涯的一个起点，我对此十分珍惜，尽最大努力去适应这一岗位。经过一年来的不断学习，以及同事、领导的帮助，我已经完全融入了这个大家庭中，个人的工作技能也有了明显的提高。虽然工作中还存在这样那样的不足之处，但应当说这一年付出了不少，也收获了很多，我成长了，也逐渐成熟了。今年的工作情况总结如下：

一、以踏实的工作态度，适应办公室工作特点

办公室是公司运转的一个重要枢纽部门，对公司内外的许多工作进行协

图 2－1－46 “个人工作总结”最终修改效果

任务7 查找和替换

任务导入

小郑写完了“个人工作总结”，在检查时她发现自己写了错别字，将“工作”写成了“工做”。用什么方法能够迅速修改文章中的所有错别字呢？

任务分析

Word 2019 的查找和替换功能能够帮助用户迅速查找并替换指定文本，节省了用户的时间和精力，非常实用。

本任务介绍查找和替换的使用方法。

任务思路及步骤如图 2－1－47 所示。

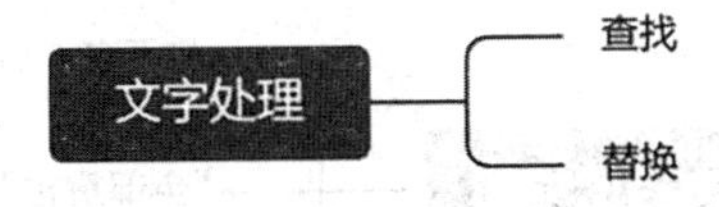

图 2－1－47 任务思路及步骤

任务实施

选择“个人工作总结”文章的全部文本，在“开始”选项卡→“编辑”组中选择“替换”命令。如图 2－1－48 所示。

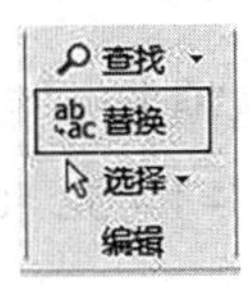

图 2－1－48 “替换”命令

在打开的“查找和替换”对话框中，在“查找内容”文本框输入“工做”，在“替换为”文本框输入“工作”，单击“全部替换”按钮完成替换，如图 2－1－49 和图 2－1－50 所示。

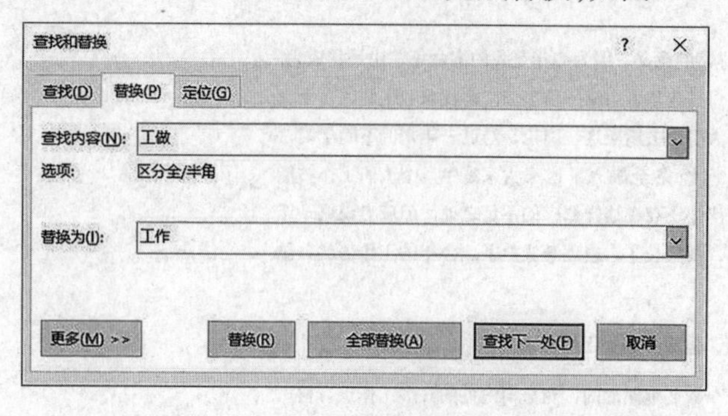

图 2－1－49 “查找和替换”对话框

图 2－1－50 完成替换提示框

任务8 多窗口和多文档的编辑

任务导入

小郑和小周都写完了“个人工作总结”，小周把自己的“个人工作总结”发给了小郑，请小郑调整格式并修改错误。小郑同时打开了两份“个人工作总结”，准备一起检查修改。用什么方法能够让两个窗口并排显示呢？

任务分析

Word 2019 的多窗口和多文档编辑能够让用户在一个屏幕内同时显示多个文档窗口，为用户进行文档阅读、文档对比、文档检查提供了便利，非常实用。

本任务介绍多窗口和多文档编辑。

任务思路及步骤如图 2－1－51 所示。

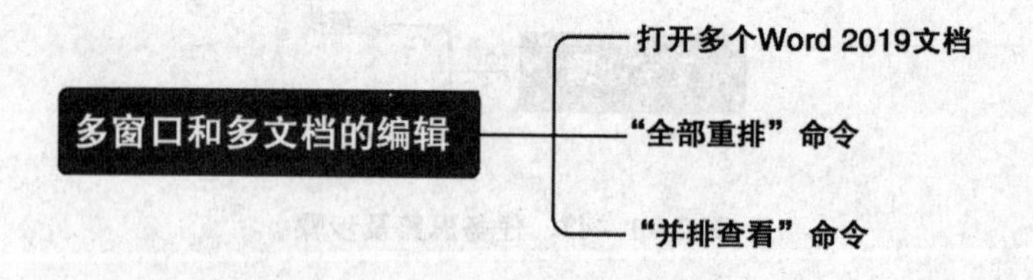

图 2－1－51 任务思路及步骤

任务实施

一、全部重排

打开多个 Word 2019 文档，在“视图”选项卡→“窗口”组中，单击“全部重排”按钮，多个文档将按照从上到下的顺序铺满屏幕，如图 2－1－52 和图 2－1－53 所示。

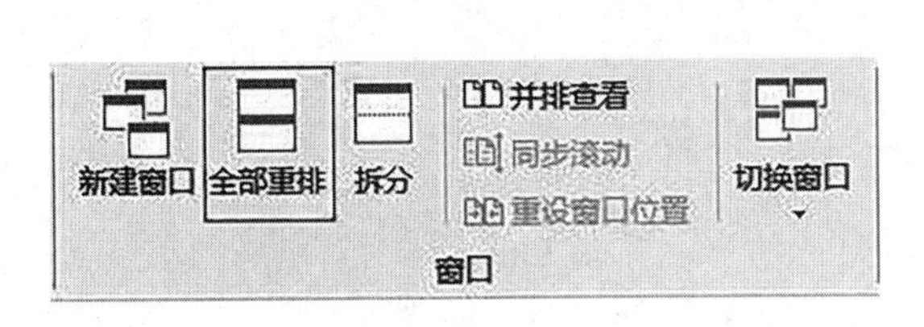

图 2-1-52　“全部重排”按钮

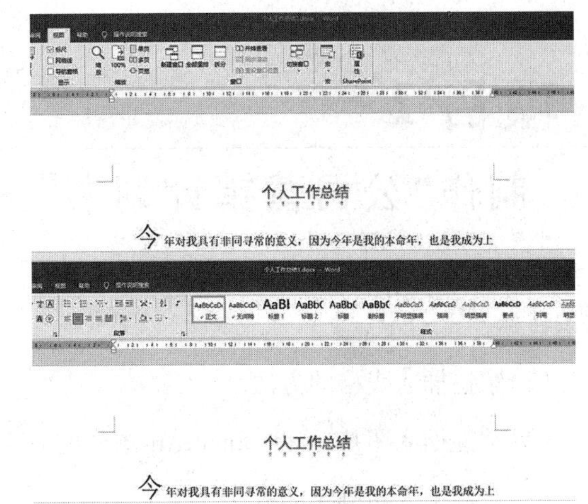

图 2-1-53　“全部重排”效果

二、并排查看

打开多个 Word 2019 文档，在“视图”选项卡→“窗口”组中选择“并排查看”命令，多个文档将按照从左到右的顺序铺满屏幕，如图 2-1-54 和图 2-1-55 所示。

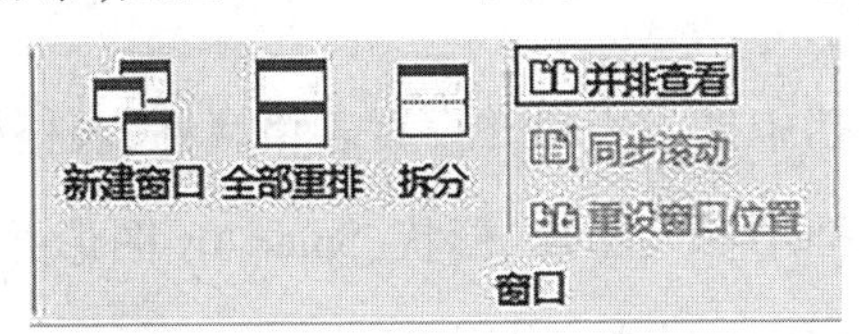

图 2-1-54　“并排查看”命令

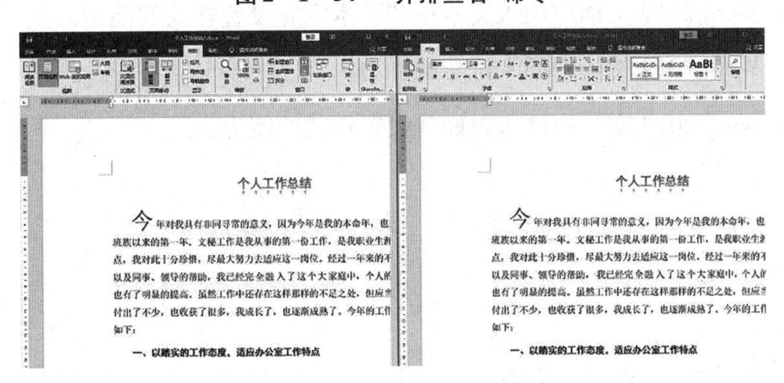

图 2-1-55　“并排查看”效果

单击“同步滚动”按钮，可以实现在滚动当前文档时另一个文档同时滚动。

项目 2

制作“公司营销计划书”——插入选项卡

知识目标

(1)掌握插入表格的方法。

(2)掌握插入图片、形状、SmartArt 图形的方法。

(3)掌握插入超链接的方法。

(4)掌握插入文本框和艺术字的方法。

(5)掌握插入符号的方法。

(6)掌握插入封面的方法。

技能目标

(1)具备在 Word 2019 文档中插入表格并设置表格属性、表格样式的能力。

(2)具备在 Word 2019 文档中插入图片、形状、SmartArt 图形并设置样式的能力。

(3)具备在 Word 2019 文档中插入超链接的能力。

(4)具备在 Word 2019 文档中插入文本框和艺术字并设置样式的能力。

(5)具备在 Word 2019 文档中插入符号的能力。

(6)具备在 Word 2019 文档中插入封面并设置样式的能力。

任务 1　插入表格

任务导入

领导让小郑修饰“公司营销计划书”文档,需要插入“上半年公司销售情况表”,于是小郑学习如何在 Word 2019 文档中插入表格。

任务分析

Word 2019 表格是由多个单元格按行、列的方式组合而成的,在表格中可以进行数据输入、数据编辑、数据计算、数据排序、样式设置等操作。

本任务介绍表格的基本操作方法。

任务思路及步骤如图 2－2－1 所示。

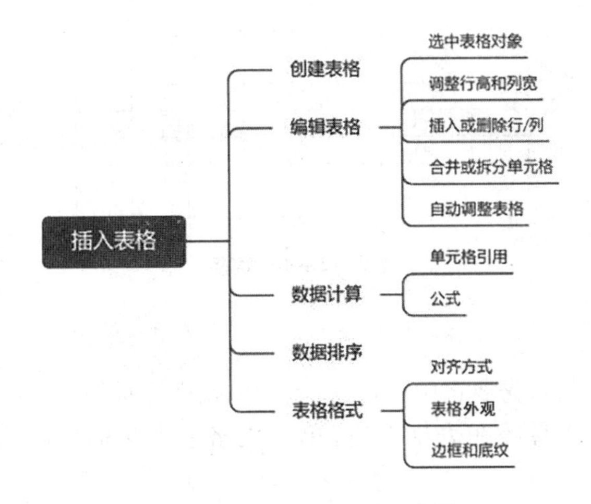

图 2－2－1　任务思路及步骤

任务实施

表格基本操作如下。

一、创建表格

创建表格的 2 种常用方法如下。

（1）将光标定位到需要插入表格的位置，单击“插入”选项卡→“表格”组的“表格”按钮，在弹出的下拉菜单中，拖动鼠标选择 8 列 7 行的表格，单击，在文档中插入表格，如图 2－2－2 所示。

（2）将光标定位到需要插入表格的位置，单击“插入”选项卡→“表格”组的“表格”按钮，在弹出的下拉菜单中选择“插入表格”命令。在弹出的“插入表格”对话框中，在“列数”文本框中输入“8”，在“行数”文本框中输入“7”，单击“确定”按钮，即在文档中插入表格，如图 2－2－3 和图 2－2－4 所示。

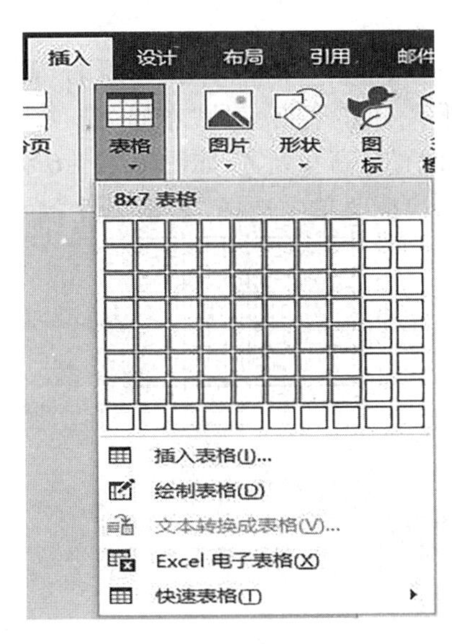

图 2－2－2　插入表格

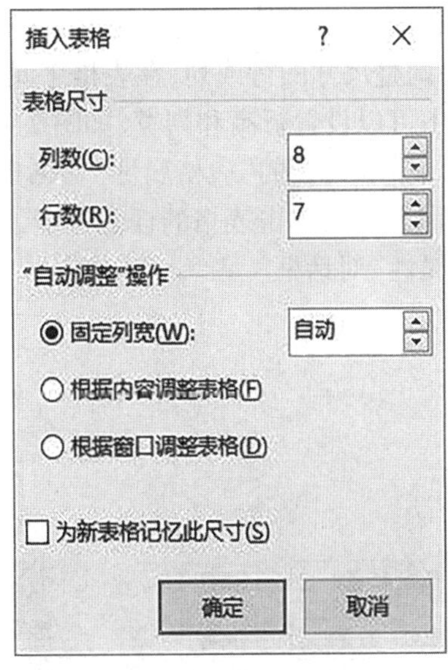

图 2－2－3　“插入表格”对话框

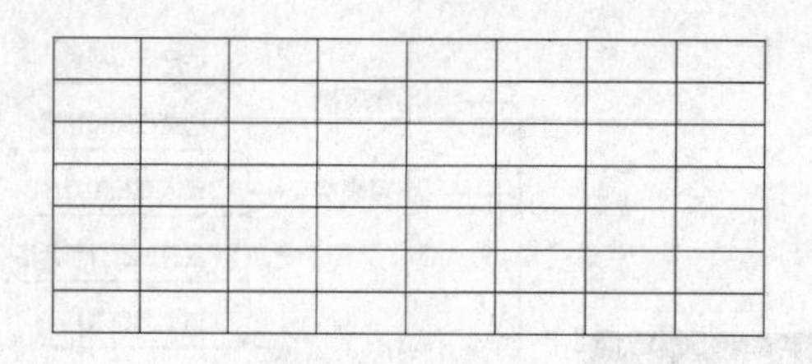

图 2－2－4　表格

二、编辑表格

1. 选中表格对象

在对表格进行编辑时，首先要选中表格、行、列、单元格等对象。

（1）选中表格：将鼠标悬停在表格上方，单击表格左上角的“＋”字形箭头，将选中整个表格。

（2）选中行：将鼠标移动到行的左侧，光标变成斜向上的空心箭头，单击即可选中当前行；拖动鼠标可以选中连续的多行。

（3）选中列：将鼠标移动到列的上方，光标变成向下的黑色实心箭头，单击即可选中当前列；拖动鼠标可以选中连续多列。

（4）选中单元格：将鼠标移动到单元格的左侧，光标变成斜向上的黑色实心箭头，单击即可选中当前单元格；双击可以选中当前行的所有单元格。

2. 调整行高和列宽

调整行高和列宽有 2 种方法。

（1）鼠标拖动

将鼠标移动到表格或单元格的边线上，鼠标指针呈现上下箭头（行边线上）或左右箭头（右边线上）形状，拖动鼠标即可调整行高和列宽。鼠标拖动方法虽然直观、快捷，但不能精确设置数值。

（2）表格属性

选中要调整尺寸的行或列，在表格工具“布局”选项卡→“单元格大小”组的“高度”和“宽度”文本框中可以设置行高和列宽，如图 2－2－5 所示；单击表格工具“布局”选项卡→“表”组的“属性”按钮，在打开的“表格属性”对话框中可以设置行高和列宽，如图 2－2－6 和图 2－2－7 所示。用鼠标右键单击表格的任意位置，在弹出的快捷菜单中选择“表格属性”命令，也可以打开“表格属性”对话框。

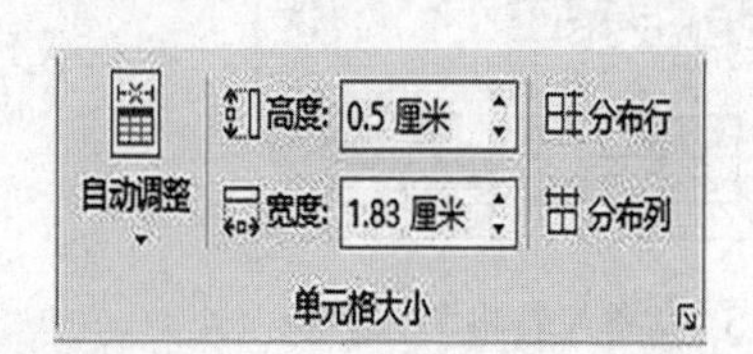

图 2－2－5　“单元格大小”组

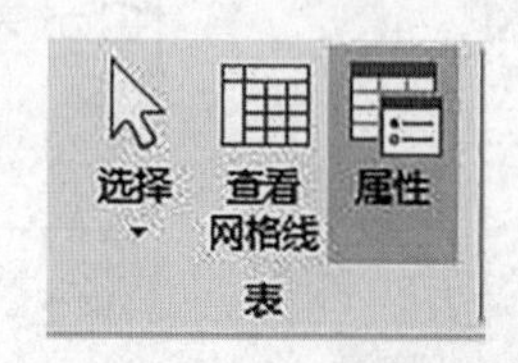

图 2－2－6　“属性”按钮

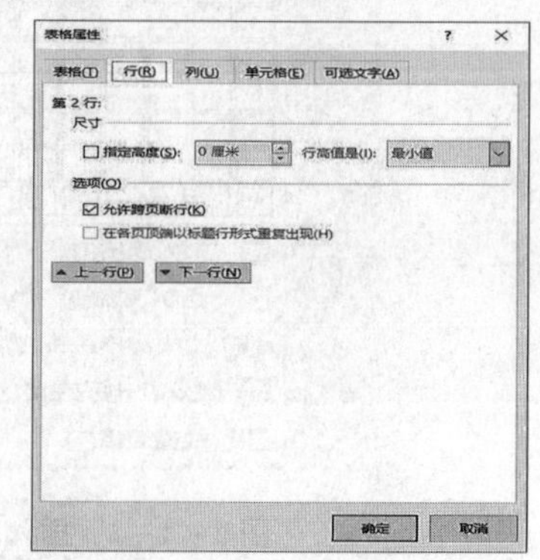

图 2－2－7　“表格属性”对话框

3. 插入或删除行/列

单击行/列所在的单元格，在表格工具“布局”选项卡→“行和列”组中，可以插入或删除行/列，如图 2－2－8 所示。

用鼠标右键单击行/列所在的单元格，在弹出的快捷菜单中，可以插入或删除行/列，如图 2－2－9所示。

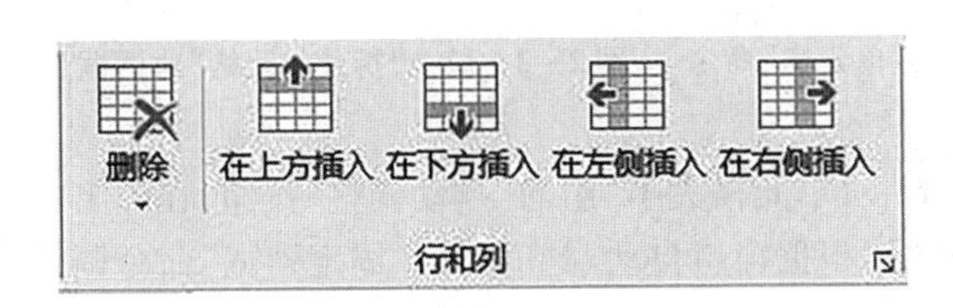

图 2－2－8　“行和列”组

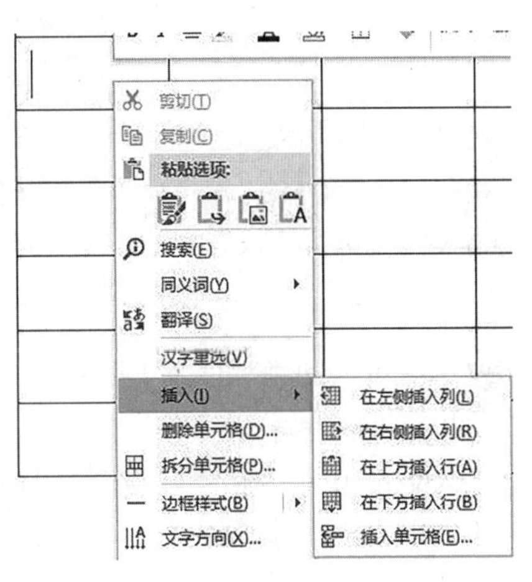

图 2－2－9　快捷菜单命令

4. 合并或拆分单元格

（1）合并单元格

合并单元格是将两个或多个相邻单元格合并成一个单元格。

选中要合并的单元格，单击表格工具“布局”选项卡→“合并”组的“合并单元格”按钮，如图 2－2－10 所示；或者用鼠标右键单击要合并的单元格，在弹出的快捷菜单中选择“合并单元格”命令，将选中的单元格合并为一个单元格，如图 2－2－11 所示。

（2）拆分单元格

拆分单元格是将一个单元格拆分成多个单元格。

选中要的单元格，单击表格工具“布局”选项卡→“合并”组的“拆分单元格”按钮；或者用鼠标右键单击要拆分的单元格，在弹出的快捷菜单中选择“拆分单元格”命令。在弹出的“拆分单元格”对话框中，设置列数和行数，单击“确定”按钮，如图 2－2－12 所示，即可将选中的单元格拆分为多个单元格。

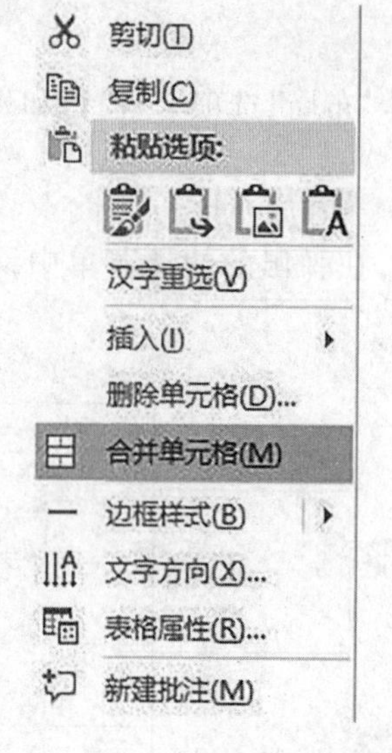

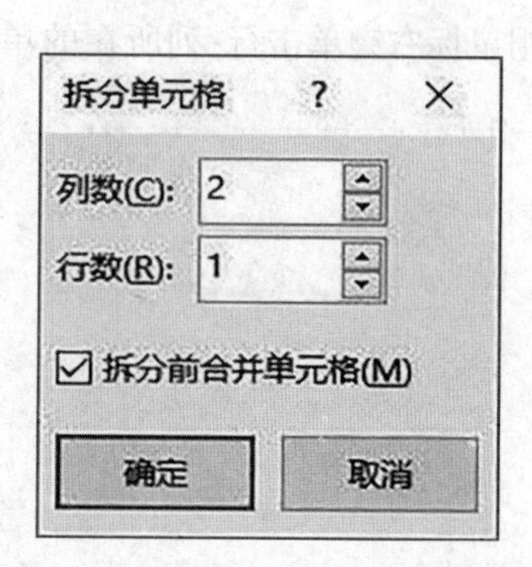

图 2-2-10 “合并”组　图 2-2-11 “合并单元格”命令　图 2-2-12 “拆分单元格”对话框

5. 自动调整表格

选择表格,单击表格工具“布局”选项卡→“单元格大小”组的“自动调整”按钮,在弹出的下拉菜单中可以选择“根据内容自动调整表格”“根据窗口自动调整表格”“固定列宽”命令调整表格大小,如图 2-2-13 所示。

三、数据计算

1. 单元格引用

单元格是通过单元格名称被引用的。Word 2019 单元格名称和 Excel 2019 单元格名称相同,由单元格所在区域的列标和行号组成。列标用英文字母表示,行号用阿拉伯数码表示。例如第一列第二行交叉处单元格名称为 A2。

单元格引用格式如下。

A1:A3 表示引用 A1、A2、A3 这 3 个单元格;

A1:C1 表示引用 A1、B1、C1 这 3 个单元格;

A1:C3 表示引用 A1 到 C3 矩形范围内的全部单元格,如图 2-2-14 所示。

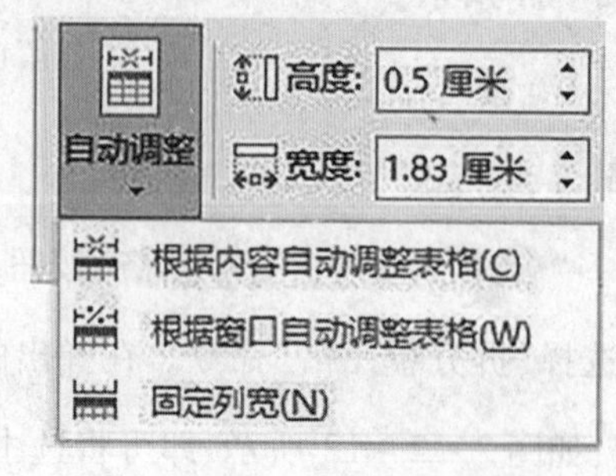

图 2-2-13 “自动调整”按钮

	A	B	C
1	A1	B1	C1
2	A2	B2	C2
3	A3	B3	C3

图 2-2-14 单元格引用

2. 公式

在表格中录入数据,如图 2-2-15 所示。

上半年公司销售情况表（单位：件）

	一月份	二月份	三月份	四月份	五月份	六月份	月平均
产品1	254	563	415	245	645	457	
产品2	125	178	214	185	285	196	
产品3	358	341	384	324	336	298	
产品4	547	511	536	545	485	621	
产品5	286	271	233	304	209	257	
总计							

图 2－2－15　上半年公司销售情况表

（1）计算月平均值的步骤

将光标定位到 H2 单元格（产品 1 的月平均单元格），单击表格工具“布局”选项卡→“数据”组的“公式”按钮，如图 2－2－16 所示。

在弹出的“公式”对话框中，在“公式”文本框中输入“＝AVERAGE(LEFT)”，表示求左侧单元格的平均值；在“编号格式”下拉列表选择“0.00”选项，表示结果保留两位小数，如图 2－2－17 所示。单击“确定”按钮完成月平均值的计算。

图 2－2－16　“公式”按钮

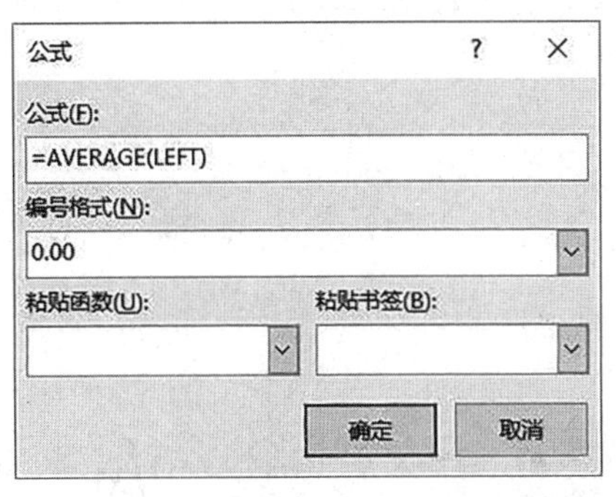

图 2－2－17　“公式”对话框

同理，计算其他产品的月平均值。

（2）计算总计的步骤

将光标定位到 B7 单元格（一月份的“总计”单元格），单击表格工具“布局”选项卡→“数据”组的“公式”按钮。在弹出的“公式”对话框中，在“公式”文本框中输入“＝SUM(ABOVE)”，表示求上面单元格的和，如图 2－2－18 所示。单击“确定”按钮完成总计的计算。

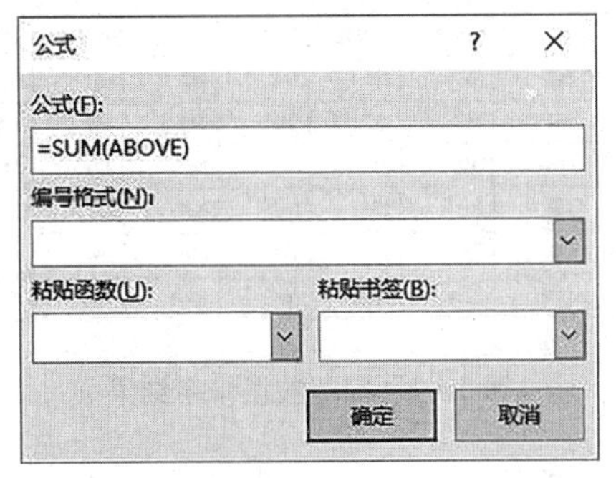

图 2－2－18　“公式”对话框

同理，计算其他月份的总计值。

数据计算结果如图 2－2－19 所示。

上半年公司销售情况表（单位：件）

	一月份	二月份	三月份	四月份	五月份	六月份	月平均
产品1	254	563	415	245	645	457	429.83
产品2	125	178	214	185	285	196	197.17
产品3	358	341	384	324	336	298	340.17
产品4	547	511	536	545	485	621	540.83
产品5	286	271	233	304	209	257	260.00
总计	1570	1864	1782	1603	1960	1829	1768

图 2-2-19　数据计算结果

四、数据排序

对“上半年公司销售情况表”按照月平均值由高到低进行排序，具体步骤如下。

选择 A1:H6 单元格区域，单击表格工具“布局”选项卡→“数据”组的“排序”按钮，如图2-2-20 所示。

在弹出的“排序”对话框中，在“主要关键字”下拉列表中选择“月平均”选项；在“类型”下拉列表中选择“数字”选项；单击“降序”“有标题行”单选按钮，单击“确定”按钮，如图 2-2-21 所示。

图 2-2-20　“排序”按钮

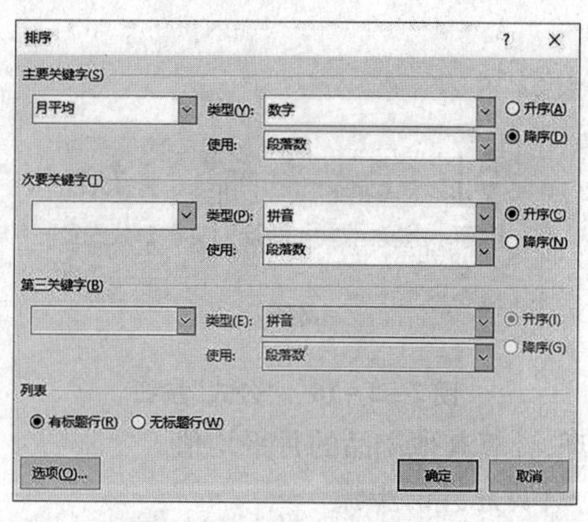

图 2-2-21　“排序”对话框

排序结果如图 2-2-22 所示。

上半年公司销售情况表（单位：件）

	一月份	二月份	三月份	四月份	五月份	六月份	月平均
产品4	547	511	536	545	485	621	540.83
产品1	254	563	415	245	645	457	429.83
产品3	358	341	384	324	336	298	340.17
产品5	286	271	233	304	209	257	260.00
产品2	125	178	214	185	285	196	197.17
总计	1570	1864	1782	1603	1960	1829	1768

图 2-2-22　数据排序结果

五、表格格式

1. 对齐方式

(1)表格对齐方式

选中整个表格，单击表格工具“布局”选项卡→“表”组的“属性”按钮，在打开的“表格属

性”对话框中可以设置表格的左对齐、居中、右对齐等3种对齐方式,如图2-2-23所示。

(2)单元格对齐方式

选中单元格,在表格工具“布局”选项卡→“对齐方式”组中,可以设置单元格的靠上左对齐、靠上居中对齐、靠上右对齐、中部左对齐、水平居中、中部右对齐、靠下左对齐、靠下居中对齐、靠下右对齐等9种对齐方式,如图2-2-24所示。

选中表格或单元格,“开始”选项卡→“段落”组中,可以设置表格或单元格的左对齐、居中、右对齐等对齐方式,如图2-2-25所示。

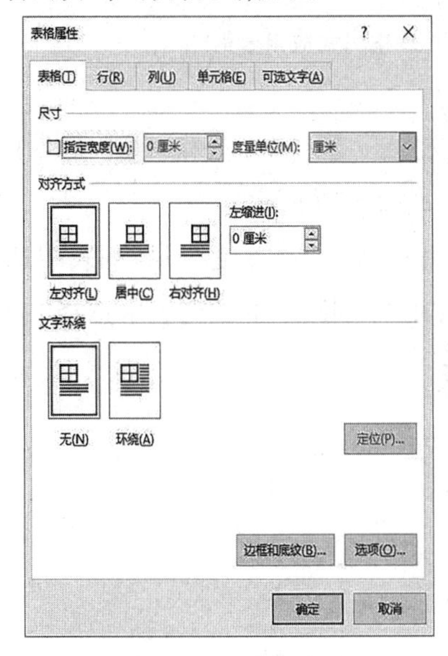

图2-2-23　表格对齐方式

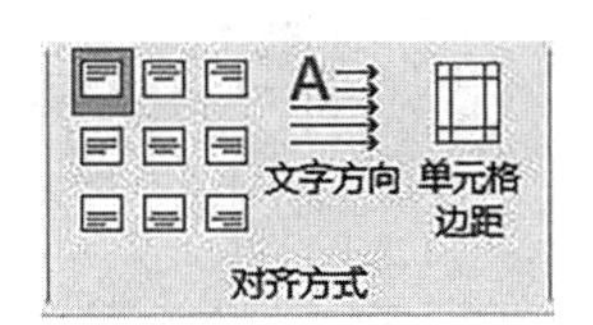

图2-2-24　“对齐方式”组

图2-2-25　“段落”组

设置“上半年公司销售情况表”整个表格为“居中”,设置第一行和第一列单元格为“水平居中”,如图2-2-26所示。

上半年公司销售情况表(单位:件)

	一月份	二月份	三月份	四月份	五月份	六月份	月平均
产品4	547	511	536	545	485	621	540.83
产品1	254	563	415	245	645	457	429.83
产品3	358	341	384	324	336	298	340.17
产品5	286	271	233	304	209	257	260.00
产品2	125	178	214	185	285	196	197.17
总计	1570	1864	1782	1603	1960	1829	1768

图2-2-26　对齐效果

2. 表格外观

Word 2019提供了许多美观的表格样式,套用表格样式可以快速格式化表格外观。选中整个表格,在表格工具“设计”选项卡→“表格样式”组中,选择“网格表4-着色5”样式,如图2-2-27所示。

表格样式应用效果如图2-2-28所示。

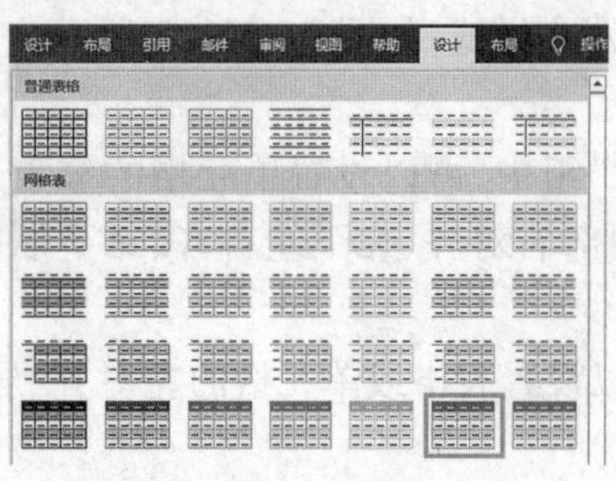

图 2－2－27　表格样式

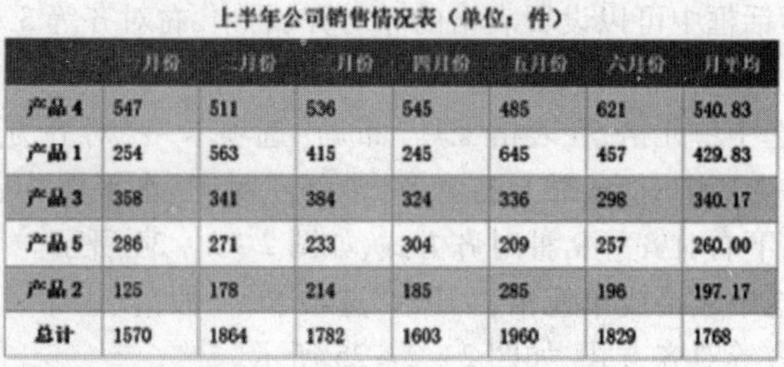

上半年公司销售情况表（单位：件）

	一月份	二月份	三月份	四月份	五月份	六月份	月平均
产品4	547	511	536	545	485	621	540.83
产品1	254	563	415	245	645	457	429.83
产品3	358	341	384	324	336	298	340.17
产品5	286	271	233	304	209	257	260.00
产品2	125	178	214	185	285	196	197.17
总计	1570	1864	1782	1603	1960	1829	1768

图 2－2－28　表格样式应用效果

3. 边框和底纹

合理地设置表格的边框和底纹，可以美化表格、突出显示效果。选中整个表格，单击表格工具“设计”选项卡→“边框”组右下角的“功能扩展”按钮，如图 2－2－29 所示。

在弹出的“边框和底纹”对话框中，可以设置表格的边框和底纹。在“宽度”下拉列表中选择“1.5 磅”选项；在“预览”区域分别单击表格外侧 4 个边框；在“应用于”下拉列表中选择“表格”选项，单击“确定”按钮，如图 2－2－30 所示。

边框应用效果如图 2－2－31 所示。

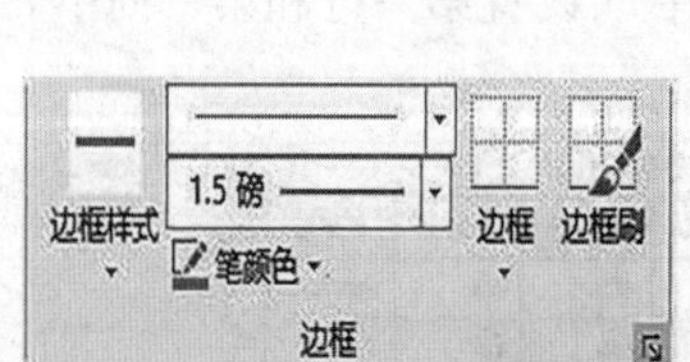

图 2－2－29　“边框”组

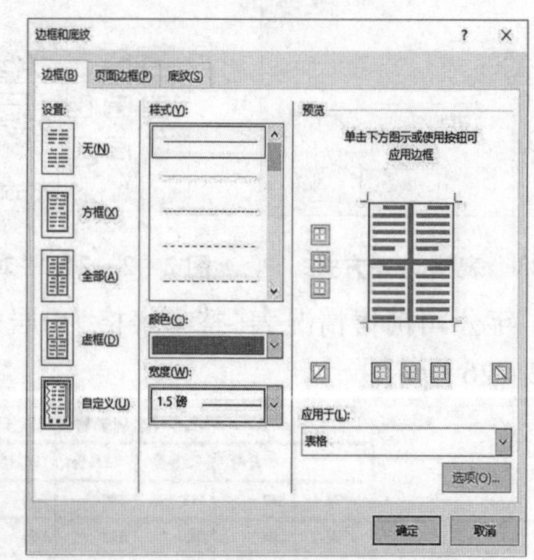

图 2－2－30　“边框和底纹”对话框

上半年公司销售情况表（单位：件）

	一月份	二月份	三月份	四月份	五月份	六月份	月平均
产品4	547	511	536	545	485	621	540.83
产品1	254	563	415	245	645	457	429.83
产品3	358	341	384	324	336	298	340.17
产品5	286	271	233	304	209	257	260.00
产品2	125	178	214	185	285	196	197.17
总计	1570	1864	1782	1603	1960	1829	1768

图 2－2－31　边框应用效果

任务 2　插入和编辑图片

任务导入

领导让小郑修饰“公司营销计划书”文档，需要插入一张图片，于是小郑学习如何在 Word 2019 文档中插入图片。

任务分析

本任务介绍图片的基本操作方法。

任务思路及步骤如图 2－2－32 所示。

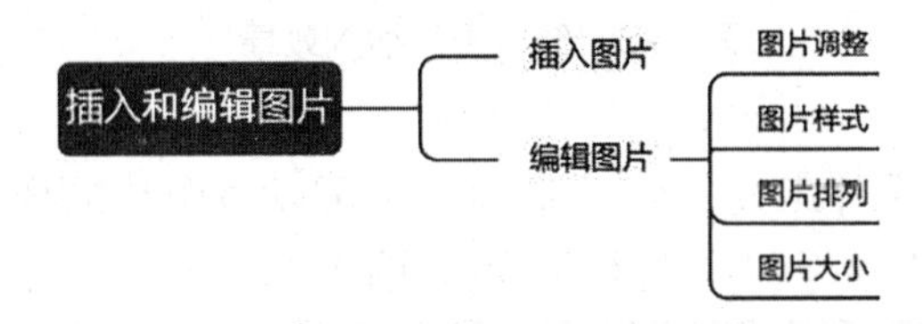

图 2－2－32　任务思路及步骤

任务实施

图片基本操作如下。

一、插入图片

(1)将光标定位到需要插入图片的位置，单击“插入”选项卡→“插图”组的“图片”按钮，在弹出的下拉菜单中选择“此设备”命令，如图 2－2－33 所示。

(2)在弹出的“插入图片”对话框中，选择要插入的图片，单击“插入”按钮，如图 2－2－34 所示。

图片插入效果如图 2－2－35 所示。

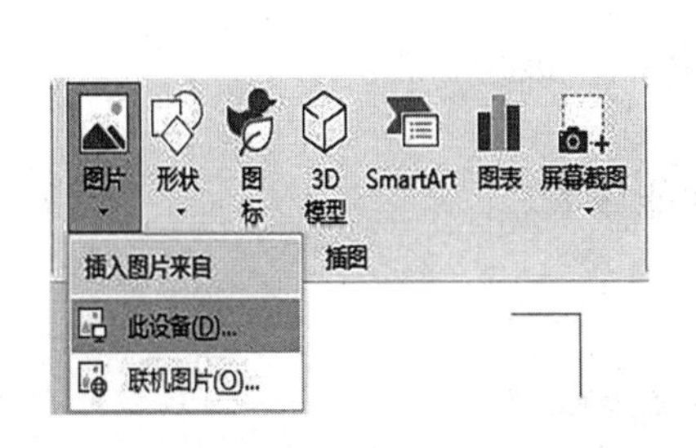

图 2－2－33　“图片”按钮

图 2－2－34　“插入图片”对话框

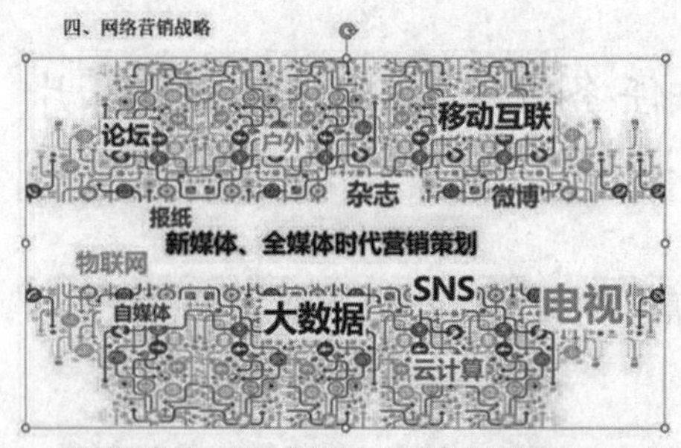

图 2-2-35　图片插入效果

二、编辑图片

选中文档中的图片，在图片工具“格式”选项卡中可以对图片的样式、边框、效果、版式、位置、环绕文字、对齐、旋转、裁剪、大小等进行设置，如图 2-2-36 所示。

图 2-2-36　图片工具“格式”选项卡

1.“调整”组

图片工具“格式”选项卡→“调整”组的主要功能如下。

删除背景：删除图片中的背景；

校正：改善图片的亮度、对比度或清晰度；

颜色：更改图片的颜色饱和度、色调、调整着色，以匹配文档内容；

艺术效果：将灰度、素描、马赛克等艺术效果添加到图片，以使其更像草图或油画；

压缩图片：压缩图片以减小其尺寸；

更改图片：打开“插入图片”对话框，选择新的图片替换当前图片，同时保持图片的大小和位置；

重置图片：放弃对图片所做的全部格式更改，恢复到图片最初状态。

2.“图片样式”组

图片工具“格式”选项卡→“图片样式”组的主要功能如下。

图片样式：对图片设置已经定义好的样式效果；

图片边框：对图片边框设置颜色、宽度和线型；

图片效果：对图片应用阴影、发光、映像或三维效果等视觉效果；

图片版式：将图片转换为 SmartArt 图形，可以为图片添加标题。

3.“排列”组

图片工具“格式”选项卡→“排列”组的主要功能如下。

位置：设置图片与文字的环绕位置；

环绕文字：设置图片环绕文字的方式；

对齐:设置图片的对齐方式;

旋转:设置图片的旋转角度。

4.“大小”组

图片工具“格式”选项卡→“大小”组的主要功能如下。

裁剪:裁剪图片以删除不需要的区域;

高度:设置图片的高度;

宽度:设置图片的宽度。

选择图片,单击图片工具“格式”选项卡→“排列”组的“环绕文字”按钮,在弹出的下拉菜单中选择“四周型”命令,如图 2-2-37 所示。

选择图片,选择图片工具“格式”选项卡→“图片样式”组→“图片效果”按钮→“阴影”菜单→“外部”→“偏移:右”选项,如图 2-2-38 所示。

图 2-2-37　“四周型”命令

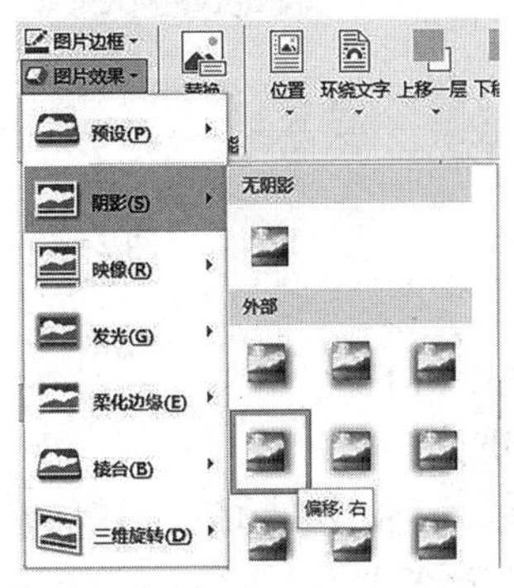

图 2-2-38　设置图片阴影效果

选择图片,选择图片工具“格式”选项卡→“图片样式”组→“图片效果”按钮→“三维旋转”菜单→“角度”→“透视:极左极大”选项,如图 2-2-39 所示。

用鼠标拖动调整图片的位置,效果如图 2-2-40 所示。

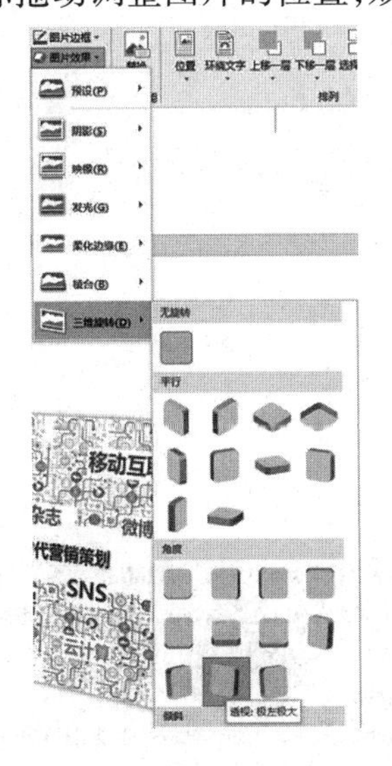

图 2-2-39　设置图片三维旋转效果

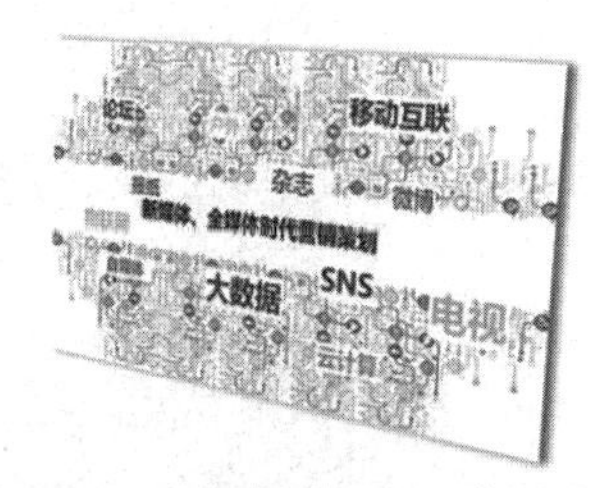
四、网络营销战略

经过精心策划，公司首次注册了二个国际顶级域名(dfaw.com 和 dongfa.com)，建立了中国“与绿色同行”网网站，在网站中全面介绍公司的销售产品业务和服务内容，详细介绍各种产品。紧接着逐步在搜狐、雅虎等著名搜索引擎中登记，并以网络广告为主，辅以报纸、电视、广播和印刷品广告，扩大在全国的影响，再结合网络通信，增加全国各地综合网站的友情连接。

图 2-2-40　图片格式设置效果

任务3 插入和编辑形状

任务导入

领导让小郑修饰“公司营销计划书”文档,需要插入一个形状作为提示内容,于是小郑学习如何在 Word 2019 文档中插入形状。

任务分析

本任务介绍形状的基本操作方法。

任务思路及步骤如图 2－2－41 所示。

插入和编辑形状
插入形状
编辑形状
形状样式
形状填充
形状轮廓
形状效果

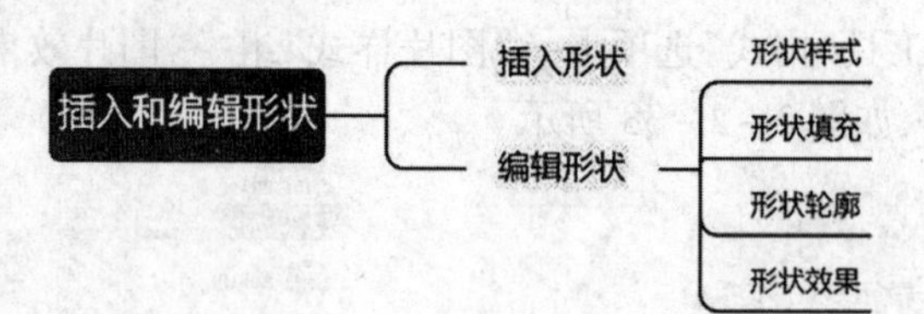

图 2－2－41 任务思路及步骤

任务实施

形状基本操作如下。

一、插入形状

打开文档,单击“插入”选项卡→“插图”组的“形状”按钮,在弹出的下拉菜单中,列出了线条、矩形、基本形状、箭头总汇、公式形状、流程图、星与旗帜、标注等形状,选择“对话气泡:椭圆形”选项,如图 2－2－42 所示。

鼠标在需要插入形状的位置单击,形状将插入文档中,如图 2－2－43 所示。

形状
图标
3D 模型
SmartArt
图表
最近使用的形状
线条
矩形
基本形状
箭头总汇
公式形状
流程图
星与旗帜
标注
对话气泡: 椭圆形

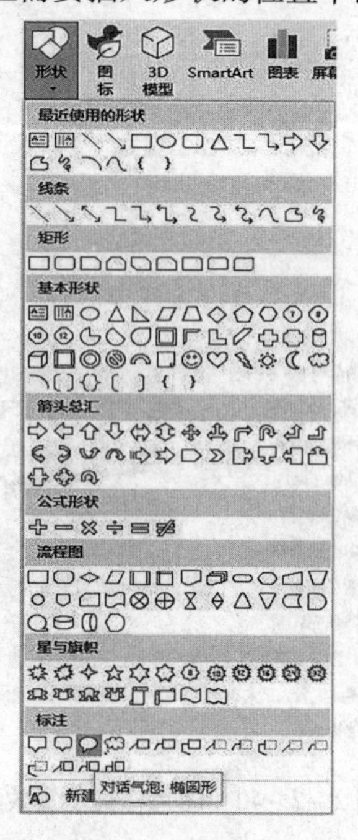

图 2－2－42 “形状”下拉菜单

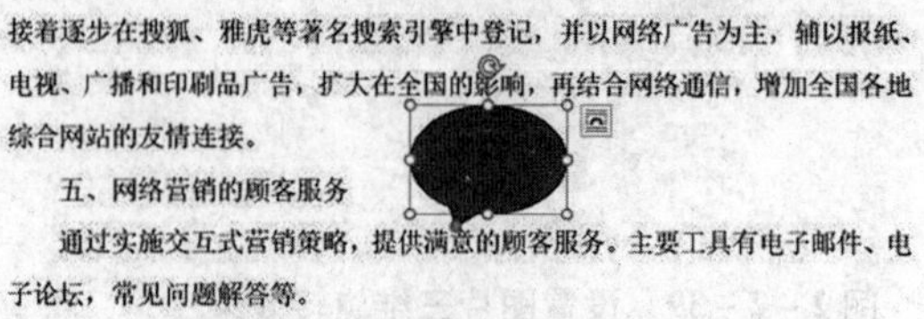

接着逐步在搜狐、雅虎等著名搜索引擎中登记，并以网络广告为主，辅以报纸、电视、广播和印刷品广告，扩大在全国的影响，再结合网络通信，增加全国各地综合网站的友情连接。
五、网络营销的顾客服务
通过实施交互式营销策略，提供满意的顾客服务。主要工具有电子邮件、电子论坛，常见问题解答等。

图 2－2－43 插入形状

二、编辑形状

插入形状后，可以在绘图工具“格式”选项卡→“形状样式”组中设置主题样式、形状填充、形状轮廓、形状效果，并向形状添加文字，如图 2 -2 -44 所示。

选择形状，选择绘图工具“格式”选项卡→“形状样式”组→“主题样式”→“细微效果 - 灰色，强调颜色 3”选项，如图 2 -2 -45 所示。

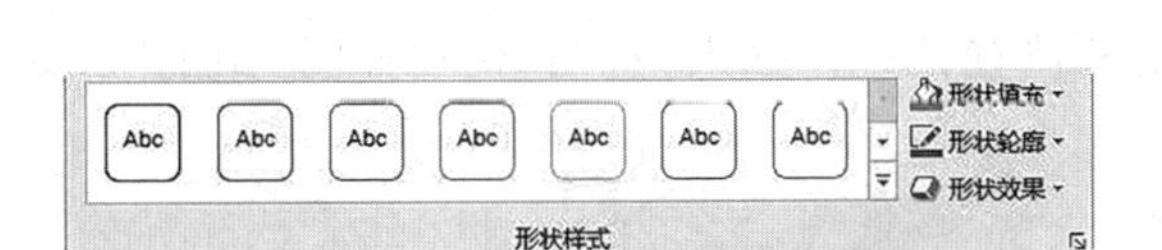

图 2 -2 -44 “形状样式”组

图 2 -2 -45 主题样式

选择形状，选择绘图工具“格式”选项卡→“形状样式”组→“形状效果”按钮→“阴影”下拉菜单→“外部”→“偏移：右下”按钮，如图 2 -2 -46 所示。

单击形状，输入文字“做好顾客服务工作”，鼠标拖动调整形状的大小和位置，效果如图 2 -2 -47 所示。

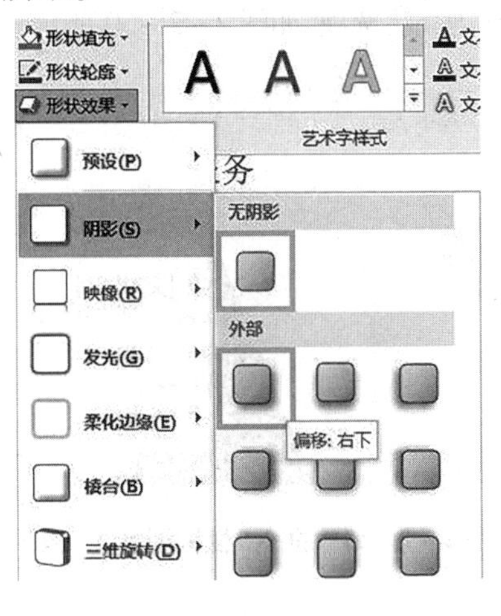

图 2 -2 -46 形状效果

接着逐步在搜狐、雅虎等著名搜索引擎中登记，并以网络广告为主，辅以报纸、电视、广播和印刷品广告，扩大在全国的影响，再结合网络通信，增加全国各地综合网站的友情连接。

做好顾客服务工作

五、网络营销的顾客服务

通过实施交互式营销策略，提供满意的顾客服务。主要工具有电子邮件、电子论坛，常见问题解答等。

图 2 -2 -47 形状格式设置效果

任务 4 插入和编辑 SmartArt 图形

任务导入

领导让小郑修饰“公司营销计划书”文档，需要插入一个 SmartArt 图形作为网络营销管理的步骤图，于是小郑学习如何在 Word 2019 文档中插入 SmartArt 图形。

任务分析

SmartArt 图形包括列表、流程、循环、层次结构、关系、矩阵、棱锥图、图片等形状，能够以直观的方式交流信息。

本任务介绍 SmartArt 图形的基本操作方法。

任务思路及步骤如图 2－2－48 所示。

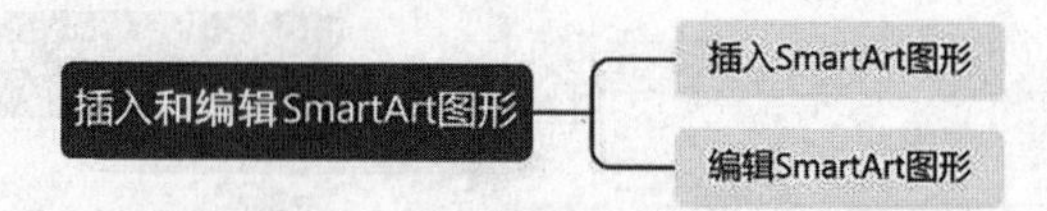

图 2－2－48　任务思路及步骤

任务实施

SmartArt 图形基本操作如下。

一、插入 SmartArt 图形

将光标定位到需要插入 SmartArt 图形的位置，单击“插入”选项卡→“插图”组的“SmartArt”按钮，如图 2－2－49 所示。

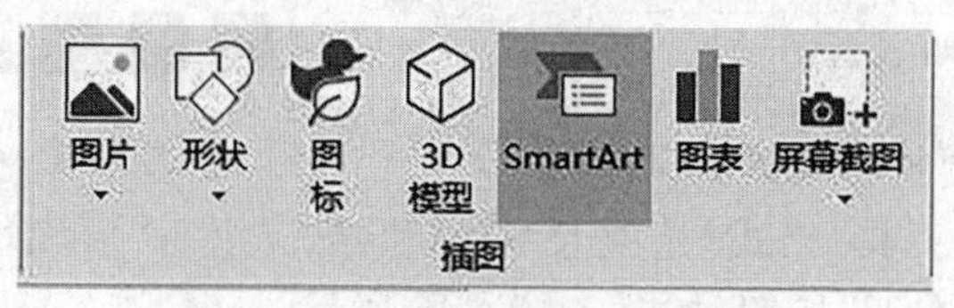

图 2－2－49　插入 SmartArt 图形

在弹出的“选择 SmartArt 图形”对话框中，可以设置列表、流程、循环、层次结构、关系、矩阵、棱锥图、图片等形状。选择“棱锥图”→“棱锥型列表”选项，单击“确定”选项，如图 2－2－50 所示。

插入“棱锥型列表”效果如图 2－2－51 所示。

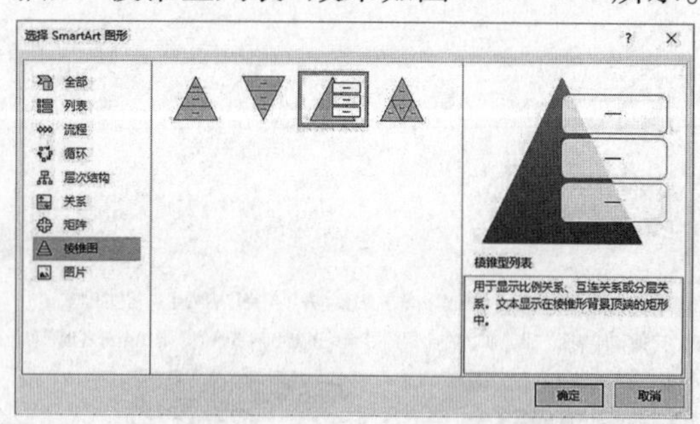

图 2－2－50　棱锥型列表

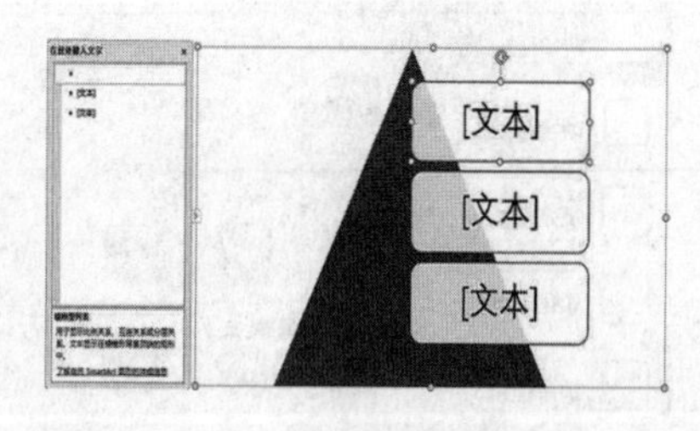

图 2－2－51　插入“棱锥型列表”效果

二、编辑 SmartArt 图形

（1）在 SmartArt 图形输入文字，拖动鼠标，调整图形大小，如图 2－2－52 所示。

（2）选中 SmartArt 图形，选择 SmartArt 工具“设计”选项卡→“SmartArt 样式”组→“三维”→“嵌入”选项，如图 2－2－53 所示。

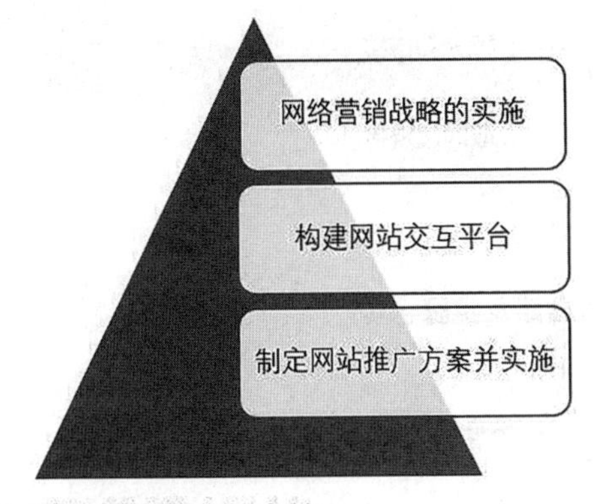

图 2－2－52　SmartArt 图形效果

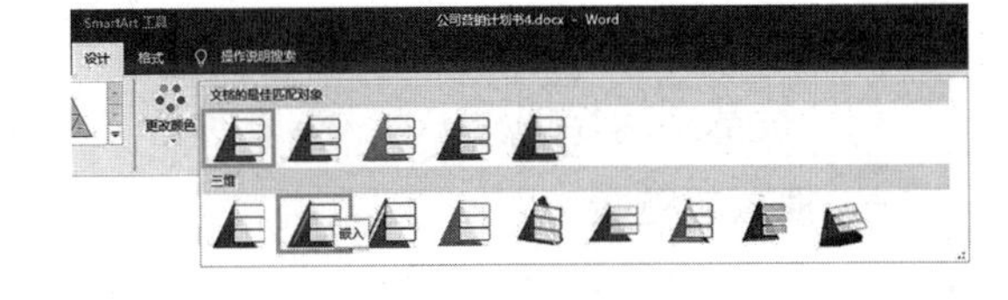

图 2－2－53　设置 SmartArt 样式

设置 SmartArt 样式效果如图 2－2－54 所示。

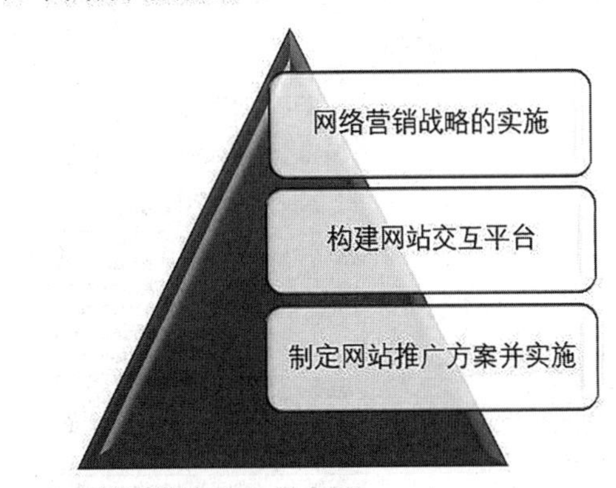

图 2－2－54　设置 SmartArt 样式效果

任务 5　插入和取消超链接

任务导入

领导让小郑修饰“公司营销计划书”文档，需要将“市场营销”文字做成超链接，于是小郑学习如何在 Word 2019 文档中插入超链接。

任务分析

本任务介绍超链接的基本操作方法。

任务思路及步骤如图 2－2－55 所示。

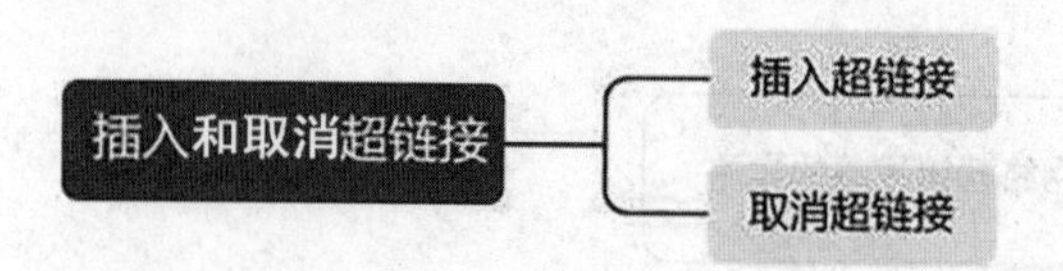

图 2-2-55　任务思路及步骤

任务实施

超链接基本操作如下。

一、插入超链接

(1)选中需要设置超链接的文字,单击“插入”选项卡→“链接”组的“链接”按钮,如图 2-2-56 所示。

(2)在弹出的“插入超链接”对话框中,可以将文字链接到“现有文件或网页”“本文档中的位置”“新建文档”“电子邮件地址”。选择“现有文件或网页”选项,在“地址”文本框中输入网址,单击“确定”按钮,如图 2-2-57 所示。

图 2-2-56　“链接”按钮

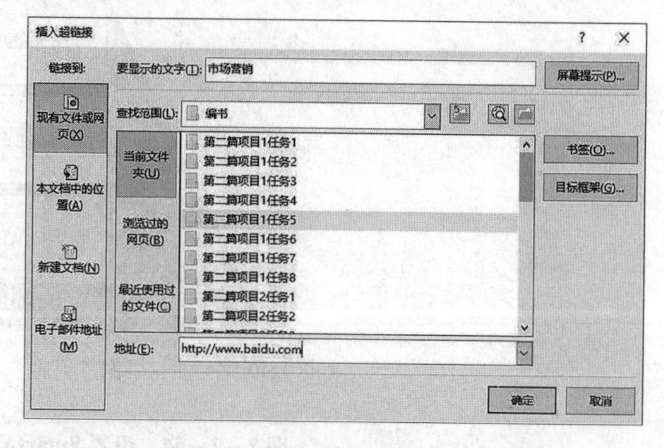

图 2-2-57　“插入超链接”对话框

(3)插入超链接后,文本变成了带下划线的蓝色,如图 2-2-58 所示。

在按住 Ctrl 键的同时单击超链接文本,即可打开网页。打开后的超链接文本变成紫色,如图 2-2-59 所示。

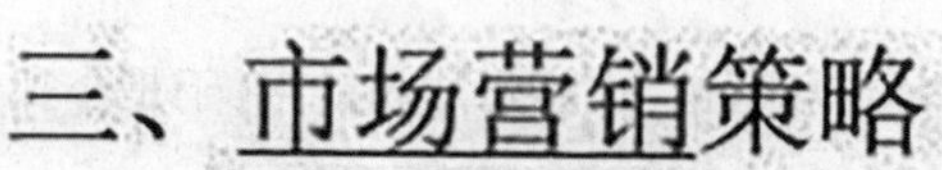

三、市场营销策略

图 2-2-58　单击超链接前(蓝色)

三、市场营销策略

图 2-2-59　单击超链接后(紫色)

二、取消超链接

(1)用鼠标右键单击超链接文本,在弹出的快捷菜单中选择“取消超链接”命令,则取消文本的超链接,如图 2-2-60 所示。

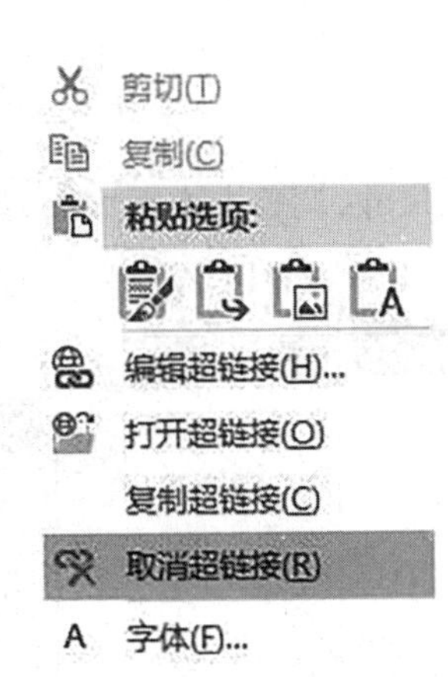

图 2-2-60　“取消超链接”命令

(2)按“Ctrl + A”组合键选中整个文档,然后按“Ctrl + Shift + F9”组合键将一次性取消文档中的全部超链接。

任务6　插入和编辑文本框

任务导入

领导让小郑修饰“公司营销计划书”文档,需要插入一个文本框,用于说明公司营销计划书的概要内容,于是小郑学习如何在 Word 2019 文档中插入文本框。

任务分析

本任务介绍文本框的基本操作方法。

任务思路及步骤如图 2-2-61 所示。

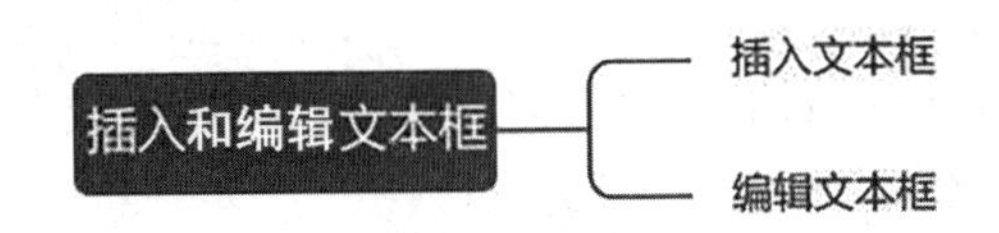

图 2-2-61　任务思路及步骤

任务实施

文本框基本操作如下。

一、插入文本框

(1)将光标定位到需要插入文本框的位置,单击“插入”选项卡→“文本”组的“文本框”按钮,如图 2-2-62 所示。

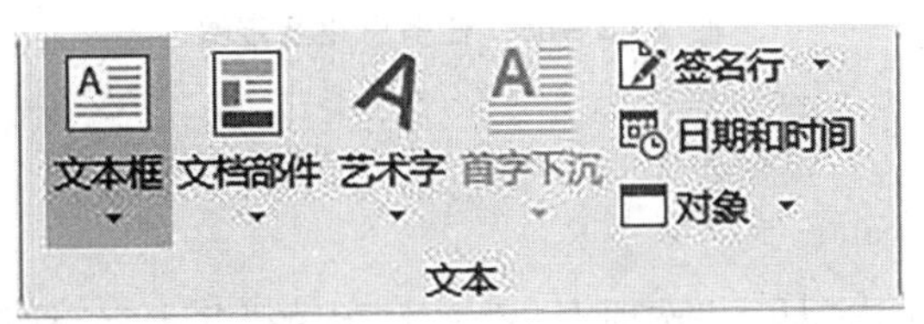

图 2-2-62　“文本框”按钮

(2)在弹出的下拉菜单中,选择“奥斯汀提要栏”样式,将其插入文档中,如图 2-2-63

所示。

二、编辑文本框

在文本框中输入文字，调整文字尺寸，调整文本框大小，如图 2－2－64 所示。

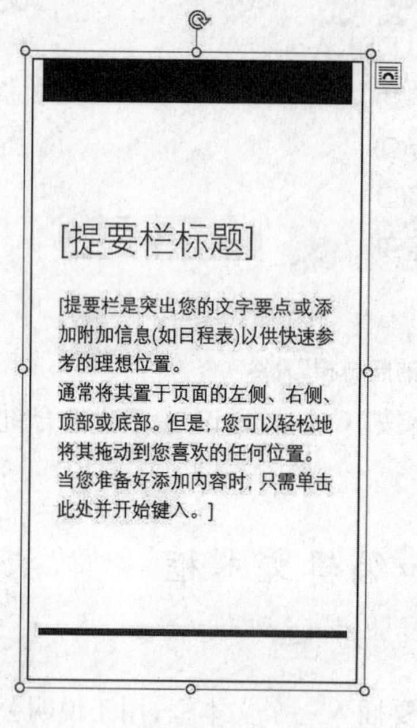

图 2－2－63　插入文本框效果

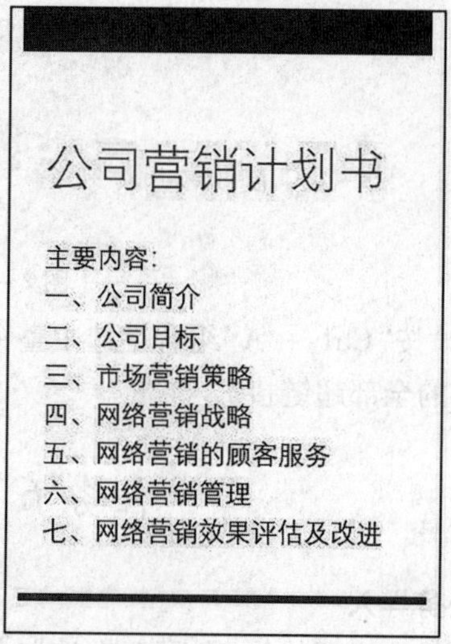

公司营销计划书

主要内容：
一、公司简介
二、公司目标
三、市场营销策略
四、网络营销战略
五、网络营销的顾客服务
六、网络营销管理
七、网络营销效果评估及改进

图 2－2－64　设置文本框效果

任务 7　插入和编辑艺术字

任务导入

领导让小郑修饰“公司营销计划书”文档，需要将文档标题做成艺术字，于是小郑学习如何在 Word 2019 文档中插入艺术字。

任务分析

本任务介绍艺术字的基本操作方法。

任务思路及步骤如图 2－2－65 所示。

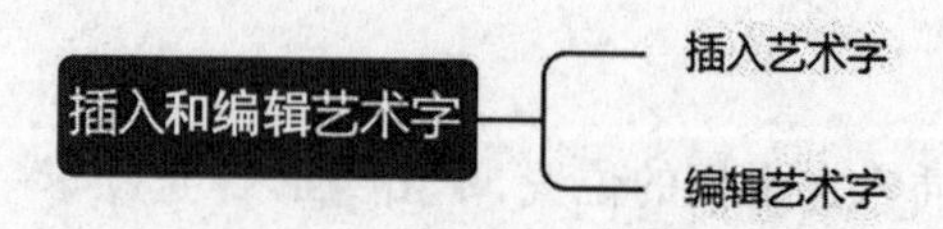

图 2－2－65　任务思路及步骤

任务实施

艺术字基本操作如下。

一、插入艺术字

(1) 选中文档标题，单击“插入”选项卡→“文本”组的“艺术字”按钮，如图 2－2－66 所示。

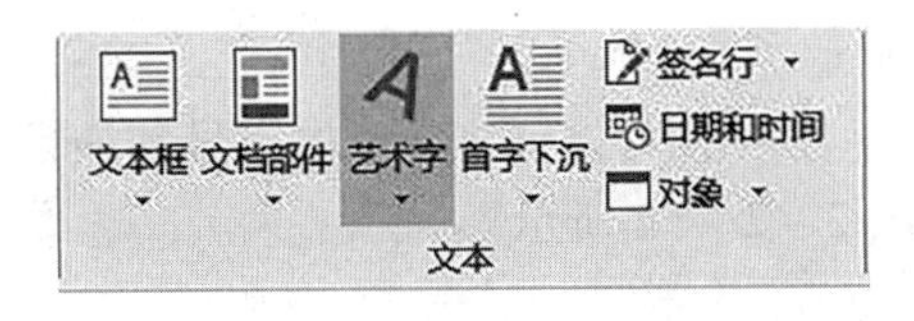

图 2－2－66　“艺术字”按钮

(2)在弹出的下拉菜单中,选择“渐变填充:蓝色,主题色 5;映像”主题,将艺术字插入文档,如图 2－2－67 所示。

插入艺术字效果如图 2－2－68 所示。

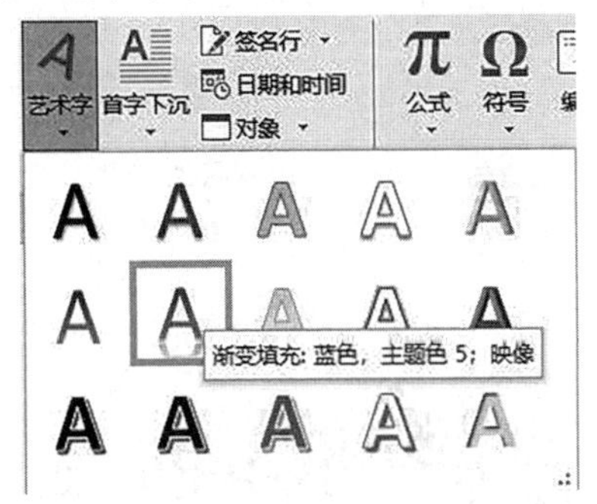

图 2－2－67　插入艺术字

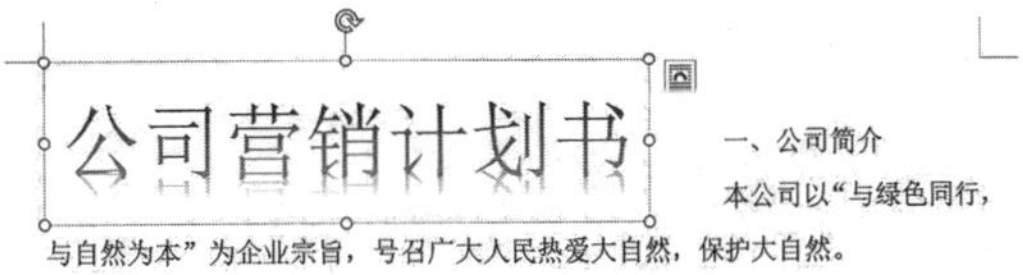

公司营销计划书
一、公司简介
本公司以“与绿色同行,
与自然为本”为企业宗旨,号召广大人民热爱大自然,保护大自然。

图 2－2－68　插入艺术字效果

二、编辑艺术字

(1)单击艺术字右上角的“布局选项”按钮,选择“文字环绕”→“上下型环绕”选项,如图 2－2－69 所示。

(2)选择艺术字,在绘图工具“格式”选项卡→“艺术字样式”组中可以设置主题样式、文本填充、文本轮廓、文本效果,如图 2－2－70 所示。

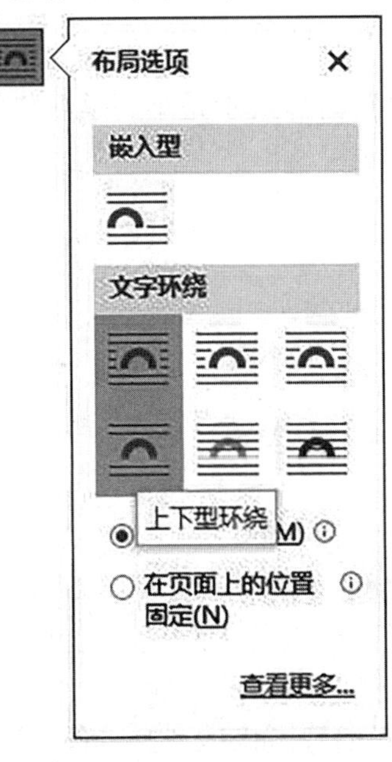

图 2－2－69　设置文字环绕

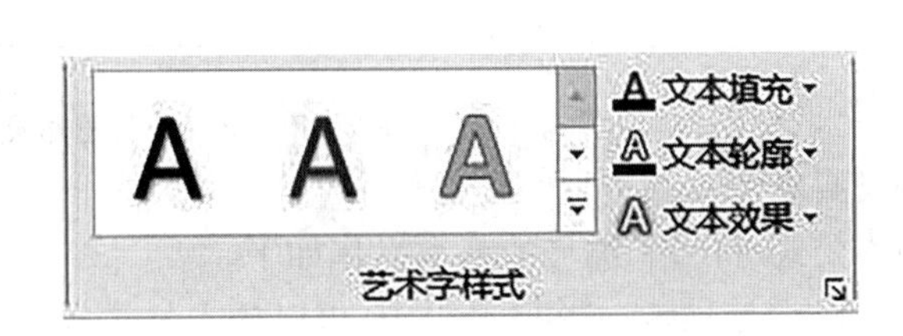

图 2－2－70　“艺术字样式”组

选择绘图工具“格式”选项卡→“艺术字样式”组→“文本效果”按钮→“转换”→“弯曲”→

“停止”选项，如图 2－2－71 所示。

(3)在“开始”选项卡→“字体”组中，设置艺术字的字号和加粗。

设置艺术字样式效果如图 2－2－72 所示。

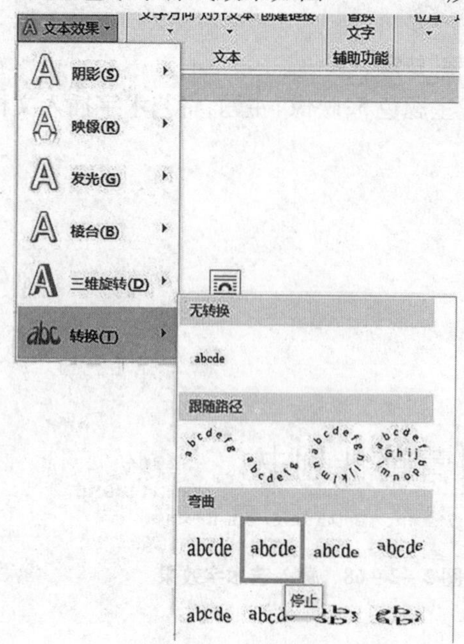

图 2－2－71　设置文本效果

图 2－2－72　设置艺术字样式效果

任务 8　插入公式、符号和编号

任务导入

领导让小郑修饰“公司营销计划书”文档，需要插入特殊符号，于是小郑学习如何在 Word 2019 文档中插入符号。

任务分析

本任务介绍插入公式、符号和编号的基本操作方法。

任务思路及步骤如图 2－2－73 所示。

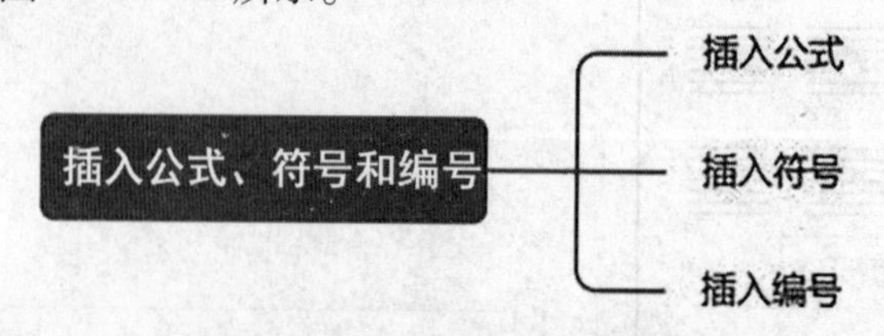

图 2－2－73　任务思路及步骤

任务实施

插入公式、符号和编号的基本操作如下。

在“插入”选项卡→“符号”组中，可以插入公式、符号和编号，如图 2－2－74 所示。

一、插入公式

插入公式，即在文档中添加常见的数学公式，例如勾股定理或二次公式；也可以使用数学符

号库和结构构造自定义的公式。

将光标定位到需要插入公式的位置，单击“插入”选项卡→“符号”组的“公式”按钮。在弹出的下拉菜单中选择需要插入的公式，如图 2－2－75 所示。

图 2－2－74　“符号”组

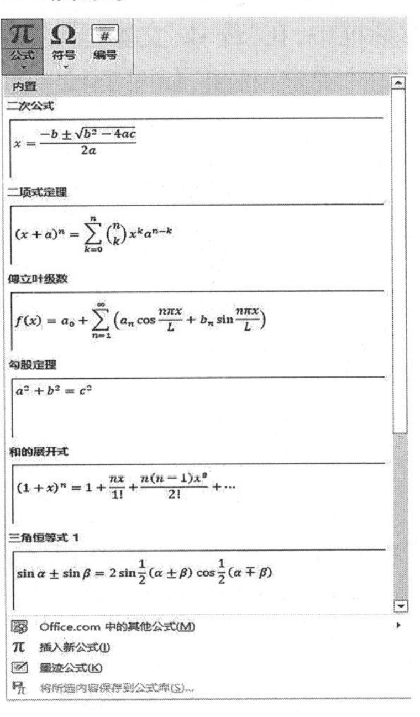

图 2－2－75　插入公式

二、插入符号

插入符号，即插入键盘上没有的符号。

(1)将光标定位到需要插入符号的位置，单击“插入”选项卡→“符号”组的“符号”按钮。在弹出的下拉菜单中选择“其他符号”选项，如图 2－2－76 所示。

(2)在打开的“符号”对话框中，在“字体”下拉菜单中选择“Wingdings”选项，符号选择“☎”，如图 2－2－77 所示。

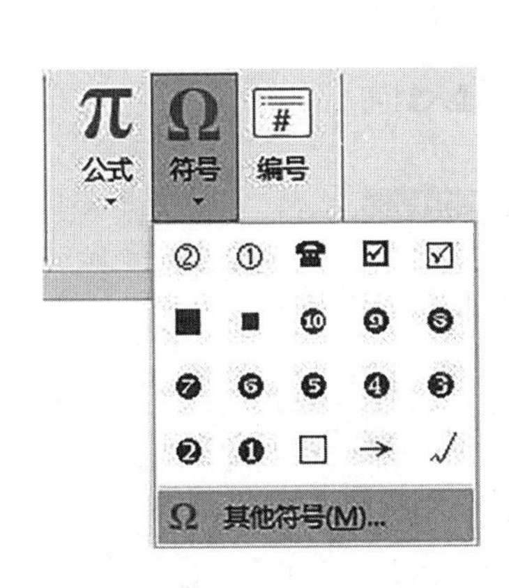

图 2－2－76　“其他符号”选项

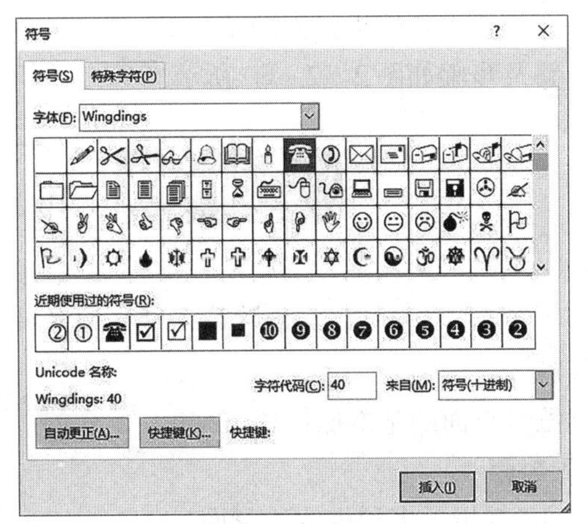

图 2－2－77　“符号”对话框

(3)单击“插入”按钮，将选中的符号插入文档，如图 2－2－78 所示。

三、插入编号

插入编号,即在文档中添加各类编号。

将光标定位到需要插入编号的位置,单击“插入”选项卡→“符号”组的“编号”按钮。在打开的“编号”对话框中,在“编号”文本框输入要显示的编号的序号;在“编号类型”列表框中选择编号的类型,单击“确定”按钮,如图 2-2-79 所示。

☎13955558888

图 2-2-78 插入符号效果

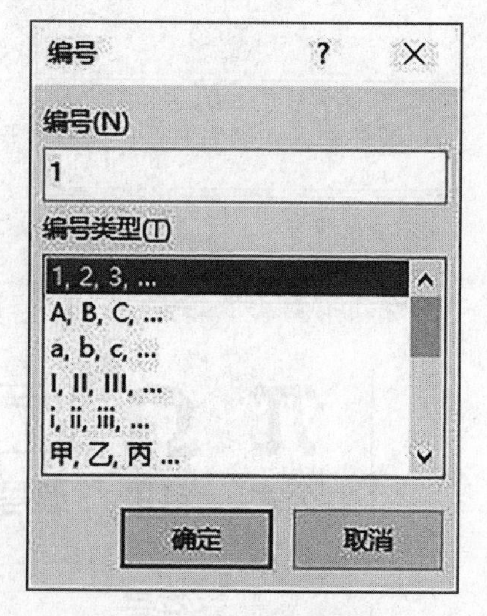

图 2-2-79 “编号”对话框

任务9 插入和编辑封面

任务导入

领导让小郑修饰“公司营销计划书”文档,需要插入封面,于是小郑学习如何在 Word 2019 文档中插入封面。

任务分析

本任务介绍插入和编辑封面的基本操作方法。

任务思路及步骤如图 2-2-80 所示。

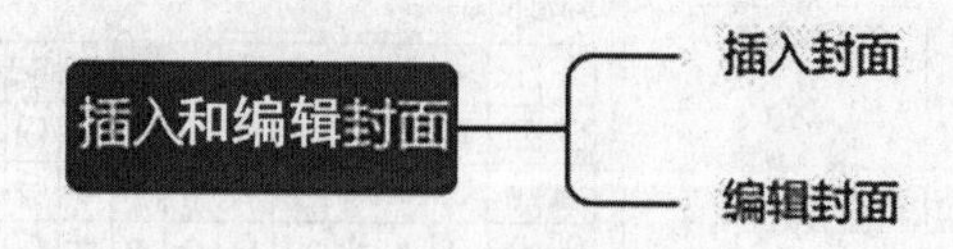

图 2-2-80 任务思路及步骤

任务实施

插入和编辑封面的基本操作如下。

一、插入封面

Word 2019 提供了多种内置的封面。

打开文档,单击“插入”选项卡→“页面”组的“封面”按钮。在弹出的下拉菜单中选择“奥斯汀”封面,将在文档首页创建封面,如图 2-2-81 所示。

插入封面的效果如图 2－2－82 所示。

二、编辑封面

在封面的“文档标题”处输入“公司营销计划书”，设置文字为初号，居中；删除“文档副标题”；在“摘要”处输入“与绿色同行，与自然为本”，设置文字为三号；在左下角输入公司名称，效果如图 2－2－83 所示。

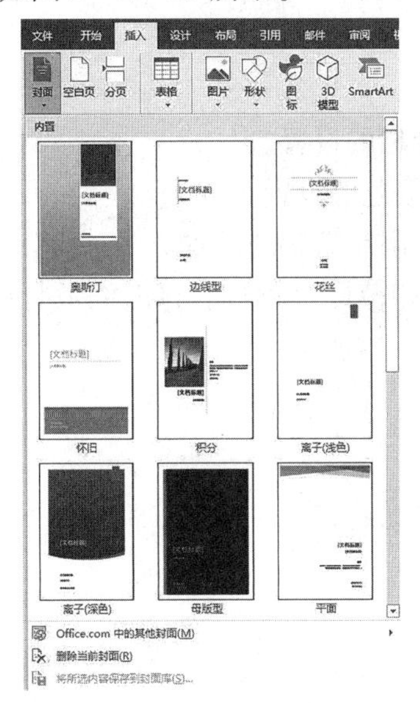

图 2－2－81　插入封面

图 2－2－82　插入封面效果

图 2－2－83　设置封面效果

项目3
制作“产品宣传海报”——页面排版

知识目标

(1)掌握 Word 2019 页面设置的方法,包括页边距、纸张、分栏的设置。

(2)掌握 Word 2019 页面背景的设置方法,包括水印、页面颜色的设置。

(3)掌握 Word 2019 文档保护的设置方法,包括只读、加密、限制编辑的设置。

(4)掌握 Word 2019 文档打印的设置方法,包括打印机、打印范围、单双面打印、缩放打印、打印份数的设置。

技能目标

(1)具备对 Word 2019 进行页面设置的能力。

(2)具备对 Word 2019 进行页面背景设置的能力。

(3)具备对 Word 2019 进行文档保护设置的能力。

(4)具备对 Word 2019 进行文档打印设置的能力。

任务1 设置水印

任务导入

领导让小郑修饰“产品宣传海报”文档,需要在文档中设置水印,于是小郑学习如何在 Word 2019 文档中设置水印。

任务分析

水印是指将文本或图片以水印的方式设置为页面背景,其中文字水印多用于说明文件的属性,通常用作提醒功能,而图片水印则大多用于修饰文档。

本任务介绍设置水印基本操作。

任务思路及步骤如图 2-3-1 所示。

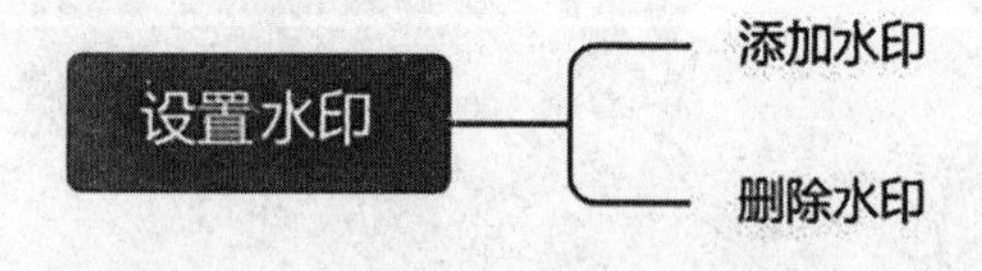

图 2-3-1 任务思路及步骤

任务实施

设置水印基本操作如下。

一、添加水印

(1)打开文档,单击“设计”选项卡→“页面背景”组的“水印”按钮,如图 2-3-2 所示。

图 2－3－2　“水印”按钮

(2)在弹出的下拉菜单中,可以选择已经定义好的水印样式,也可以自定义水印样式。选择“自定义水印”命令,如图 2－3－3 所示。

(3)在打开的“水印”对话框中,可以选择“无水印”“图片水印”或“文字水印”。单击“文字水印”单选按钮,在“文字”文本框中输入“5G 技术”;在“字体”下拉列表中选择“等线”选项;在“颜色”下拉列表中选择主题颜色“浅灰色,背景 2”;勾选“半透明”复选框;单击“斜式”单选按钮,单击“确定”按钮,如图 2－3－4 所示。

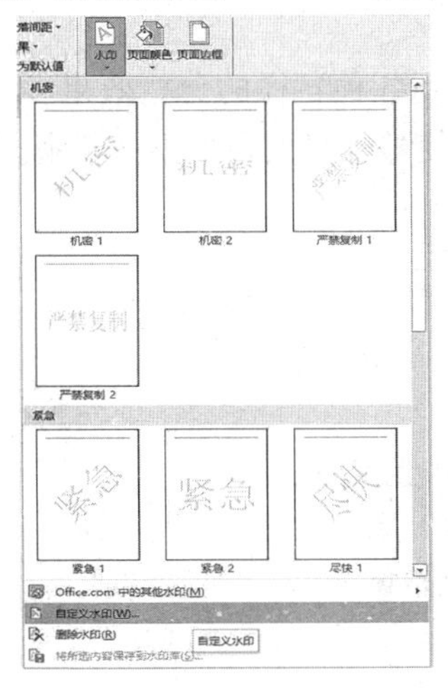

图 2－3－3　“自定义水印”命令

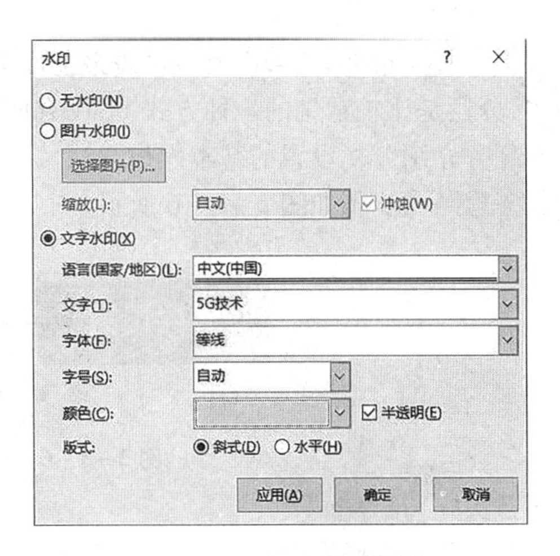

图 2－3－4　“水印”对话框

(4)水印设置效果如图 2－3－5 所示。

第五代移动通信技术

简称 5G 或 5G 技术,是最新一代蜂窝移动通信技术,也是继 4G、3G 和 2G 系统之后的延伸。5G 的性能目标是高数据速率、减少延迟、节省能源、降低成本、提高系统容量和大规模设备连接。

应用领域

车联网与自动驾驶

根据中国、美国、日本等国家的汽车发展规划,依托传输速率更高、时延更低的 5G 网络,将在 2025 年全面实现自动驾驶汽车的量产,市场规模达到 1 万亿美元。

外科手术

2019 年 1 月 19 日,中国一名外科医生利用 5G 技术实施了全球首例远程外科手术。这名医生在福建省利用 5G 网络,操控 48 公里以外一个偏远地区的机械臂进行手术。在进行的手术中,由于延时只有 0.1 秒,外科医生用 5G 网络切除了一只实验动物的肝脏。机器人手术很有可能给专业外科医生为世界各地有需要的人实施手术带来很大希望。

视频通话和游戏体验

5G 技术的下载速度从每秒约 20 兆字节上升到每秒 50 千兆字节——相当于在 1 秒钟内下载超过 10 部高清影片。5G 技术最直接的应用就是改善视频通话和游戏体验。

图 2－3－5　水印设置效果

二、删除水印

删除水印有 2 种方法。

(1)单击“设计”选项卡→“页面背景”组的“水印”按钮,在弹出的下拉菜单中选择“删除水印”命令,将删除水印。

(2)单击“设计”选项卡→“页面背景”组的“水印”按钮,在弹出的下拉菜单中选择“自定义水印”命令。在打开的“水印”对话框中,单击“无水印”单选按钮,将删除水印。

任务2　分栏设置

任务导入

领导让小郑修饰“产品宣传海报”文档,需要在文档中设置分栏,于是小郑学习如何在 Word 2019 文档中设置分栏。

任务分析

我们平时在报纸、公告以及各种海报上面都能够看到各种各样的分栏效果。在 Word 2019 排版中,分栏是比较常见的一种方式,不仅方便阅读,也使整个页面更加整齐美观。

本任务介绍分栏设置的基本操作方法。

任务思路及步骤如图 2-3-6 所示。

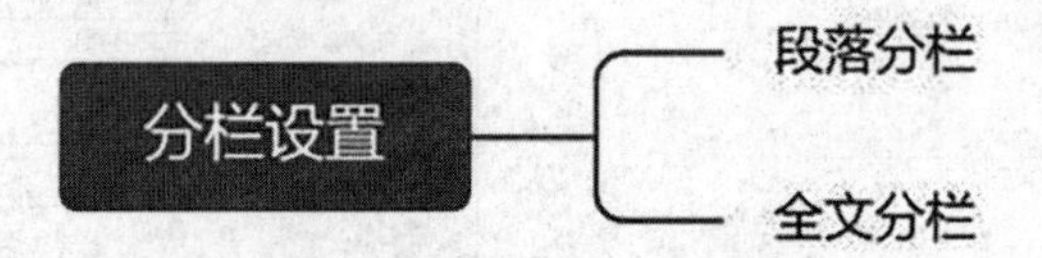

图 2-3-6　任务思路及步骤

任务实施

分栏设置基本操作如下。

一、段落分栏

(1)选中要分栏的段落,单击“布局”选项卡→“页面设置”组的“栏”按钮,在弹出的下拉菜单中选择“两栏”命令,当前段落将被分成均匀的两栏;还可以选择“一栏”“三栏”“偏左”“偏右”命令,如图 2-3-7 所示。

(2)选择“更多栏”命令,在打开的“栏”对话框中,“预设”选择“两栏”;勾选“分隔线”复选框;勾选“栏宽相等”复选框;在“应用于”下拉菜单中选择“所选文字”选项,单击“确定”按钮,如图 2-3-8 所示。

(3)分栏设置效果如图 2-3-9 所示。

二、全文分栏

(1)打开文档,单击“布局”选项卡→“页面设置”组的“栏”按钮,在弹出的下拉菜单中选择“一栏”“两栏”“三栏”“偏左”“偏右”命令进行全文分栏。

(2)在上述下拉菜单中选择“更多栏”命令,在打开的“栏”对话框中,在“应用于”下拉菜单中选择“整篇文档”选项,将进行全文分栏,如图 2-3-10 所示。

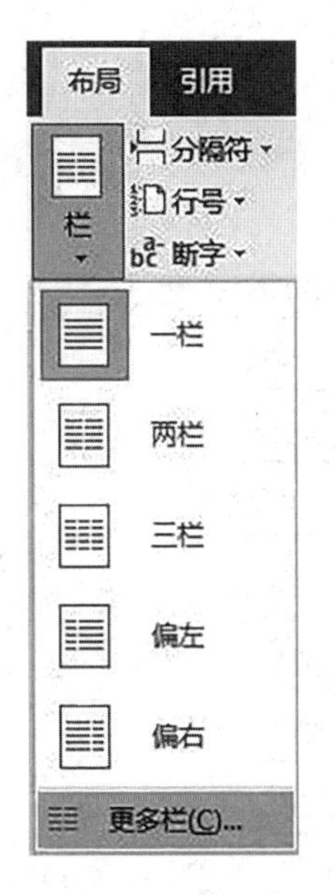

图 2-3-7　“栏”下拉菜单

图 2-3-8　“栏”对话框

第五代移动通信技术

简称 5G 或 5G 技术，是最新一代蜂窝移动通信技术，也是继 4G、3G 和 2G 系统之后的延伸。5G 的性能目标是高数据速率、减少延迟、节省能源、降低成本、提高系统容量和大规模设备连接。

应用领域

车联网与自动驾驶

根据中国、美国、日本等国家的汽车发展规划，依托传输速率更高、时延更低的 5G 网络，将在 2025 年全面实现自动驾驶汽车的量产，市场规模达到 1 万亿美元。

外科手术

2019 年 1 月 19 日，中国一名外科医生利用 5G 技术实施了全球首例远程外科手术。这名医生在福建省利用 5G 网络，操控 48 公里以外一个偏远地区的机械臂进行手术。在进行的手术中，由于延时只有 0.1 秒，外科医生用 5G 网络切除了一只实验动物的肝脏。机器人手术很有可能给专业外科医生为世界各地有需要的人实施手术带来很大希望。

视频通话和游戏体验

5G 技术的下载速度从每秒约 20 兆字节上升到每秒 50 千兆字节——相当于在 1 秒钟内下载超过 10 部高清影片。5G 技术最直接的应用就是改善视频通话和游戏体验。

图 2-3-9　分栏设置效果

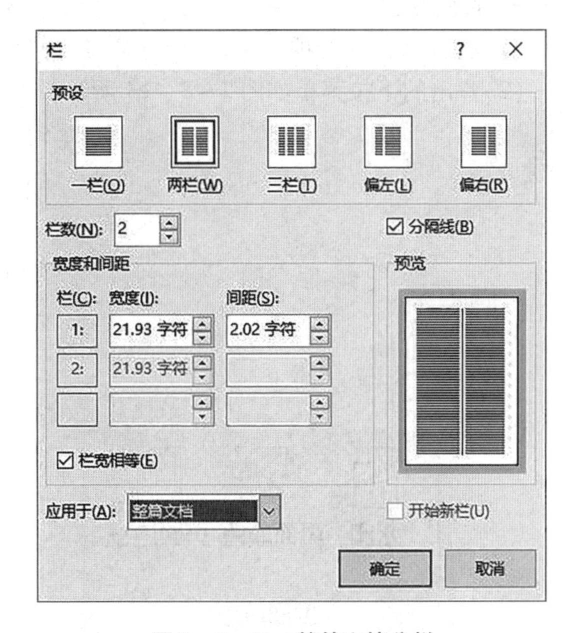

图 2-3-10　整篇文档分栏

任务 3　背景颜色设置

任务导入

领导让小郑修饰“产品宣传海报”文档，需要设置文档的背景颜色，于是小郑学习如何在

Word 2019 文档中设置背景颜色。

任务分析

本任务介绍背景颜色的设置方法。

任务思路及步骤如图 2-3-11 所示。

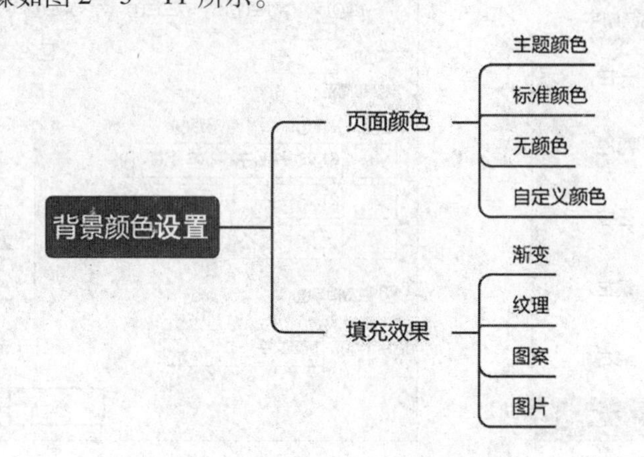

图 2-3-11　任务思路及步骤

任务实施

背景颜色设置基本操作如下。

一、页面颜色

(1)单击“设计”选项卡→“页面背景”组的“页面颜色”按钮,如图 2-3-12 所示。

(2)弹出的下拉菜单如图 2-3-13 所示。

图 2-3-12　“页面颜色”按钮

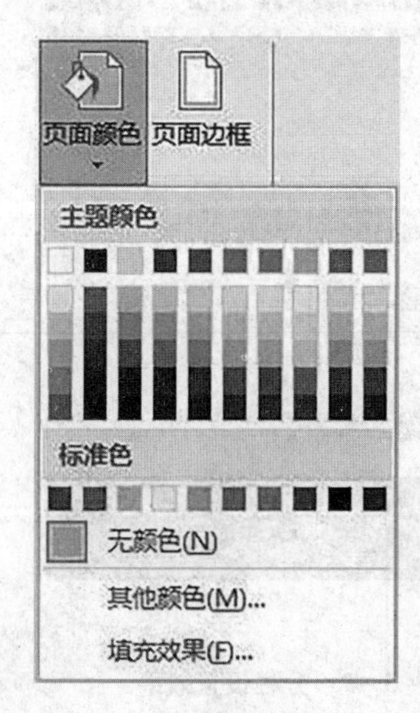

图 2-3-13　“页面颜色”下拉菜单

①选择“主题颜色”或“标准色”区域中的选项,将所选颜色作为页面背景色;

②选择“无颜色”选项,将取消页面背景色的设置;

③选择“其他颜色”选项,将打开“颜色”对话框,可以选择标准色,或者输入数值自定义颜色,如图 2-3-14 所示。

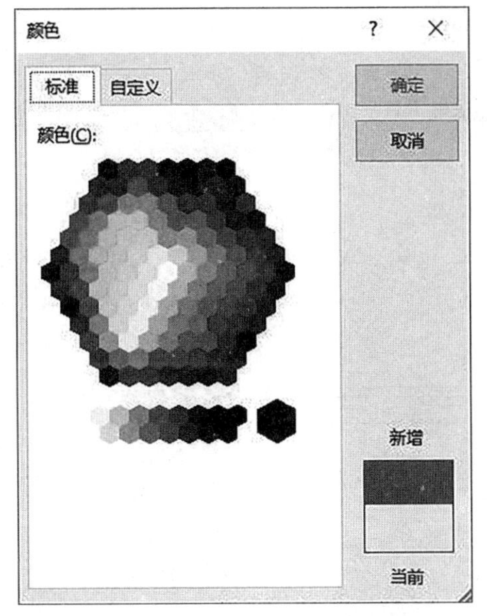

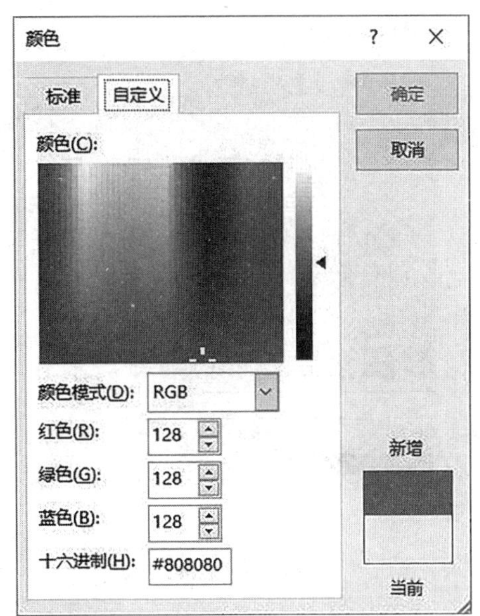

图 2－3－14　“颜色”对话框

二、填充效果

单击“设计”选项卡→“页面背景”组的“页面颜色”按钮，在弹出的下拉菜单中选择“填充效果”选项。

在打开的“填充效果”对话框中，可以设置渐变、纹理、图案、图片等 4 种填充效果，如图 2－3－15～图 2－3－18 所示。

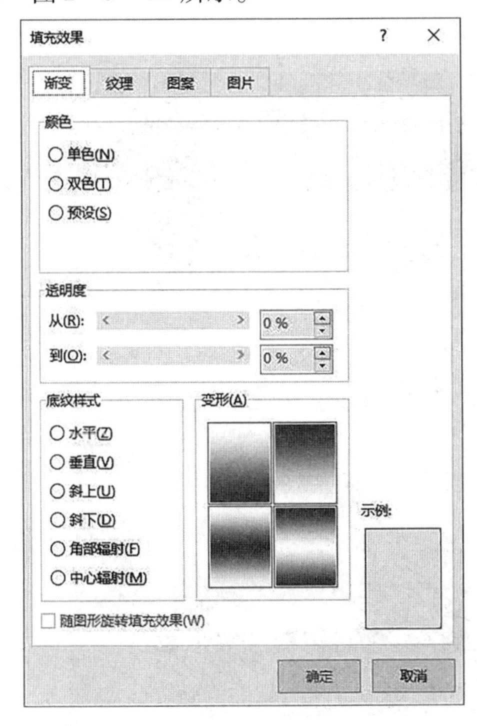

图 2－3－15　“渐变”填充效果

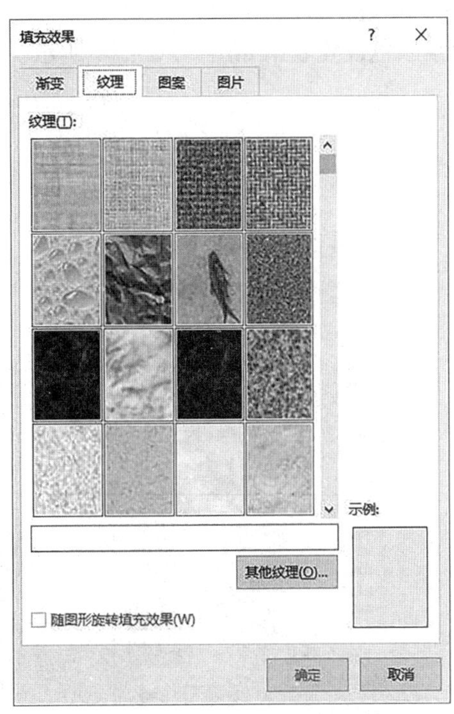

图 2－3－16　“纹理”填充效果

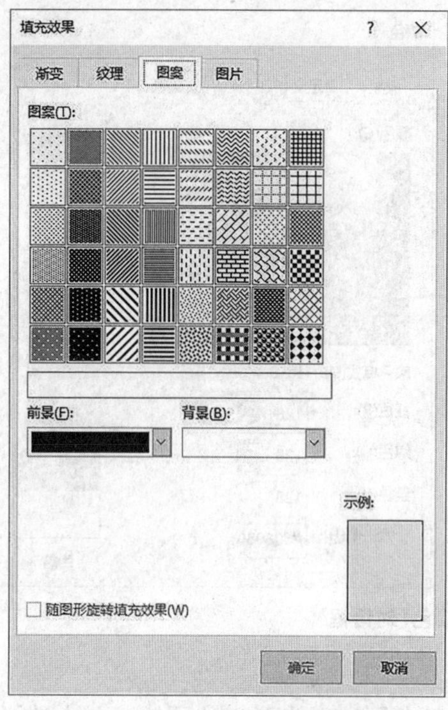

图 2-3-17 “图案”填充效果

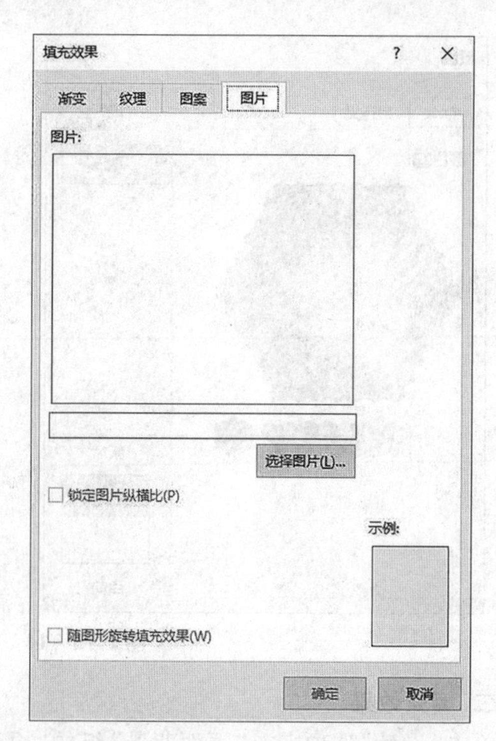

图 2-3-18 “图片”填充效果

在“填充效果”对话框中，选择“渐变”选项卡，单击“双色”单选按钮；在“颜色 1”下拉列表中选择“蓝-灰，文字 2，淡色 60%”选项；在“颜色 2”下拉列表中选择“灰色，个性色 3，淡色 60%”选项；在“底纹样式”区域单击“水平”单选按钮；“变形”选择第 1 种，单击“确定”按钮，如图 2-3-19 所示。

背景颜色设置效果如图 2-3-20 所示。

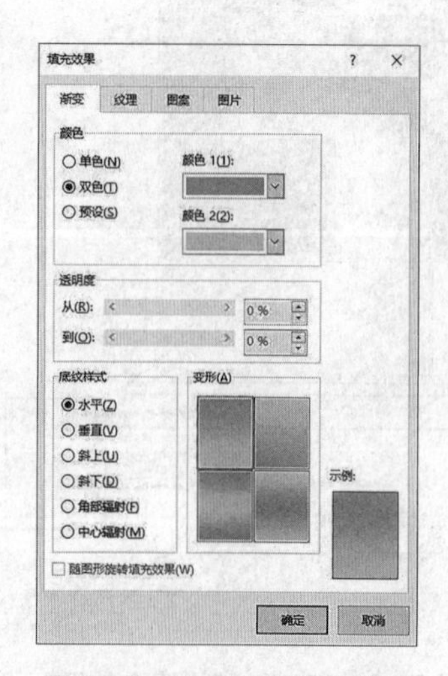

图 2-3-19 设置填充效果

图 2-3-20 背景颜色设置效果

任务4　页面设置

任务导入

领导让小郑修饰“产品宣传海报”文档，需要设置页边距、纸张方向、纸张大小等，于是小郑学习如何在 Word 2019 文档中进行页面设置。

任务分析

建立新文档时，Word 2019 已经默认设置了页边距、纸张方向、纸张大小等选项，但是在打印文档时，需要根据打印纸的实际情况对文档页面进行相应的设置。

本任务介绍页面设置的方法。

任务思路及步骤如图 2－3－21 所示。

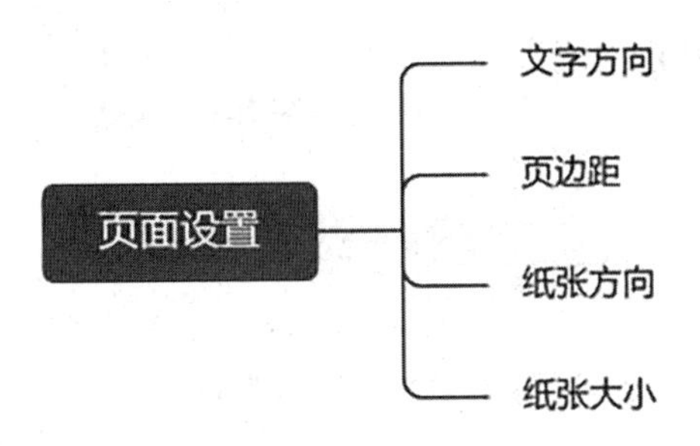

图 2－3－21　任务思路及步骤

任务实施

页面设置基本操作如下。

在“布局”选项卡→“页面设置”组中可以设置文字方向、页边距、纸张方向和纸张大小，如图 2－3－22 所示。

一、文字方向

Word 2019 默认的文字方向是“水平”。

如果文字方向为“水平”，文档变成纵向，文字横向排列；如果文字方向为“垂直”，文档变成横向，文字纵向排列。

(1) 单击“布局”选项卡→“页面设置”组的“文字方向”按钮，在弹出的下拉菜单中可以设置文字方向为“水平”“垂直”或“旋转”，如图 2－3－23 所示。

(2) 选择“文字方向选项”命令，在打开的“文字方向”对话框中，可以设置文字的不同方向，并将其应用于“本节”“插入点之后”或“整篇文档”，如图 2－3－24 所示。

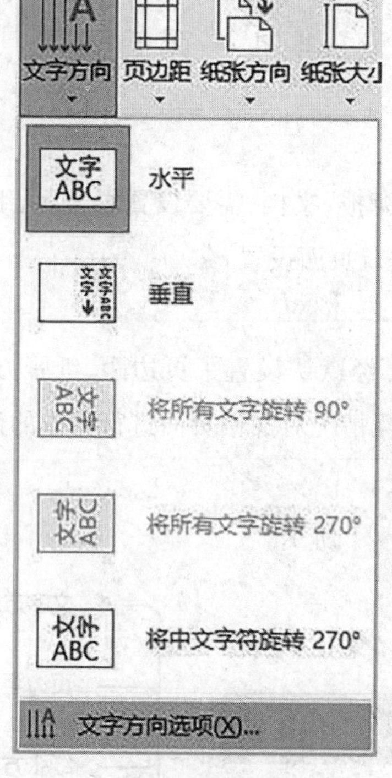

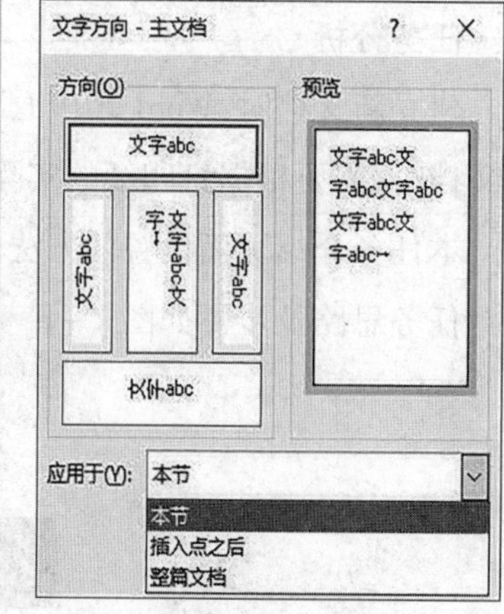

图 2-3-22
“页面设置”组

图 2-3-23
“文字方向”下拉菜单

图 2-3-24
“文字方向”对话框

二、页边距

页边距是页面边线到文字之间的距离。在页边距中可以设置页眉、页脚和页码等文字或图形。设置合适的页边距可以使文档在排版和打印时更加美观。

(1)单击“布局”选项卡→“页面设置”组的“页边距”按钮,在弹出的下拉菜单中,可以选择系统预置的页边距设置选项,如“上次的自定义设置”“常规”“窄”“中等”“宽”和“对称”等。其中,“对称”是对开页的页边距,它可以设置上下和内外的页边距,如图 2-3-25 所示。

(2)选择“自定义页边距”命令,在打开的“页面设置”对话框的“页边距”选项卡中,可以自定义输入“上”“下”“左”“右”页边距;可以设置“装订线”的位置;可以设置页面类型为“普通”“对称页边距”“拼页”“书籍折页”“反向书籍折页”,如图 2-3-26 所示。

三、纸张方向

Word 2019 默认的纸张方向是“纵向”。

单击“布局”选项卡→“页面设置”组的“纸张方向”按钮,在弹出的下拉菜单中,可以设置纸张方向为“纵向”或“横向”,如图 2-3-27 所示。

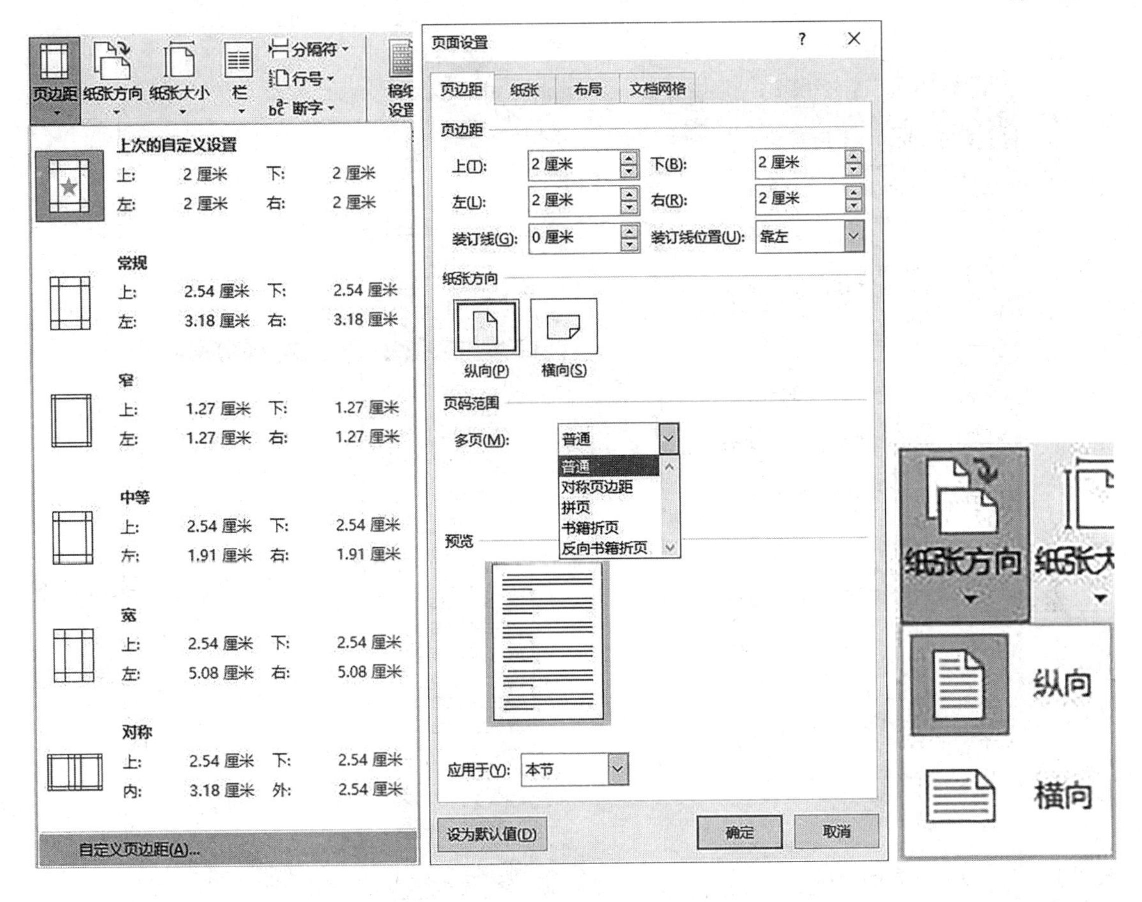

图 2－3－25　“页边距”下拉菜单

图 2－3－26　自定义设置页边距

图 2－3－27　“纸张方向”下拉菜单

四、纸张大小

Word 2019 默认的纸张大小是 A4 纸，设置不同的纸张大小可以得到不同的打印效果。

（1）单击“布局”选项卡→“页面设置”组的“纸张大小”按钮，在弹出的下拉菜单中，可以选择系统提供的多种标准纸型，如 A3、A4、ISO B5、16 开等，如图 2－3－28 所示。

（2）选择“其他纸张大小”命令，在打开的“页面设置”对话框的“纸张”选项卡中，在“纸张大小”下拉菜单选择“自定义大小”选项，在“宽度”和“高度”文本框中输入数值；在“应用于”下拉菜单中可以选择将设置应用在“本节”“插入点之后”和“整篇文档”，如图 2－3－29 所示。

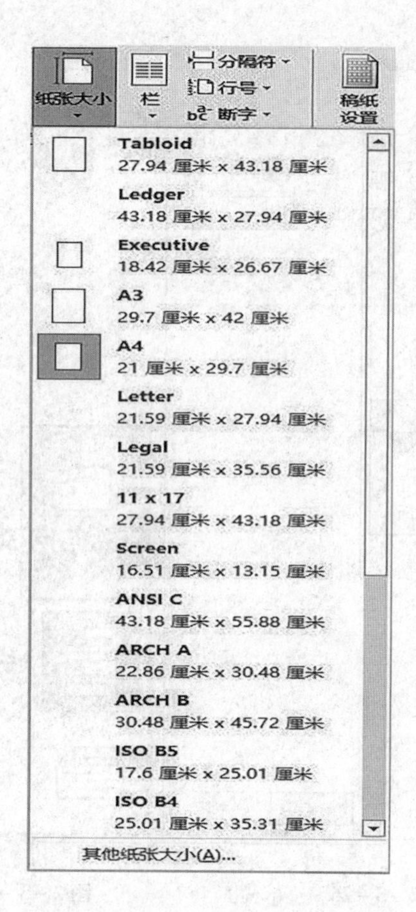

图 2-3-28 “纸张大小”下拉菜单

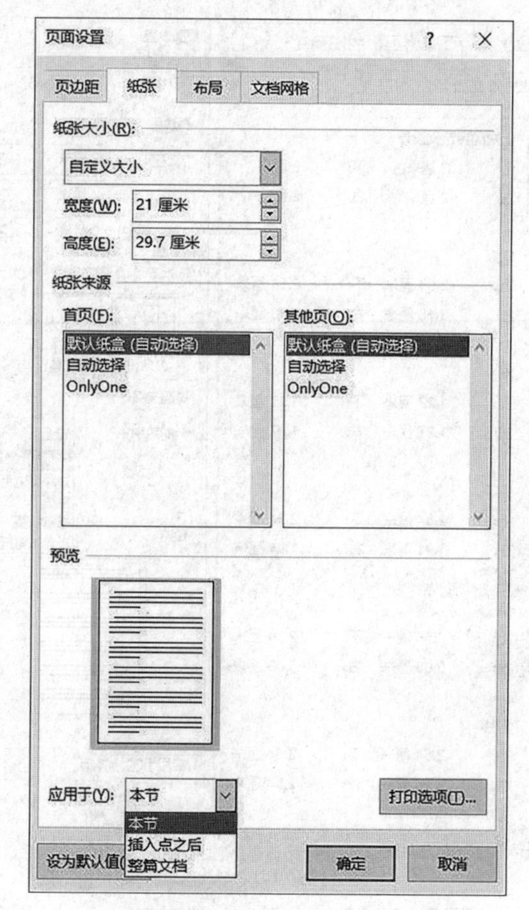

图 2-3-29 自定义设置纸张大小

任务5 文档保护

任务导入

领导让小郑修饰“产品宣传海报”文档,不允许其他人修改文档,于是小郑学习如何在 Word 2019 文档中进行文档保护。

任务分析

出于对内容、版权等保护的目的,有的 Word 2019 文档不希望别人能够打开,有的希望只能读不能改,有的希望只有部分文档能被访问或修改。面对不同的保密需求,可以采用不同的措施来保证文档“密”不外传。

本任务介绍 Word 2019 文档保护的方法。

任务思路及步骤如图 2-3-30 所示。

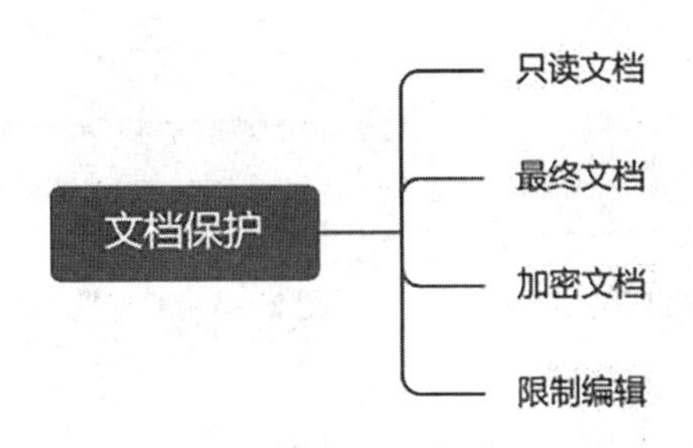

图 2-3-30 任务思路及步骤

任务实施

文档保护基本操作如下。

选择“文件”选项卡→“信息”命令，在打开的“信息”窗口中，单击“保护文档”按钮，在弹出的下拉菜单中，可以设置文档保护的选项，如图 2-3-31 所示。

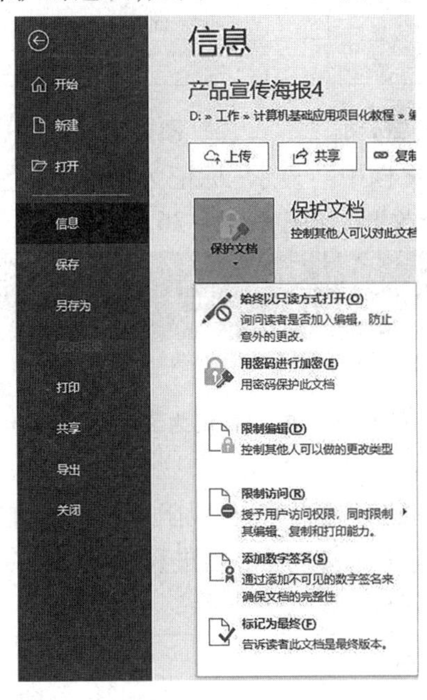

图 2-3-31 “保护文档”下拉菜单

一、只读文档

(1)在“保护文档”下拉菜单中选择“始终以只读方式打开”命令，则显示文档被保护，如图 2-3-32 所示。

(2)当再次打开此文档时，将弹出消息框，询问是否以只读方式打开文档，如图 2-3-33 所示。

如果单击“是(Y)”按钮，则不允许用户修改文档。如果想保存对文档的修改，单击“保存”按钮，将打开“另存为”对话框，将文档改名保存。

如果单击“否(N)”按钮，则允许用户修改文档。

图 2－3－32　以只读方式打开文档

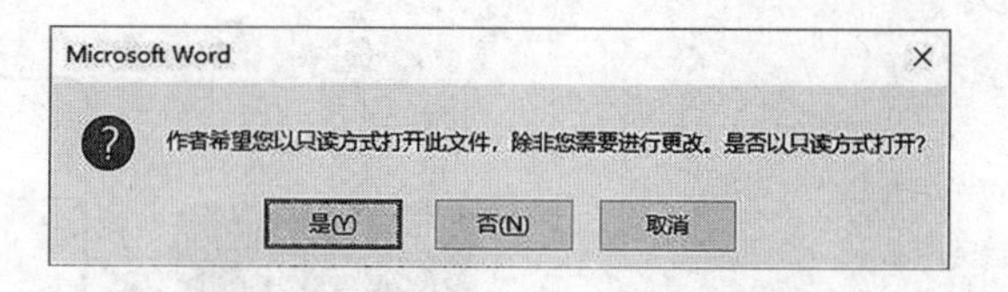

图 2－3－33　“只读方式打开”消息框

二、最终文档

(1)在“保护文档”下拉菜单中选择“标记为最终”命令，将打开警告框，如图 2－3－34 所示。

(2)单击“确定”按钮，将打开消息框。如图 2－3－35 所示。

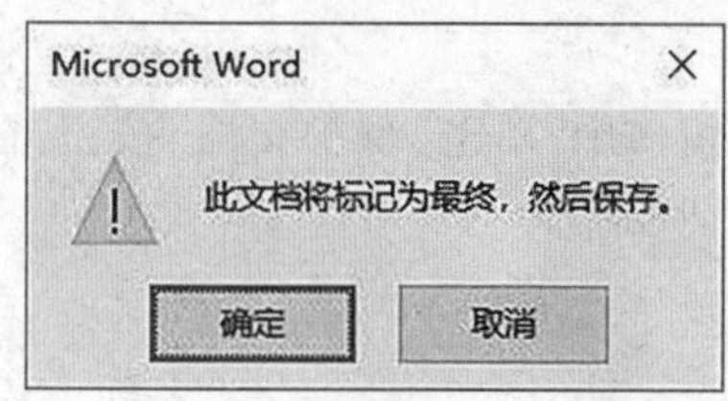

图 2－3－34　“标记为最终”警告框

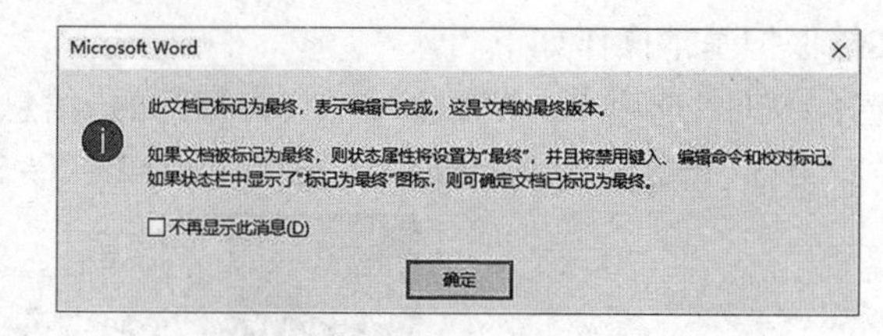

图 2－3－35　“标记为最终”消息框

(3)当再次打开此文档时，文档中会显示“标记为最终”黄色消息条，不允许编辑文档。单击“仍然编辑”按钮，可以编辑此文档，如图 2－3－36 所示。

图 2－3－36　“标记为最终”消息条

三、加密文档

加密文档是设置打开文档时必须输入密码，以阻止其他人查看和编辑文档。

(1)在“保护文档”下拉菜单中选择“用密码进行加密”命令，将打开“加密文档”对话框。在“密码”文本框中输入密码，如图 2－3－37 所示。

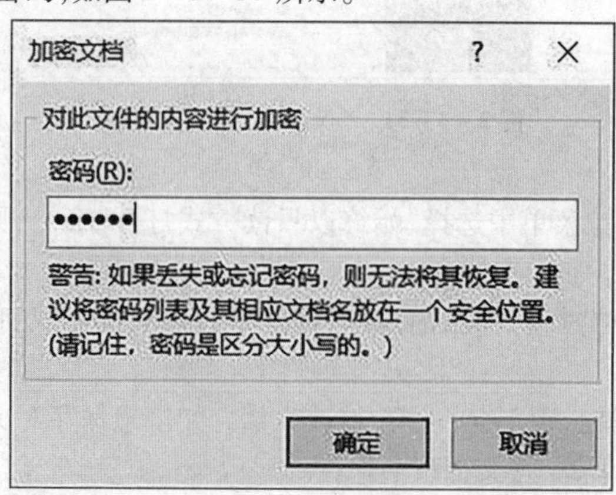

图 2－3－37　“加密文档”对话框

(2)单击“确定”按钮，将打开“确认密码”对话框。在“重新输入密码”文本框中再次输入密码，单击“确定”按钮，如图 2－3－38 所示。

（3）当再次打开此文档时，将弹出“密码”对话框，输入密码，单击“确定”按钮，如图 2－3－39 所示。只有输入正确的密码，才能打开文档。

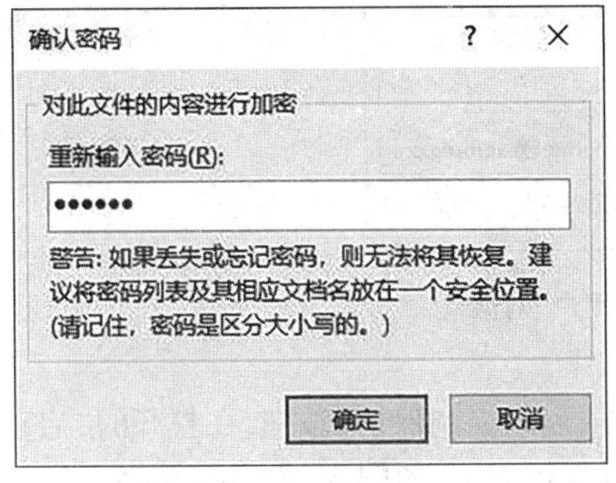

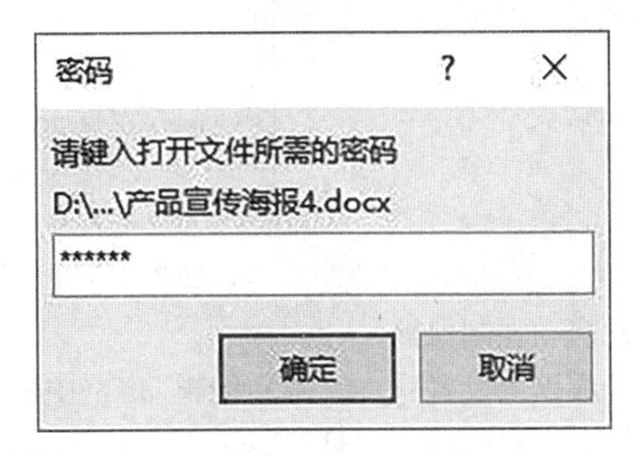

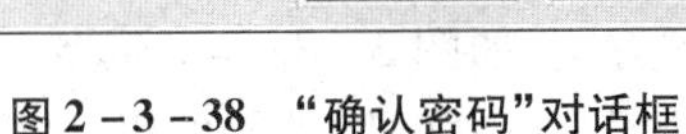

图 2－3－38　“确认密码”对话框　　　　图 2－3－39　“密码”对话框

四、限制编辑

当为文档设置打开密码后，其他用户就不能查看与编辑该文档了。如果希望文档可以让其他人查看，但是某些内容不想让其他用户编辑，可以通过 Word 提供的“限制编辑”功能来实现。

在“保护文档”下拉菜单中选择“限制编辑”命令，将打开“限制编辑”窗格，如图 2－3－40 所示。

1. 格式化限制

在“限制编辑”窗格中勾选“限制对选定的样式设置格式”复选框，单击“设置”按钮。在打开的“格式化限制”对话框中，可以选择当前允许使用的样式，如图 2－3－41 所示。

2. 编辑限制

在“编辑限制”窗格中勾选“仅允许在文档中进行此类型的编辑”复选框，在下拉菜单中可以选择“修订”“批注”“填写窗体”“不允许任何更改（只读）”命令，如图 2－3－42 所示。

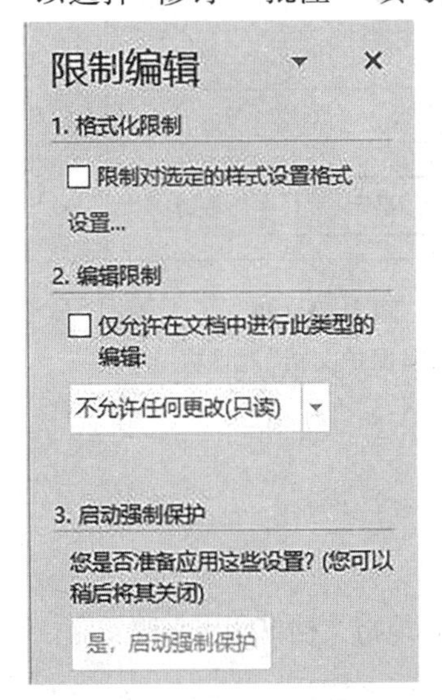

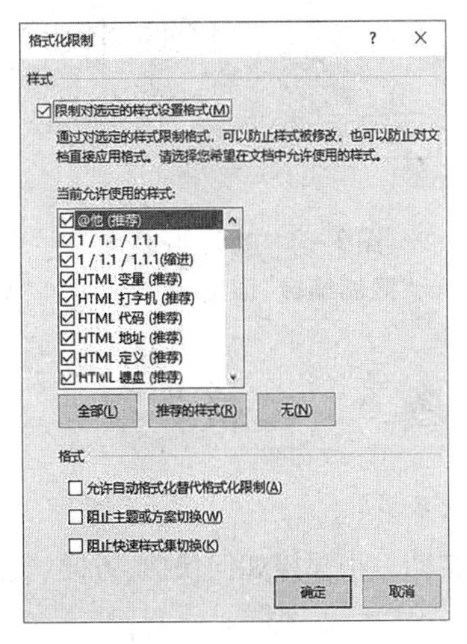

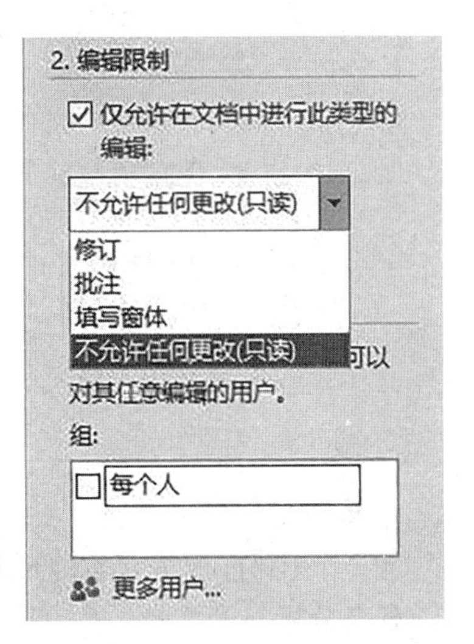

图 2－3－40　“限制编辑”窗格　图 2－3－41　“格式化限制”对话框　图 2－3－42　“编辑限制”下拉菜单

单击“更多用户”按钮，在打开的“添加用户”对话框中，输入用户名称，设置哪些用户可以对选定的文档内容进行任意编辑，如图 2－3－43 所示。

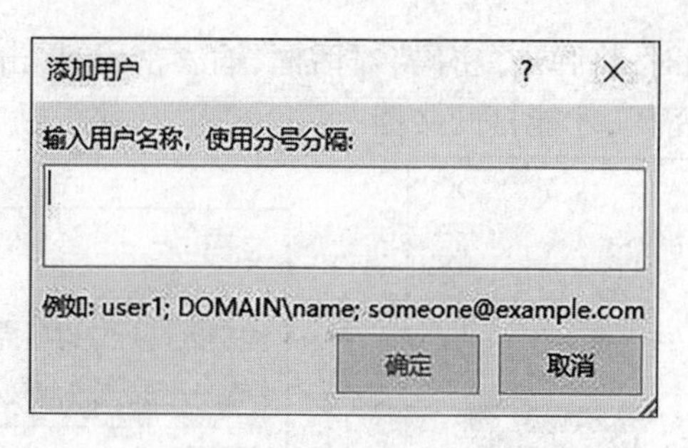

图 2-3-43 “添加用户”对话框

3. 启动强制保护

完成以上设置后，在“限制编辑”窗格中单击“是，启动强制保护”按钮，在打开的“启动强制保护”对话框中，可以选择“密码”或“用户验证”2 种保护方法，如图 2-3-44 所示。

强制保护设置完成后，再次打开此文档，只能对非限制编辑的区域进行编辑。“限制编辑”窗格如图 2-3-45 所示。

单击“停止保护”按钮，在弹出的“取消保护文档”对话框中，输入密码，单击“确定”按钮，将取消文档的限制编辑，如图 2-3-46 所示。

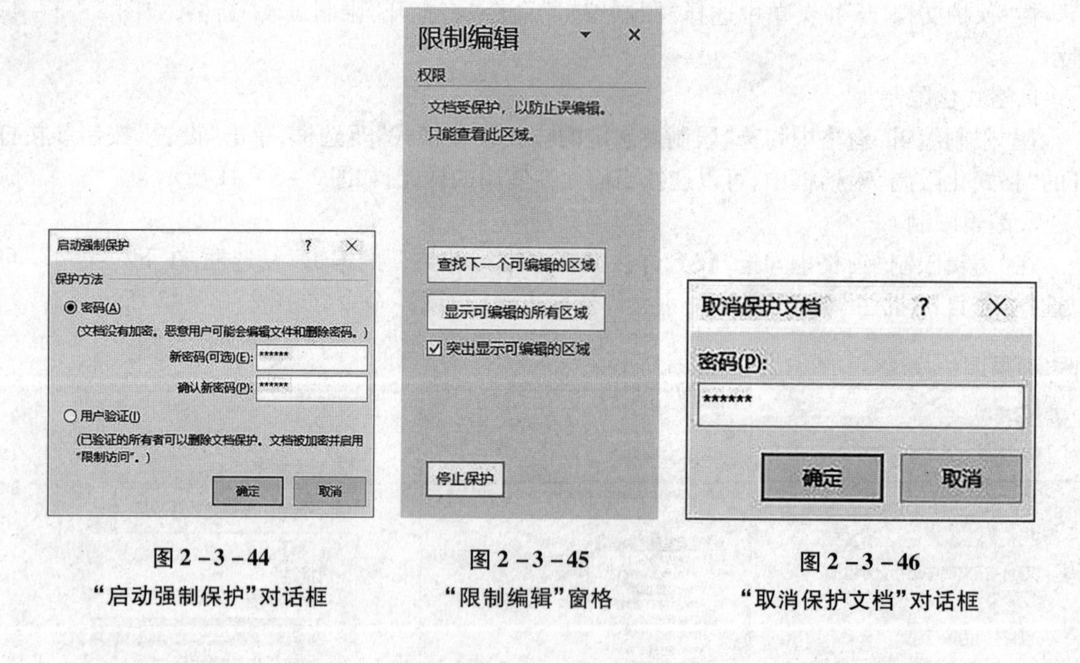

图 2-3-44 “启动强制保护”对话框　　图 2-3-45 “限制编辑”窗格　　图 2-3-46 “取消保护文档”对话框

任务 6 文档打印

任务导入

领导让小郑打印“产品宣传海报”文档。小郑该如何快捷、方便、美观地将文档打印出来呢?

任务分析

使用 Word 2019 制作文档时，在大多数情况下是要做成文件打印出来的，打印也是办公中需要掌握的必不可少的技术。

本任务介绍 Word 2019 文档打印的方法。

任务思路及步骤如图 2－3－47 所示。

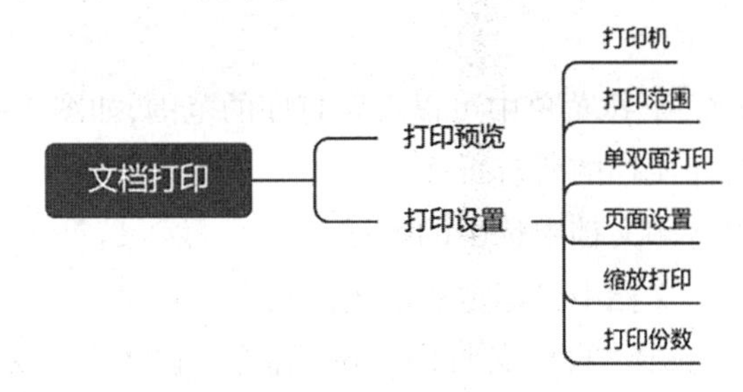

图 2－3－47　任务思路及步骤

任务实施

文档打印基本操作如下。

一、打印预览

在打印 Word 2019 文档前，可以对文档进行预览。该功能可以根据文档打印的设置模拟文档被打印在纸张上的效果。预览时可以及时发现文档中的版式错误，如果对打印效果不满意，也可以及时对文档的版面进行重新设置和调整，以便获得满意的打印效果，避免打印纸张的浪费。

选择“文件”选项卡→“打印”命令，在“打印”窗口中，可以查看打印预览。拖动“显示比例”滑块能够调整文档的显示大小，单击“下一页”按钮和“上一页”按钮，能够进行预览的翻页操作，如图 2－3－48 所示。

二、打印设置

1. 打印机

在“打印”窗口→“打印机”下拉菜单中可以选择现有的打印机，也可以添加打印机，如图 2－3－49 所示。

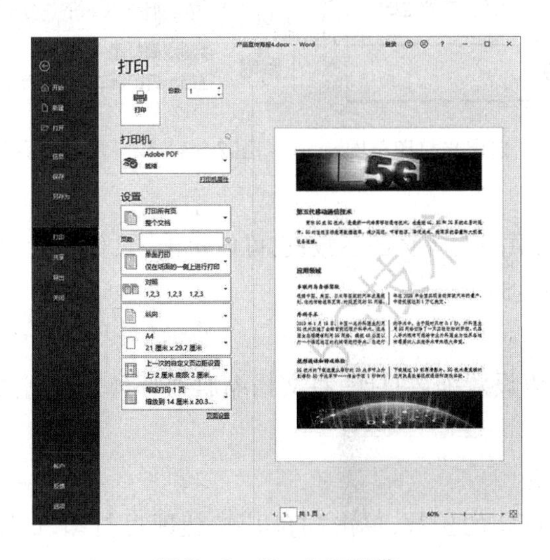

图 2－3－48　打印预览

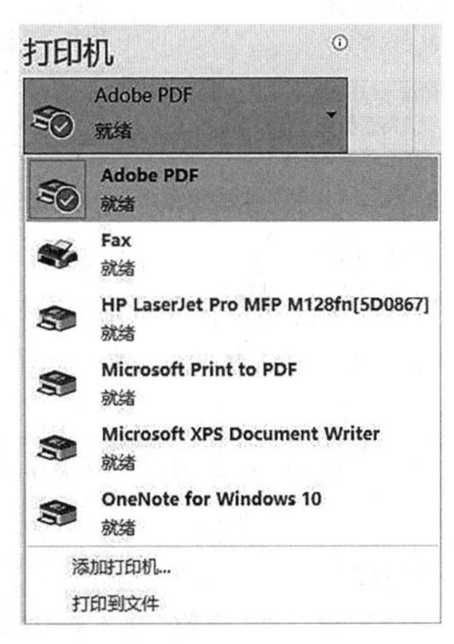

图 2－3－49　“打印机”下拉菜单

单击“打印机属性”按钮,可以设置打印机相关参数。

2. 打印范围

在“打印”窗口→“设置”下拉菜单中可以设置打印的范围,如图 2-3-50 所示。

(1)打印所有页,将打印文档的所有页面。

(2)打印选定区域,将打印文档中选中的区域。

(3)打印当前页,将打印文档中光标定位的当前页。

(4)自定义打印范围。选择“自定义打印范围”命令,在“页数”文本框输入需要打印的页码,如图 2-3-51 所示。

页码输入规则如下。

例 1:2,4,6 (表示打印第 2,4,6 页)。

例 2:1,3,7-9 (表示打印第 1,3,7,8,9 页)。

注意:逗号为英文状态下的逗号。

3. 单双面打印

在“打印”窗口可以设置单双面打印。“单面打印”命令只在打印纸的一面进行打印;“手动双面打印”命令将在打印第二面的时候提示重新加载纸张,便于换纸操作,如图 2-3-52 所示。

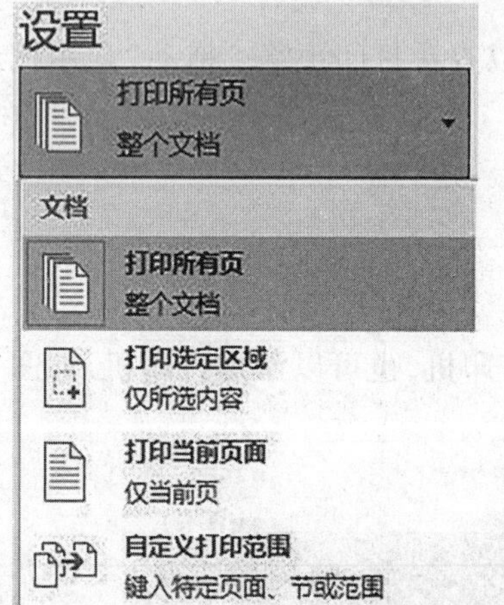

图 2-3-50 “设置”下拉菜单

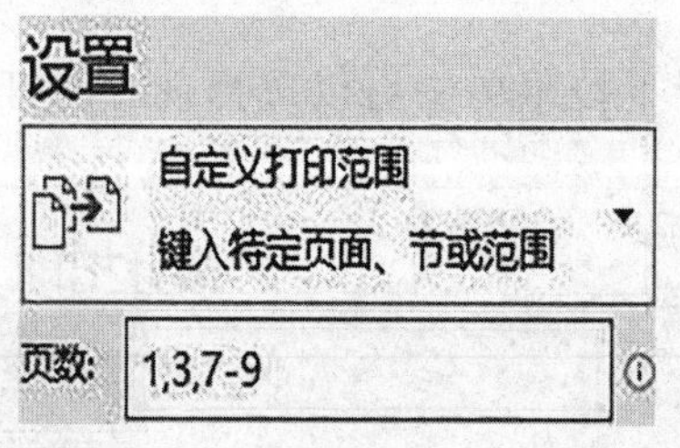

图 2-3-51 自定义打印范围

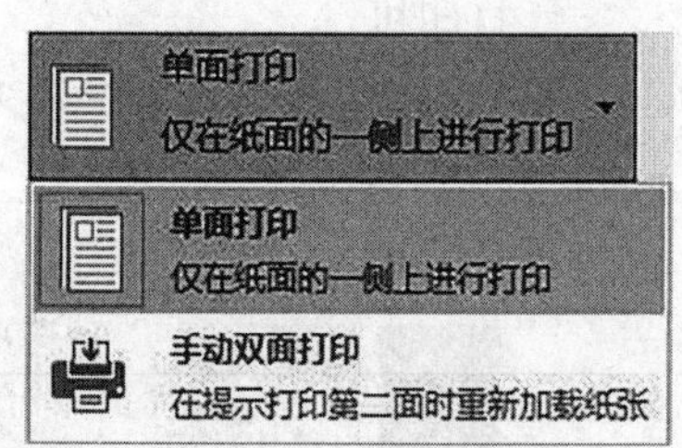

图 2-3-52 单、双面打印

4. 页面设置

在“打印”窗口可以设置纸张方向、纸型、页边距等页面参数;也可以单击“页面设置”按钮,打开“页面设置”对话框进行设置,如图 2-3-53 所示。

5. 缩放打印

在“打印”窗口→“缩放”下拉菜单中可以设置缩放打印,将文档缩放到每页打印 2 页或更多页,如图 2-3-54 所示。

6. 打印份数

在“打印”窗口的“份数”文本框中输入打印的份数,单击“打印”按钮即可打印,如图 2-3-55 所示。

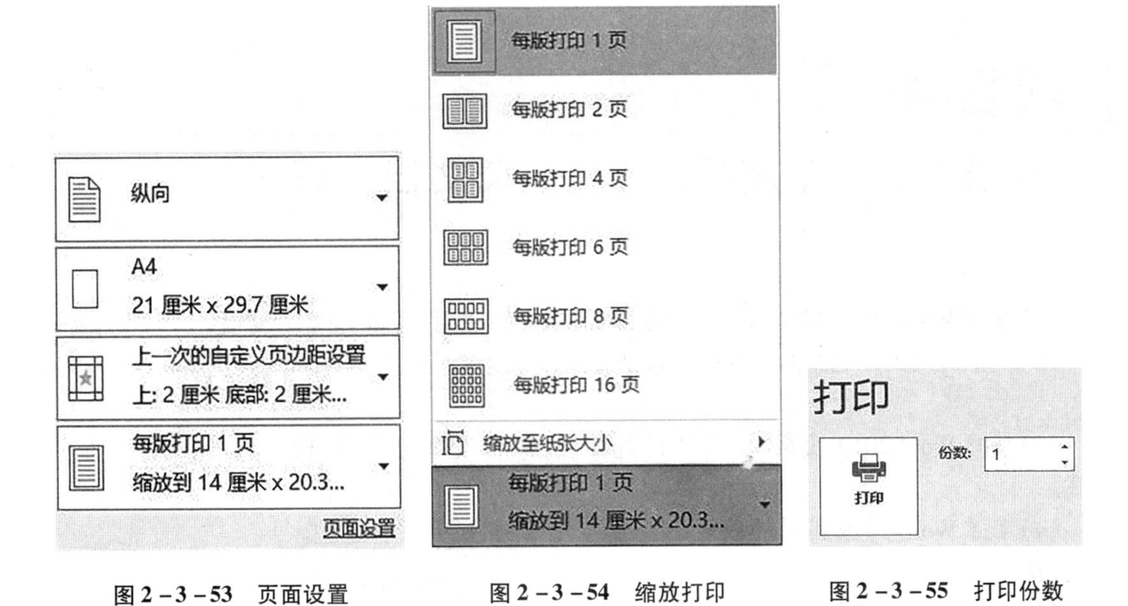

图 2－3－53　页面设置　　图 2－3－54　缩放打印　　图 2－3－55　打印份数

项目 4

制作“公司年度报告”——长文档处理

知识目标

(1)掌握 Word 2019 样式的设置方法,包括样式的使用、复制、新建及修改。

(2)掌握 Word 2019 目录的设置方法,包括文档标题设置、自动生成目录、自动更新目录、修改目录样式。

(3)掌握 Word 2019 页眉、页脚的设置方法,包括设置分节符、设置页眉样式、设置页脚样式。

(4)掌握 Word 2019 编号的设置方法,包括给表格、图片设置题注。

技能目标

(1)具备对 Word 2019 进行样式设置的能力。

(2)具备对 Word 2019 进行目录设置的能力。

(3)具备对 Word 2019 进行页眉页脚设置的能力。

(4)具备对 Word 2019 进行编号设置的能力。

任务 1　样式设置一次就好

任务导入

领导交给小周一个任务,让他修改“公司年度报告”的格式。刚参加工作的同学对“样式”这个名词非常陌生,但是在 Word 2019 文档中,它是神一样的存在。掌握了样式设置方法,你会觉得之前在修改文字格式方面所做的大量工作是那样的不值一提。

任务分析

Word 2019 中的“样式”是格式指令的集合,可以用它来设置字符或段落在文档中的格式,让文档拥有一致、精美的外观。

本任务介绍利用“样式”设置公司年度报告的格式的方法。

任务思路及步骤如图 2-4-1 所示。

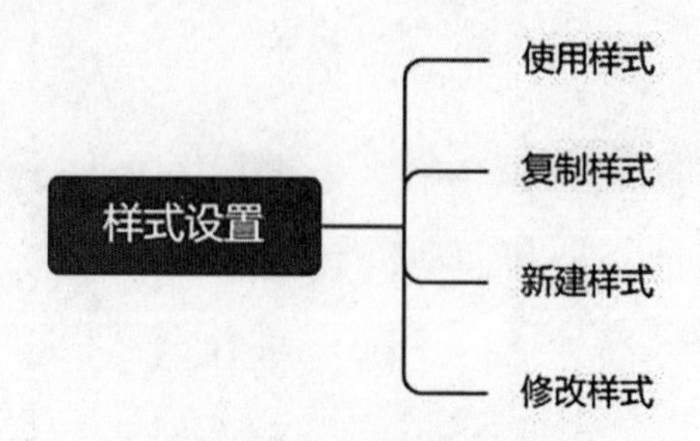

图 2-4-1　任务思路及步骤

任务实施

“公司年度报告”设置样式的基本操作如下。

一、使用样式

选择“公司年度报告. docx”文档的标题，在“开始”选项卡→“样式”组中，选择“标题 1”样式。

二、复制样式

为了设置更美观的封面，需要将“封面. docx”文档中的“封面”样式复制到“公司年度报告. docx”文档中。

(1)打开“公司年度报告. docx”文档，单击“开始”选项卡→“样式”组右下角的“功能扩展”按钮，在“样式”对话框中单击“管理样式”按钮。

(2)在打开的“管理样式”对话框中，单击“导入/导出”按钮。

(3)在打开的“管理器”对话框中，左侧是当前文档的样式，右侧是通用模板样式，单击右侧的“关闭文件”按钮，然后单击右侧的“打开文件”按钮，选择“封面. docx”文档，双击打开。回到“管理器”对话框，右侧是该文档的全部样式，选择“封面”样式，单击中间的“复制”按钮，“封面”样式就复制到了当前的文档，单击“关闭”按钮。

(4)选择“公司年度报告. docx”文档的标题文本，选择“开始”选项卡→“样式”组→“封面”样式，将“封面”样式应用到当前文档的标题。

三、新建样式

(1)选择“公司年度报告. docx”文档的正文部分，单击“开始”选项卡→“样式”组右下角的“功能扩展”按钮，在“样式”对话框中单击“新建样式”按钮。

(2)在打开“根据格式化创建新样式”对话框中，输入新建样式的名称“正文 1”，选择样式类型“段落”，选择样式基准“正文”，格式设置为“宋体”“小四”，单击左下角的“格式”按钮，在弹出的下拉菜单中选择“段落”命令。

(3)在“段落”对话框中“缩进”区域的“特殊”下拉列表中选择“首行”选项，“缩进值”设置为“2 字符”，“行距”设置为“1.5 倍行距”，单击“确定”按钮。返回上一级对话框，单击“确定”按钮。“正文 1”样式设置完毕。

四、修改样式

(1)在“开始”选项卡→“样式”组中，用鼠标右键单击想要修改的样式，在弹出的下拉菜单中选择“修改”命令。

(2)在弹出的“修改样式”对话框中，可对样式进行逐项修改。

将样式设置的四个基本操作揉到一起，灵活运用，这样才能发挥它们的最大价值。

样式设置一次就好

任务2　目录其实很简单

任务导入

小周修改好了“公司年度报告”的样式，交给领导检查。长长的报告，没有目录，看起来很不方便，领导让小周加上目录。小周逐字写目录，写了一天还没写完。其实我们在日常生活中经常看见的书籍、论文等长文档的目录都是自动生成的，不是手打的。那么如何自动生成目录?

任务分析

自动生成目录包括4个步骤:将文档中的标题设置成标题样式、自动生成目录、自动更新目录、修改目录样式。

本任务介绍自动生成“公司年度报告”目录的方法。

任务思路及步骤如图2-4-2所示。

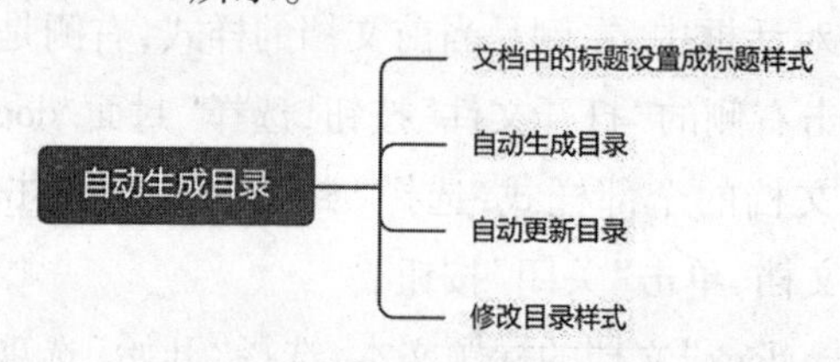

图2-4-2　任务思路及步骤

任务实施

“公司年度报告”自动生成目录的操作步骤如下。

一、文档中的标题设置成标题样式

在“样式”设置中，“标题1”“标题2”这样的样式，不仅代表不同的样式，还代表不同的等级。标题1的等级大于标题2的等级。把最高级的标题设置为标题1，把下一级标题设置为副标题，再下一级可以设置为标题2，依此类推，把所有标题都设置成对应的标题样式。设置好之后，才能进行自动生成目录的操作。

(1)选择“公司年度报告.docx”文档中的一级标题，在“开始”选项卡→“样式”组中，选择“标题1”样式，用鼠标右键单击“标题1”样式，在弹出的下拉菜单中选择“修改”命令。

(2)在打开的“修改样式”对话框中，可以对“标题1”的样式进行修改，修改完毕后单击“确定”按钮，如图2-4-3所示。

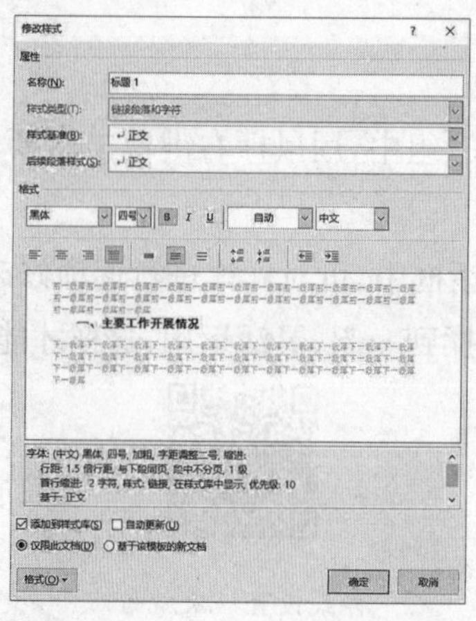

图2-4-3　“修改样式”对话框

(3)同理,选择“公司年度报告.docx”文档中的二级标题,修改并应用“标题2”样式。最终效果如图2-4-4所示。

二、自动生成目录

把鼠标移动到文档的最前端,在“引用”选项卡→“目录”组中,单击“目录”按钮,在弹出的下拉菜单中选择“自动目录1”选项,即可自动生成目录,如图2-4-5和图2-4-6所示。

还可以选择“自定义目录”命令。在“目录”对话框中,可以根据需要来设置目录的样式。手打页码很难对齐,通过“页码右对齐”复选框可以让页码轻松地对成一条直线,如图2-4-7所示。

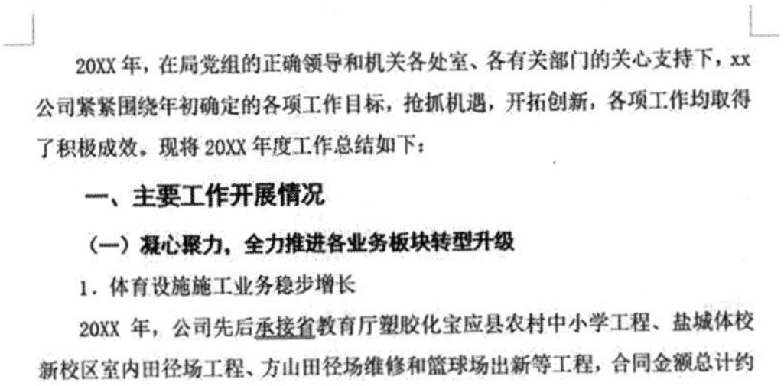

20XX年,在局党组的正确领导和机关各处室、各有关部门的关心支持下,xx公司紧紧围绕年初确定的各项工作目标,抢抓机遇,开拓创新,各项工作均取得了积极成效。现将20XX年度工作总结如下:

一、主要工作开展情况

(一)凝心聚力,全力推进各业务板块转型升级

1.体育设施施工业务稳步增长

20XX年,公司先后承接省教育厅塑胶化宝应县农村中小学工程、盐城体校新校区室内田径场工程、方山田径场维修和篮球场出新等工程,合同金额总计约

图2-4-4 最终效果

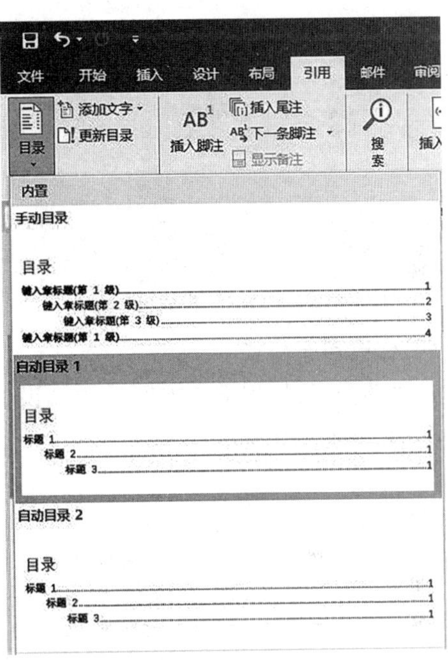

图2-4-5 自动生成目录

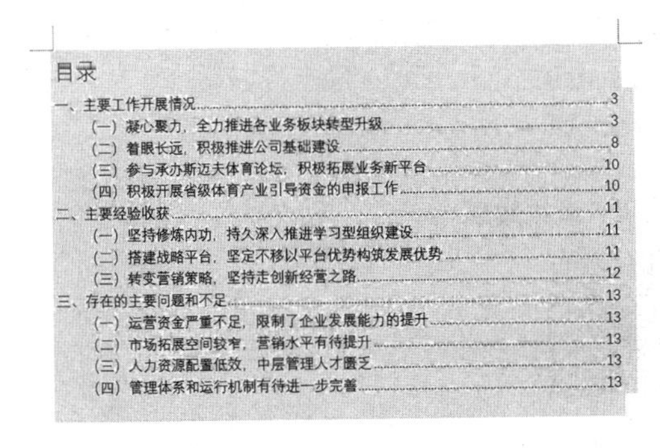
目录

图2-4-6 最终效果

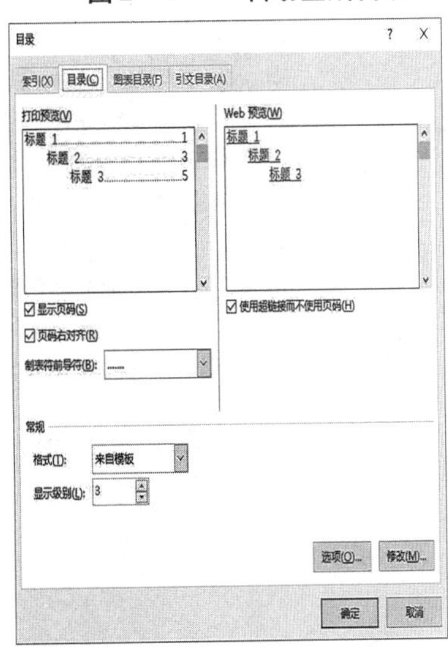

图2-4-7 “目录”对话框

三、自动更新目录

自动目录生成之后，如果文章的内容有一定的变化，直接在文章中进行修改，如果页码发生了变化，需要更新目录。用鼠标右键单击整个目录，在弹出的快捷菜单中选择“更新域”命令，如图 2－4－8 所示。

在弹出的“更新目录”对话框中有两个选项，如果标题没有改变，选择“只更新页码”选项；如果标题和页码都有改变，选择“更新整个目录”选项，如图 2－4－9 所示。

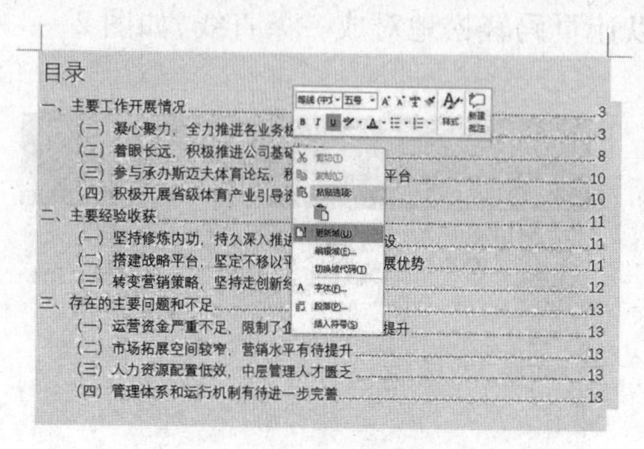

图 2－4－8　“更新域”命令

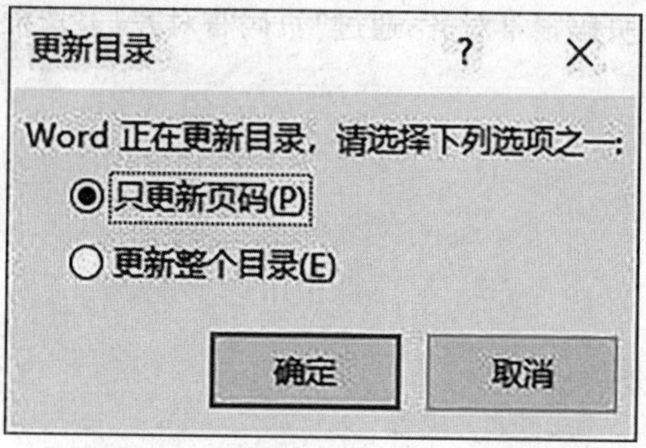

更新目录　?　×

Word 正在更新目录，请选择下列选项之一：

◉ 只更新页码(P)

○ 更新整个目录(E)

确定　取消

图 2－4－9　“更新目录”对话框

四、修改目录样式

选中整个目录，根据之前所学的知识，在“开始”选项卡中，进行字体和段落的调整。最终效果如图 2－4－10 所示。

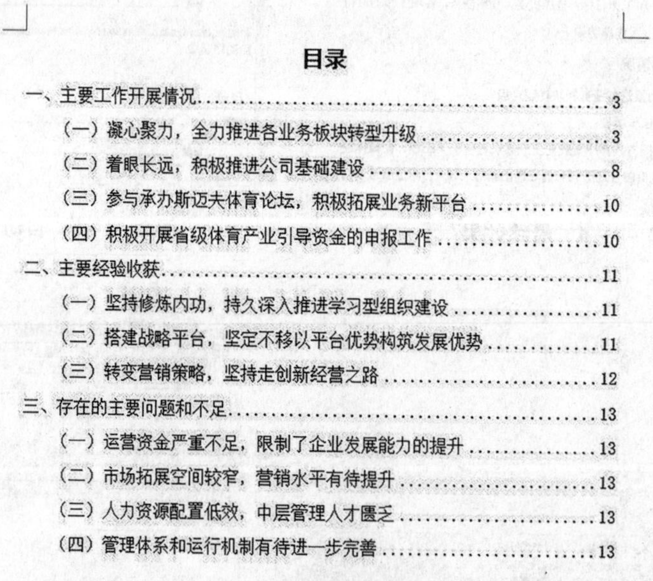

目录

一、主要工作开展情况……3
（一）凝心聚力，全力推进各业务板块转型升级……3
（二）着眼长远，积极推进公司基础建设……8
（三）参与承办斯迈夫体育论坛，积极拓展业务新平台……10
（四）积极开展省级体育产业引导资金的申报工作……10
二、主要经验收获……11
（一）坚持修炼内功，持久深入推进学习型组织建设……11
（二）搭建战略平台，坚定不移以平台优势构筑发展优势……11
（三）转变营销策略，坚持走创新经营之路……12
三、存在的主要问题和不足……13
（一）运营资金严重不足，限制了企业发展能力的提升……13
（二）市场拓展空间较窄，营销水平有待提升……13
（三）人力资源配置低效，中层管理人才匮乏……13
（四）管理体系和运行机制有待进一步完善……13

图 2－4－10　最终效果

目录其实很简单

任务3　搞定令人头疼的页眉、页脚

任务导入

领导让小周修改“公司年度报告”的页眉和页脚的样式，要求目录页、奇数页、偶数页的页眉不同，目录和正文要分别编页码，搞得小周一头雾水。

任务分析

在每篇文档的最上方和最下方分别双击，就可以进入页眉和页脚的编辑状态。上面是页眉，下面是页脚。在通常情况下，在页眉处输入的是文档的名称或者章节的名称，在页脚处输入页码。

本任务介绍设置公司年度报告的页眉和页脚的方法。

任务思路及步骤如图 2 –4 –11 所示。

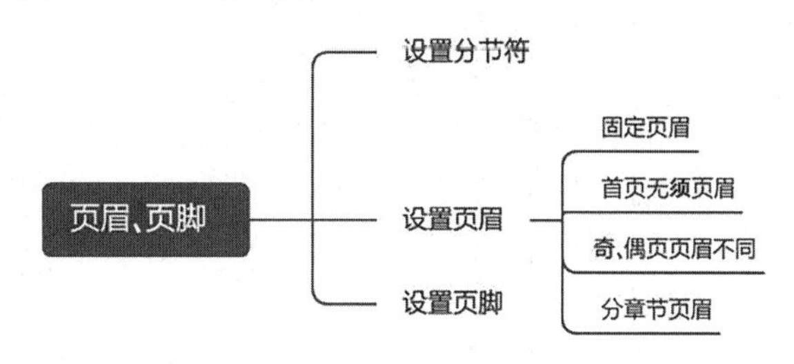

图 2 –4 –11　任务思路及步骤

任务实施

在“公司年度报告”中插入页眉、页脚的操作步骤如下。

一、设置分节符

Word 2019 默认将整个文档作为一个“节”来处理。分节符的作用就是将 Word 2019 文档分成不同的“节”，插入一个分节符表示一个“节”在此结束，分节符之后将开始新的一节。Word 2019 中的每一个“节”可以设置不同的格式，包括页边距、纸张方向、纸张大小、分栏、页眉和页脚以及页码格式等。比如文档中每个章节的页眉都不相同，那就需要将每个章节放在不同的“节”中。

(1)单击“公司年度报告. docx”文档封面的末尾，在“布局”选项卡→“页面设置”组中单击“分隔符”按钮，在弹出的下拉菜单中选择“分节符”组中的“下一页”命令。当光标出现在下一页时，不要按 Backspace 键，要按 Delete 键删除。

(2)同理，在目录和其他章节后面也进行同样操作。双击封面最上方，进入页眉编辑状态。可以看到封面是第 1 节，目录是第 2 节，标题一是第 3 节，标题二是第 4 节，标题三是第 5 节。

二、设置页眉

1. 固定页眉

双击文档最上方，输入文档标题“公司年度报告”。单击“设计”选项卡→“关闭”组中的“关闭页眉和页脚”按钮，退出编辑状态，每一页的页眉都被设置成相同的。

2. 首页无须页眉

一般情况下封面不需要页眉。双击文档上方，进入页眉的编辑状态。勾选“设计”选项卡

→“选项”组中的“首页不同”复选框,首页就没有页眉了。

3. 奇、偶页页眉不同

双击文档上方,进入页眉的编辑状态。勾选“设计”选项卡→“选项”组中的“奇偶页不同”复选框,可以在文档中分别设置奇数页名称和偶数页名称。奇数页放文档的名称,偶数页放章节的名称。

4. 分章节页眉

每一章节的页眉不同。前面已经在封面、目录、每个章节的结尾处插入了“分节符”。

双击目录页上方,进入页眉的编辑状态,输入“目录页”。取消勾选“设计”选项卡→“导航”组中的“链接到前一节”复选框,只改变当前节的页眉。

同理,修改标题一、标题二、标题三的奇、偶页页眉。奇数页放文档的名称,偶数页放章节的名称。

去掉页眉文字下框线的方法:选中页眉文字,单击“开始”选项卡→“段落”组中的“边框”按钮,在弹出的下拉菜单中选择“无框线”命令。

三、设置页脚

(1)双击封面最下方,进入页脚编辑状态。单击“设计”选项卡→“页眉和页脚”组的“页码”按钮,在弹出的下拉菜单中选择“删除页码”命令,将删除封面的页码。

(2)双击目录页最下方,进入页脚编辑状态。单击“设计”选项卡→“页眉和页脚”组的“页码”按钮,在弹出的下拉菜单中选择“设置页码格式”命令。

在“页码格式”对话框中,在“编号格式”下拉菜单中选择罗马数字,单击“起始页码”单选按钮,在后面的下拉列表中选择“1”选项,单击“确定”按钮。

单击“设计”选项卡→“页眉和页脚”组的“页码”按钮,在弹出的下拉菜单中选择“页面底端”→“普通数字 2”命令,插入相应格式的页脚。

取消勾选“设计”选项卡→“导航”组中的“链接到前一节”复选框。

(3)双击标题一最下方,进入页脚编辑状态。单击“设计”选项卡→“页眉和页脚”组的“页码”按钮,在弹出的下拉菜单中选择“设置页码格式”命令。

在“页码格式”对话框中,在“编号格式”下拉菜单中选择阿拉伯数字,勾选“起始页码”单选按钮,在后面的下拉列表中选择“1”选项,单击“确定”按钮。

单击“设计”选项卡→“页眉和页脚”组的“页码”按钮,在弹出的下拉菜单中选择“页面底端”→“普通数字 2”命令,插入相应格式的页脚。在奇数页和偶数页分别做此操作。

取消勾选“设计”选项卡→“导航”组中的“链接到前一节”复选框。

(4)分别双击标题二和标题三的最下方,进入页脚编辑状态。单击“设计”选项卡→“页眉和页脚”组的“页码”按钮,在弹出的下拉菜单中选择“设置页码格式”命令。

在“页码格式”对话框中,在“编号格式”下拉菜单中选择阿拉伯数字,单击“续前节”单选按钮,单击“确定”按钮。正文将从页码 1 开始依次编号。

搞定头疼的页眉、页脚(上)

搞定头疼的页眉、页脚(下)

任务4 各种编号就这么整

任务导入

领导批评了小周修改的“公司年度报告”，因为图1后面就是图3，表2后面跟着表7，让人怀疑小周的数学是体育老师教的，但是这么多编号谁数得过来？

任务分析

面对长文档中出现的大量图片和表格，要想记住它们的编号，还真不是一件容易的事。利用题注功能可以轻松搞定编号问题。

本任务介绍利用题注功能对“公司年度报告”的表格和图片进行编号的方法。

任务思路及步骤如图2－4－12所示。

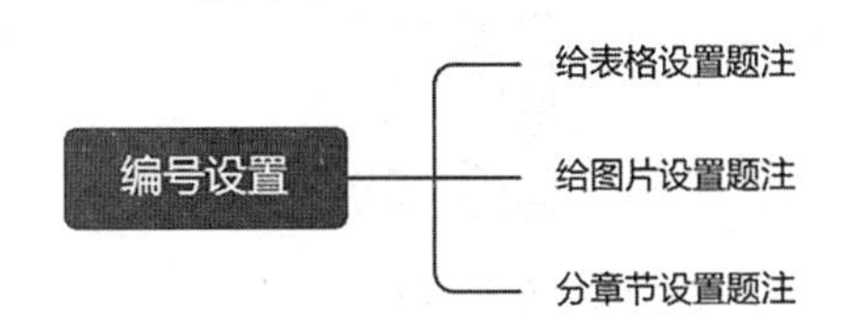

图2－4－12 任务思路及步骤

任务实施

“公司年度报告”设置编号的操作步骤如下。

一、给表格设置题注

（1）将光标定位在“公司年度报告.docx”文档的第1个表格的标题之前，单击“引用”选项卡→“题注”组的“插入题注”按钮，打开“题注”对话框。

（2）在“题注”对话框中，在“标签”下拉菜单中选择“表格”选项，“题注”文本框默认显示“表格1”，单击“确定”按钮。

表格编号将显示在表格标题中。

（3）同理，选择第2个表格，“插入题注”就生成了“表格2”；选择第3个表格，“插入题注”就生成了“表格3”，依此类推，对所有的表格按顺序插入题注，生成编号。

二、给图片设置题注

（1）将光标定位在“公司年度报告.docx”文档的第1个图片的标题之前，单击“引用”选项卡→“题注”组的“插入题注”按钮，打开“题注”对话框。

（2）在“题注”对话框中，单击“新建标签”按钮。在“新建标签”对话框的“标签”文本框中输入“图”，单击“确定”按钮。

（3）在“题注”对话框中，在“标签”下拉菜单中选择“图”选项，“题注”文本框默认显示“图1”，单击“确定”按钮。图片编号将显示在图片标题中。

（4）同理，选择第2个图片，“插入题注”就生成了“图2”；选择第3个图片，“插入题注”就生成了“图3”，依此类推，对所有的图片按顺序插入题注，生成编号。

三、分章节设置题注

（1）将标题一做成多级列表形式，同时选择“公司年度报告.docx”文档的3个一级标题。

单击“开始”选项卡→“段落”组中的“多级列表”按钮，在弹出的下拉菜单中选择列表样式。

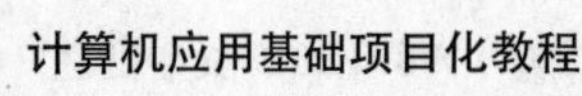

调整所有一级标题的列表级别。选择一级标题,单击“开始”选项卡→“段落”组中的“多级列表”按钮,在弹出的下拉菜单中选择“更改列表级别”命令,在弹出的下拉菜单中选择“1 级”选项。

(2)将光标定位在“公司年度报告. docx”文档的第 1 个图片的标题之前,单击“引用”选项卡→“题注”组的“插入题注”按钮,打开“题注”对话框。

在“题注”对话框中,在“标签”下拉菜单选择“图”选项。单击“编号”按钮。在“题注编号”对话框中,勾选“包含章节号”复选框,“章节起始样式”选择“标题 1”,“使用分隔符”选择“ - ”(连字符),单击“确定”按钮,返回“题注”对话框。“题注”文本框显示“图 1 - 1”,单击“确定”按钮。

(3)同理,选择第 2 个图片,“插入题注”就生成了“图 1 - 2”;选择第 3 个图片,“插入题注”就生成了“图 1 - 3”,依此类推,对所有的图片按顺序插入题注,生成编号。

各种编号就这么整

项目 5

批量制作"培训合格证书"——邮件合并

知识目标

掌握 Word 邮件合并的设置方法。

能力目标

具备对 Word 2019 文档进行邮件合并的能力。

任务 1　你还在玩命复制、粘贴吗?

任务导入

人事部的小李接到一个工作,制作 100 个"培训合格证书"。小李逐个进行复制、粘贴,十分烦琐。同事告诉她,其实很快就可以完成任务,这是利用了什么功能呢?

任务分析

在日常办公中,经常需要批量制作一些主要内容相同,只是部分数据有变化的文件,比如成绩单、准考证、录取通知书、邀请函、名片或信封等,如果逐个制作,会浪费大量的时间。此时可以利用 Word 2019 的邮件合并功能,帮助我们快速批量生成文件。

本任务介绍利用邮件合并功能批量制作培训合格证书的方法。

任务思路及步骤如图 2 – 5 – 1 所示。

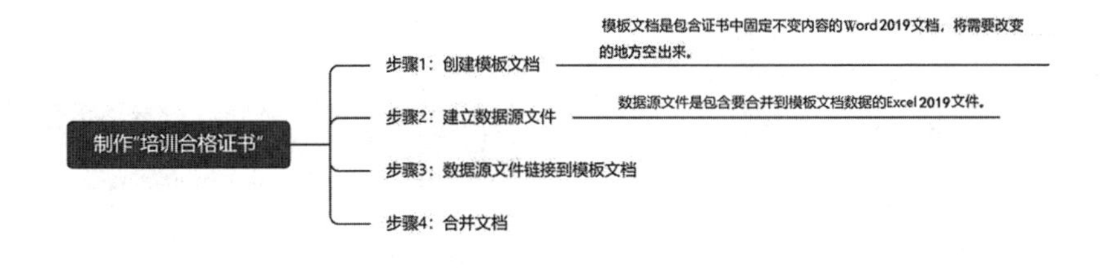

图 2 – 5 – 1　任务思路及步骤

任务实施

批量制作"培训合格证书"的操作步骤如下。

一、创建模板文档

新建一个 Word 2019 文档,将其命名为"培训合格证书模板. docx",输入培训合格证书中固定不变的文本,将需要修改的地方空出来,并进行格式设置,如图 2 – 5 – 2 所示。

二、建立数据源文件

新建一个 Excel 2019 文件,将其命名为"培训合格证书数据源表. xlsx",存储培训合格证书中有变化的数据，如图 2－5－3 所示。

注意：数据源表的第一行一定是包含列标题的表头行，不能是表格的大标题。

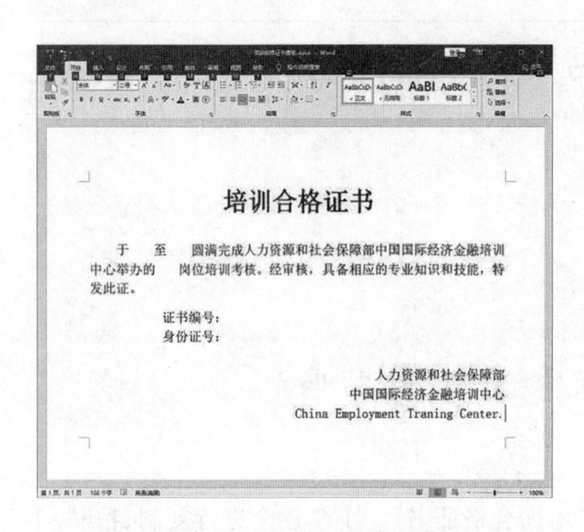

培训合格证书

于　　至　　圆满完成人力资源和社会保障部中国国际经济金融培训中心举办的　　岗位培训考核。经审核，具备相应的专业知识和技能，特发此证。

证书编号：
身份证号：

人力资源和社会保障部
中国国际经济金融培训中心
China Employment Traning Center.

图 2－5－2　“培训合格证书”模板

编号	证书编号	姓名	身份证号	培训内容	开班日期	结业日期
ZH0001	DSQZH00001	宋小江	130203199002035014	全国网络安全技术员	2020年5月6日	2020年5月13日
ZH0002	DSQZH00002	陆晓之	130203199002035015	全国网络安全技术员	2020年5月6日	2020年5月13日
ZH0003	DSQZH00003	吴晓松	130203199002035016	全国网络安全技术员	2020年5月6日	2020年5月13日
ZH0004	DSQZH00004	翟晓宇	130203199002035017	全国网络安全技术员	2020年5月6日	2020年5月13日
ZH0005	DSQZH00005	牛莫王	130203199002035018	全国网络安全技术员	2020年5月6日	2020年5月13日
ZH0006	DSQZH00006	孙晓空	130203199002035019	全国网络安全技术员	2020年5月6日	2020年5月13日
ZH0007	DSQZH00007	刘小贝	130203199002035020	全国网络安全技术员	2020年5月6日	2020年5月13日
ZH0008	DSQZH00008	张小飞	130203199002035021	全国网络安全技术员	2020年5月6日	2020年5月13日
ZH0009	DSQZH00009	关小羽	130203199002035022	全国网络安全技术员	2020年5月6日	2020年5月13日
ZH0010	DSQZH00010	赵晓云	130203199002035023	全国网络安全技术员	2020年5月6日	2020年5月13日
ZH0011	DSQZH00011	李小魁	130203199002035024	全国网络安全技术员	2020年5月6日	2020年5月13日
ZH0012	DSQZH00012	吴小用	130203199002035025	全国网络安全技术员	2020年5月6日	2020年5月13日
ZH0013	DSQZH00013	金小星	130203199002035026	全国网络安全技术员	2020年5月6日	2020年5月13日
ZH0014	DSQZH00014	杨晓杰	130203199002035027	全国网络安全技术员	2020年5月6日	2020年5月13日
ZH0015	DSQZH00015	李小贝	130203199002035028	全国网络安全技术员	2020年5月6日	2020年5月13日
ZH0016	DSQZH00016	卢俊义	130203199002035029	全国网络安全技术员	2020年5月6日	2020年5月13日
ZH0017	DSQZH00017	吴用	130203199002035030	全国网络安全技术员	2020年5月6日	2020年5月13日
ZH0018	DSQZH00018	公孙胜	130203199002035031	全国网络安全技术员	2020年5月6日	2020年5月13日
ZH0019	DSQZH00019	关胜	130203199002035032	全国网络安全技术员	2020年5月6日	2020年5月13日
ZH0020	DSQZH00020	林冲	130203199002035033	全国网络安全技术员	2020年5月6日	2020年5月13日
ZH0021	DSQZH00021	秦明	130203199002035034	全国网络安全技术员	2020年5月6日	2020年5月13日
ZH0022	DSQZH00022	呼延灼	130203199002035035	全国网络安全技术员	2020年5月6日	2020年5月13日
ZH0023	DSQZH00023	花荣	130203199002035036	全国网络安全技术员	2020年5月6日	2020年5月13日

图 2－5－3　“培训合格证书数据源表”

三、数据源文件链接到模板文档

（1）打开“培训合格证书模板. docx”文档，在“邮件”选项卡→“开始邮件合并”组中，单击“开始邮件合并”按钮，在其下拉菜单中选择“信函”命令，如图 2－5－4 所示。

（2）在“邮件”选项卡→“开始邮件合并”组中，单击“选择收件人”按钮，在其下拉菜单中选择“使用现有列表命令”命令，如图 2－5－5 所示。

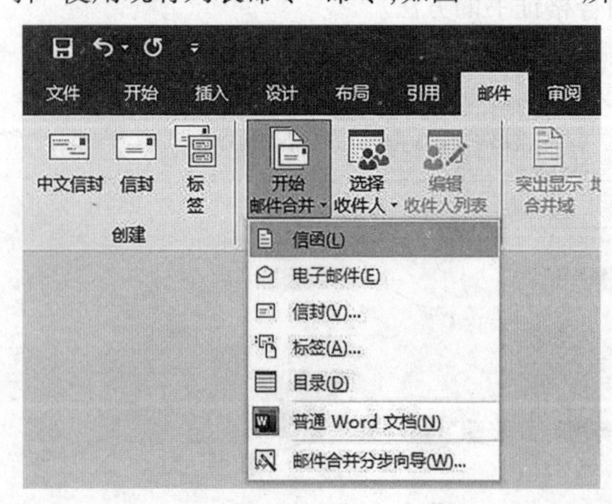

图 2－5－4　“信函”命令

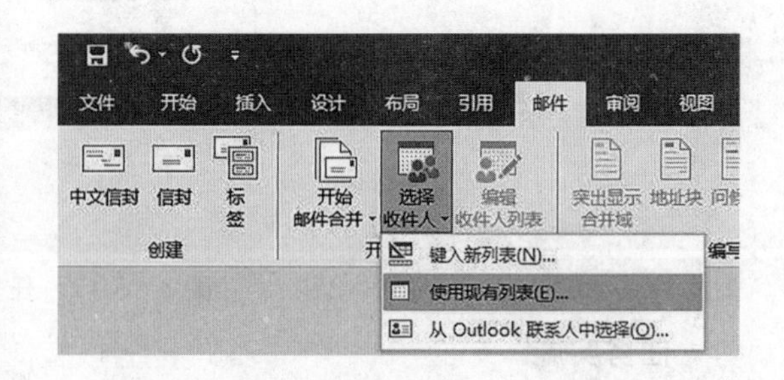

图 2－5－5　“使用现有列表”命令

在打开的“选取数据源”对话框中选择“培训合格证书数据源表. xlsx”文件，单击“打开”按钮，如图 2－5－6 所示。

在打开的“选择表格”对话框中，选择培训合格证书数据源所在的“Sheet1 $”工作表，单击“确定”按钮，如图 2－5－7 所示。

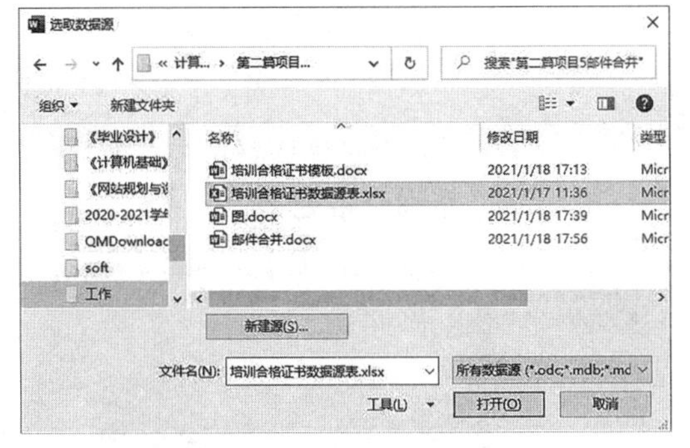

图 2-5-6　“选取数据源”对话框

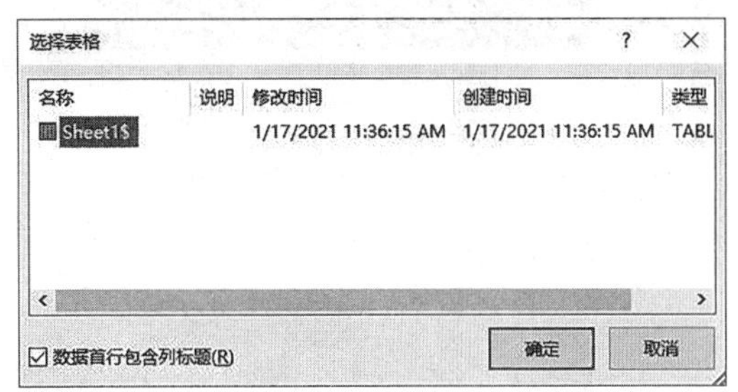

图 2-5-7　“选择表格”对话框

(3)在“邮件”选项卡→“开始邮件合并”组中,单击“编辑收件人列表”按钮,如图 2-5-8 所示。

在打开的“邮件合并收件人”对话框中,可以选择发放培训合格证书的特定人员,包括对收件人列表内容进行排序、筛选、查找重复收件人、查找收件人和验证地址等操作,如图 2-5-9 所示。

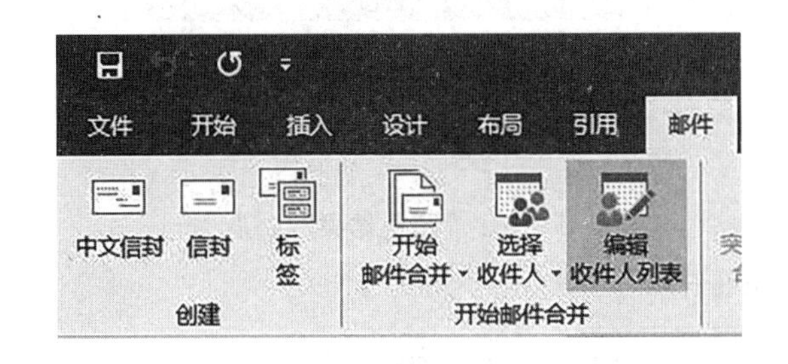

图 2-5-8　“编辑收件人列表”按钮

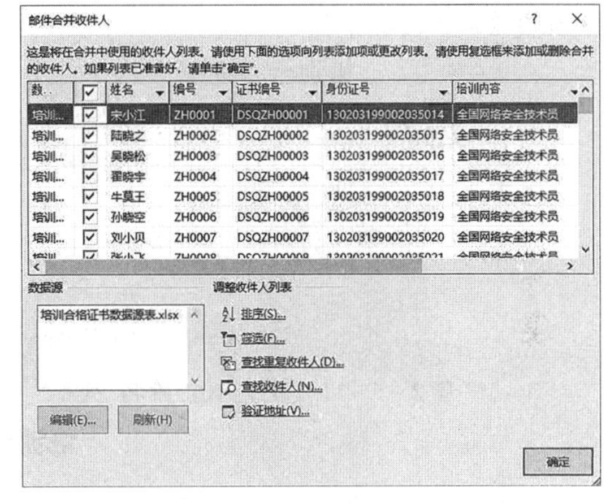

图 2-5-9　“邮件合并收件人”对话框

(4)单击“培训合格证书模板. docx”文档中需要插入“姓名”的位置,在“邮件”选项卡→“编写和插入域”组中,单击“插入合并域”按钮,在其下拉菜单中选择“姓名”命令,将数据源中的“姓名”列插入模板文档中,如图 2-5-10 所示。

分别将“插入合并域”下拉菜单中的列名插入模板文档中对应的位置,多余的空格可以删除,如图 2-5-11 所示。

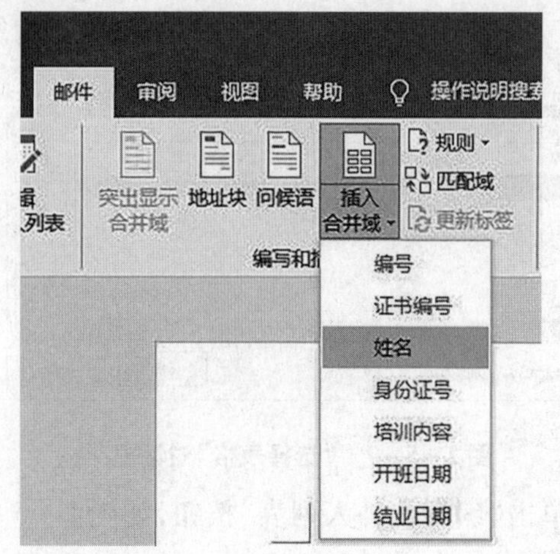

图 2-5-10 “姓名”命令

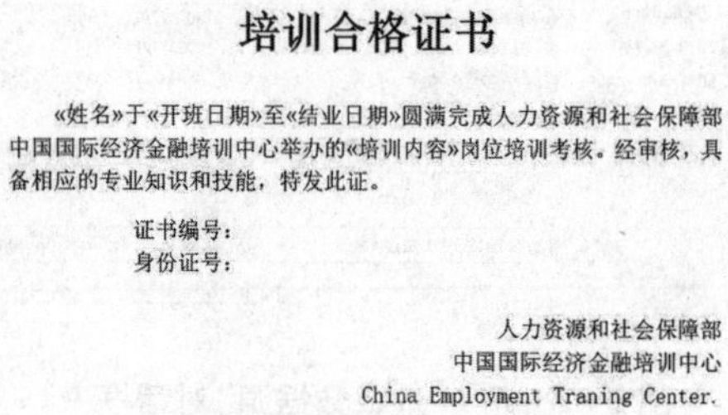

培训合格证书

«姓名»于«开班日期»至«结业日期»圆满完成人力资源和社会保障部中国国际经济金融培训中心举办的«培训内容»岗位培训考核。经审核，具备相应的专业知识和技能，特发此证。

证书编号：
身份证号：

人力资源和社会保障部
中国国际经济金融培训中心
China Employment Traning Center.

图 2-5-11 插入合并域

(5)如果需要重点突出某一个内容，可以在文档中选中此内容，在“开始”选项卡→“字体”组中进行设置修改，如图 2-5-12 所示。

(6)在“邮件”选项卡单击“预览结果”按钮，可以预览第一个收件人的插入结果，如图 2-5-13 和图 2-5-14 所示。

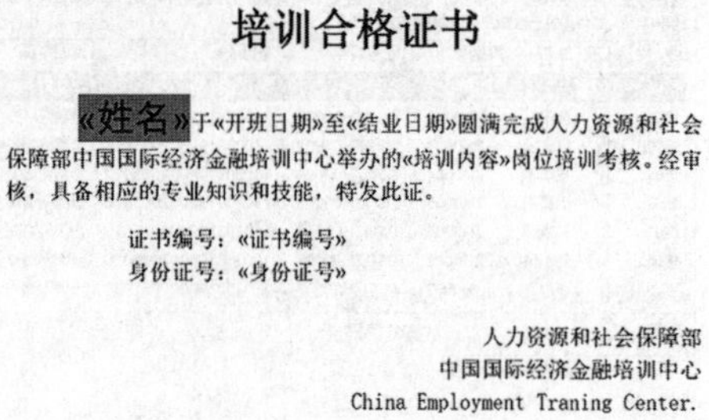

培训合格证书

«姓名»于«开班日期»至«结业日期»圆满完成人力资源和社会保障部中国国际经济金融培训中心举办的«培训内容»岗位培训考核。经审核，具备相应的专业知识和技能，特发此证。

证书编号：«证书编号»
身份证号：«身份证号»

人力资源和社会保障部
中国国际经济金融培训中心
China Employment Traning Center.

图 2-5-12 重点突出“姓名”列

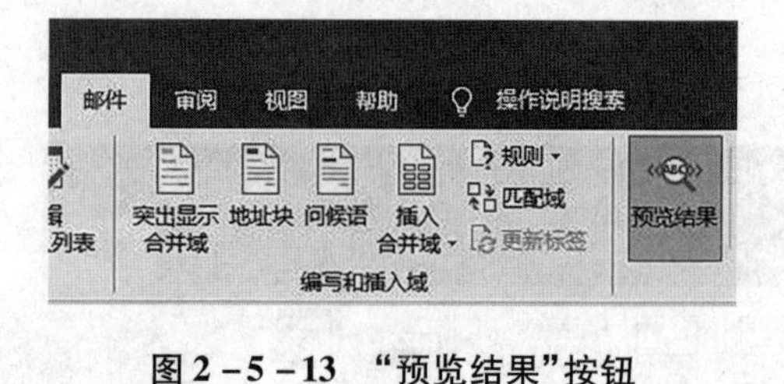

图 2-5-13 “预览结果”按钮

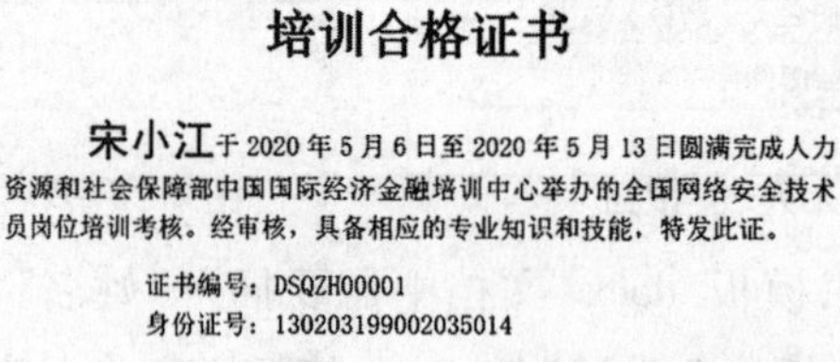

培训合格证书

宋小江于 2020 年 5 月 6 日至 2020 年 5 月 13 日圆满完成人力资源和社会保障部中国国际经济金融培训中心举办的全国网络安全技术员岗位培训考核。经审核，具备相应的专业知识和技能，特发此证。

证书编号：DSQZH00001
身份证号：130203199002035014

人力资源和社会保障部
中国国际经济金融培训中心
China Employment Traning Center.

图 2-5-14 预览结果

四、合并文档

在“邮件”选项卡→“完成”组中单击“完成并合并”按钮，在其下拉菜单中选择“编辑单个文档”命令，如图 2-5-15 所示。

在弹出的“合并到新文档”对话框中，选择“全部”选项，表示选择全部记录合并到文档；选择“当前记录”选项，表示只选择当前记录合并到文档；选择“从…到…”选项，表示选择指定记录合并到文档，如图 2-5-16 所示。

图 2-5-15　“编辑单个文档”命令

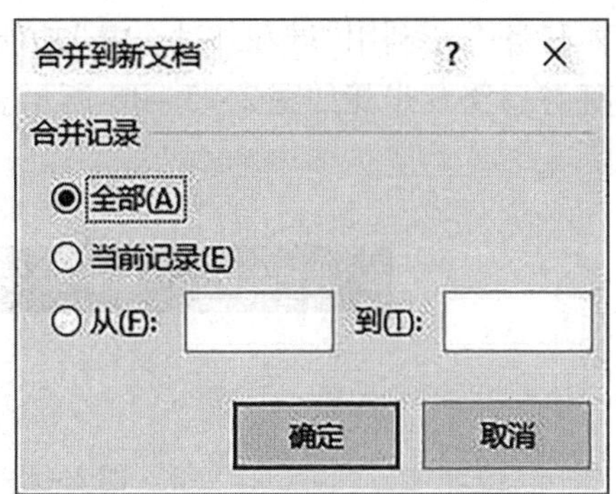

图 2-5-16　“合并到新文档”对话框

单击“确定”按钮完成文档的合并。单击标题栏的“保存”按钮保存文档。合并后的文档如图 2-5-17 所示。

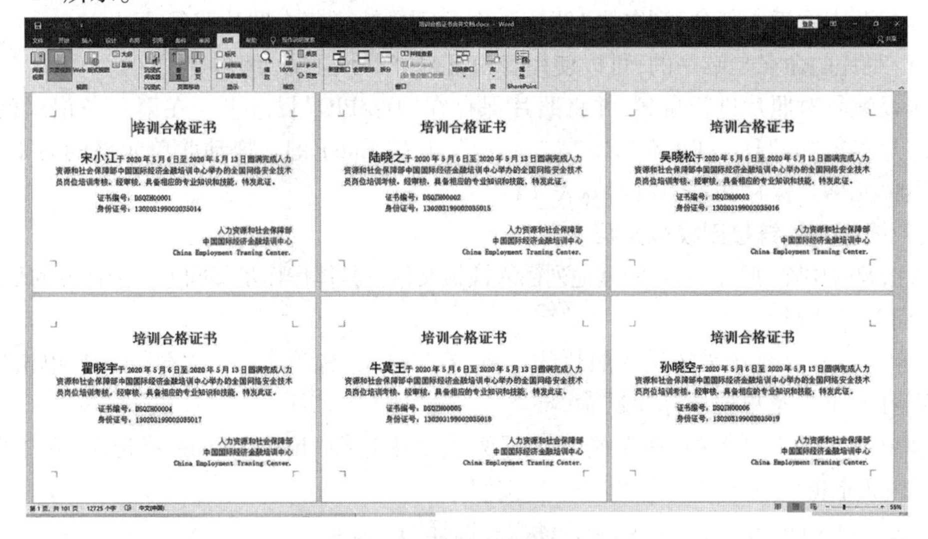

图 2-5-17　合并后的文档

你还在玩命复制、粘贴吗?

任务 2　不玩命,照片怎么办?

任务导入

人事部的小李利用邮件合并功能很快完成了 100 张“培训合格证书”文字部分的制作,但是每张“培训合格证书”的照片却只能一张一张地插入。人事部领导无奈地说,这种小事,还需要搞得这么烦琐吗?看来,照片的批量插入有窍门。

任务分析

在邮件合并中,照片不是 Excel 中的数据,所以无法将它直接插入 Word 2019 文档。

本任务介绍利用“域和邮件合并”功能在“培训合格证书”中批量插入照片的方法。

任务思路及步骤如图 2-5-18 所示。

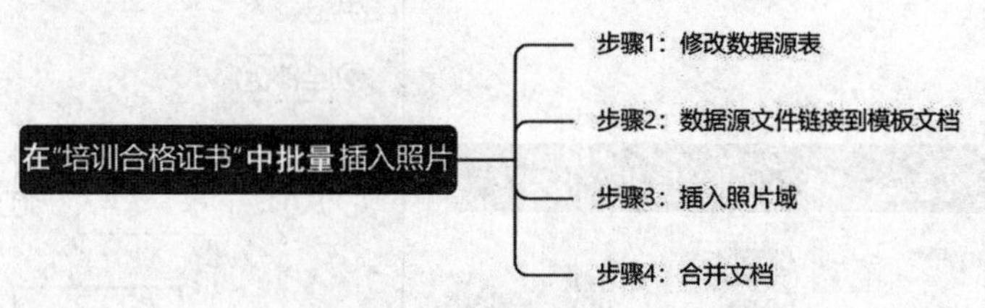

图 2-5-18　任务思路及步骤

任务实施

在“培训合格证书”中批量插入照片的操作步骤如下。

一、修改数据源表

在数据源表中插入新列，列名为“照片”，在此列中输入每个照片路径。

注意：照片的命名是唯一的，可以使用身份证号、学号、工号、编号等。

此例以编号对照片进行命名，并将照片保存在“D:/PIC”目录下。在第一条记录的单元格内输入照片路径“="D://PIC//"&A2&".jpg"”，并按 Enter 键。拖动此单元格的右下角，填充此列其他单元格。保存并关闭数据源表文件。

二、数据源文件链接到模板文档

将数据源表中除“照片”列外的其他列插入模板文档。具体操作步骤同上一个任务的步骤三。

三、插入照片域

(1)单击模板文档中需要插入照片的位置，在“插入”选项卡→“文本”组中，单击“文档部件”按钮，在其下拉菜单中选择“域”命令。

在弹出的“域”对话框中，在左侧“域名”列表框中选择“IncludePicture”选项，在中间“文件名或 URL”文本框中输入“1”，单击“确定”按钮。

(2)按“Alt + F9”组合键切换到编码状态，选择“1”选项。

在“邮件”选项卡→“编写和插入域”组中，单击“插入合并域”按钮，在其下拉菜单中选择“照片”命令，插入数据源表中的“照片”列。

(3)按“Alt + F9”组合键切换到照片域显示状态，微调照片域的位置和大小，调整结束后按 F9 键刷新。

在“邮件”选项卡→“预览结果”组中单击“预览结果”按钮，可以预览第一个收件人的插入结果。

四、合并文档

合并文档具体操作步骤同上一个任务的步骤四。此时会发现所有培训合格证书的照片都是第一个人的照片，按“Ctrl + A”组合键选中文档全部内容，按 F9 键刷新整个文档，所有照片将正常显示。单击标题栏的“保存”按钮保存文档。

不玩命，照片怎么办？

项目 6

行政办公的 Word 黑科技——实用技巧

知识目标

(1)掌握文档网格的设置方法,包括设置每行字符数、每页行数。

(2)掌握文本转换表格的方法。

(3)掌握符号的插入方法。

(4)掌握拼音指南的使用方法。

(5)掌握替换的方法,包括文本替换、格式替换和符号替换。

(6)掌握文档修订的方法,包括文档修订、文档比较和文档合并。

(7)掌握文档转换的方法,包括 Word 文档和 PPT 文档的互相转换。

(8)掌握 PDF 文档的使用方法,包括生成 PDF、创建 PDF、合并 PDF、编辑 PDF 和转换格式。

技能目标

(1)具备设置固定行数字数的能力。

(2)具备制作会议座次表的能力。

(3)具备在方框里打对勾的能力。

(4)具备给文字注音的能力。

(5)具备高效替换文本格式的能力。

(6)具备文档修订的能力。

(7)具备 Word 文档和 PPT 文档相互转换的能力。

(8)具备使用 PDF 文档的能力。

任务 1　行数、字数听指挥

任务导入

在日常办公中,在处理某些文件或特殊文档的过程中往往会遇到苛刻的要求,如要求在文档中固定每页的行数和每行的字数。

任务分析

本任务介绍利用“页面设置”功能在文档中固定行数和字数的方法。

任务思路及步骤如图 2-6-1 所示。

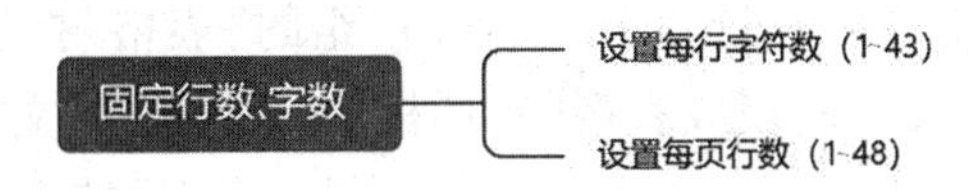

图 2-6-1　任务思路及步骤

任务实施

固定行数、字数的操作步骤如下。

打开文档,单击“布局”选项卡→“页面设置”组右下角的“功能扩展”按钮。在弹出的“页面设置”对话框中选择“文档网格”选项卡,单击“指定行和字符网格”单选按钮;在“每行”文本框中输入“20”,在“每页”文本框中输入“20”。

注意:每行字符数范围为1~43,每页行数范围为1~48。

单击“确定”按钮完成设置。

行数、字数听指挥

任务2 排座次并不复杂

任务导入

明天有个讲座,领导让人事部的小李安排座次,小李埋头苦干,头疼不已。

任务分析

组织会议、制作会议座次表,这是每个办公室和人力资源部门员工都要做的工作,也是让大家头疼不已的工作。

本任务介绍利用“表格工具”快速制作会议座次表的方法。

任务思路及步骤如图2-6-2所示。

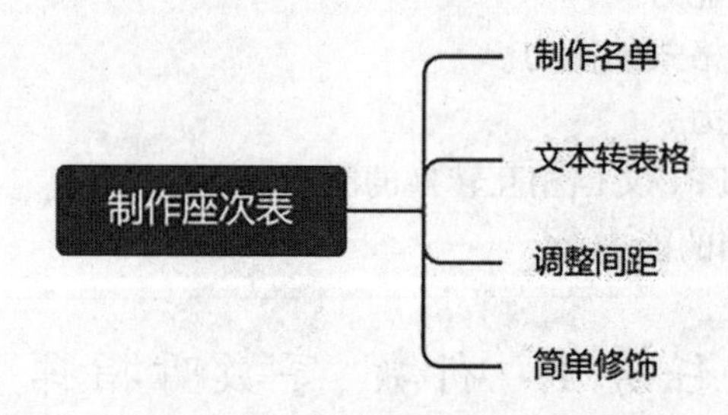

图2-6-2 任务思路及步骤

任务实施

制作会议座次表的操作步骤如下。

一、制作名单

制作参加会议的人员名单,人名之间用英文逗号隔开。

二、文本转表格

选中整个人名区域,单击“插入”选项卡→“表格”组的“表格”按钮,在下拉菜单中选择“文本转换成表格”命令。在“将文字转换成表格”对话框中,在“列数”文本框中输入要排列的列数“8”;在“文字分隔位置”选项组中选择“逗号”选项,单击“确定”按钮。这样就生成了一个8列的表格。

三、调整间距

选择整个表格,单击“布局”选项卡→“表”组的“属性”按钮。在弹出的“表格属性”对话框

中选择“表格”选项卡,单击“选项”按钮,在打开的“表格选项”对话框中勾选“允许调整单元格间距”复选框,调整间距为“0.3 厘米”。单击“确定”按钮,再次单击“确定”按钮回到文档编辑界面。座次表初步生成,但是这样还不够美观。

四、简单修饰

(1)设置表格居中:选择整个表格,单击“布局”选项卡→“对齐方式”组的“居中”按钮。

(2)去掉外框线:选择整个表格,单击“设计”选项卡→“边框”组的“边框”按钮,在弹出的下拉菜单中选择“外侧框线”命令,将去掉外框线。

为表格设置一个标题,这样一个座次表就排好了。

排座次并不复杂

任务3 在方框中打“√”秒搞定

任务导入

在工作和生活中,往往需要递交各种申请表、调查表。但是电子版交上去后,往往都被打回来,因为“√”没有打在方框中。如何在方框中打“√”呢?

任务分析

本任务介绍利用“插入符号”功能实现在方框中打“√”的方法。

任务思路及步骤如图 2－6－3 所示。

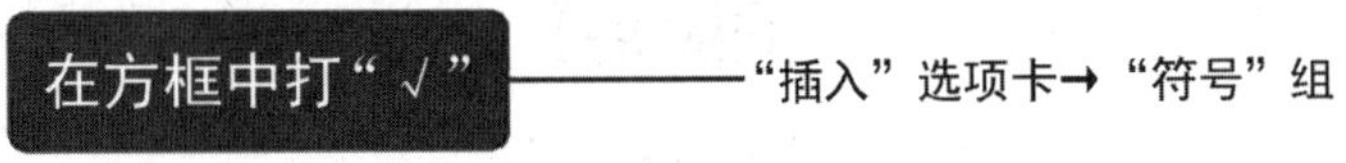

在方框中打“√” ——“插入”选项卡→“符号”组

图 2－6－3 任务思路及步骤

任务实施

在方框中打“√”的操作步骤如下。

选择要打“√”的方框,单击“插入”选项卡→“符号”组的“符号”按钮,在弹出的下拉菜单中选择“其他符号”命令。

在打开的“符号”对话框中,选择“符号”选项卡。在“字体”下拉列表中选择“Wingdings”或“Wingdings2”选项;在符号列表中选择“☑”选项。单击“插入”按钮,单击“关闭”按钮,将插入“☑”符号。

在方框中打“√”秒搞定

任务4　拼音指南来帮你

任务导入

为文档中的汉字加拼音,可以借助拼音指南。

任务分析

如果文档中的文字需要加拼音,或者不知道有些文字的确切读音,可以借助 Word 2019 的拼音指南来进行注音。

本任务介绍利用拼音指南为文字注音的方法。

任务思路及步骤如图 2-6-4 所示。

图 2-6-4　任务思路及步骤

任务实施

为文字注音的操作步骤如下。

(1)选择要加拼音的文字,单击“开始”选项卡→“字体”组的“拼音指南”按钮。

(2)在打开的“拼音指南”对话框中,左边是文字,右边是拼音,可以选择拼音的字体和字号。

(3)单击“确定”按钮,为文字注音;单击“清除读音”按钮,将取消文字注音。

拼音指南来帮你

任务5　超高效的替换

任务导入

文档中有很多空行和格式上的错误,小玲一个一个地修改,费时又费力。文本替换功能大家都会使用,但是把文本替换成另外一种格式,大家就感到陌生了。如何超高效地替换文本格式呢?

任务分析

Word 2019 的替换功能不仅可以替换文本,还可以替换文本格式,包括对文本的字体、颜色、段落、边框、底纹等格式进行替换。

本任务介绍文本格式替换的方法。

任务思路及步骤如图 2-6-5 所示。

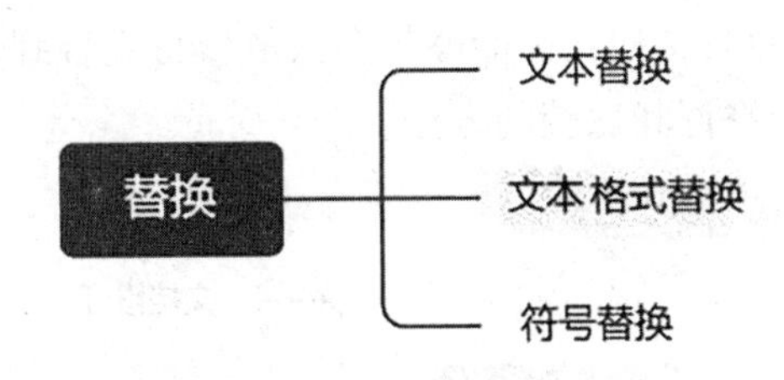

图 2-6-5　替换

任务实施

一、替换文本格式

替换文本格式的操作步骤如下。

(1)打开文档,单击"开始"选项卡→"编辑"组的"替换"按钮。

(2)在打开的"查找和替换"对话框中,在"查找内容"文本框中输入"模糊之处",在"替换为"文本框中输入"不足之处"。

(3)单击"更多"按钮,单击"格式"按钮,在弹出的下拉菜单中选择"字体"命令。

(4)在"替换字体"对话框中,选择"字体"选项卡,设置"字形"为"加粗","字体颜色"为"红色",单击"确定"按钮。

(5)在"查找和替换"对话框中,单击"全部替换"按钮,完成文本格式的替换;单击"不限定格式"按钮,将去掉所有的格式设置。

二、替换符号

替换文本中空行的操作步骤如下。

(1)打开文档,单击"开始"选项卡→"编辑"组的"替换"按钮。

(2)在打开的"查找和替换"对话框中,选择"查找内容"选项卡,单击"更多"按钮,单击"特殊格式"按钮,在弹出的下拉菜单中选择"段落标记"命令,输入两个段落标记符号;在"替换为"文本框输入一个段落标记符号,单击"全部替换"按钮。

超高效的替换

任务6　文档修订学起来

任务导入

领导发给小周两个文件,一个是领导自己写的,一个是专家修改过的。领导让小周看看两者有什么区别。小周一个字一个字地进行对比,十分辛苦。那么如何找出两个文档的差别呢?

任务分析

我们在工作过程中经常遇到需要给别人检查文档或者批改论文报告等情况,我们想让别人知道更改了哪些地方,就需要用到文档修订。文档修订能够帮助我们记录对文档进行的修改;

文档能够比较两个文档的差别;文档合并能够将多人的修订组合到一个文档中。

本任务介绍对文档进行修订和比较的方法。

任务思路及步骤如图 2－6－6 所示。

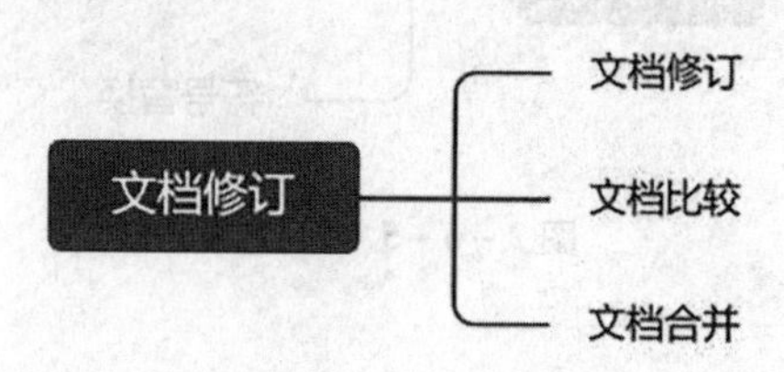

图 2－6－6　任务思路及步骤

任务实施

文档修订的操作步骤如下。

一、文档修订

(1)打开要修订的文档,单击“审阅”选项卡→“修订”组的“修订”按钮,在弹出的下拉菜单中选择“修订”命令,进行文档修订。

此时“修订”按钮的背景色变为灰色,表示当前文档处于修订状态,对文档任意一处的修改都会产生修订信息。

(2)单击“审阅”选项卡→“修订”组的“简单标记”按钮,弹出下拉菜单。

选择“简单标记”命令:只在修改行的最左侧显示红色竖线;

选择“所有标记”命令:修改行最左侧显示灰色竖线,显示所有修改标记;

选择“无标记”命令:显示修改完之后的状态,不显示修改标记;

选择“原始版本”命令:显示修改之前的状态。

这里选择“所有标记”命令。

(3)单击“审阅”选项卡→“修订”组的“显示标记”按钮,弹出下拉菜单。

选择“批注”命令:显示批注内容;

选择“插入和删除”命令:显示插入和删除的标记,如果不选择,则不显示插入和删除的标记;

选择“设置格式”命令:对文字的样式进行修改之后将显示标记。

这里 3 个命令都选择。

(4)在修订状态下,可以对文档进行插入、修改、删除等操作。

如果选择“简单标记”命令,则在修改内容所在行的最左侧会出现一个红色的竖线。

如果选择“所有标记”命令或单击红色的竖线,将会显示修改的全部内容和标记。

如果在“显示标记”下拉菜单中选择“设置格式”命令,将会在文档最右侧显示格式修改情况。

二、文档比较

(1)打开修订后的文档,单击“审阅”选项卡→“比较”组的“比较”按钮,在弹出的下拉菜单中选择“比较”命令。

(2)在“比较文档”对话框中,在“原文档”下拉菜单中选择原始文档,在“修订的文档”下拉

菜单中选择修订后的文档,单击“确定”按钮。

(3)Word 2019 自动创建新的文档显示比较结果。文档主要分为 4 个部分,分别是“审阅窗格”“比较的文档”“原文档”和“修订的文档”。

在“审阅窗格”中可以看见修订的类型、数量和具体的内容。“对比的文档”综合了源文档和修订的文档的内容,并通过特殊的标记显示出来。单击“审阅窗格”中的内容框,“比较的文档”“源文档”和“修订的文档”会同步滚动到修订的内容区域。

三、文档合并

(1)打开修订后的文档,单击“审阅”选项卡→“比较”组的“比较”按钮,在弹出的下拉菜单中选择“合并”命令。

(2)在“合并文档”对话框中,分别选择两个不同人员修改的文档,单击“确定”按钮将两个文档的修改合并。

文档修订学起来

任务 7　文档之间的转换

任务导入

有一个用 Word 2019 制作的培训手册,要在某种场合以该手册进行宣讲。这就需要将 Word 2019 文档转换成 PPT,将文字逐段复制、粘贴到 PPT 上可不是一个好的选择。如何快速地把 Word 2019 文档转换成 PPT 呢?

如果想将 PPT 打印出来,是非常浪费纸张和不好排版的。如果把 PPT 转换成 Word 2019 文档就好多了。如何把 PPT 转换为 Word 2019 文档呢?

任务分析

Word 2019 文档与 PPT 关系不一般,它们之间可以互相转换。

本任务介绍 Word 2019 文档和 PPT 之间转换的方法。

任务思路及步骤如图 2 - 6 - 7 所示。

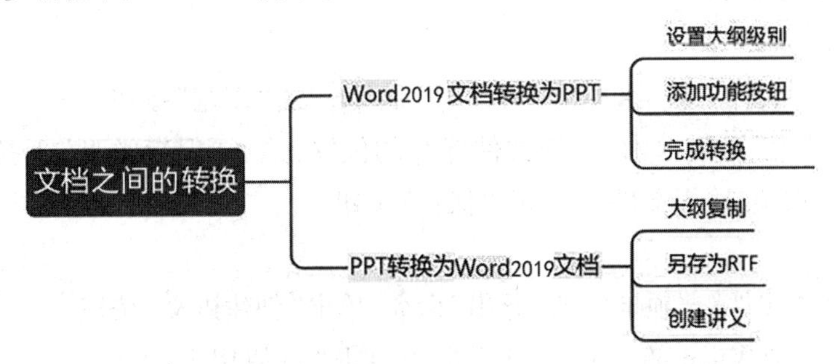

图 2 - 6 - 7　任务思路及步骤

任务实施

文档转换的操作步骤如下。

一、Word 2019 文档转换为 PPT

1. 设置大纲级别

打开 Word 2019 文档，单击“视图”选项卡→“视图”组的“大纲”按钮。

分别选择每一页的标题，在“大纲显示”选项卡→“大纲工具”组的下拉菜单中选择“1 级”选项；分别选择每一页的内容，在下拉菜单中选择“2 级”选项。通过“显示级别”下拉菜单可以查看不同级别所对应的内容。

2. 添加功能按钮

单击“文件”选项卡的“选项”按钮，在打开的“Word 选项”对话框中选择“自定义功能区”命令。在“从下列位置选择命令”下拉菜单中选择“所有命令”选项；在左侧下拉列表选择“发送到 Microsoft PowerPoint”选项；在右侧单击“新建组”按钮；在中间单击“添加”按钮。单击“确定”按钮将“发送到 Microsoft PowerPoint”功能按钮添加到“开始”选项卡。

3. 完成转换

打开 Word 2019 文档，单击“开始”选项卡→“新建组”的“发送到 Microsoft PowerPoint”按钮。保存生成的 PPT。

Word 2019 快速转换为 PPT

二、PPT 转换为 Word 2019 文档

PPT 转换为 Word 2019 文档有一个重要前提，PPT 必须按照固定的版式编辑，不能自己创建格式。当前 PPT 的版式是“标题和内容”时，转换方式有 3 种。

1. 大纲复制

打开 PPT，单击“视图”选项卡→“演示文稿视图”组的“大纲视图”按钮。选择全部文字内容，单击鼠标右键，在弹出的快捷菜单中选择“复制”命令。

新建空白的 Word 2019 文档，单击鼠标右键，在弹出的快捷菜单中选择“粘贴”命令，将 PPT 大纲内容粘贴到 Word 2019 文档。

2. 另存为 RTF

打开 PPT，选择“文件”选项卡中的“另存为”命令，单击“浏览”按钮。

在弹出的“另存为”对话框中，选择文件保存的位置，选择“保存类型”下拉菜单的“大纲/RTF 文件(*.rtf)”选项，输入文件名，单击“保存”按钮。

3. 创建讲义

打开 PPT，选择“文件”选项卡中的“导出”命令，单击“创建讲义”按钮。

在弹出的“发送到 Microsoft Word”对话框中单击“只使用大纲”单选按钮，单击“确定”按钮。

PPT 快速转换为 Word 2019 文档

任务 8　PDF 的那些事

任务导入

现在的文件和通知都是 PDF 文档，一般人认为 PDF 文档是不可编辑的，其实不然，PDF 文档可以做很多事情。

任务分析

PDF 文档是 Adobe 公司开发出来的跨平台的文件格式。既然跨平台，则无论用手机、笔记本电脑还是个人电脑，无论用什么操作系统，我们看到的 PDF 文档格式、排版全部相同，不会出现混乱的情况，这就非常便于阅读和打印了。

Adobe Acrobat 软件是 PDF 文档常用的编辑工具，可以轻松地对 PDF 文档进行各种编辑。

本任务介绍 PDF 文档的生成、创建、合并、编辑和格式转换的方法。

任务思路及步骤如图 2－6－8 所示。

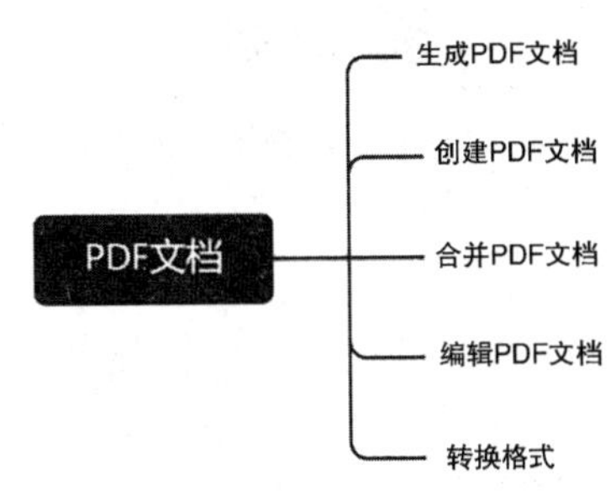

图 2－6－8　任务思路及步骤

任务实施

PDF 文档的相关操作如下。

一、生成 PDF 文档

打开 Word 2019 文档，选择"文件"选项卡→"另存为"命令，单击"浏览"按钮。在打开的"另存为"对话框中，在"保存类型"下拉菜单中选择"PDF(*.pdf)"选项，单击"保存"按钮。这样，就生成了一个 PDF 文档。

二、创建 PDF 文档

打开 Adobe Acrobat 软件，选择"工具"选项卡，单击"创建 PDF"按钮。

在"创建 PDF"界面，选择"单一文件"选项，单击"选择文件"按钮，选择一个 Word 2019 文档。单击"创建"按钮，开始创建 PDF 文档。

在弹出的"另存 PDF 文件为"对话框中选择文件保存的位置，单击"保存"按钮，PDF 文件创

建完毕。

三、合并 PDF 文档

打开 Adobe Acrobat 软件,选择“文件”菜单→“创建”→“将文件合并为单个 PDF”命令。

在“合并文件”对话框中单击“添加文件”按钮,在弹出的“添加文件”对话框中可以选择多个 PDF 文件;或者将多个 PDF 文件拖动到主窗口中,可以在对话框中调整 PDF 文档的顺序。单击“合并文件”按钮,多个 PDF 文件就合成了一个 PDF 文件。

四、编辑 PDF 文档

打开 PDF 文档,单击“编辑 PDF”按钮。

在“编辑 PDF”界面可以编辑 PDF 文件,包括编辑、添加文本、添加图像、添加链接等。

五、转换格式

用 Adobe Acrobat 软件打开一个 PDF 文件,选择“工具”选项卡,单击“导出 PDF”按钮,可以将 PDF 文档导出为任意格式,包括 Word、Excel、PPT、图像、HTML 网页等。选择“Microsoft Word”选项,单击“导出”按钮。

在弹出的“导出”对话框中,选择 Word 2019 文档保存的位置,输入文件名,单击“保存”按钮,将 PDF 导出为 Word 2019 文档。

PDF 的那些事

第三篇

Excel 2019 电子表格

项目 1

制作“员工信息表”——Excel 2019 基本操作

知识目标

(1)掌握 Excel 2019 工作簿、工作表的基本操作方法。

(2)掌握 Excel 2019 单元格的设置方法。

(3)掌握 Excel 2019 数据的输入与编辑方法。

(4)掌握 Excel 2019 工作表的美化方法。

技能目标

(1)具备新建、移动、复制、重命名、删除、保护工作表的能力。

(2)具备选择单元格、插入和删除行和列、合并和拆分单元格、设置行高与列宽的能力。

(3)具备输入、修改、移动、复制数据的能力。

(4)具备设置表格背景、套用表格样式、设置单元格格式、打印工作表的能力。

任务 1 工作簿的基本操作

任务导入

人事部的小李刚入职便接到一个工作:用 Excel 2019 制作“员工信息表”。他第一次使用 Excel 2019 软件,怎么才能制作一张内容完整、样式美观的“员工信息表”呢?

任务分析

“员工信息表”是企业掌握员工信息的一个重要途径。通过“员工信息表”,可以了解员工的基本信息,还可以随时对员工情况进行筛选、统计和分析等操作。因此,“员工信息表”要包含姓名、出生日期、身份证号等多种类型的数据,除此以外,表格制作还要尽量美化。

本任务介绍 Excel 2019 工作簿的创建、打开、关闭、退出等基本操作。

任务思路及步骤如图 3-1-1 所示。

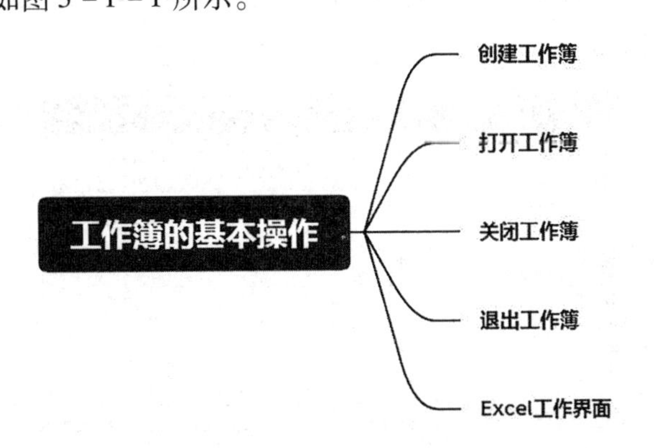

图 3-1-1 任务思路及步骤

任务实施

一、创建工作簿

创建工作簿有以下 2 种方法。

1. 创建空白工作簿

在默认情况下,启动 Excel 2019 时系统会自动创建一个基于 Normal 模板的工作簿,名称默认为“工作簿 1. xlsx”。

2. 使用模板创建工作簿

启动 Excel 2019,单击“文件”选项卡→“新建”命令,在中间区域的“可用模板”下拉列表中选择需要的模板,在右侧单击“创建”按钮,即可创建一个新的工作簿。在联网的情况下,在“Office. com 模板”区域选择合适的模板,单击“下载”按钮,即可快速创建一个带有格式和内容的工作簿。

二、打开工作簿

打开工作簿有以下 3 种方法。

(1)双击 Excel 2019 文档图标。

(2)启动 Excel 2019,单击“文件”选项卡→“打开”命令。在弹出的“打开”对话框中,选择相应的文件。

(3)启动 Excel 2019,选择“文件”选项卡→“最近所用文件”命令。右侧的文件列表中显示最近编辑过的 Excel 2019 工作簿名称,单击相应的文件名。

三、关闭工作簿

如果只想关闭当前工作簿而不影响其他正在打开的 Excel 2019 文档,可以选择“文件”选项卡→“关闭”命令。

四、退出工作簿

如果想退出 Excel 2019 程序,可以选择“文件”选项卡→“退出”命令,或单击右上角的“关闭”按钮。如果有未保存的文档,将会出现提示保存的对话框。

五、Excel 2019 工作界面

Excel 2019 工作界面由快速访问工具栏、标题栏、功能区、名称框、编辑栏等部分组成,如图 3 -1 -2 和表 3 -1 -1 所示。

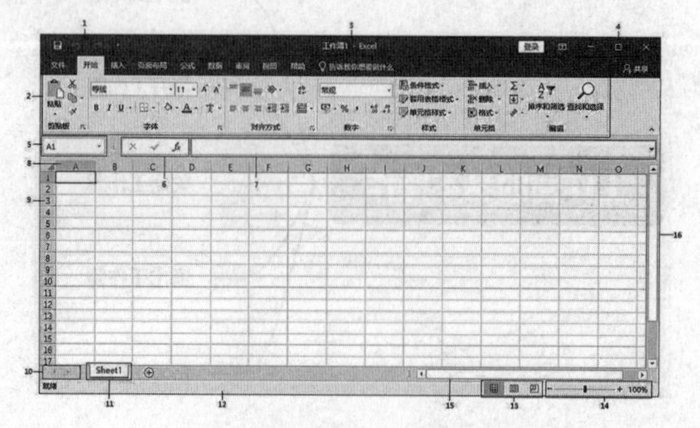

图 3 -1 -2　Excel 2019 工作界面

表 3－1－1　Excel 2019 工作界面

序号	名称	功能
1	快速访问工具栏	用于放置使用频率较高的命令按钮，如“保存”“撤销”“重复”等
2	功能区	包含 9 个选项卡，每个选项卡内包含了具体的命令功能
3	标题栏	用于显示当前工作簿的标题信息
4	控制按钮	对当前窗口进行最大化、最小化及关闭操作
5	名称框	显示当前活动单元格的名称
6	插入函数	用于实现函数的可视化输入
7	编辑栏	用于输入和编辑文本
8	列标	列标按字母从左到右进行横向排列，范围是 A～XFD
9	行号	行号按数字从上向下进行竖向排列，范围是 1～1 048 576
10	工作表导航	用于向前或向后切换工作表
11	工作表标签	用于显示和切换工作表
12	状态栏	用于显示当前 Excel 2019 操作相关的信息
13	视图按钮	用于切换普通、页面布局、分页预览 3 种视图模式
14	显示比例	通过拖动滑块可以设置调整窗口的显示比例
15	横向滚动条	使工作界面向右移动
16	纵向滚动条	使工作界面向下移动

任务 2　工作表的基本操作

任务导入

人事部的小李学会了工作簿的基本操作，下一步就要学习工作表的基本操作了。

任务分析

工作簿的组成部分是工作表，在熟悉工作簿的基本操作后，需要掌握工作表的基本操作。工作表是表格内容的载体，实现数据的输入、编辑和管理功能。

本任务介绍 Excel 2019 工作表的新建、移动、复制、重命名、删除、保护、隐藏与显示、拆分与冻结等基本操作。

任务思路及步骤如图 3－1－3 所示。

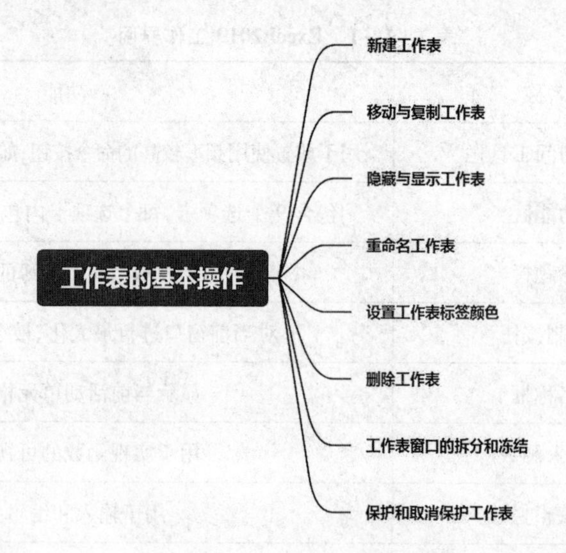

图 3－1－3　任务思路及步骤

任务实施

一、新建工作表

Excel 2019 默认一个工作簿中仅有一张工作表，而在实际工作中有时可能需要用到更多的工作表，那么此时就需要在工作簿中添加新的工作表。添加工作表的方法如下。

1. 通过功能区添加

在 Excel 2019 工作界面中，单击“开始”选项卡→“单元格”组→“插入”按钮，在弹出的下拉列表中选择“插入工作表”选项，可在当前工作表之前添加一张新工作表，如图 3－1－4 所示。

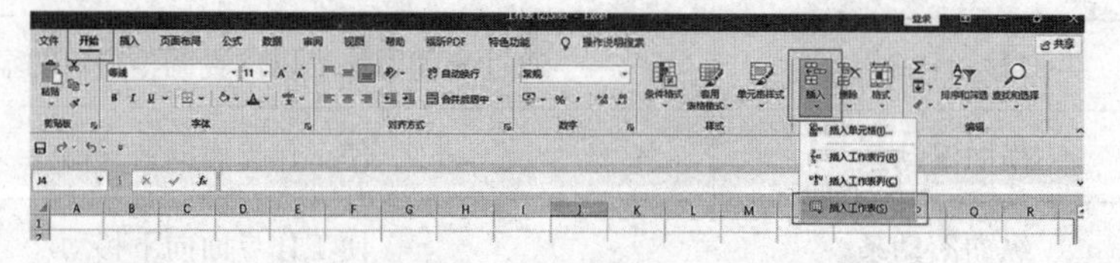

图 3－1－4　通过功能区插入工作表

2. 通过“插入”对话框添加

选择一张工作表，用鼠标右键单击此工作表，在弹出的快捷菜单中选择“插入”命令，如图 3－1－5 所示。在打开的“插入”对话框中，选择“常用”选项卡→“工作表”选项，单击“确定”按钮添加一张新的工作表，如图 3－1－6 所示。

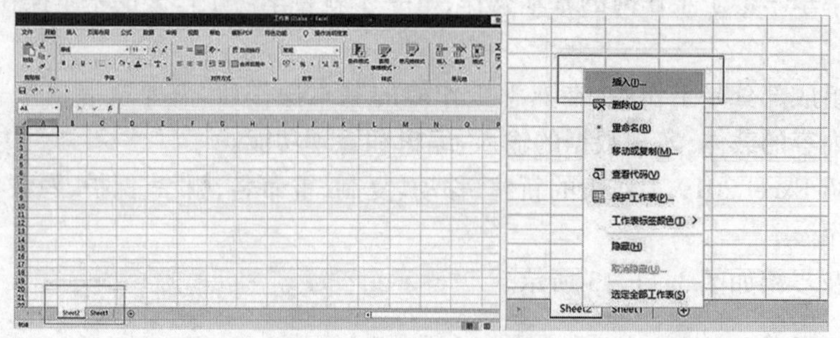

图 3－1－5　“插入”命令

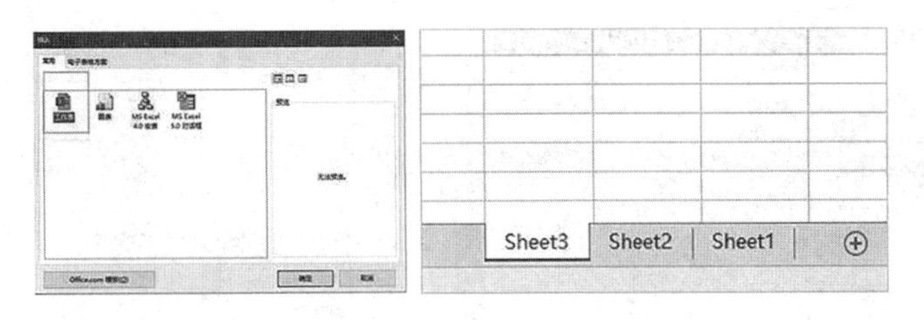

图 3－1－6 通过“插入”对话框插入工作表

3. 通过“新工作表”按钮插入

选择一张工作表，单击状态栏中的“新工作表”按钮，如图 3－1－7 所示，将在选择工作表的后面插入一张新的工作表。

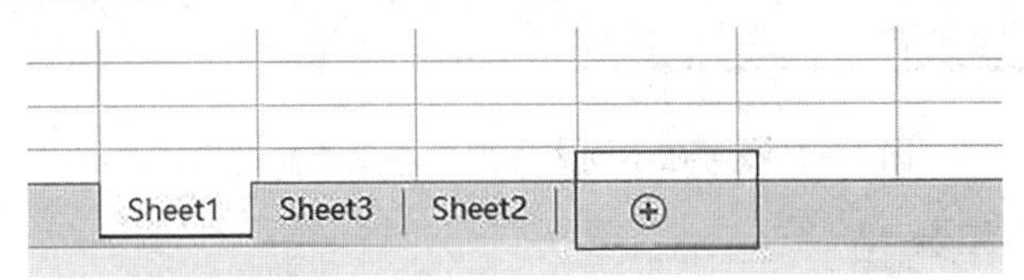

图 3－1－7 通过“新工作表”按钮插入工作表

二、移动与复制工作表

1. 在同一工作簿中移动或复制工作表

用鼠标右键单击要移动或复制的工作表，在弹出的快捷菜单中选择“移动或复制”命令。在打开的“移动或复制工作表”对话框中，在“下列选定工作表之前”列表框中设置移动或复制后的位置，单击“确定”按钮即可，如图 3－1－8 所示。

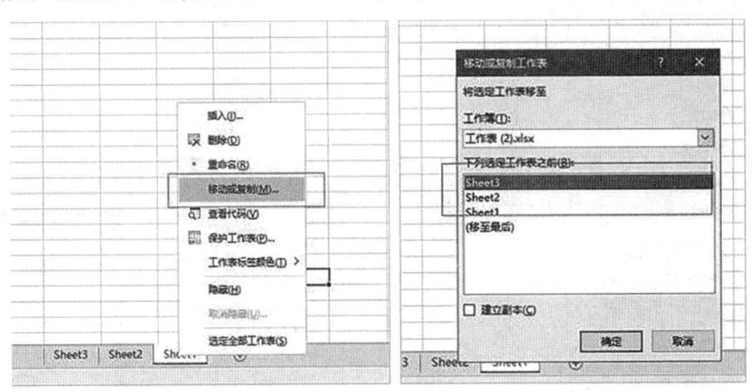

图 3－1－8 在同一工作簿中移动或复制工作表

2. 在不同工作簿中移动或复制工作表

在“移动或复制工作表”对话框中，首先在“将选定工作表移至工作簿”下拉列表框中选择打开的另一个工作簿，然后在“下列工作表之前”列表框中设置移动或复制后的位置，单击“确定”按钮即可，如图 3－1－9 所示。

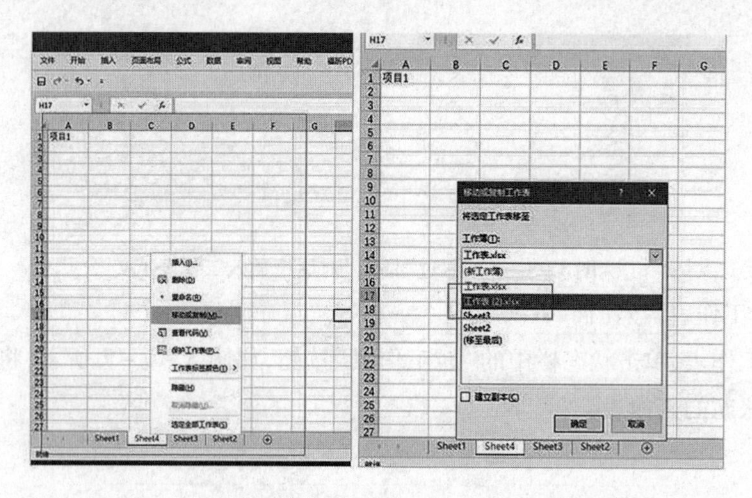

图 3-1-9　在不同工作簿中移动或复制工作表

三、隐藏与显示工作表

1. 隐藏工作表

用鼠标右键单击要隐藏的工作表，在弹出的快捷菜单中选择“隐藏”命令，工作表将被隐藏，如图 3-1-10 所示。

2. 显示工作表

用鼠标右键单击任意工作表，在弹出的快捷菜单中选择“取消隐藏”命令。在打开的“取消隐藏”对话框中，选择要取消隐藏的工作表，单击“确定”按钮，如图 3-1-11 所示。

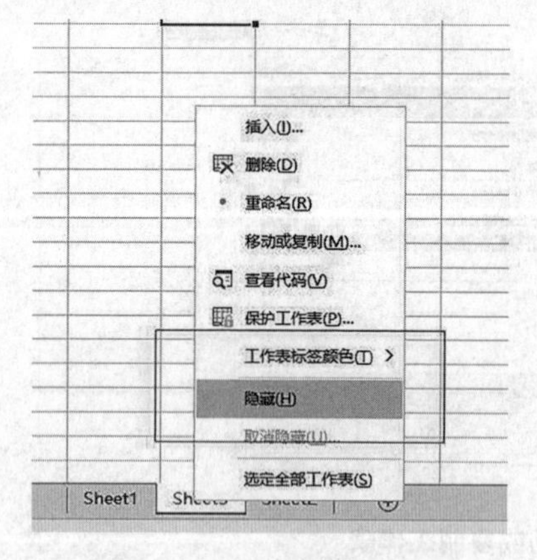

图 3-1-10　隐藏工作表

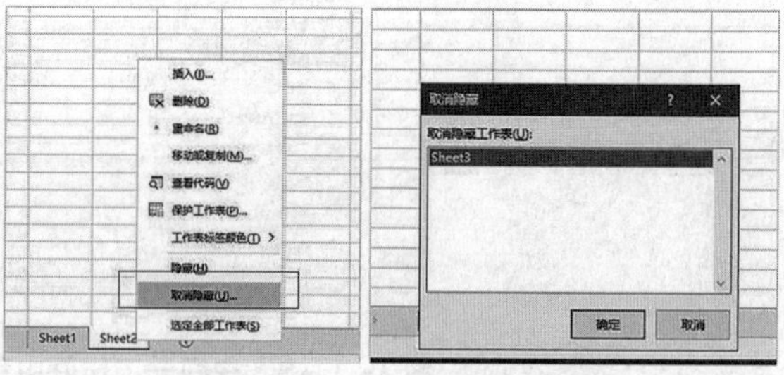

图 3-1-11　取消隐藏工作表

四、重命名工作表

用鼠标右键单击需要更改名称的工作表，在弹出的快捷菜单中选择“重命名”命令，输入新名称“员工信息表”，如图 3-1-12 和图 3-1-13 所示。

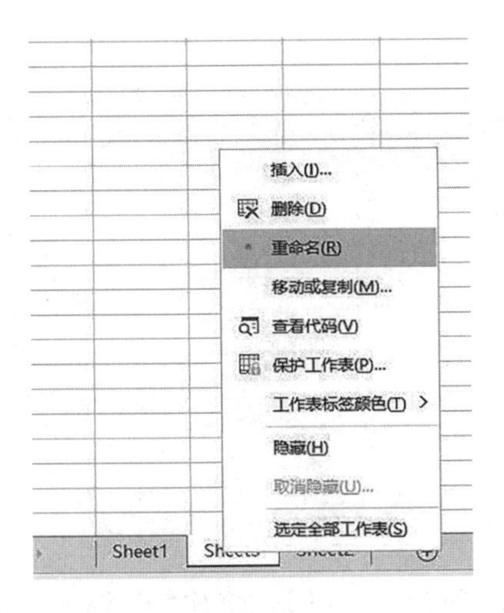

图 3－1－12　重命名工作表

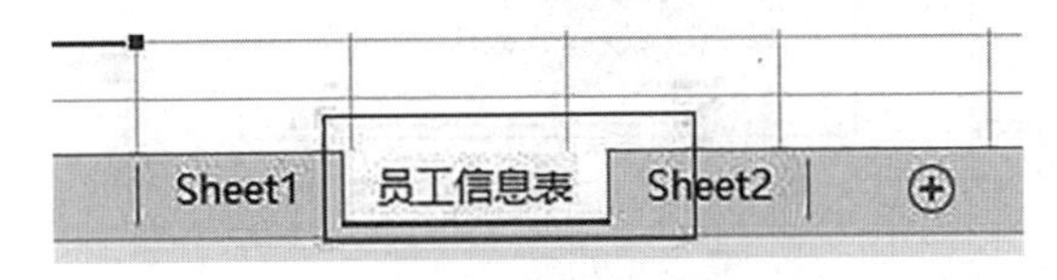

图 3－1－13　重命名后的工作表

五、设置工作表标签颜色

Excel 2019 中默认的工作表标签颜色是相同的。为了区别工作簿中的各个工作表，除了对工作表进行重命名外，还可以为工作表的标签设置不同的颜色加以区分。用鼠标右键单击“Sheet1”工作表，在弹出的快捷菜单中选择“工作表标签颜色”命令，在弹出的颜色面板中选取想要的颜色即可。如果没有自己想要的颜色，也可以选择“其他颜色”命令，在弹出的“颜色”对话框中选择“标准”或者“自定义”选项卡来选取需要的颜色。设置完成后，工作表标签“Sheet1”就变成了所选取的颜色，如图 3－1－14 和图 3－1－15 所示。

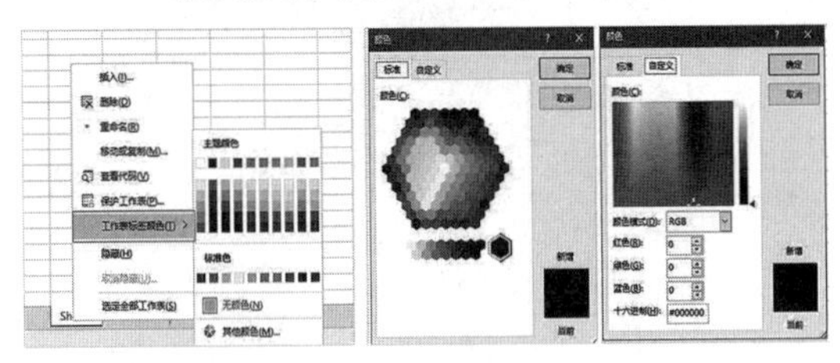

图 3－1－14　设置工作表标签颜色

图 3－1－15　工作表标签颜色

六、删除工作表

1. 通过“删除工作表”命令删除

选择需要删除的工作表，单击“开始”选项卡→“单元格”组→“删除”按钮，在弹出的下拉列表中选择“删除工作表”命令，可删除当前工作表，如图 3－1－16 所示。

2. 通过工作表标签删除

用鼠标右键单击需要删除的工作表，在弹出的快捷菜单中选择“删除”命令，可删除当前工作表，如图 3－1－17 所示。

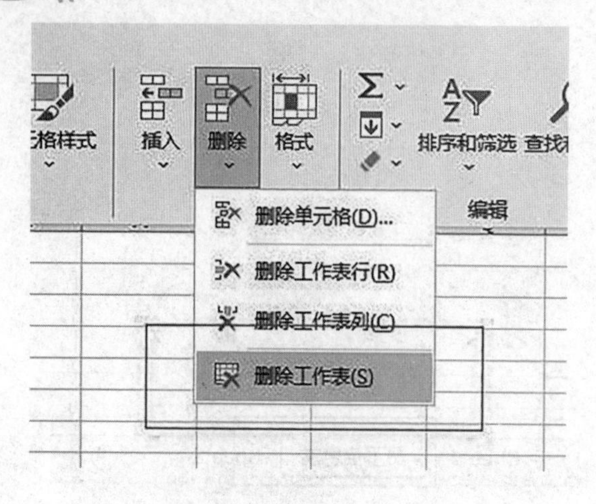

图 3-1-16　通过“删除工作表”命令删除

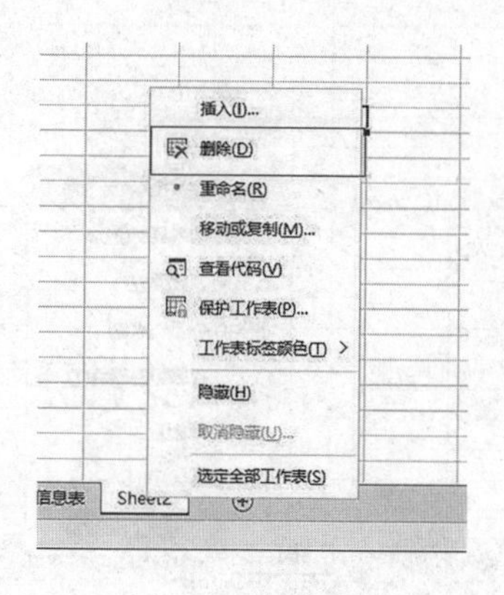

图 3-1-17　通过工作表标签删除

七、工作表窗口的拆分和冻结

1. 工作表窗口的拆分

打开工作表 Sheet2，单击“视图”选项卡→“窗口”组→“拆分”按钮，此时窗口中出现一条与窗口等宽的分割线。将鼠标指针置于分割线上，当其呈上下箭头形状时，拖动鼠标，可调整拆分后的窗口，如图 3-1-18 所示。再次单击“拆分”按钮，将取消窗口拆分。

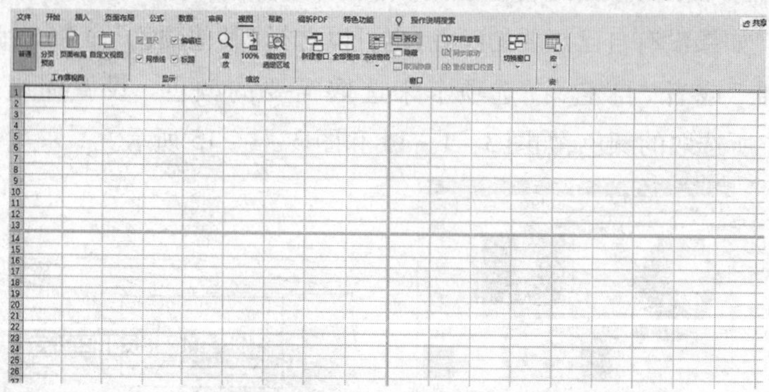

图 3-1-18　工作表窗口拆分

2. 工作表窗口的冻结

打开工作表 Sheet2，选择需要冻结的首列或首行，单击“视图”选项卡→“窗口”组→“冻结窗格”按钮。在“冻结窗格”下拉菜单中，可以选择“冻结窗格”“冻结首列”或“冻结首行”命令，如图 3-1-19 所示，在“冻结窗格”下拉菜单中选择“取消冻结窗格”命令，将取消窗口冻结。

八、保护和取消保护工作表

为了防止在未经授权的情况下对工作表中的数据进行编辑或修改，可以对工作表进行保护。用鼠标右键单击需要设置保护的工作表标签，在弹出的快捷菜单中选择“保护工作表”命令。在弹出的“保护工作表”对话框中，设置“取消工作表保护时使用的密码”和“允许此工作表的所有用户进行”的权限，如图 3-1-20 所示。

用鼠标右键单击需要取消保护的工作表标签，在弹出的快捷菜单中选择“撤销工作表保护”命令。在打开的“撤销工作表保护”对话框中，在“密码”文本框中输入保护工作表时设置的密码，单击“确定”按钮，即可取消保护。

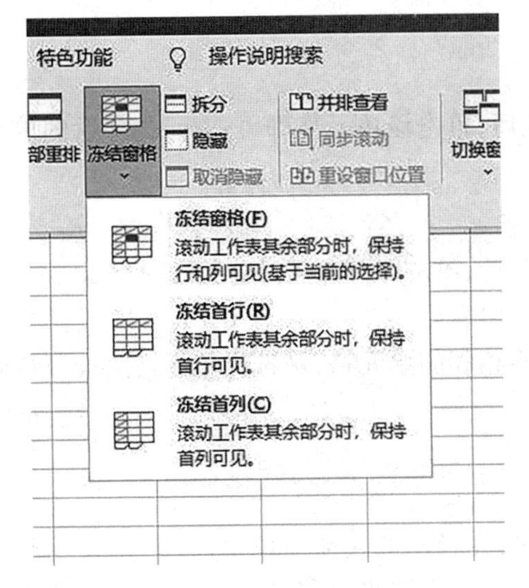

图 3－1－19　工作表窗口的冻结

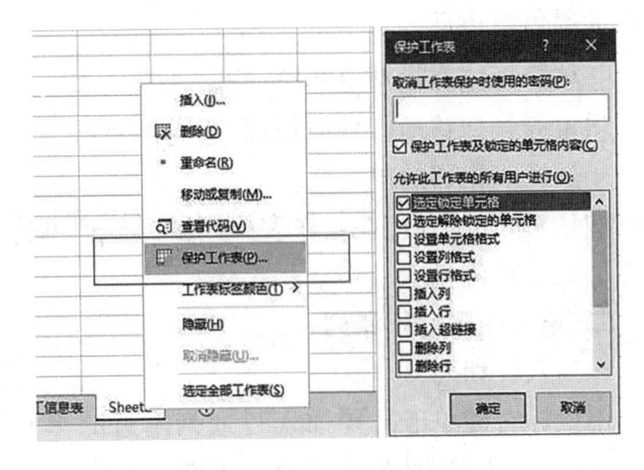

图 3－1－20　保护工作表

任务 3　单元格的设置

任务导入

人事部的小李学会了工作簿和工作表的使用方法，但是具体的数据操作是在单元格中完成的，小李需要学习单元格的设置方法。

任务分析

为了使电子表格更加整洁美观，用户可对工作表中的单元格进行编辑整理，常用的操作包括选择单元格区域、插入单元格以及调整合适的行高与列宽等，以方便数据的输入和编辑。

本任务介绍单元格的设置方法。

任务思路及步骤如图 3－1－21 所示。

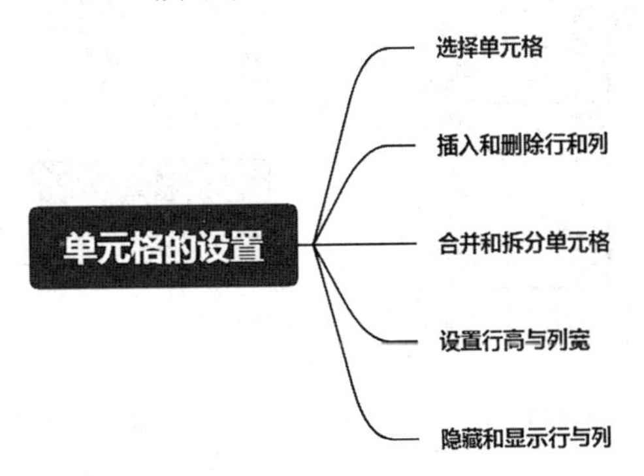

图 3－1－21　任务思路及步骤

任务实施

一、选择单元格

单元格是工作表的重要组成部分。在编辑各种电子表格时，选择单元格是一种常见的操作。如何根据需要找到最合适、最有效的选择单元格的方法，对提高编辑制作表格的效率非常

重要。

1. 选择单个单元格

将鼠标光标移动到单元格上，光标变为✚形状后，单击该单元格即可选择，选择后的单元格出现黑色粗边框。

2. 选择整行或整列单元格

将鼠标光标移动行号或列标上，光标变为✚形状后，单击即可选择对应的整行或整列。

3. 选择不相邻的单元格

按住 Ctrl 键不放，在工作表中用鼠标分别单击不相邻的单元格，被选择单元格的行号和列标都呈加重颜色显示。

二、插入或删除行和列

1. 插入行和列

用鼠标右键单击需要插入行或列附近的单元格，在弹出的快捷菜单中选择“插入”命令。在打开的“插入”对话框中选择插入项。如单击“整行(列)”按钮，在选择单元格的位置处将插入整行(列)单元格，并将原单元格内容下移一个单元格。

2. 删除行和列

用鼠标右键单击需要删除的行或列，在弹出的快捷菜单中选择“删除”命令。在打开“删除”对话框中选择删除项。如单击“整行”按钮，将删除选中的单元格所在行，其下方的整行单元格上移一行，如图 3－1－22 所示。

三、合并和拆分单元格

在编辑工作表时，一个单元格中输入的内容过多，在显示时可能会占用几个单元格的位置，如工作表名称。这时可以将几个单元格合并成一个单元格用于完全显示单元格内容。

选中需要合并的单元格，选择“开始”选项卡→“对齐方式”组→“合并后居中”按钮，在弹出的下拉列表中选择“合并后居中”选项，即可完成单元格的合并，如图 3－1－23 所示。在“合并后居中”下拉列表中选择“取消单元格合并”选项，即可完成所选合并单元格的拆分操作。

Rl002	高培超	男	人力资源部	部长
Xs002	黄林威	男	销售部	部长
Zw002	居		务部	部长
Jl004	高		理办公室	财务经理
Cw004	陆		务部	副部长
Fw002	葛		务部	副部长
Xz002	孙		政部	副部长
Js005	李		术部	副部长
Js011	任		术部	副部长
Kf004	王		服部	副部长
Rl004	柯		资源部	副部长
Xs009	于		售部	副部长
Xs014	徐		售部	副部长
Zw005	蔡家桢	女	总务部	副部长
Jl005	柴文涛	男	总经理办公室	技术经理
Jl002	张梦遥	女	总经理办公室	销售经理

删除文档 ? ×

删除文档

○ 右侧单元格左移(L)

○ 下方单元格上移(U)

◉ 整行(R)

○ 整列(C)

确定 取消

图 3－1－22 删除整行

图 3－1－23 合并单元格

四、设置行高与列宽

工作表中的行高和列宽不合理，将直接影响单元格中数据的显示，此时需要对行高和列宽进行调整和修饰，有以下 3 种方法。

1. 通过鼠标调整

在 Excel 2019 中拖动鼠标调整单元格的行高和列宽是最直观、最快捷的方法。在调整时，只需将鼠标指针移至该行或该列标记上的分隔线处，当鼠标光标变为“左右箭头”或“上下箭

头”形状时，按住鼠标左键进行拖动，此时鼠标光标上方或右侧会显示具体的尺寸数据。待拖动至目标距离后再释放鼠标即可。

2. 通过对话框调整

用鼠标右键单击标题行或列，在弹出的快捷菜单中选择“行高”或“列宽”命令。在弹出的“行高”或“列宽”对话框中，在文本框中输入合适的数据，单击“确定”按钮。

3. 自动调整行高和列宽

如果没有特殊要求，可利用 Excel 2019 的自动调整功能来对行高或列宽进行设置，从而免去手动设置的麻烦。选择需要进行调整的单元格区域，单击“开始”选项卡→“单元格”组→“格式”按钮。在弹出的下拉列表中选择“自动调整行高”或“自动调整列宽”选项，系统将自动根据数据的显示情况调整适合的行高或列宽。

五、隐藏和显示行与列

隐藏表格中的行或列可以保护工作表中的数据信息。

用鼠标右键选择需要隐藏的行或列，在弹出的快捷菜单中选择“隐藏”命令，即可隐藏选中的行或列；用鼠标右键选择隐藏的行或列的相邻行或列，在弹出的快捷菜单中选择“取消隐藏”命令，即可取消隐藏，如图 3－1－24 所示。

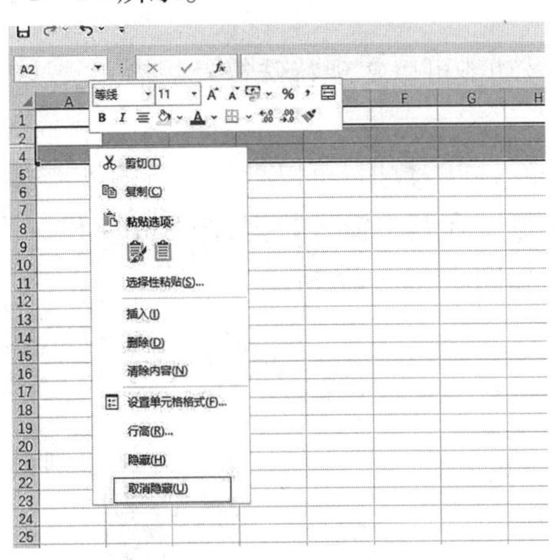

图 3－1－24　隐藏和显示行与列

任务 4　数据的输入和编辑

任务导入

人事部的小李在学习了 Excel 2019 基本操作方法后，准备输入和编辑员工信息表。

任务分析

在 Excel 2019 中，数据是构成表格的基本元素，常见的数据类型包括数字、文本、日期和时间以及特殊符号等。输入数据后，需要对数据进行编辑，如修改、移动、复制、查找、替换数据等。

本任务介绍数据的输入、修改、移动和复制、查找和替换的方法。

任务思路及步骤如图 3－1－25 所示。

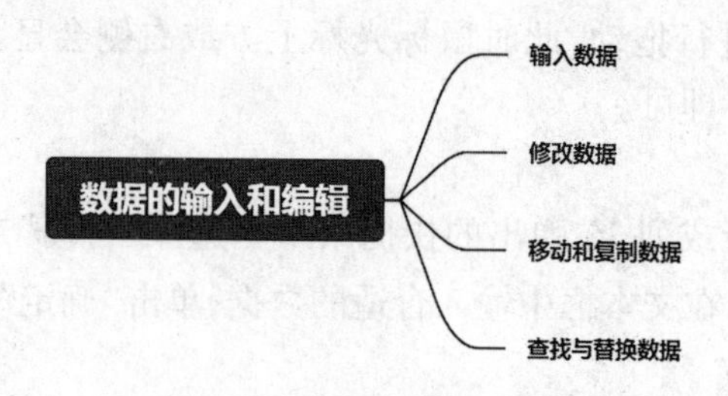

图 3-1-25　任务思路及步骤

任务实施

一、输入数据

单击或双击单元格，在单元格中输入数据，按 Enter 键确认输入；也可以在选择单元格后，在编辑栏中输入数据，按 Enter 键确认输入。

1. 输入普通数据

在 Excel 2019 中，普通数据类型包括一般数字、负数、分数、中文文本以及小数型数据。在默认情况下，输入这类数据后单元格数据将呈右对齐方式显示，中文文本将呈左对齐方式显示，如图 3-1-26 所示。

2. 输入符号

在单元格中利用插入符号功能可以实现特殊符号的输入。

3. 批量输入数据

如果多个单元格中需要输入同一数据，可以批量进行输入。选择需要批量输入数据的单元格或者单元格区域，单击编辑栏并在其中输入数据，按"Ctrl + Enter"组合键确认输入，数据会一次性填充到所有的单元格中，如图 3-1-27 所示。

图 3-1-26　输入普通数据

图 3-1-27　批量输入数据

4. 快速填充数据

有时需要输入一些相同或有规律的数据，如商品编码、工号等，手动输入浪费工作时间，为此，Excel 专门提供了快速填充数据的功能，可以大大提高输入数据的准确性和工作效率。

(1)利用填充柄填充数据

填充文本：将鼠标光标移动到文本单元格的右下角，当鼠标光标变为" + "形状时，按住鼠标左键不放并拖动到目标单元格位置，释放鼠标，可看到选择的单元格区域中已填充相同的

文本。

填充数字:将鼠标光标移动到数字单元格的右下角。当鼠标光标变为“+”形状时,按住鼠标左键不放拖动到目标单元格。释放鼠标,单击显示的“自动填充选项”按钮,在弹出的下拉列表中选择“填充序列”。在拖动的单元格区域中将以“1”为单位进行递增填充。

(2)利用“序列”对话框填充数据

选择要填充数据的起始单元格,在此单元格中输入序列数据的起始数据。选择要填充序列数据的所有单元格区域。单击“开始”选项卡→“编辑”组→“填充”按钮,在弹出的下拉列表中选择“序列”命令,如图3-1-28所示。在弹出的“序列”对话框中,在“序列产生在”区域单击“列”单选按钮;在“类型”区域单击“自动填充”单选按钮,单击“确定”按钮即可,如图3-1-29所示。

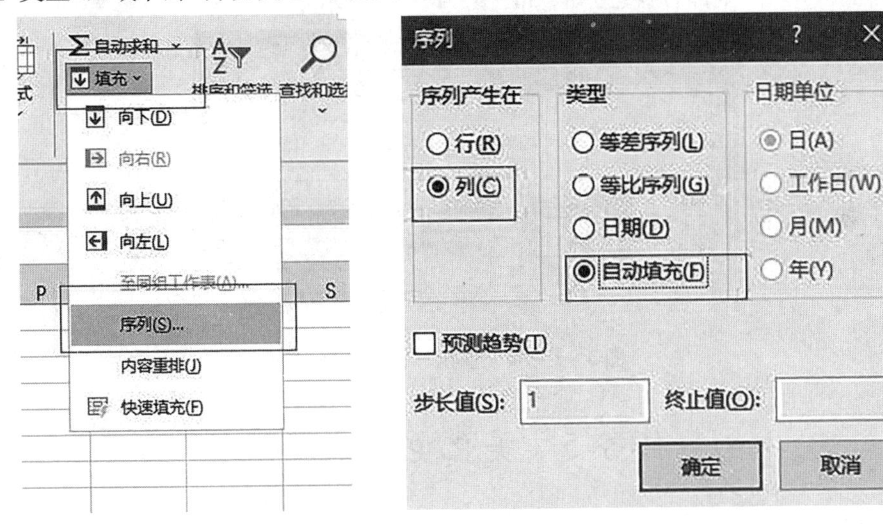

图3-1-28 “序列”命令　　图3-1-29 “序列”对话框

二、修改数据

如果在输入数据的过程中出现输入错误的情况,就需要对数据进行修改。

1. 在编辑栏中修改

在编辑栏中修改数据适用于长文本内容。选择需要修改数据的单元格,将光标插入点定位到编辑栏中,修改数据后按 Enter 键即可。

2. 在单元格中修改

双击需要修改数据的单元格,将光标插入点定位到单元格中,修改数据后按 Enter 键即可。

三、移动和复制数据

复制操作是指将单元格数据内容复制到其他单元格,而源数据不发生变化,仍保留在原位置。剪切操作是指将数据内容移动到其他单元格,而源数据被删除。移动或复制数据有以下3种方法。

1.“剪贴板”组

选择需要移动或复制的单元格,单击“开始”选项卡→“剪贴板”组→“剪贴”或“复制”按钮,然后选择目标单元格,单击“粘贴”按钮即可完成移动或复制数据。

2. 鼠标右键快捷菜单

用鼠标右键单击需要移动或复制的单元格,在弹出的快捷菜单中选择“剪贴”“复制”或“粘贴”命令,即可完成移动或复制数据操作。

3. 快捷键

选择需要移动或复制的单元格，按“Ctrl + X”组合键进行剪切，或按“Ctrl + C”组合键进行复制。选择目标单元格，按“Ctrl + V”组合键进行粘贴。

四、查找与替换数据

小李需要在“员工信息表”中查找“部门”为“法务部”的数据，然后将该部门选项替换为“法律事务部”。具体操作如下。

打开“员工信息表”工作簿，单击“开始”选项卡→“编辑”组→“查找和选择”按钮，在弹出的下拉列表中选择“替换”选项，在“查找内容”文本框中输入“法律部”，在“替换”文本框中输入“法律事务部”，单击“全部替换”按钮，如图 3 - 1 - 30 所示。

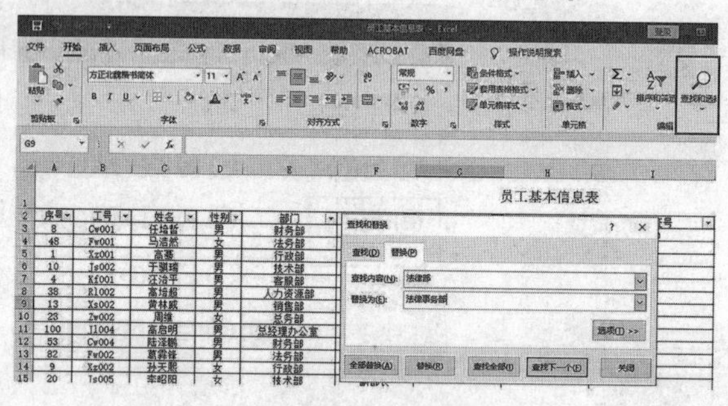

图 3 - 1 - 30　查找与替换数据

任务 5　美化电子表格

任务导入

人事部的小李已经完成了“员工信息表”数据的输入，需要打印并交给领导审阅。小李想调整一下电子表格的格式，让表格更美观。

任务分析

用 Excel 2019 制作的表格不仅是给自己看的，有时需要打印出来，将报表交上级部门审阅。如果表格仅是内容翔实，恐怕难以给用户留下好印象。因此，需要对表格进行美化操作，对单元格数据的对齐方式、字体格式和边框等样式进行设置，使表格的版面美观、图文并茂、数据清晰。

本任务介绍 Excel 2019 表格背景、套用表格样式、单元格格式、打印的设置方法。

任务思路及步骤如图 3 - 1 - 31 所示。

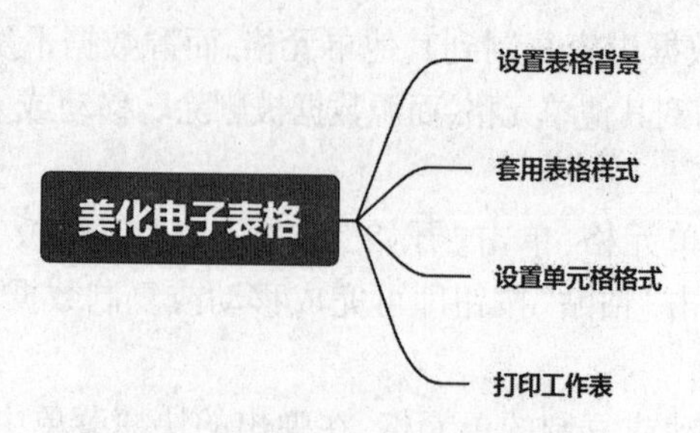

图 3 - 1 - 31　任务思路及步骤

任务实施

一、设置表格背景

工作表的背景可以是纯色、渐变色或者图片。在一般情况下，工作表背景不能打印，只起到美化作用。

单击“页面布局”选项卡→“页面设置”组→“背景”按钮。在打开的“插入图片”对话框中，单击“来自文件”选项右侧的“浏览”超链接，在地址栏中选择背景图片所在的文件夹，在中间的列表框中选择需要的背景图片，单击“插入”按钮。

二、套用表格样式

为了使每一个单元格具有各自的特点，Excel 2019 提供了多种表格样式，用户可以使用它们给单元格设置填充色、边框色及字体格式。

打开“员工信息表”工作表，选择任意单元格，单击“开始”选项卡→“样式”组→“套用表格格式”按钮。在弹出的下拉列表中选择“蓝色，表样式中等深浅 9”选项，效果如图 3－1－32 所示。

图 3－1－32　套用表格样式效果

三、设置单元格格式

美化表格首先应从设置数据格式着手，主要包括设置数据的字体格式和对齐方式，使表格内容更加协调和层次分明。

1. 设置字体格式

选择需要设置格式的单元格、单元格区域、文本或字符，在“开始”选项卡→“字体”组中，可以设置字体、字号、颜色、加粗、倾斜等字体格式。

2. 设置对齐方式

设置对齐方式有以下 2 种方法。

（1）在“开始”选项卡→“对齐方式”组中，第一行按钮用于设置垂直方向上的对齐方式，分别为“顶端对齐”“垂直居中”和“底端对齐”；第二行按钮用于设置水平方向上的对齐方式，分别为“文本左对齐”“居中对齐”和“文本右对齐”。

（2）用鼠标右键单击想要对齐的单元格或单元格区域，在弹出的快捷菜单中选择“设置单元格格式”命令。在打开的“设置单元格格式”对话框中选择“对齐”选项卡，在“水平对齐”或“垂直对齐”列表框中选择对齐方式。

3. 设置边框和填充

设置边框和填充有以下 2 种方法。

(1)通过边框按钮添加

设置边框:选择需要设置边框的单元格区域,单击"开始"选项卡→"字体"组→"边框"按钮右侧的下拉按钮,在弹出的"边框"下拉列表中,根据需要选择相应的边框和线型。

设置填充:单击"开始"选项卡→"字体"组→"填充颜色"按钮右侧的下拉按钮,在弹出的下拉列表中,根据需要选择相应的填充颜色。

(2)通过"边框"选项卡添加

设置边框:用鼠标右键单击需要设置边框的单元格区域,在弹出的快捷菜单中选择"设置单元格格式"命令。在打开的"设置单元格格式"对话框中选择"边框"选项卡,选择对应的边框和线型。

设置填充:在"设置单元格格式"对话框中选择"填充"选项卡,选择对应的填充颜色和样式,如图 3 - 1 - 33 所示。

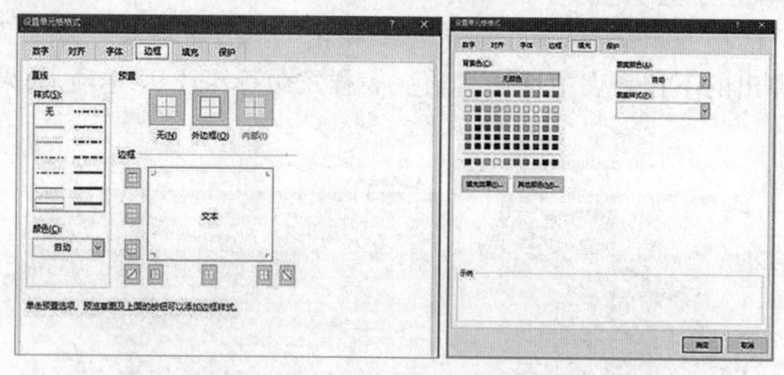

图 3 - 1 - 33　设置边框和填充

4. 清除单元格格式

选中需要删除格式的单元格,单击"开始"选项卡→"编辑"组→"清除"按钮,在弹出的下拉列表中选择相应的清除格式,如图 3 - 1 - 34 所示。

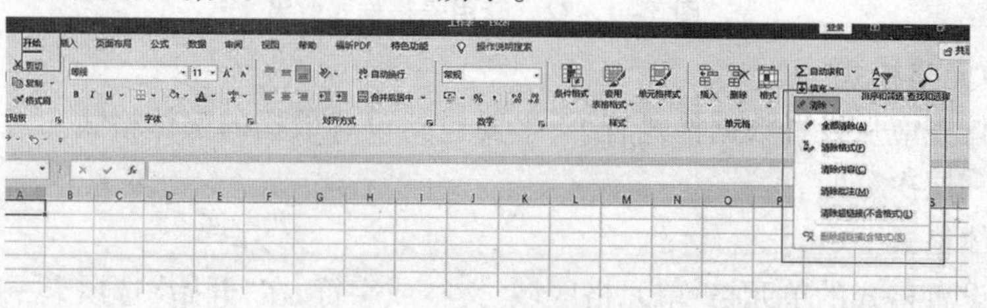

图 3 - 1 - 34　清除单元格格式

四、打印工作表

1. 页面设置

设置打印页面是指对已经编辑好的文档进行版面设置,以使其达到满意的输出打印效果。合理的版面设置不仅可以提升版面的品位,而且可以节约办公费用的开支。在对页面进行设置时,可以对工作表的比例、打印方向等进行设置。

单击"页面布局"选项卡→"页面设置"组的不同按钮,可以对页面进行相应的设置,如图 3 - 1 - 35所示。

"页边距"按钮:可以设置整个文档或当前页面边距的大小。

"纸张方向"按钮: 可以切换页面的纵向布局和横向布局。

“纸张大小”按钮：可以选择当前页的页面大小。

“打印区域”按钮：可以标记要打印的特定工作表区域。

“打印标题”按钮：可以指定在每个打印页重复出现的行和列。

图 3－1－35　页面设置

2. 打印设置

选择“文件”选项卡→“打印”命令。在弹出的“打印”窗口中，在中间区域可以设置打印份数、打印机名称、打印范围、页码范围、单双面打印、纸张、页边距和缩放比例等参数；在右侧区域可以看到打印的预览效果，如图 3－1－36 所示。

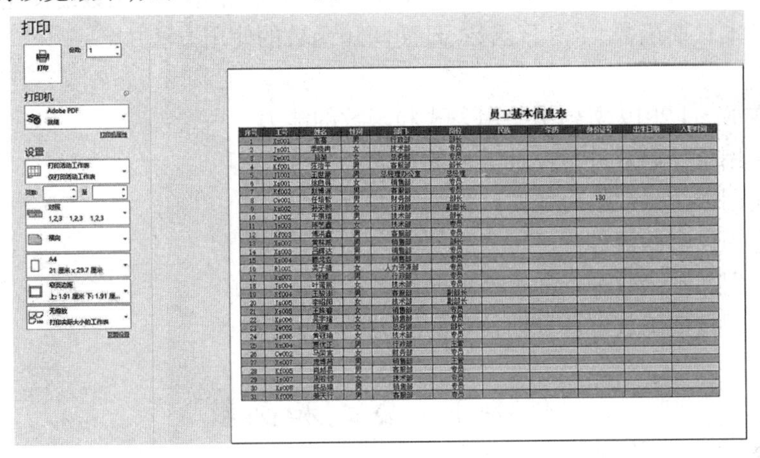

图 3－1－36　打印设置

项目 2

制作“员工工资管理表”——数据计算分析

知识目标

(1)掌握公式和函数的概念、录入和编辑方法。

(2)掌握基本统计函数和条件统计函数的使用方法。

(3)掌握绝对值函数、四舍五入函数、取整函数、求余数函数的使用方法。

(4)掌握 IF 函数、AND 函数、OR 函数、NOT 函数的使用方法。

(5)掌握截取函数、文本字符统计函数、文本替换函数、合并文本函数的使用方法。

(6)掌握基本日期函数、年月日函数、日期间隔函数的使用方法。

技能目标

(1)具备在 Excel 2019 文档中使用公式和函数的能力。

(2)具备应用统计函数进行统计求和的能力。

(3)具备应用数学函数进行数学计算的能力。

(4)具备应用逻辑函数进行逻辑判断的能力。

(5)具备应用文本函数进行文本处理的能力。

(6)具备应用日期函数进行日期处理的能力。

任务 1　公式和函数

任务导入

人事部的小李接到一个工作:将“员工工资管理表”中 1 月份的工资表填写完整。工资表的填写要用到计算和统计操作,这就需要学习公式和函数。

任务分析

在日常的办公中,经常需要利用函数和公式来解决基本的计算和统计问题。

本任务介绍公式和函数的概念、录入和编辑方法。

任务思路及步骤如图 3－2－1 所示。

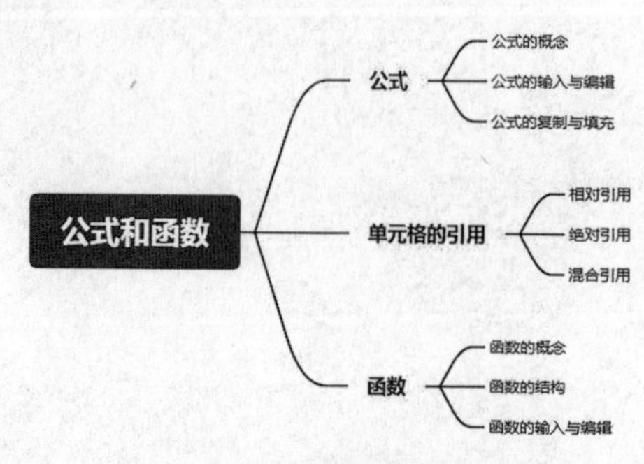

图 3－2－1　任务思路及步骤

任务实施

一、公式

1. 公式的概念

Excel 2019 中的公式是以“=”等号为引导，通过将运算符、函数、参数等按照一定的顺序组合进行数据运算处理的等式。如果在 Excel 2019 工作表中选中包含数据的部分单元格，在状态栏可以显示出所选择数据的常用计算结果。根据数据类型的不同，状态栏显示出的计算项目也不同。如果所选单元格数据类型为数值，状态栏中会显示计数、平均值及求和等结果；如果所选单元格数据类型为文本，状态栏中则只显示计数结果。

输入单元格的公式包含以下 5 种元素。

(1)运算符：指一些符号，如加(+)、减(-)、乘(*)、除(/)等。

(2)单元格引用：包括命名的单元格和范围，可以是当前工作表，也可以是当前工作簿的其他工作表中的单元格，或其他工作簿中的单元格。

(3)值或字符串：可以是数字或字符。

(4)工作表函数和参数：例如 SUM 函数。

(5)括号：控制着公式中各表达式的计算顺序。

2. 公式的输入与编辑

除了单元格格式被事先设置为“文本”外，当以“=”作为起始在单元格输入时，Excel 2019 将自动变为输入公式状态；当以“+”或“-”作为起始输入时，系统会自动在其前面加上“=”变为输入公式状态。

3. 公式的复制与填充

当需要在多个单元格中使用相同的计算规则时，可以通过“复制”和“粘贴”的操作方法实现，而不必逐个编辑单元格公式。此外，可以根据表格的具体情况，使用不同的操作方法复制与填充公式，提高效率。

例如，同一工作表中在 M4:M30 单元格区域复制与填充 M3 单元格的内容，有以下 5 种方法。

(1)拖曳填充柄。选中 M3 单元格，鼠标指向该单元格右下角，当鼠标指针变为黑色十字型填充柄时，按住鼠标左键向下拖拽至 M30 单元格。

(2)双击填充柄。选中 M3 单元格，双击 M3 单元格右下角的填充柄，公式将向下填充到当前单元格所在的不间断区域的最后一行。

(3)填充公式。选中 M3:M30 单元格区域，单击“开始”选项卡→“编辑”组→“填充”按钮，在弹出的下拉列表中选择“向下”命令。

(4)粘贴公式。选中 M3 单元格，单击“开始”选项卡→“剪贴板”组→“复制”按钮，或按“Ctrl+C”组合键进行复制。选中 M4:M30 单元格区域，单击“开始”选项卡→“剪贴板”组→“粘贴”按钮，或按“Ctrl+V”组合键进行粘贴。

(5)多单元格同时输入。选中 M3:M30 单元格区域，单击编辑栏中的公式，按“Ctrl+Enter”组合键，则 M3:M30 单元格区域中将输入相同的公式。

二、单元格的引用

Excel 2019 存储的文档称为工作簿，一个工作簿可以由多张工作表组成。在 Excel 2019 中，一张工作表由 1 048 576×16 384 个单元格组成。单元格是工作表的最小组成元素，以左上角的第一个单元格为原点，向下向右分别为行、列坐标的正方向，由此构成单元格在工作表上所处的位置的坐标集合。在公式中使用坐标方式表示单元格在工作表中的“地址”,实现对存储于单元格中数据的调用,这种方法称为单元格的引用。例如,A1 代表单元格的地址,表示 A 列与第一行交叉处的单元格。其中的 A 是列标,1 是行号。如果是引用一个区域,例如 A1:B3,表示区域左上角为 A1,区域右下角为 B3。

单元格的引用有以下 3 种方法。

1. 相对引用

相对引用是指复制公式到其他单元格时,生成新公式的单元格的行号或列标会增加。例如,在 B1 单元格输入公式“ = A1”,当向右复制公式时,新公式将依次变为“ = B1”“ = C1”“ = D1”等;当向下复制公式时,新公式将依次变为“ = A2”“ = A3”“ = A4”等。

2. 绝对引用

绝对引用是指无论公式被复制到什么位置,公式所引用的单元格位置是不变的。绝对引用需要在单元格名称的行号和列标前面加上“ $ ”符号。例如“ = $ A $ 3”,无论将公式所在单元格下拉或右拉,产生的新公式始终是“ = $ A $ 3”不变。

3. 混合引用

混合引用是指当复制公式到其他单元格时,Excel 2019 仅保持所引用的单元格的行或列其中一个方向的绝对位置不变,而另一个方向位置发生变化。例如“ = $ A3”表示列标不变,行号变化;“ = A $ 3”表示行号不变,列标变化。

案例:利用相对引用和绝对引用计算“2021 年 1—2 月份销售部提成表”的“业绩合计”,利用绝对引用计算“收入占比”,如图 3 - 2 - 2 所示。

	A	B	C	D	E	F	G	H	I
1	2021年1-2月份提成明细表								
2	序号	工号	姓名	性别	岗位	提成点数		业绩合计	收入占比
3						1月份业绩	2月份业绩		
4	1	Xs001	徐自寻	女	专员	35271	10187	45458	33.94%
5	2	Xs002	黄林威	男	部长	3348	7945	11293	8.43%
6	3	Xs003	吕辉达	男	专员	2547	10309	12856	9.60%
7	4	Xs004	滕戈垚	男	专员	2337	5464	7801	5.82%
8	5	Xs005	王姝睿	女	专员	1591	9444	11035	8.24%
9	6	Xs006	吴宇瑄	女	专员	590	7291	7881	5.88%
10	7	Xs007	庞博芮	男	主管	3332	7611	10943	8.17%
11	8	Xs008	陈品璋	男	专员	1368	8541	9909	7.40%
12	9	Xs009	于志伟	男	副部长	3265	6557	9822	7.33%
13	10	Xs010	陈野	男	专员	1959	4977	6936	5.18%
14	合计					55608	78326	133934	100%

图 3 - 2 - 2　销售部提成表

在 H4 单元格中输入公式“ = F4 + G4”,将公式向下复制到 H5:H13 单元格区域。随着向下复制,行号将会自动增 1,新公式将依次变为“ = F5 + G5”“ = F6 + G6”……“ = F13 + G13”。

在 H14 单元格中输入公式“ = SUM(ABOVE)”,对所有员工的业绩进行求和。

在 I4 单元格中输入公式“ = H4/ $ H $ 14”,将公式向下复制到 I5:I13 单元格区域。公式中 H14 单元格使用绝对引用,当公式向下复制的时候,始终保持引用 H14 单元格不变。新公式将依次变为“ = H5/ $ H $ 14”“ = H6/ $ H $ 14”……“ = H13/ $ H $ 14”。

三、函数

1. 函数的概念

Excel 函数是由 Excel 内部预先定义并按照特定的顺序和结构来执行计算、分析等数据处理任务的功能模块。因此,Excel 函数也常被称为“特殊公式”。函数名称只有唯一名称且不区分大小写,每个函数都有特定的功能和用途。

2. 函数的结构

在公式中使用函数时,通常由表示公式开始的等号、函数名称、左括号,以半角逗号相间隔的参数和右括号构成。此外,公式中允许使用多个函数或计算式,使用运算符进行连接。

部分函数允许多个参数,如“SUM(A1:A10,C1:C10)”使用了两个参数。另外也有一些函数没有参数或可省略参数,如 NOW。

3. 函数的输入与编辑

与输入公式一样,函数也可以在单元格或编辑栏中直接输入。除此之外,还可以通过插入函数的方法来输入并设置函数参数。修改函数与编辑公式的方法相似,首先应选择需修改函数的单元格,然后将文本插入点定位到相应的单元格中或编辑栏中,再执行所需的操作。

任务 2 统计与求和函数

任务导入

人事部的小李在了解了公式和函数的概念之后,需要对“员工工资管理表”中的工资进行计算并对数据进行简单的统计分析。

任务分析

在日常的办公中,经常需要利用函数和公式来解决统计和求和问题。最常见的是求和、求平均数等统计函数。

本任务介绍基本统计函数和条件统计函数的使用方法。

任务思路及步骤如图 3-2-3 所示。

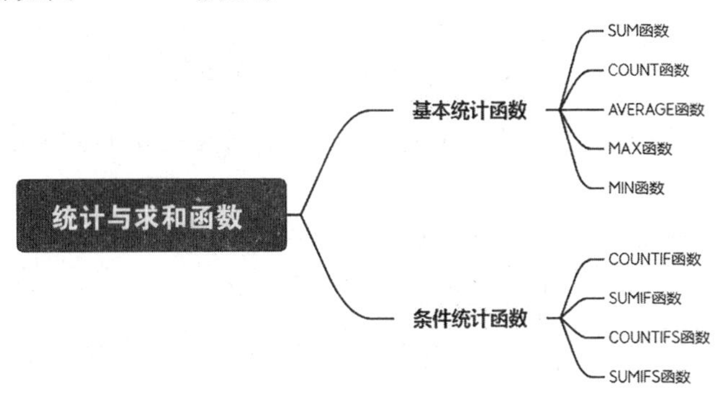

图 3-2-3 统计与求和函数

任务实施

一、基本统计函数

Excel 2019 提供了多种基础统计函数,可以完成基本的统计计算。常用的 5 个基础统计函数及其功能和语法如表 3-2-1 所示。

表 3-2-1 基础统计函数

函数	说明	语法
SUM	计算一组数的和	SUM(Number1)
COUNT	计算数字的个数	COUNT(value1)

续表

函数	说明	语法
AVERAGE	求一组数的平均值	AVERAGE(Number1)
MAX	求一组数中的最大值	MAX(Number1)
MIN	求一组数中的最小值	MIN(Number1)

案例:利用基本统计函数计算“员工工资管理表”1 月份员工的应发工资总和、最高应发工资、最低应发工资、男员工平均应发工资、女员工平均应发工资,如图 3-2-4 所示。

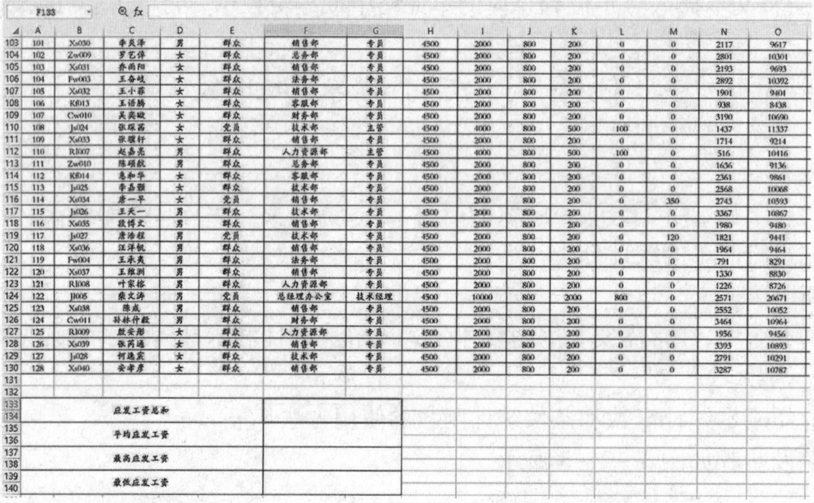

F133 fx

	A	B	C	D	E	F	G	H	I	J	K	L	M	N	O
103	101	Xs030	李奕泽	男	群众	销售部	专员	4500	2000	800	200	0	0	2117	9617
104	102	Zw009	罗艺伟	女	群众	总务部	专员	4500	2000	800	200	0	0	2801	10301
105	103	Xs031	乔雨阳	女	群众	销售部	专员	4500	2000	800	200	0	0	2193	9693
106	104	Fw003	王奋岐	女	群众	法务部	专员	4500	2000	800	200	0	0	2892	10392
107	105	Xs032	王小菲	女	群众	销售部	专员	4500	2000	800	200	0	0	1901	9401
108	106	Kf013	王语腾	女	群众	客服部	专员	4500	2000	800	200	0	0	938	8438
109	107	Cw010	吴奕璇	女	群众	财务部	专员	4500	2000	800	200	0	0	3190	10690
110	108	Js024	张琛茗	女	党员	技术部	主管	4500	4000	800	500	100	0	1437	11337
111	109	Xs033	张骥轩	女	群众	销售部	专员	4500	2000	800	200	0	0	1714	9214
112	110	Rl007	赵鑫亮	男	群众	人力资源部	主管	4500	4000	800	500	100	0	516	10416
113	111	Zw010	陈硕航	男	群众	总务部	专员	4500	2000	800	200	0	0	1636	9136
114	112	Kf014	惠和华	女	群众	客服部	专员	4500	2000	800	200	0	0	2361	9861
115	113	Js025	李磊额	女	群众	技术部	专员	4500	2000	800	200	0	0	2568	10068
116	114	Xs034	唐一平	女	党员	销售部	专员	4500	2000	800	200	0	350	2743	10593
117	115	Js026	王天一	男	群众	技术部	专员	4500	2000	800	200	0	0	3367	10867
118	116	Xs035	段博文	男	群众	销售部	专员	4500	2000	800	200	0	0	1980	9480
119	117	Js027	唐浩程	男	党员	技术部	专员	4500	2000	800	200	0	120	1821	9441
120	118	Xs036	汪洋帆	男	群众	销售部	专员	4500	2000	800	200	0	0	1964	9464
121	119	Fw004	王永爽	男	群众	法务部	专员	4500	2000	800	200	0	0	791	8291
122	120	Xs037	王维洲	男	群众	销售部	专员	4500	2000	800	200	0	0	1330	8830
123	121	Rl008	叶家裕	男	群众	人力资源部	专员	4500	2000	800	200	0	0	1226	8726
124	122	Jl005	柴文涛	男	党员	总经理办公室	技术经理	4500	10000	800	2000	800	0	2571	20671
125	123	Xs038	陈威	男	群众	销售部	专员	4500	2000	800	200	0	0	2552	10052
126	124	Cw011	补林仲毅	男	群众	财务部	专员	4500	2000	800	200	0	0	3464	10964
127	125	Rl009	殷安彤	女	群众	人力资源部	专员	4500	2000	800	200	0	0	1956	9456
128	126	Xs039	张芮通	女	群众	销售部	专员	4500	2000	800	200	0	0	3393	10893
129	127	Js028	何逸宸	女	群众	技术部	专员	4500	2000	800	200	0	0	2791	10291
130	128	Xs040	安孝彦	女	群众	销售部	专员	4500	2000	800	200	0	0	3287	10787
131															
132															
133–134			应发工资总和												
135–136			平均应发工资												
137–138			最高应发工资												
139–140			最低应发工资												

图 3-2-4 “员工工资管理表”

在 F133 单元格中输入公式“=SUM(O3:O130)”,计算出公司 1 月份应发工资的总额,结果是 1 407 280 元。

在 F134 单元格中输入公式“=AVERAGE(O3:O130)”或“=SUM(O3:O130)/COUNT(O3:O130)”,计算出公司 1 月份平均应发工资为 10 994.375 元。

在 F135 单元格中输入公式“=MAX(O3:O130)”,计算出公司 1 月份最高应发工资为 27 502元。

在 F136 单元格中输入公式“=MIN(O3:O130)”,计算出公司 1 月份最低应发工资为 8 082元。

二、条件统计函数

条件统计函数包括单条件统计函数 COUNTIF、SUMIF,以及多条件统计函数 COUNTIFS、SUMIFS。

1. 条件计数(COUNTIF)

COUNTIF 函数对区域中满足单个指定条件的单元格进行计数,基本语法如下:

COUNTIF(range,criteria)

range 为必需参数,表示要计算其中非空单元格数目的区域;criteria 为必需参数,表示以数字、表达式或文本形式定义的条件。

2. 条件求和(SUMIF)

SUMIF 函数对区域中满足单个指定条件的单元格进行求和,基本语法如下:

SUMIF(range, criteria, [sum_range])

range 为必需参数,表示要计算其中非空单元格数目的区域;criteria 为必需参数,表示以数字、表达式或文本形式定义的条件;sum_range 为可选参数,用于确定要求和的实际单元格。如果省略,Excel 2019 会对 range 参数指定的单元格求和。

3. 多条件计数(COUNTIFS)

COUNTIFS 函数对区域中满足多个指定条件的单元格进行计数,基本语法如下:

COUNTIFS(criteria _range1, criteria1, [criteria _range2, criteria2],…)

criteria _range1 为必需参数,表示其中计算关联条件的第一个区域;criteria1 为必需参数,表示以数字、表达式或文本形式定义的条件。

4. 多条件求和(SUMIFS)

SUMIFS 函数对区域中满足多个指定条件的单元格进行求和,基本语法如下:

SUMIFS(sum _range, criteria _range1, criteria1, [criteria _range2, criteria2], ...)

sum _range 为必需参数,表示要计算关联条件的第一个区域;criteria1 为必需参数,表示以数字、表达式或文本形式定义的条件;criteria _range2, criteria2 为可选参数,用于确定附加的区域及其关联条件,最多允许 127 个区域及条件。

案例:利用条件统计函数计算“公司工资管理表中”1 月份男员工人数、男员工平均应发工资、销售部男员工人数、销售部男员工平均工资,如图 3-2-5 所示。

P137 | fx

	A	B	C	D	E	F	G	H	I	J	K	L	M	N	O
105	103	Xs031	乔雨阳	女	群众	销售部	专员	4500	2000	800	200	0	0	2193	9693
106	104	Fw003	王奋岐	女	群众	法务部	专员	4500	2000	800	200	0	0	2892	10392
107	105	Xs032	王小菲	女	群众	销售部	专员	4500	2000	800	200	0	0	1901	9401
108	106	Kf013	王语腾	女	群众	客服部	专员	4500	2000	800	200	0	0	938	8438
109	107	Cw010	吴奕璇	女	群众	财务部	专员	4500	2000	800	200	0	0	3190	10690
110	108	Js024	张琛茜	女	党员	技术部	主管	4500	4000	800	500	100	0	1437	11337
111	109	Xs033	张骥轩	女	群众	销售部	专员	4500	2000	800	200	0	0	1714	9214
112	110	Rl007	赵磊亮	男	群众	人力资源部	主管	4500	4000	800	500	100	0	516	10416
113	111	Zw010	陈硕航	男	群众	总务部	专员	4500	2000	800	200	0	0	1636	9136
114	112	Kf014	惠和华	女	群众	客服部	专员	4500	2000	800	200	0	0	2361	9861
115	113	Js025	李磊颖	女	群众	技术部	专员	4500	2000	800	200	0	0	2568	10068
116	114	Xs034	唐一平	女	党员	销售部	专员	4500	2000	800	200	0	350	2743	10593
117	115	Js026	王天一	男	群众	技术部	专员	4500	2000	800	200	0	0	3367	10867
118	116	Xs035	段博文	男	群众	销售部	专员	4500	2000	800	200	0	0	1980	9480
119	117	Js027	唐浩程	男	党员	技术部	专员	4500	2000	800	200	0	120	1821	9441
120	118	Xs036	汪洋帆	男	群众	销售部	专员	4500	2000	800	200	0	0	1964	9464
121	119	Fw004	王永爽	男	群众	法务部	专员	4500	2000	800	200	0	0	791	8291
122	120	Xs037	王维洲	男	群众	销售部	专员	4500	2000	800	200	0	0	1330	8830
123	121	Rl008	叶家榕	男	群众	人力资源部	专员	4500	2000	800	200	0	0	1226	8726
124	122	Jl005	柴文涛	男	党员	总经理办公室	技术经理	4500	10000	800	2000	800	0	2571	20671
125	123	Xs038	陈成	男	群众	销售部	专员	4500	2000	800	200	0	0	2552	10052
126	124	Cw011	孙林仲毅	男	群众	财务部	专员	4500	2000	800	200	0	0	3464	10964
127	125	Rl009	殷安彤	女	群众	人力资源部	专员	4500	2000	800	200	0	0	1956	9456
128	126	Xs039	崇芮通	女	群众	销售部	专员	4500	2000	800	200	0	0	3393	10893
129	127	Js028	何逸宸	女	群众	技术部	专员	4500	2000	800	200	0	0	2791	10291
130	128	Xs040	安孝彦	女	群众	销售部	专员	4500	2000	800	200	0	0	3287	10787
131															
132															

133–134	应发工资总和	1407280	男员工人数	
135–136	平均应发工资	10994.375	男员工平均应发工资总和	
137–138	最高应发工资	27502	销售部男员工人数	
139–140	最低应发工资	8082	销售部男员工工资总和	

图 3-2-5 “员工工资管理表”

在 M133 单元格中输入公式“=COUNTIF(D3:D130,"男")”,计算出男员工人数为 79 人。

在 M134 单元格中输入公式“=SUMIF(D3:D130,"男",O13:O130)”,计算男员工应发工资总和为 785 019 元。

在 M135 单元格中输入公式“ = COUNTIFS(D3:D130," 男",F3:F130," 销售部")”,计算出销售部男员工人数为 23 人。

在 M136 单元格中输入公式“ = SUMIFS(O3:O130,D3:D130," 男",F3:F130," 销售部")”,计算出销售部男员工工资总和为 237 132 元。

任务3　基本数学函数

任务导入

人事部的小李需要对“员工工资管理表”中的“各部门中秋福利”进行计算,计算出每个部门分多少整箱和多少余包。

任务分析

整箱和余包的计算需要使用求余函数和取整函数等基本数学函数。

本任务介绍绝对值函数、四舍五入函数、取整函数、求余数函数的使用方法。

任务思路及步骤如图 3 - 2 - 6 所示。

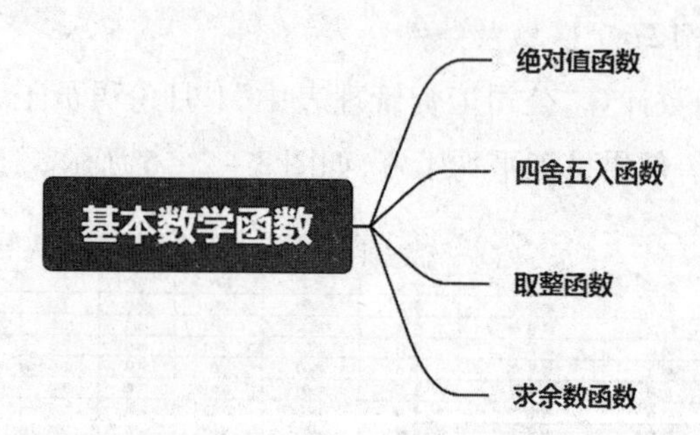

图 3 - 2 - 6　任务思路及步骤

任务实施

一、绝对值函数(ABS)

ABS 函数是计算绝对值的函数,基本语法如下:

ABS(number)

number 为必需参数,表示需要计算其绝对值的实数。

二、四舍五入函数(ROUND)

ROUND 函数是最常用的四舍五入函数之一,用于将数字四舍五入到指定的位数。该函数对需要保留位数的右边 1 位数的数值进行判断,若小于 5 则舍弃,大于或等于 5 则进位。基本语法如下:

ROUND(number, num _digits)

number 表示需要计算其四舍五入值的实数。num _digits 表示小数位数。若为正数,则对小数部分进行四舍五入;若为负数,则对整数部分进行四舍五入;若等于零,则将数字四舍五入到最近的整数。

案例：使用 ROUND 函数将数值 729.49 四舍五入保留 1 位小数，结果为 729.5，如图 3－2－7 所示。

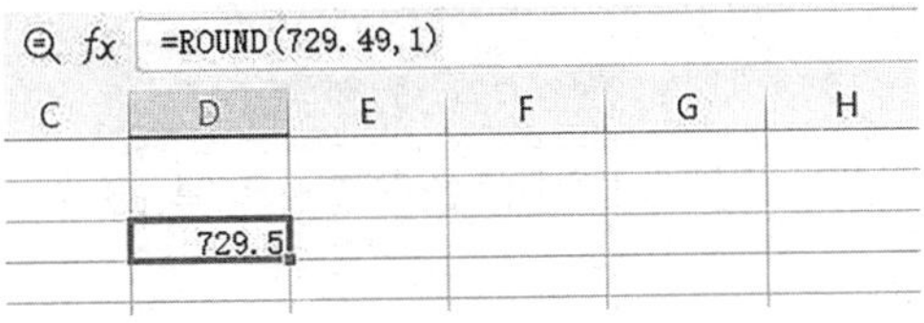

图 3－2－7　ROUND 函数

三、取整函数（INT）

INT 函数是取整函数，用于将数字向下舍入到最接近的整数。INT 函数不进行四舍五入，而是直接去掉小数部分取整。INT 函数在处理负数的小数时总是向上进位的。基本语法如下：

＝INT（number）

number 表示需要计算取整值的实数。

案例：使用 INT 函数将数值 6.54257 进行取整，结果为 6。

四、求余数函数（MOD）

MOD 函数是求余函数，用于返回两数相除的余数，结果的符号与除数相同。基本语法如下：

MOD（number，divisor）

number 是必需参数，表示要计算余数的被除数。

divisor 是必需参数，表示除数。

案例：利用 INT 函数、MOD 函数计算"各部门中秋福利"中的整包和余包数量。

在整箱对应的单元格 D3 中输入"INT（B3/C3）"，如图 3－2－8 所示。

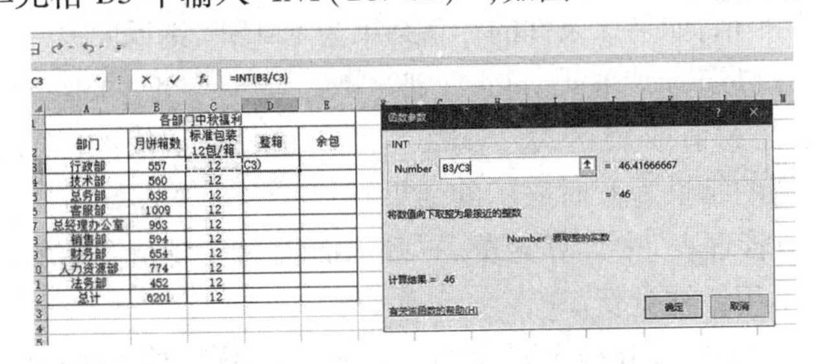

图 3－2－8　利用 INT 函数求整包数

在余包对应的单元格 E3 中输入"MOD（B3/C3）"，如图 3－2－9 所示。

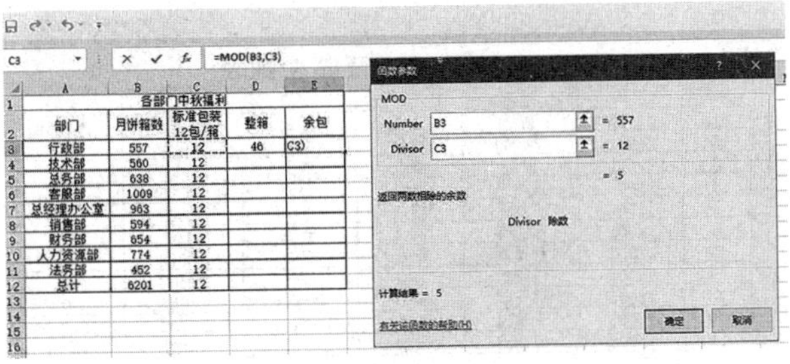

图 3－2－9　利用 MOD 函数求余包数

任务4　逻辑判断函数

任务导入

人事部的小李需要对“员工工资管理表”中的数据进行整理，归纳出党员应缴纳的党费金额。

任务分析

在日常的办公中，经常需要利用逻辑函数来解决是非问题。本任务需要使用 IF 函数判断员工是否是党员，然后才能计算党费。

本任务介绍 IF 函数、AND 函数、OR 函数、NOT 函数的使用方法。

任务思路及步骤如图 3－2－10 所示。

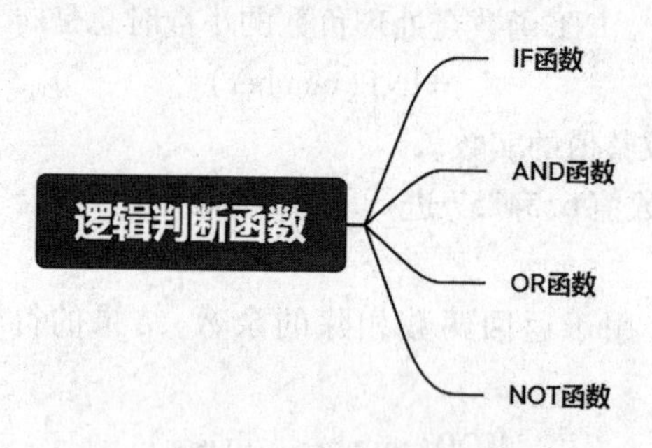

图 3－2－10　任务思路及步骤

任务实施

一、IF 函数

IF 函数是条件判断函数，是 Excel 2019 中最常用的函数之一。如果指定条件的计算结果为 TRUE，IF 函数将返回某个值；如果该条件的计算结果为 FALSE，则返回另一个值。基本语法如下：

IF(logical_test, value_if_true, value_if_false)

logical_test 表示任意值或表达式。value_if_true 表示值的结果为真时显示的结果。value_if_false 表示值的结果为假时显示的结果。

案例：在“员工工资管理表”中计算党费。“政治面貌”是“党员”的员工，每月缴纳实发工资的 1%，非党员的员工不用缴纳党费。

在 V3 单元格中输入公式“=IF(E3='党员',O3*1%,0)”，首先通过政治面貌所在的 E 列，判断是否为党员，如果符合条件输出应发工资的 1%，如果不符合条件则输出 0，如图 3－2－11 所示。

	A	B	C	E	G	O	V
1	2021年1月份工资明细表						
2	序号	工号	姓名	政治面貌	岗位	应发工资	党费
3	1	Xz001	高骞	党员	部长	16258	162.58
4	2	Js001	李晓冉	群众	专员	9011	0
5	3	Zw001	路堃	群众	专员	9934	0
6	4	Kf001	汪治平	群众	部长	14798	0
7	5	Jl001	王世豪	群众	总经理	27502	0
8	6	Xs001	徐自寻	党员	专员	9167	91.67
9	7	Kf002	赵博源	群众	专员	10272	0
10	8	Cw001	任培哲	群众	部长	14663	0
11	9	Xz002	孙天熙	群众	副部长	13058	0
12	10	Js002	于骐瑞	群众	部长	15762	0
13	11	Js003	陈艺鑫	党员	专员	9858	98.58

图 3－2－11　利用 IF 函数计算党费

二、逻辑函数(AND、OR、NOT)

在 Excel 2019 中,可以使用逻辑函数对单个或多个表达式的逻辑关系进行判断,返回一个逻辑值。

AND 函数最多可支持 255 个条件参数,只有所有条件参数的结果都为真时,结果才为真;否则,结果为假。

OR 函数最多可支持 255 个条件参数,只要有一个条件参数的结果为真,结果就为真;否则,结果为假。

NOT 函数最多可支持 255 个条件参数,如果条件参数的结果为真,结果就为假;否则,结果为真。

案例:按照公司销售制度规定,各部门部长和副部长都要缴纳应发工资的 5% 作为风险抵押金。

在单元格中输入公式“ = IF(OR(G3 = "部长",G3 = "副部长"),O3 * 5% ,0)”。

任务5　文本函数

任务导入

人事部的小李需要对“员工工资管理表”中的数据进行整理,提取各部门的员工的性别信息和出生日期信息。

任务分析

在日常的办公中,经常需要利用文本函数来解决文本相关问题。

本任务介绍截取函数、文本字符统计函数、文本替换函数、合并文本函数的使用方法。

任务思路及步骤如图 3 - 2 - 12 所示。

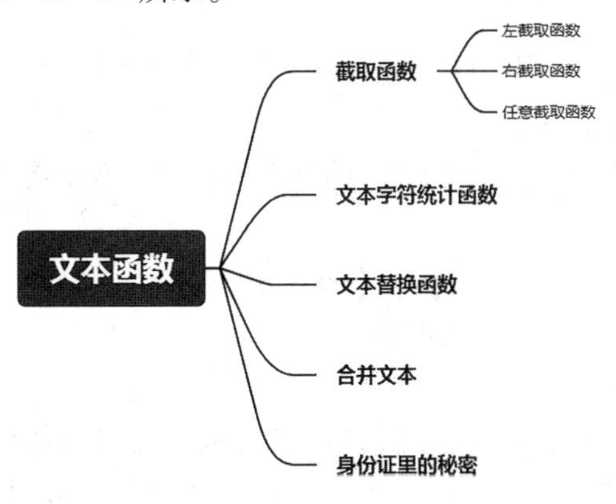

图 3 - 2 - 12　任务思路及步骤

任务实施

一、截取函数

1. 左截取(LEFT)和右截取(RIGHT)函数

LEFT 函数和 RIGHT 函数分别以字符串的左/右侧为起始位置,返回指定数量的字符,两个函数的语法相同。基本语法如下:

LEFT (text, [num_chars]),

RIGHT(text,[num _chars])

text 指要提取的字符串或单元格引用。text 为文本字符串时,需要用一对半角双引号将其包含。

num _chars 为可选参数,表示要提取的字符数量,省略时默认提取一个字符,即提取字符串最左端或最右端的一个字符。

案例如图 3-2-13 所示。

	A	B	C
1	字符串	提取结果	公式
2	ABCDE	AB	=LEFT(A2,2)
3	12345	1	=LEFT(A3)
4	上下左右	左右	=RIGHT(A4,2)

图 3-2-13 利用 LEFT 和 RIGHT 函数提取文本

2. 任意截取函数(MID)

相较于 LEFT 函数和 RIGHT 函数只能从字符串的最左端或最右端开始提取,MID 函数可以在任意位置开始提取字符串。基本语法如下:

MID(text, start _num, num _chars)

text 表示要提取的字符串或单元格引用。

start _num 用于指定文本中要提取的第一个字符的位置,即从第几个字符开始提取。

num _chars 用于指定从文本中返回字符的个数。

案例如图 3-2-14 所示。

	A	B	C
1	字符串	提取结果	公式
2	ABCDE	BCD	=MID(A2,2,3)
3	Excel2019	cel2	=MID(A3,3,4)
4	上下左右	el2	=MID(A3,4,3)

图 3-2-14 利用 MID 函数提取文本

二、文本字符统计函数(LEN)

LEN 函数用于统计文本中字符的个数,即字符串长度。空格将作为字符进行计数。基本语法如下:

LEN(text)

text 为必需参数,表示要查找其长度的文本。

三、文本替换函数(REPLACE)

在 Excel 2019 中可以使用查找与替换功能,将字符进行批量替换。如果需要在生成新数据的同时保留替换前的原有数据,可使用文本替换函数来处理。REPLACE 函数用于将部分文本字符串替换为新的字符串。基本语法如下:

REPLACE(old _text, start _num,num _chars,new _text)

old _text 表示要替换其部分字符的源文本。

start _num 指定源文本中要替换为新字符的位置。

num _chars 表示使用新字符串替换源字符串中的字符数,如果该参数为 0 或省略参数值,可以实现类似插入字符(串)的功能。

new _text 表示用于替换源文本中字符的文本。

案例:使用 REPLACE 函数需要将 A 列手机号码中间的 4 位数字用星号“＊＊＊＊”隐藏。

在 B2 单元格中输入公式“=REPLACE(A2,4,4,"＊＊＊＊")”,向下复制到 B5 单元格,公式中使用 REPLACE 函数从 A2 单元格的第 4 个字符起,将 4 个字符替换为“＊＊＊＊”,如图 3-2-15 所示。

	A	B
1	手机号	隐藏部分号码
2	13613254489	136****4489
3	18922339999	189****9999
4	17820135555	178****5555
5	13930152626	139****2626
6	=REPLACE(A2, 4, 4, "****")	
7		

图 3-2-15　利用文本替换函数替换部分文本

四、合并文本

在处理文本信息时,经常需要将多个内容连在一起作为新的字符串使用,可以用以下 3 种方法进行处理。

1. 使用文本合并运算符 &

& 符号可以用于连接文本字符串,也可以用于连接单元格的引用。

2. 使用 CONCAT 函数

CONCAT 函数用于连接多个区域或字符串,支持单元格区域引用。基本语法如下:

CONCAT(text1,text2,...)

该函数一共有 254 个参数,其中每个参数都可以是字符串或单元格区域。在连接单元格区域时,将按照先行后列的顺序进行连接。

3. 使用 TEXTJOIN 函数

TEXTJOIN 函数可以通过分隔符,连接所有符合条件的单元格内容和区域的函数。基本语法如下:

TEXTJOIN(分隔符, ignore_empty, text1, [text2], …)

分隔符用于连接多个合并的文本。

ignore_empty 如果为 TRUE,则忽略空白单元格。

text1, [text2], …表示要加入的文本项,可以是文本字符串、字符串数组或单元格区域。

五、身份证里的秘密

身份证的位数是 18 位。在一般情况下,身份证的第 17 位数表示性别,其中奇数表示男性,偶数表示女性。在 Excel 2019 中,通常使用 MID 函数、MOD 函数、IF 函数在身份证号中进行性别的判断操作。有以下 2 种方法。

(1)选中要插入公式的单元格,单击“插入函数”按钮。在弹出的“插入函数”对话框中,找到 IF 函数,单击“确定”按钮。在弹出的“函数参数”对话框中,在第一个文本框中输入“MOD(MID(H3,17,1),2)=1”;在第二个文本框中输入“男”;在第三个文本框中输入“女”。单击“确定”按钮,性别判断完成,然后利用自动填充柄进行其余性别的填充,如图 3-2-16 所示。

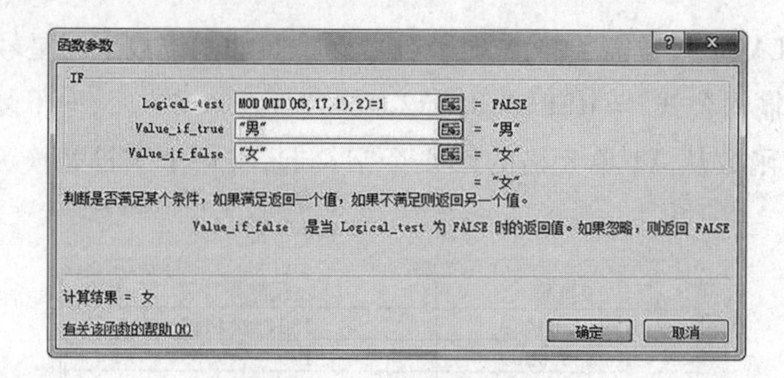

图 3－2－16　身份证的性别判断

(2)选中要插入公式的单元格，切换到英文输入法，在编辑栏中输入"＝IF(MOD(MID(H3,17,1),2)＝1,"男","女")"，按 Enter 键确认输入。利用自动填充柄进行其余性别的填充，操作完成。

身份证号码的应用案例请观看视频。

身份证里的秘密

任务6　日期函数

任务导入

人事部的小李需要计算"员工工资管理表"中员工的工龄。他该如何做?

任务分析

在日常的办公中，经常需要利用日期函数来解决时间间隔的问题。

本任务介绍基本日期函数、年月日函数、计算日期间隔函数的使用方法。

任务思路及步骤如图 3－2－17 所示。

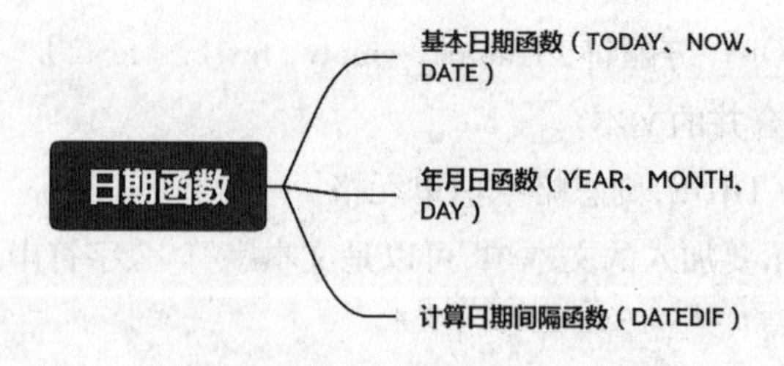

图 3－2－17　任务思路及步骤

任务实施

一、基本日期函数(TODAY、NOW、DATE)

1. TODAY 函数

返回当前日期。基本语法如下：

TODAY( )

显示结果为：2022/1/5

2. NOW 函数

返回当前日期和时间。基本语法如下：

NOW( )

显示结果为:2022/1/5 10:47

3. DATE 函数

返回指定日期。基本语法如下：

DATA(YEAR,MONTH,DAY)

案例:使用 DATE 函数在工龄表中生成员工入职日期,在单元格 E3 输入“ =DATE(2010,5,21)”,生成入职时间为“2010/5/21”,如图 3 -2 -18 所示。

E3　=DATE(2010,5,21)

	A	B	C	D	E	F	G	H
1								
2	序号	工号	姓名	性别	入职时间	入职年数	入职月数	入职天数
3	1	Xz001	高骞	男	2010/5/21			
4	2	Js001	季晓冉	女				

图 3 -2 -18　利用 DATE 函数生成入职时间

二、年月日函数(YEAR、MONTH、DAY)

1. YEAR 函数

用于返回日期的年份值,返回值为 1 900 ~9 999 的整数。基本语法如下：

YEAR(serial _number)

serial _number 表示将要计算其年份的日期,需要注意的是不能以文本的形式输入。

例如:显示当前日期的年份为“ =YEAR(TODAY( ))”。

2. MONTH 函数

用于返回日期的月份值,返回值为 1 ~12 的整数。基本语法如下：

MONTH(serial _number)

serial _number 表示将要计算其月份的日期。

例如:显示当前日期的月份为“ =month(TODAY( ))”。

3. DAY 函数

用于返回日期的日期天数值,返回值为 1 ~31 的整数。基本语法如下：

DAY(serial _number)

serial number 表示将要查找的日期。

例如:显示当前日期的天数为“DAY(TODAY( ))”。

三、计算日期间隔函数(DATEDIF)

计算两个日期之间相隔的天数、月数或年数。基本语法如下：

DATEDIF(start _date,end _date,unit)

start _date 表示给定期间的第一个(开始)日期。

end _date 表示给定期间的最后一个(结束)日期。

unit 表示要返回的信息类型,其中：

"Y"表示一段时期内的整年数。

"M"表示一段时期内的整月数。

"D"表示一段时期内的天数。

"MD"表示 start _date 与 end _date 之间天数之差,忽略日期中的月份和年份。

"YM"表示 start _date 与 end _date 之间月份之差,忽略日期中的天和年份。

"YD"表示 start _date 与 end _date 的日期部分之差,忽略日期中的年份。

案例:使用 DATEIF 函数在工龄表中计算入职年数、月数、天数。

入职年数为“ =DATEDIF(E3,F3,"Y")”;入职月数为“ =DATEDIF(E3,F3,"M")”;入职天数为“ =DATEDIF(E3,F3,"D")”,如图 3-2-19 所示。

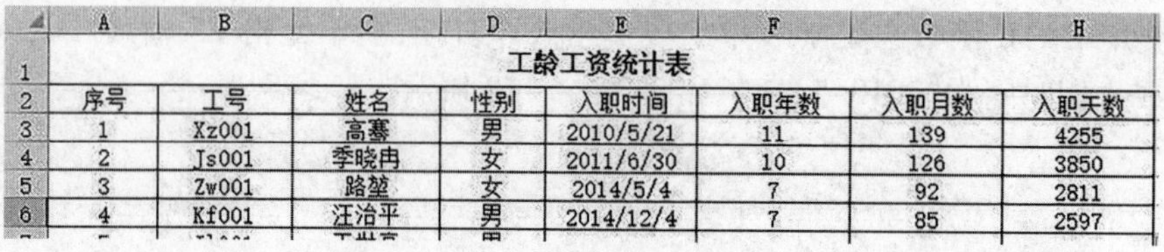

	A	B	C	D	E	F	G	H
1	工龄工资统计表							
2	序号	工号	姓名	性别	入职时间	入职年数	入职月数	入职天数
3	1	Xz001	高蹇	男	2010/5/21	11	139	4255
4	2	Js001	李晓冉	女	2011/6/30	10	126	3850
5	3	Zw001	路堃	女	2014/5/4	7	92	2811
6	4	Kf001	汪治平	男	2014/12/4	7	85	2597

图 3-2-19 利用 DATEDIF 函数生成入职年数、月数、天数

项目 3

制作“销售情况统计表”——数据计算

知识目标

(1)掌握不规则单元格求和的方法。

(2)掌握隔列求和的方法。

(3)掌握合并计算的方法。

技能目标

(1)具备对不规则单元格进行求和的能力。

(2)具备对隔列单元格进行计算的能力。

(3)具备合并计算数据的能力。

任务 1　不规则单元格求和

任务导入

人事部的小李需要对“员工工资管理表”的数据进行计算,按照“部门”来统计“应发工资”的合计,但是“合计”列是合并单元格,合并数量不等,那么如何批量将计算结果填充到合并单元格里呢?

任务分析

常用的自动求和等公式在规则单元格范围内操作非常方便,但是在不规则单元格范围内求值则比较麻烦,尤其在进行大量的数据求值时。

本任务介绍不规则单元格求和的方法。

任务思路及步骤如图 3-3-1 所示。

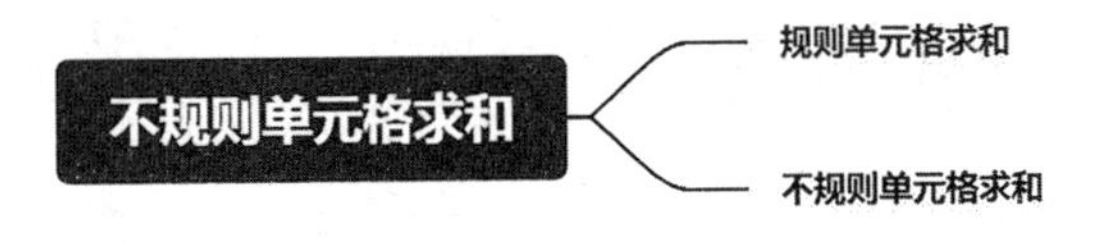

图 3-3-1　任务思路及步骤

任务实施

一、规则单元格求和

如果合并单元格的数量相同(规则单元格),在第一个合并单元格里输入 SUM 函数公式,然后双击合并单元格的右下角,向下复制公式,所有合计值就计算出来了。

二、不规则单元格求和

如果合并单元格的数量不相同(不规则单元格),就只能逐个单元格分别进行计算,但是在实际操作中,因为数量较大,通常计算起来很麻烦,重复性的工作是乏味且无趣的。

不规则单元格求和的批量操作方法如以下案例所示。

案例:工资表的 O3:O130 单元格区域存放“应发工资”数据,工资表 P 列为按“部门”合并单元格后的合计列。按照“部门”来统计“应发工资”的合计。

选中 P3:P130 单元格,在编辑栏中输入“ = SUM(O3:O130) - SUM(P4:P130)”,按“Ctrl + Enter”组合键,即可批量求出全部合计数据。注意一定要按“Ctrl + Enter”组合键,而不是直接按 Enter 键,如图 3 - 3 - 2 所示。

原理十分简单,就是用全部工资的总和减去剩余部门多余的总和实现分部门统计。

=SUM(O3:O130)-SUM(P4:P130)

2021年2月份工资明细表

部门	岗位	基本工资	岗位工资	餐补	交通费	电话费	加班补助	绩效	应发工资	合计
财务部	部长	4500	7000	800	1200	500	800	8541	23341	187868
财务部	专员	4500	2000	800	200	0	500	11492	19492	
财务部	专员	4500	2000	800	200	0	500	3758	11758	
财务部	副部长	4500	5000	800	800	300	600	7876	19876	
财务部	专员	4500	2000	800	200	0	500	4849	12849	
财务部	主管	4500	4000	800	500	100	600	7041	17541	
财务部	专员	4500	2000	800	200	0	500	10510	18510	
财务部	专员	4500	2000	800	200	0	500	9454	17454	
财务部	主管	4500	4000	800	500	100	600	5782	16282	
财务部	专员	4500	2000	800	200	0	500	4950	12950	
财务部	专员	4500	2000	800	200	0	500	9815	17815	
法务部	部长	4500	7000	800	1200	500	800	4162	18962	71264
法务部	副部长	4500	5000	800	800	300	600	7344	19344	
法务部	专员	4500	2000	800	200	0	500	8988	16988	
法务部	专员	4500	2000	800	200	0	500	7970	15970	
行政部	部长	4500	7000	800	1200	500	800	10187	24987	127518
行政部	副部长	4500	5000	800	800	300	600	6557	18557	
行政部	专员	4500	2000	800	200	0	500	10472	18472	
行政部	主管	4500	4000	800	500	100	600	9653	20153	
行政部	专员	4500	2000	800	200	0	500	10423	18423	
行政部	专员	4500	2000	800	200	0	500	6753	14753	

图 3 - 3 - 2　按照“部门”来统计“应发工资”的合计

不规则单元格求和的应用案例请观看视频。

不规则单元格求和

任务 2　超神奇的隔列求和

任务导入

领导让人事部小李统计“销售情况统计表”中每位销售人员的计划完成数和实际完成数的年度合计,应如何统计?

任务分析

“销售情况统计表”是销售员的计划销售量和实际销售量的记录表。现在需要分别统计出销售员的计划销售额年度合计和实际销售额年度合计。很明显每季度的计划销售量和实际销售量是隔列。如何进行隔列求和呢?

本任务介绍隔列求和的方法。

任务实施

SUMIF 函数为条件求和函数。基本语法如下:

= SUMIF(条件范围,条件,求和范围)

当条件范围和求和范围相同时,求和范围可以省略。

案例:统计“销售情况统计表”中每位销售人员的计划完成数和实际完成数的年度合计。

选择 O4 单元格,在编辑栏中输入公式“ = SUMIF($G$3:$N$3, $G$3,G4:N4)”。$G$3:$N$3 为条件范围,将“计划”或“实际”作为条件范围,固定不变,采用绝对引用;$G$3 为条件,将“计划”作为条件,固定不变,采用绝对引用;G4:N4 为求和范围,求这个范围内的所有“计划”列数据之和,随着人员的变化其值也要发生变化,所以采用相对引用的形式。公式输入完毕按 Enter 键完成计算。向下拖动 O4 单元格右下角的黑色“ + ”按钮,求出其他销售人员的计划完成数的年度合计。

同理,选择 P4 单元格,在编辑栏中输入公式“ = SUMIF($G$3:$N$3, $H$3,G4:N4)”,将求出销售人员的实际完成数的年度合计,如图 3 - 3 - 3 所示。

	A	B	C	D	E	F	G	H	I	J	K	L	M	N	O	P
1	2021年度销售情况统计表															
2	序号	工号	姓名	性别	部门	岗位	第1季度		第2季度		第3季度		第4季度		年度合计	
3							计划	实际	计划	实际	计划	实际	计划	实际	计划	实际
4	1	Xs002	黄林威	男	销售部	部长	150	135	150	125	150	151	150	155	600	566
5	2	Xs009	于志伟	男	销售部	副部长	100	120	100	126	100	102	100	108	400	456
6	3	Xs014	徐行健	男	销售部	副部长	100	108	100	127	100	106	100	105	400	446
7	4	Xs007	庞博芮	男	销售部	主管	75	53	75	79	75	80	75	73	300	285
8	5	Xs016	蒋佳鑫	女	销售部	主管	75	63	75	88	75	60	75	74	300	285
9	6	Xs020	尹腾骇	男	销售部	主管	75	76	75	56	75	64	75	66	300	262
10	7	Xs001	徐自寻	女	销售部	专员	75	80	75	89	75	85	75	75	300	329
11	8	Xs003	吕辉达	男	销售部	专员	75	57	75	86	75	65	75	70	300	278
12	9	Xs004	滕戈垚	男	销售部	专员	75	89	75	89	75	82	75	70	300	330
13	10	Xs005	王姝睿	女	销售部	专员	75	66	75	62	75	80	75	73	300	281
14	11	Xs006	吴宇瑄	女	销售部	专员	75	50	75	88	75	75	75	84	300	297
15	12	Xs008	陈品璋	男	销售部	专员	75	60	75	75	75	77	75	59	300	271
16	13	Xs010	陈野	男	销售部	专员	75	56	75	67	75	53	75	69	300	245
17	14	Xs011	黄映舟	男	销售部	专员	75	85	75	54	75	78	75	83	300	300
18	15	Xs012	罗琛	男	销售部	专员	75	56	75	54	75	74	75	82	300	266
19	16	Xs013	黄承宇	男	销售部	专员	75	64	75	81	75	75	75	56	300	276
20	17	Xs015	张骞颢	女	销售部	专员	75	84	75	88	75	70	75	82	300	324

图 3 - 3 - 3　求销售人员计划和实际的年度合计

隔列求和的应用案例请观看视频。

超神奇的隔列求和(上)

超神奇的隔列求和(中)

超神奇的隔列求和(下)

任务 3　合并计算

任务导入

领导让人事部的小李对 1—12 月的“产品销售统计表”进行年度汇总,并将汇总结果保存到“年度销售统计表”中。

任务分析

在日常工作中,经常需要将一些相关数据合并在一起。当然,用 SUMIF 函数和 SUMIFS 函数能解决大部分问题,但是在跨表计算方面,有一个“合并计算”的功能非常有用,而且简便。

本任务介绍合并计算的方法。

任务实施

案例:1—12 月“产品销售统计表”共 12 张工作表,对 1—12 月每个产品的销售总数量进行年度汇总,将汇总结果保存到“年度销售统计表”中。

(1)在“年度销售统计表”中,选中放置统计结果的单元格。

(2)单击“数据”选项卡→“数据工具”组→“合并计算”按钮,打开“合并计算”的对话框。

(3)在“合并计算”对话框中,在“函数”下拉菜单中选择“求和”命令;在“引用位置”下方空白框中分别选择每个月的销售情况数据区域,单击“添加”按钮,每个月的数据区域就被添加到“所有引用位置”下方的列表框中;由于需要显示左列姓名和上方字段名称,所以“标签位置”区域中勾选“首行”和“最左列”复选框,如图 3-3-4 所示。

(4)单击“确定”按钮,将生成 1—12 月“年度销售统计表”,如图 3-3-5 所示。

图 3-3-4 “合并计算”对话框

A	B	C	D
产品名称	类型	销售数量	销售金额
Redmi 1A		14656	15828480
AOC24B2XH		6315	6188700
华为AD80HW		7073	14146000
AOC27B2H		5915	5264350
三星S32AM700PC		6586	8430080
华硕TUF GAMING B560		23964	20824716
微星MAG B550M MORTA		14908	12940144
玩家国度ROG STRIX		29694	8908200
微星 RTX 3080		52098	159419880
微星RTX 3070 Ti		6488	30487112
华硕ATS-RTX3060-012G		6240	24329760
磐镭RX550		8921	32998779
索泰(ZOTAC)RTX 3060		1455	6837045
西部数据WD40EZAZ		2720	1438880
阿米洛金属CNC静电容V2机械键盘		1019	2648381

图 3-3-5 月数据合并结果

(5)根据“产品销售统计表”的内容,将空缺项补齐即完成年度销售统计表,如图 3-3-6 所示。

	A	B	C	D	E
1	序号	产品名称	类型	销售数量	销售金额
2	1	Redmi 1A	显示器	14656	15828480
3	2	AOC24B2XH	显示器	6315	6188700
4	3	华为AD80HW	显示器	7073	14146000
5	4	AOC27B2H	显示器	5915	5264350
6	5	三星S32AM700PC	显示器	6586	8430080
7	6	华硕TUF GAMING B560	显卡	23964	20824716
8	7	微星MAG B550M MORTA	显卡	14908	12940144
9	8	玩家国度ROG STRIX	显卡	29694	8908200
10	9	微星 RTX 3080	显卡	52098	159419880
11	10	微星RTX 3070 Ti	显卡	6488	30487112
12	11	华硕ATS-RTX3060-O12G	显卡	6240	24329760
13	12	磐镭RX550	显卡	8921	32998779
14	13	索泰（ZOTAC）RTX 3060	显卡	1455	6837045
15	14	西部数据WD40EZAZ	硬盘	2720	1438880
16	15	阿米洛金属CNC静电容V2机械键盘	键盘	1019	2648381

图 3－3－6 合并计算结果

合并计算的应用案例请观看视频。

数据计算神器之合并计算

项目 4

分析“员工工资管理表”——数据分析

知识目标

(1)掌握排序的方法。

(2)掌握数据筛选的方法。

(3)掌握条件格式的设置方法。

(4)掌握分类汇总的方法。

技能目标

(1)具备对数据进行快速排序和自定义排序的能力。

(2)具备对数据进行自动筛选和高级筛选的能力。

(3)具备对数据进行条件格式设置的能力。

(4)具备对数据进行普通分类汇总和多级分类汇总的能力。

任务1　排序与多条件排序

任务导入

领导让人事部的小李对“员工工资管理表”中的数据按照所在部门和工龄从低到高的顺序进行排序。

任务分析

Excel 2019 不仅具有强大的计算功能,还具有强大的数据管理与分析功能。数据排序是较为基础的管理方法,用于将表格中杂乱的数据按照一定的条件进行排序。该功能在浏览数据量较多的表格时非常实用。

本任务介绍排序与多条件排序的方法。

任务思路及步骤如图 3-4-1 所示。

图 3-4-1　任务思路及步骤

任务实施

Excel 2019 数据排序有以下两种方法。

一、快速排序

用 Excel 2019 的快速排序功能可以对表格中的数据按照某一字段进行排序,包括升序和降序。用鼠标右键单击要排序的单元格区域中的一个单元格,在弹出的快捷菜单中选择“排序”→“升序”命令或“降序”命令。

二、自定义排序

单击“开始”选项卡→“编辑”组→“排序和筛选”按钮，在弹出的下拉列表中选择“自定义排序”命令；或单击“数据”选项卡→“排序和筛选”组→“排序”按钮。在弹出的“排序”对话框中，可以设置主要关键字、排序依据和排序次序。单击“添加条件”按钮，可以添加多个次要关键字，实现多条件排序。

案例：将“员工工资管理表”中的数据按照所在部门和工龄从低到高的顺序进行排序。

打开“员工工资管理表”，选择需要排序的数据区域，单击“开始”选项卡→“编辑”组→“排序和筛选”按钮，在弹出的下拉列表中选择“自定义排序”命令。在弹出的“排序”对话框中，设置“主要关键字”为“所在部门”，单击“添加条件”按钮，设置“次要关键字”为“工龄”，设置“次序”为“升序”，如图 3-4-2 所示。

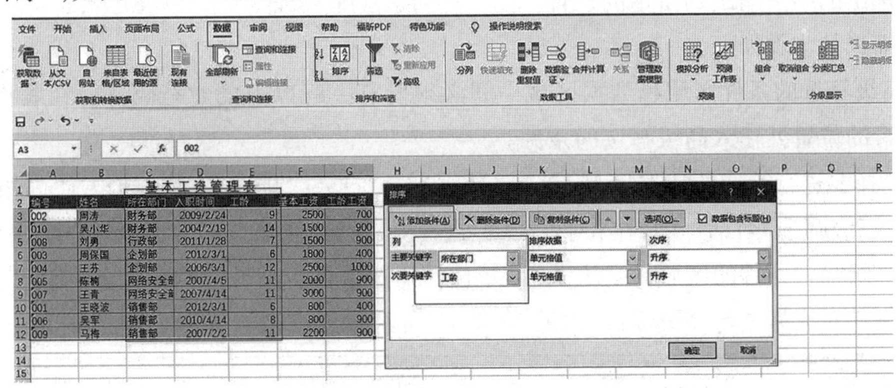

图 3-4-2　对“员工工资管理表”进行多条件排序

任务 2　数据筛选

任务导入

领导让人事部的小李对“员工工资管理表”中的数据进行筛选，条件是“工龄”大于或等于 7 年，“基本工资”大于或等于 1 500 元，“工龄工资”大于或等于 900 元。

任务分析

在工作中，有时需要从数据繁多的工作簿中查找符合某一个或某几个条件的数据，这时可以使用 Excel 2019 的筛选功能筛选出符合条件的数据。筛选功能主要有自动筛选和高级筛选 2 种方式。

本任务介绍自动筛选和高级筛选的方法。

任务思路及步骤如图 3-4-3 所示。

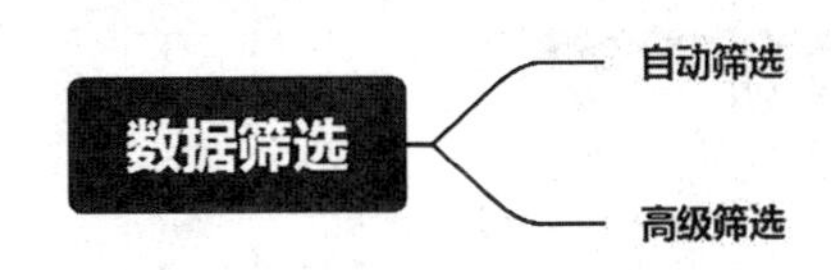

图 3-4-3　任务思路及步骤

任务实施

一、自动筛选

单击“开始”选项卡→“编辑”组→“排序和筛选”按钮，在弹出的下拉列表中选择“筛选”命令；或单击“数据”选项卡→“排序和筛选”组→“筛选”按钮。此时表格中的每一列的列表头单元格的右下角会出现一个三角形。单击下拉按钮，在弹出的下拉列表中，可以在复选框中勾选筛选条件，也可以选择“数字筛选”或“文本筛选”→“自定义筛选”选项，在弹出的“自定义自动筛选方式”对话框中，输入所需要的筛选数值，如图 3 – 4 – 4 所示。

二、高级筛选

Excel 2019 的高级筛选功能可以筛选出同时满足 2 个或 2 个以上的约束条件的记录，同时可以将筛选出的结果输出到指定的位置。

高级筛选的步骤如下。

(1)高级筛选的条件区域和数据区域中间必须要有一行以上的空行隔开。在表格与数据区域空两行的位置处输入高级筛选的条件。

(2)选择要进行筛选的数据区域，单击“数据”选项卡→“排序和筛选”组→“高级”按钮。在弹出的“高级筛选”对话框中，在“列表区域”选择要进行高级筛选的数据区域；在“条件区域”选择设置高级筛选条件的区域；在“方式”区域选择筛选结果的显示位置。单击“确定”按钮，将按给定的条件对表格进行高级筛选，如图 3 – 4 – 5 所示。

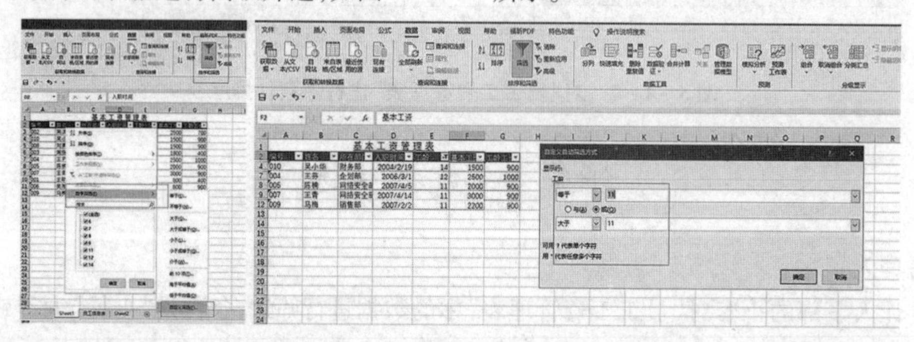

图 3 – 4 – 4 “数字筛选”中的“自定义筛选”

基本工资管理表

编号	姓名	所在部门	入职时间	工龄	基本工资	工龄工资
010	吴小华	财务部	2004/2/19	14	1500	900
008	刘勇	行政部	2011/1/28	7	1500	900
004	王芬	企划部	2006/3/1	12	2500	1000
005	陈楠	网络安全部	2007/4/5	11	2000	900
007	王青	网络安全部	2007/4/14	11	3000	900
009	马梅	销售部	2007/2/2	11	2200	900

工龄	基本工资	工龄工资
>=7	>=1500	>=900

图 3 – 4 – 5 高级筛选

任务3　条件格式

任务导入

领导让人事部的小李对“员工工资管理表”中的数据进行格式设置，“基本工资”在2 000元以上的数据用浅红填充色深红色文本显示。

任务分析

使用条件格式可以直观地查看和分析数据、发现关键问题以及识别模式和趋势。

采用条件格式易于达到以下效果：突出显示所关注的单元格或单元格区域；突出显示单元格数据；通过选项选取数据、色阶和图标集（与数据中的特定变体对应）直观地显示数据。

本任务介绍条件格式的使用方法。

任务思路及步骤如图3－4－6所示。

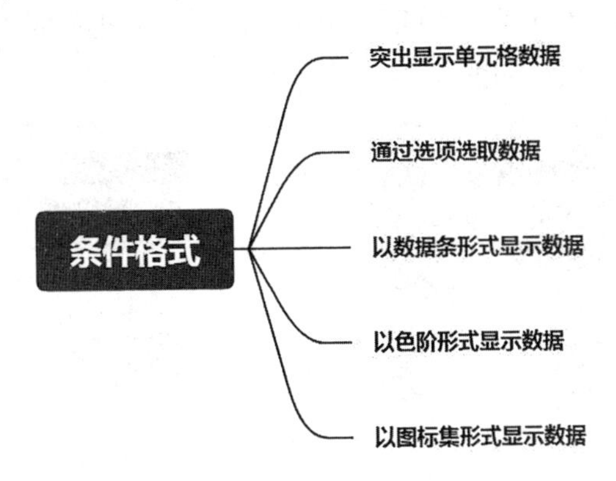

图3－4－6　任务思路及步骤

任务实施

条件格式根据指定的条件更改单元格的外观。如果条件值为真，则设置单元格区域的格式；如果条件值为假，则不设置单元格区域的格式。条件格式有以下5种应用。

一、突出显示单元格数据

选中需要判断是否突出显示列的所有数据单元格（如“基本工资”列），单击“开始”选项卡→“样式”组→“条件格式”按钮。在弹出的下拉列表中选择“突出显示单元格规则”→规则选项（如“大于”选项）。在打开的规则对话框中，输入判断标准的值（如“2000”），设置突出显示的颜色（如“浅红填充色深红色文本”），单击“确定”按钮完成设置，如图3－4－7所示。

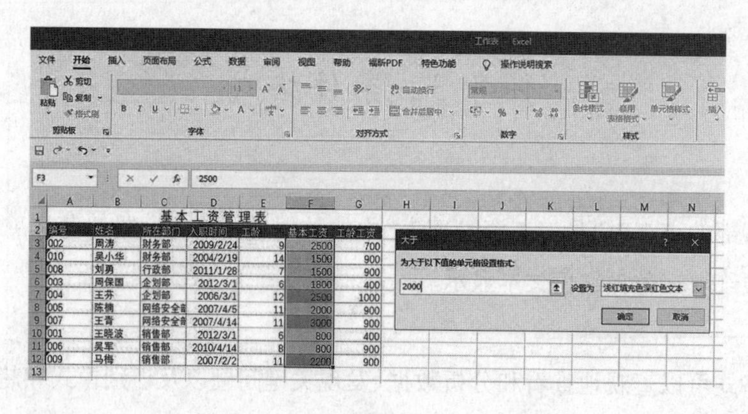

图3-4-7 突出显示单元格数据

二、通过选项选取数据

选中需要选取数据的单元格(如“基本工资”列),单击“开始”选项卡→“样式”组→“条件格式”按钮。在弹出的下拉列表中选择“最前/最后规则”→规则选项(如“高于平均值”选项)。在打开的规则对话框中,在“针对选定区域,设置为”下拉列表中选择“浅红填充色深红色文本”选项,单击“确定”按钮完成设置,如图3-4-8所示。

基本工资管理表

编号	姓名	所在部门	入职时间	工龄	基本工资	工龄工资
002	周涛	财务部	2009/2/24	9	2500	700
010	吴小华	财务部	2004/2/19	14	1500	900
008	刘勇	行政部	2011/1/28	7	1500	900
003	周保国	企划部	2012/3/1	6	1800	400
004	王芬	企划部	2006/3/1	12	2500	1000
005	陈楠	网络安全部	2007/4/5	11	2000	900
007	王青	网络安全部	2007/4/14	11	3000	900
001	王晓波	销售部	2012/3/1	6	800	400
006	吴军	销售部	2010/4/14	8	800	900
009	马梅	销售部	2007/2/2	11	2200	900

高于平均值
为高于平均值的单元格设置格式:
针对选定区域,设置为 浅红填充色深红色文本
确定 取消

图3-4-8 通过选项选取数据

三、以数据条形式显示数据

选中需要以数据条形式显示数据的单元格(如“基本工资”列),单击“开始”选项卡→“样式”组→“条件格式”按钮。在弹出的下拉列表中选择“数据条”→“渐变填充”→“浅蓝色数据条”选项,如图3-4-9所示。

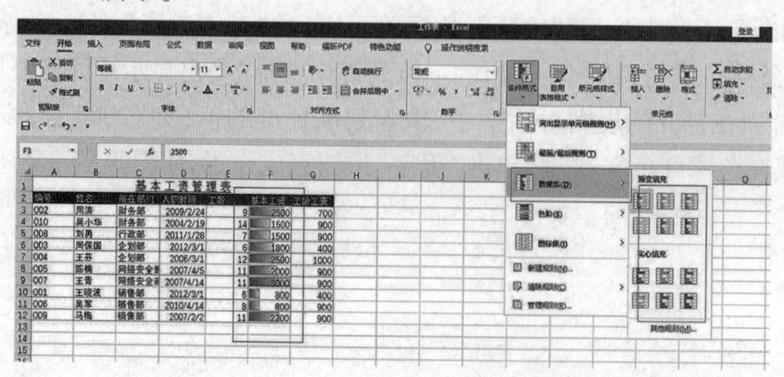

图3-4-9 以数据条形式显示数据

四、以色阶形式显示数据

选中需要以色阶形式显示数据的单元格(如“基本工资”列),单击“开始”选项卡→“样式”组→“条件格式”按钮。在弹出的下拉列表中选择“色阶”→“红-黄-绿色阶”选项,如图 3-4-10 所示。

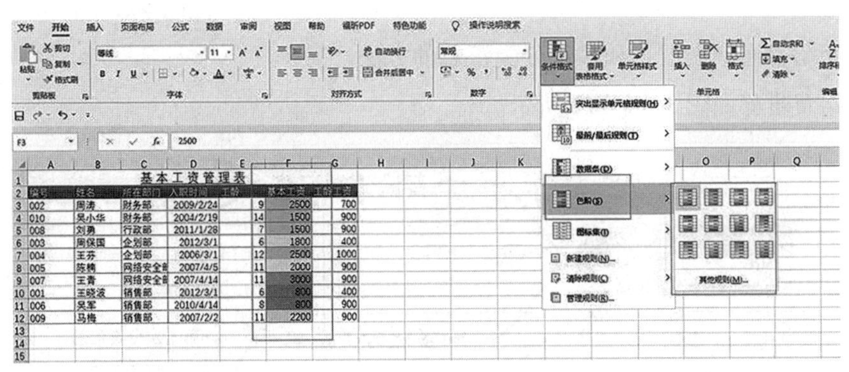

图 3-4-10　以色阶形式显示数据

五、以图标集形式显示数据

选中需要以图标集形式显示数据的单元格(如“基本工资”列),单击“开始”选项卡→“样式”组→“条件格式”按钮。在弹出的下拉列表中选择“图标集”→“三向箭头(彩色)”选项,如图 3-4-11 所示。

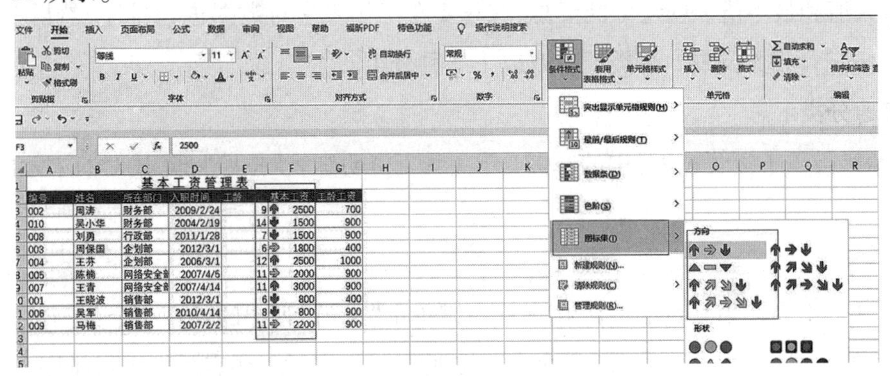

图 3-4-11　以图标集形式显示数据

清除条件格式的方法如下。

单击“开始”选项卡→“样式”组→“条件格式”按钮。在弹出的下拉列表中选择“清除规则”选项,在弹出的二级列表中根据需要选择“清除所选单元格的规则”或“清除整个工作表的规则”选项,即可完成条件格式的清除。

任务 4　分类汇总

任务导入

领导让人事部的小李对“员工工资管理表”中的数据进行分类汇总,按照所在“部门”,分“性别”对“应发工资”进行求和汇总。

任务分析

分类汇总分为两个部分:分类和汇总。分类汇总是以某一列字段为分类项目,然后对表格中其他数据列中的数据进行汇总,以便使表格的结构更清晰,使用户能更好地掌握表格中重要的信息。

本任务介绍普通分类汇总和多级分类汇总的方法。

任务思路及步骤如图 3－4－12 所示。

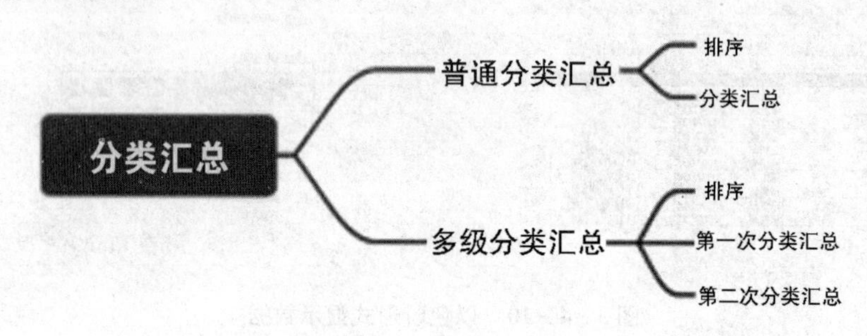

图 3－4－12　任务思路及步骤

任务实施

分类汇总以某一列字段为分类项目,对表格中其他数据列中的数据进行汇总,如求和、求平均值、求最大值和最小值。创建分类汇总,首先要在工作表中对数据进行排序,然后在“分类汇总”对话框中进行相关设置。分类汇总有以下 2 种分类。

一、普通分类汇总

案例:对“员工工资管理表”中的“2021 年 2 月工资明细表”按照“部门”对“应发工资”进行求和汇总。

1. 排序

在“2021 年 2 月工资明细表”中,用鼠标右键单击“部门”列中的任意一个数据单元格,在弹出的快捷菜单中选择“排序”→“升序”命令。按照“部门”列对工作表数据进行排序。

2. 分类汇总

单击数据区域中的任一单元格,单击“数据”选项卡→“分级显示”组→“分类汇总”按钮,系统将自动选中所有数据。

在弹出的“分类汇总”对话框中,“分类字段”表示要进行分类汇总的字段(本案例选择“部门”);在“汇总方式”下拉列表中可以选择“计数”“求和”“平均值”等汇总方式(本案例选择“求和”);“选定汇总项”表示要进行汇总的数据(本案例选择“应发工资”);勾选“替换当前分类汇总”复选框和“汇总结果显示在数据下方”复选框。单击“确定”按钮,如图 3－4－13 所示。

分类汇总结果如图 3－4－14 所示。

分类汇总　?　×
分类字段(A):
部门
汇总方式(U):
求和
选定汇总项(D):
☐加班补助
☐绩效
☑应发工资
☐医疗保险
☐失业保险
☐养老保险
☑替换当前分类汇总(C)
☐每组数据分页(P)
☑汇总结果显示在数据下方(S)
全部删除(R)　确定　取消

图 3-4-13　“分类汇总”对话框

2021年2月份工资明细表

序号	工号	姓名	性别	政治面貌	部门	岗位	基本工资	岗位工资	餐补	交通费	电话费	加班补助	绩效	应发工资
1	Cw001	任培哲	男	群众	财务部	部长	4500	7000	800	1200	500	800	8541	23341
2	Cw002	马荣宸	女	群众	财务部	专员	4500	2000	800	200	0	500	11492	19492
3	Cw003	余安琪	女	群众	财务部	专员	4500	2000	800	200	0	500	3758	11758
4	Cw004	陆泽鹏	男	群众	财务部	副部长	4500	5000	800	800	300	600	7876	19876
5	Cw005	侯鸣铎	男	党员	财务部	专员	4500	2000	800	200	0	500	4849	12849
6	Cw006	窦金赛波	男	党员	财务部	主管	4500	4000	800	500	100	600	7041	17541
7	Cw007	徐文曹	男	群众	财务部	专员	4500	2000	800	200	0	500	10510	18510
8	Cw008	刘畯宇	女	群众	财务部	专员	4500	2000	800	200	0	500	9454	17454
9	Cw009	李东奇	男	群众	财务部	主管	4500	4000	800	500	100	600	5782	16282
10	Cw010	吴奕璇	女	群众	财务部	专员	4500	2000	800	200	0	500	4950	12950
11	Cw011	孙林仲毅	男	群众	财务部	专员	4500	2000	800	200	0	500	9815	17815
					财务部 汇总									187868
12	Fw001	马浩然	女	群众	法务部	部长	4500	7000	800	1200	500	800	4162	18962
13	Fw002	葛露锋	男	群众	法务部	副部长	4500	5000	800	800	300	600	7344	19344
14	Fw003	王蓓岐	女	群众	法务部	专员	4500	2000	800	200	0	500	8988	16988
15	Fw004	王永柬	男	群众	法务部	专员	4500	2000	800	200	0	500	7970	15970
					法务部 汇总									71264
16	Xz001	高蕾	男	党员	行政部	部长	4500	7000	800	1200	500	800	10187	24987
17	Xz002	孙天熙	女	群众	行政部	副部长	4500	5000	800	800	300	600	6557	18557
18	Xz003	徐臻	男	群众	行政部	专员	4500	2000	800	200	0	500	10472	18472
19	Xz004	贾优正	男	群众	行政部	主管	4500	4000	800	500	100	600	9653	20153

图 3-4-14　按照“部门”对“应发工资”进行求和汇总

二、多级分类汇总

案例：对“员工工资管理表”中的“2021 年 2 月工资明细表”按照所在“部门”，分“性别”对“应发工资”进行求和汇总。

1. 排序

选择数据区域，单击“开始”选项卡→“编辑”组→“排序和筛选”按钮，在弹出的下拉列表中选择“自定义排序”命令。在弹出的“排序”对话框中，按照“主要关键字”→“部门”和“次要关键字”→“性别”进行排序，如图 3-4-15 所示。

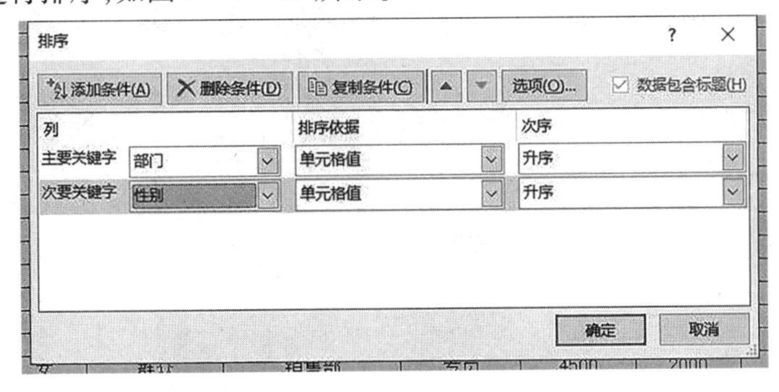

图 3-4-15　按照“部门”和“性别”排序

2. 第一次分类汇总

单击数据区域中的任一单元格，单击“数据”选项卡→“分级显示”组→“分类汇总”按钮。在弹出的“分类汇总”对话框中，在“分类字段”下拉列表中选择“部门”选项；在“汇总方式”下拉列表中选择“求和”选项；在“选定汇总项”列表框中选择“应发工资”选项。单击“确定”按钮完成第一次分类汇总。

3. 第二次分类汇总

单击数据区域中的任一单元格，单击“数据”选项卡→“分级显示”组→“分类汇总”按钮。

在弹出的“分类汇总”对话框中，在“分类字段”下拉列表中选择“性别”选项；在“汇总方式”下拉列表中选择“求和”选项；在“选定汇总项”列表框中选择“应发工资”选项；取消勾选“替换当前分类汇总”复选框。单击“确定”按钮完成第二次分类汇总。第一次和第二次分类汇总如图3－4－16所示。

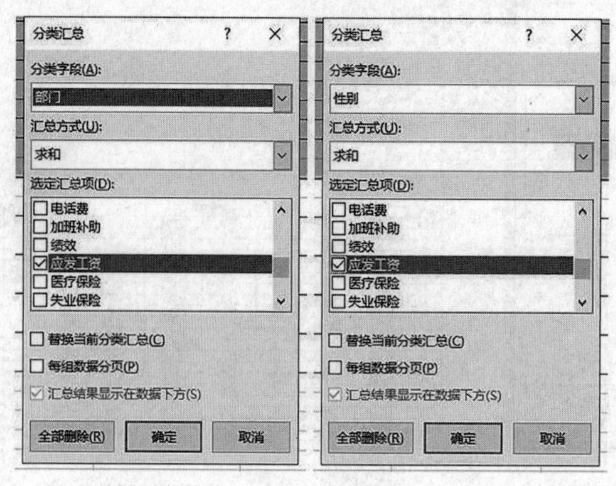

图3－4－16　第一次和第二次分类汇总

项目 5

图表化“员工工资管理表”——数据可视化

知识目标

（1）掌握创建图表的方法。

（2）掌握创建数据透视表的方法。

技能目标

（1）具备创建、编辑、美化 Excel 图表的能力。

（2）具备创建、编辑、删除数据透视表的能力。

任务 1　创建图表

任务导入

领导让人事部的小李对“员工工资管理表”中的“2021 年 2 月工资明细表”数据进行可视图表化，用“柱形图”直观地表示工作表中的数据。这就需要小李学习图表的创建和编辑。

任务分析

Excel 图表是一种特殊图形，它运用直观的形式来表现工作表中抽象而枯燥的数据，具有良好的视觉效果，让数据更容易理解。它包含很多元素，如数据系列、坐标轴等，这些元素都是根据表格中的数据得来的。

本任务介绍图表的创建、编辑和美化方法。

任务思路及步骤如图 3－5－1 所示。

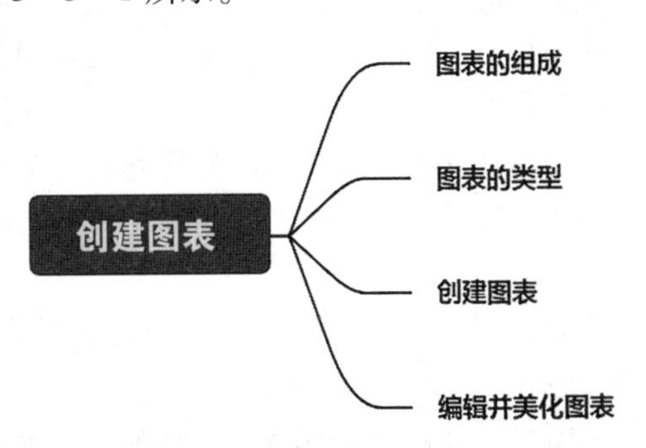

图 3－5－1　任务思路及步骤

任务实施

一、图表的组成

图表主要包含图表区、图表标题、图例、绘图区、坐标轴和网格线等组成部分，如图 3－5－2 所示。

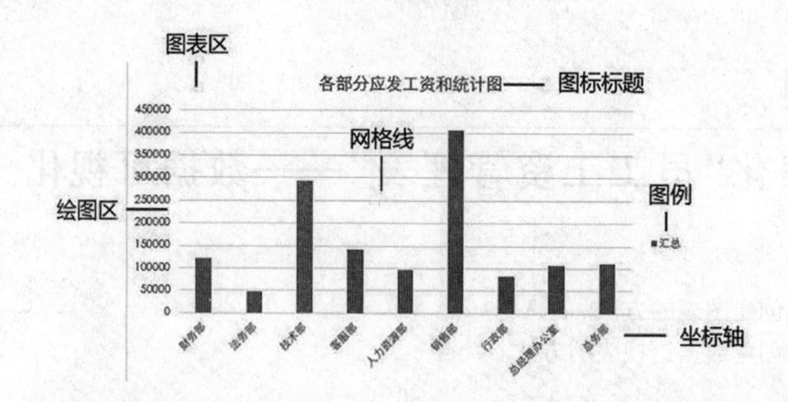

图 3－5－2　图表结构

(1)图表区:是整个图表的背景区域,包括所有的数据信息以及图表辅助的说明信息。

(2)图表标题:是对本图内容的一个概括,说明图表的中心内容是什么。

(3)图例:用色块表示图表中各种颜色所代表的含义。

(4)绘图区:图表中描绘图形的区域,其形状根据表格数据形象化转换而来。绘图区包括数据系列、坐标轴和网格线。

(5)数据系列:是根据用户指定的图表类型以系列的方式显示在图表中的可视化数据,在分类轴上每一个分类都对应着一个或多个数据,并以此构成数据系列。

(6)坐标轴:分为横坐标轴和纵坐标轴。

(7)网格线:即配合数值轴对数据系列进行度量的线。网格线之间是等距离间隔的,间隔值可根据需要调整。

二、图表的类型

针对不同的数据源及图表要表达的重点,在建立图表前,首先要判断使用哪种类型的图表。只有选择了合适的图表类型,才能直观地反映数据之间的关系。Excel 2019 提供了多种类别的图表供用户选择,下面分别进行介绍。

(1)柱形图: 用于显示一段时间内的数据变化或对数据进行对比分析,包括二维柱形图、三维柱形图、圆柱图、圆锥图和棱锥图。

(2)折线图:用于显示随时间而变化的连续数据,尤其适用于显示在相等的时间间隔下数据的趋势,可直观地显示数据走势的情况,包括折线图、堆积折线图、百分比堆积折线图、带数据标记的折线图等。

(3)饼图:用于显示一个数据系列中各项数据的大小与各项总和的比例,包括二维饼图和三维饼图等,其中的数据点显示为整个饼图的百分比。

(4)条形图:用于显示各个项目之间的比较情况,排列在工作表的列或行中的数据都可以绘制到条形图中,包括二维条形图、三维条形图和堆积图等。

(5)面积图:用于显示出每个数值的变化,强调的是数据随着时间可以直观地观察到整体和部分的关系,包括二维面积图、堆积面积图、百分比堆积面积图、三维面积图等。

(6)XY 散点图:类似折线图,用于显示单个或多个数据系列在时间间隔内发生的变化,能够表达趋势预测。

三、创建图表

案例：将“2021 年 2 月工资明细表”的“部门”列和“应发工资”列的数据生成柱形图。

先选择“部门”列，然后按住 Ctrl 键选择“应发工资”列。单击“插入”选项卡→“图表”组→“柱形图”按钮。在弹出的下拉列表中选择“三维簇状柱形图”选项，将生成图表，在“图表设计”选项卡中可以设置“图表样式”，如图 3－5－3 所示。

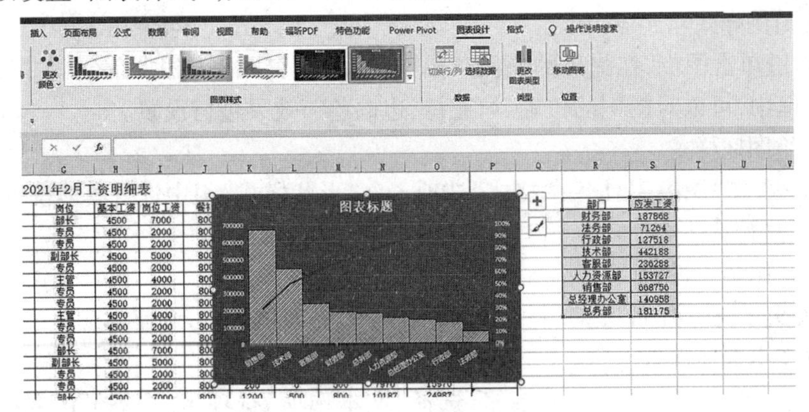

图 3－5－3　创建图表

四、编辑并美化图表

在创建图表后，往往需要对图表以及其中的数据或元素等进行编辑，使图表符合用户的要求，达到满意的效果。经过美化的图表能够清晰地表达出数据的内容，帮助用户更好地理解图表。

1. 修改图表中的数据

利用表格中的数据创建图表后，图表中的数据与表格中的数据是动态联系的，即修改表格中数据的同时，图表中相应数据系列会随之发生变化；而在修改图表中的数据源时，表格中所选的单元格区域也会发生改变。

2. 更改图表类型

案例：将“部门应发工资结构分析图”由柱状图改为饼图。

选择已创建的柱状图，单击“图表工具”→“设计”选项卡→“类型”组→“更改图表类型”按钮。在弹出的“更改图表类型”对话框中，在左侧选择“饼图”选项，在右侧选择“饼图”。单击“确定”按钮完成图表类型的更改，如图 3－5－4 所示。

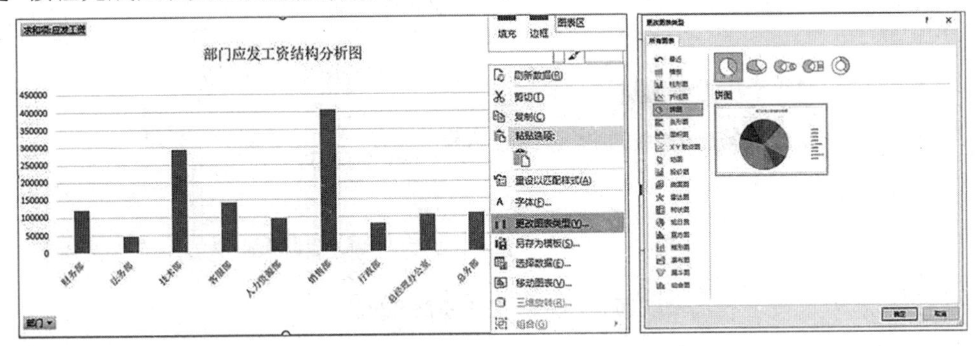

图 3－5－4　更改图表类型

3. 设置图表样式

(1)设置图表样式

选择图表,在“图表工具”→“格式”选项卡→“形状样式”组中,可以设置所需要的图表样式;单击“图表工具”→“格式”选项卡→“更改颜色”按钮,在下拉列表中选择颜色,可以快速改变整个图表的颜色。

(2)设置图例样式

用鼠标右键单击图例,在弹出的快捷菜单中选择“设置图例格式”命令,在打开的“设置图例格式”对话框中,可以对图例的位置、填充色、边框色等效果进行设置。

(3)设置绘图区样式

选择绘图区,在“图表工具”→“格式”选项卡→“形状样式”组中进行具体设置。

4. 设置图表文字样式

(1)通过开始菜单设置

选择图表文字,在“开始”选项卡→“字体”组中设置字体、字号和字体颜色。

(2)通过文本选项设置

双击图表文字,打开其设置格式窗格,选择“文本选项”选项卡,在展开的界面根据需要进行设置。

任务2　创建和设置数据透视表

任务导入

领导为了能清楚地看到每个部门应发工资的汇总情况,让人事部的小李在“员工工资管理表”中的“2021 年 1 月工资明细表”中创建数据透视表。

任务分析

数据透视表是一种可以快速汇总大量数据的交互式报表,是 Excel 2019 中重要的分析性报告工具,在办公中不仅可以汇总、分析、浏览和提供摘要数据,还可以快速合并和比较分析大量的数据。

本任务介绍数据透视表的创建方法。

任务思路及步骤如图 3 - 5 - 5 所示。

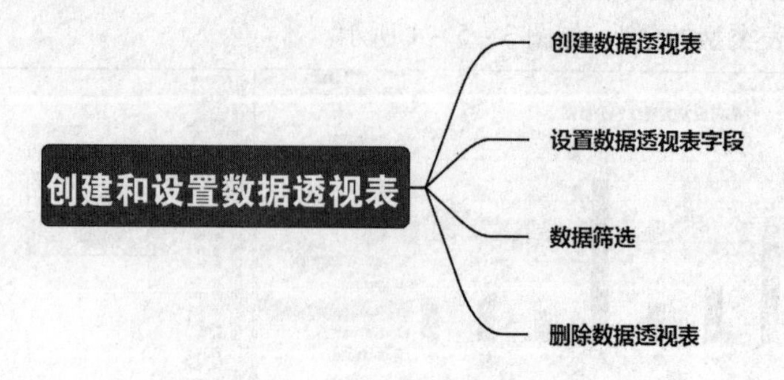

图 3 - 5 - 5　任务思路及步骤

任务实施

一、创建数据透视表

案例:在“2021 年 1 月工资明细表”中创建数据透视表,对每个部门的应发工资情况进行汇总。

(1)选择数据区域,选择“插入”选项卡→“表格”组→“数据透视表”按钮→“数据透视表”选项。在打开的“创建数据透视表”对话框中,默认选中“选择一个表或区域”选项,在“表/区域”文本框中添加整个数据表格区域的引用地址;如果单击“新工作表”单选按钮,将在新工作表中生成数据透视表,如果单击“现有工作表”单选按钮,将在当前工作表中生成数据透视表,在“位置”框中选择创建透视表的位置。单击“确定”按钮。

(2)在“数据透视字段”窗格的“选择要添加到报表的字段”栏中,将“部门”拖动到“行标签”;将“应发工资”拖动到“∑数值”,完成数据透视表创建,如图 3 – 5 – 6 所示。

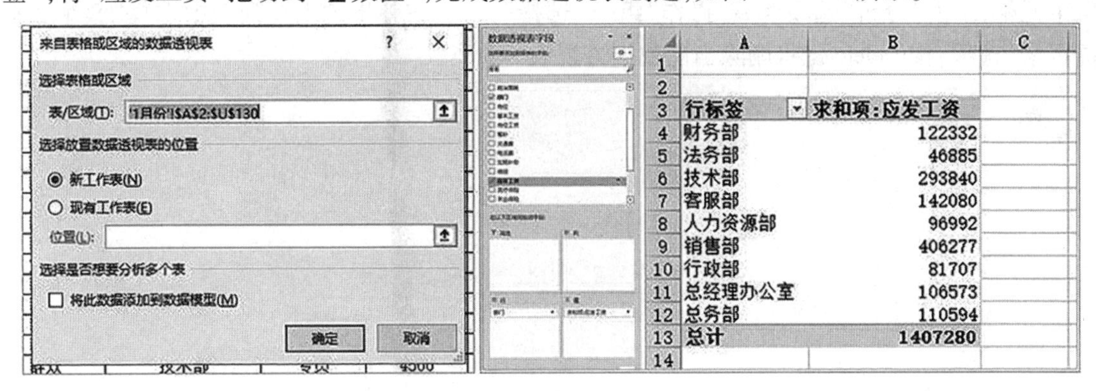

	A	B	C
1			
2			
3	行标签	求和项:应发工资	
4	财务部	122332	
5	法务部	46885	
6	技术部	293840	
7	客服部	142080	
8	人力资源部	96992	
9	销售部	406277	
10	行政部	81707	
11	总经理办公室	106573	
12	总务部	110594	
13	总计	1407280	
14			

图 3 – 5 – 6　数据透视表的创建

二、设置数据透视表字段

创建数据透视表之后,其中的字段不是固定的,可以对其进行调整,如重命名字段和删除字段等。

1. 重命名字段

在数据透视表中可以看出,创建后表格字段前面增加了“求和项”文本内容,增加了列宽。为了让表格看起来更加简洁美观,可对字段重命名。双击数据透视表中“求和项:应发工资”所在的单元格,在打开的“值字段设置”对话框中,在“自定义名称”文本框中重新输入字段名称“应发工资和”,单击“确定”按钮完成重命名设置,如图 3 – 5 – 7 所示。

2. 删除字段

如不再需要对某项数据内容进行分析,可将字段列删除,让界面简化,有利于分析。其方法是:在“数据透视字段”窗格中,单击要删除字段对应的按钮,在弹出的下拉列表中选择“删除字段”选项即可。

三、数据筛选

数据透视表的数据筛选与普通表的筛选相似,单击“行标签”的筛选下拉按钮,在弹出的筛选下拉列表中,根据需要筛选出所需数据。如图 3 – 5 – 8 所示,在数据透视表中筛选出“部长”和“副部长”岗位信息。

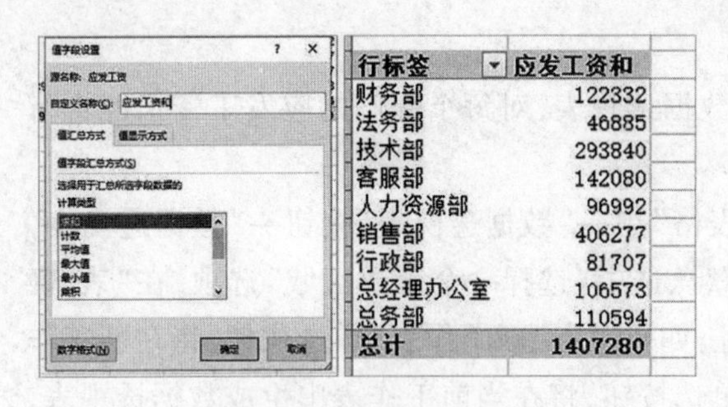

图 3-5-7　重命名字段

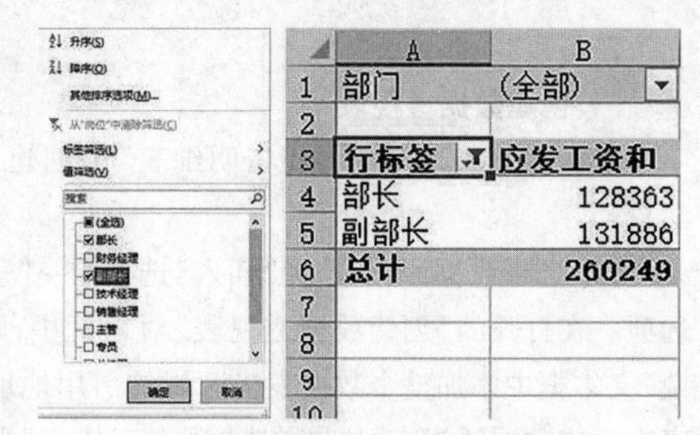

图 3-5-8　数据筛选

四、删除数据透视表

当分析完表格数据后，如果不再需要数据透视表，可将其删除。其方法是：选择透视表中任意单元格，单击“分析”选项卡→“操作”组→“选择”按钮，在弹出的下拉列表中选择“整个数据透视表”选项，按 Delete 键将删除当前数据透视表。

项目 6

财务会计应用——财务函数

知识目标

(1)掌握财务会计函数的使用方法。

(2)掌握模拟运算表的使用方法。

(3)掌握自动提醒功能的设置方法。

(4)掌握 VLOOKUP 函数、INDEX 函数、MATCH 函数的使用方法。

(5)掌握工资条的制作方法。

技能目标

(1)具备应用 FV 函数、PV 函数、RATE 函数和 PMT 函数进行计算的能力。

(2)具备应用模拟计算表工具进行计算的能力。

(3)具备设置自动提醒功能的能力。

(4)具备利用 VLOOKUP 函数、INDEX 函数、MATCH 函数进行数据查找的能力。

(5)具备高效制作工资条的能力。

任务 1　财务会计函数

任务导入

财务部的小王需要对公司的财务数据进行分析、整理。这就需要用到财务会计函数。

任务分析

公司财务分析要用到的财务会计函数包括未来值函数、现值函数、利率函数、付款函数等。本任务介绍 FV 函数、PV 函数、RATE 函数、PMT 函数的使用方法。

任务思路及步骤如图 3－6－1 所示。

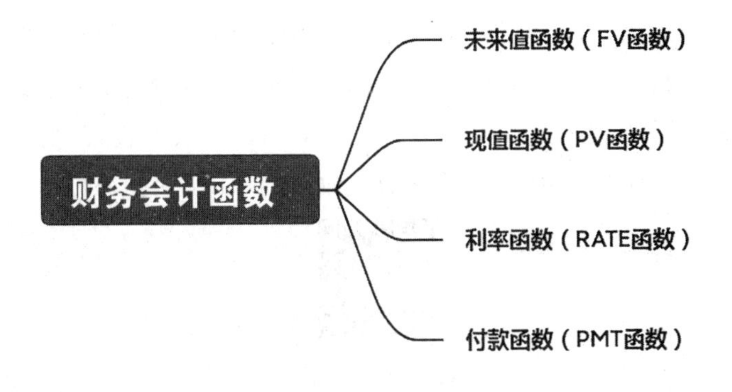

图 3－6－1　任务思路及步骤

任务实施

一、未来值函数(FV 函数)

FV 函数基于固定利率及等额分期付款方式,计算某项投资的未来值。基本语法如下:

FV(rate,nper,pmt,pv,type)

rate 参数为各期利率。nper 参数为总投资期,即该项投资的付款期总数。pmt 参数为各期所应支付的金额,其数值在整个年金期间保持不变。FV 函数的应用案例请观看视频。

未来值函数 FV

二、现值函数(PV 函数)

PV 函数用于计算投资的现值。现值为一系列未来付款的当前值的累积和。例如,借入方的借入款即贷出方贷款的现值。基本语法如下:

PV(rate,nper,pmt,fv,type)

rate 参数为各期利率。nper 参数为总投资期,即该项投资的付款期总数。pmt 参数为各期所应支付的金额,其数值在整个年金期间保持不变。通常,pmt 参数包括本金和利息,但不包括其他费用或税款。fv 参数为未来值,或在最后一次支付后希望得到的现金余额,如果省略 fv 参数,则假设其值为零。type 参数为数字 0 或 1,用于指定各期的付款时间是在期初还是期末。

三、利率函数(RATE 函数)

RATE 函数用于计算年金的各期利率。RATE 函数通过迭代法计算得出,并且可能无解或有多个解。如果在进行 20 次迭代计算后,RATE 函数的相邻两次结果没有收敛于 0.000 000 1,RATE 函数将返回错误值“#NUM!”。基本语法如下:

RATE(nper,pmt,pv,fv,type,guess)

nper 参数为总投资期,即该项投资的付款期总数。pmt 参数为各期所应支付的金额,其数值在整个年金期间保持不变。通常,pmt 参数包括本金和利息,但不包括其他费用或税款。pv 参数为现值,即从该项投资开始计算时已经入账的款项,或一系列未来付款当前值的累积和,也称为本金。fv 参数为未来值,或在最后一次付款后希望得到的现金余额。如果省略 fv 参数,则假设其值为零。type 参数为数字 0 或 1,用以指定各期的付款时间是在期初还是期末。guess 参数为预期利率,如果省略,则假设该值为 10%。如果 RATE 函数不收敛,则需要改变 guess 参数的值。通常当 guess 参数为 0 ~ 1 时,RATE 函数是收敛的。RATE 函数的应用案例请观看视频。

利率函数 RATE

四、付款函数(PMT 函数)

PMT 函数基于固定的利率及等额分期付款方式,返回贷款的每期付款额。基本语法如下:

PMT(rate,nper,pv,fv,type)

rate 为贷款利率。nper 表示贷款周期。pv 表示本金。fv 表示在最后一次付款后希望得到的现金余额,如省略,则默认值为 0。type 为数字 0 或 1,用以指定各期的付款时间是在期末还是在期初。

任务 2　模拟运算表

任务导入

小王准备买房,他想了解一下在不同的贷款周期和贷款组合利率情况下,每月的还款金额是多少。小王辛辛苦苦地逐页进行计算,太麻烦了。其实用模拟运算表可以快速完成计算。

任务分析

许多人在买房贷款时需要考虑总共贷多少、贷多长时间、每个月还多少,这种情况下通常会使用 Excel 2019 中的模拟运算表工具。

本任务介绍模拟运算表的使用方法。

任务思路及步骤如图 3-6-2 所示。

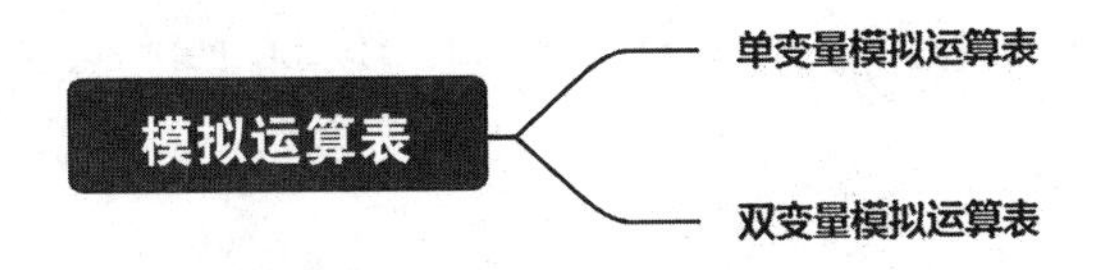

图 3-6-2　任务思路及步骤

任务实施

模拟运算表是一个单元格区域,它可显示一个或多个公式中替换不同值时的结果。模拟运算表分为单变量模拟运算表和双变量模拟运算表。

一、单变量模拟运算表

单变量模拟运算表是指用户可以对一个变量键入不同的值从而查看它对一个或多个公式的影响。

二、双变量模拟运算表

双变量模拟运算表是指用户对两个变量输入不同值,来查看它对一个公式的影响。

模拟运算表的应用案例请观看视频。

模拟运算表的使用

任务3　合同到期自动提醒

任务导入

财务部的小王在工作中总是忘了与客户签订销售合同的到期日。快到期的合同那么多,该怎么记呢?

任务分析

本任务介绍合同到期自动提醒的方法。

任务实施

单击"开始"选项卡→"样式"组的"条件格式"按钮,在弹出的下拉列表中选择"突出显示单元格规则"→"发生日期"选项。在弹出的"发生日期"对话框中,选择提醒的时间范围、设置提醒的文本格式,即可完成合同到期自动提醒功能。

合同到期自动提醒的应用案例请观看视频。

合同到期自动提醒

任务4　Excel 查找神器

任务导入

财务部的小王需要在"客户信息表"中进行查询,根据给定的"用户 ID",补全公司的名称和联系电话。小王沉浸在数据的海洋中无法自拔。如何进行高效的数据查询并填充查询结果呢?

任务分析

VLOOKUP 函数、INDEX 函数、MATCH 函数以及这些函数的组合应用,被称为 Excel 查找神器。

本任务介绍 VLOOKUP 函数、INDEX 函数、MATCH 函数的使用方法。

任务思路及步骤如图 3-6-3 所示。

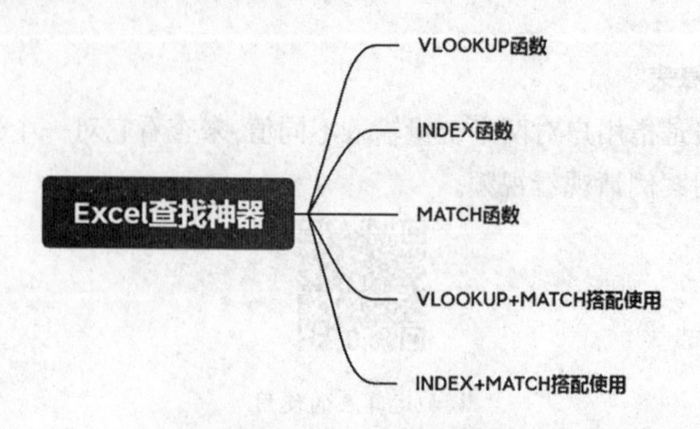

图 3-6-3　任务思路及步骤

任务实施

一、VLOOKUP 函数

VLOOKUP 函数可以用来核对数据,在多个表格之间快速导入数据。利用这个功能可以按列查找,最终返回该列所需查询序列所对应的值。基本语法如下:

VLOOKUP(lookup_value,table_array,col_index_num,[range_lookup])

lookup_value 为需要在数据表第一列中进行查找的值,可以为数值、引用或文本字符串。

table_array 为需要在其中查找数据的数据表。用于对区域或区域名称的引用。

col_index_num 为 table_array 中查找数据的数据列序号。

range_lookup 为一逻辑值,指明 VLOOKUP 函数查找时是精确匹配,还是近似匹配。如果为 FALSE 或 0,则返回精确匹配,如果找不到,则返回错误值 #N/A。

VLOOKUP 函数的应用案例请观看视频。

救救我的眼睛吧

二、INDEX 函数

INDEX 函数可以实现在一个区域引用或数组范围内,根据指定的行号或(和)列号来返回值或引用。INDEX 函数有以下 2 种形式。

1. 数组形式

数组形式通常返回数值或数值数组。基本语法如下:

INDEX(array,row_num,column_num)

array 为单元格区域或数组常数。

row_num 为数组中某行的行序号,函数从该行返回数值。

column_num 为数组中某列的列序号,函数从该列返回数值。

2. 引用形式

引用形式通常返回引用。基本语法如下:

INDEX(reference,row_num,column_num,area_num)

reference 是对一个或多个单元格区域的引用,如果为引用输入一个不连续的选定区域,必须用括号括起来。

area_num 是选择引用中的一个区域,并返回该区域中 row_num 和 column_num 的交叉区域。

INDEX 函数的应用案例请观看视频。

INDEX 函数

三、MATCH 函数

MATCH 函数用于返回在指定方式下与指定数值匹配的数组中元素的相应位置。如果需要找出匹配元素的位置而不是匹配元素本身,则应该使用 MATCH 函数而不是 VLOOKUP 函数。基本语法如下:

MATCH(lookup_value,lookup_array,match_type)

lookup_value 参数为需要在数据表中查找的数值。例如,如果要在电话簿中查找某人的电话号码,则应该将姓名作为查找值,但实际上需要的是电话号码。

lookup_array 参数为可能包含所要查找的数值的连续单元格区域,应为数组或数组引用。

match_type 参数为数字 -1、0 或 1,指明如何在 lookup_array 中查找 lookup_value。

MATCH 函数的应用案例请观看视频。

四、VLOOKUP 函数和 MATCH 函数搭配使用

在办公的时候,需要在一批数据中准确定位某个单元格的数据。如果挨个找,就非常麻烦,但是用函数“VLOOKUP + MATCH”或“INDEX + MATCH”分分钟可以搞定!

VLOOKUP + MATCH 函数的应用案例请观看视频。

五、INDEX + MATCH 搭配使用

INDEX + MATCH 函数的应用案例请观看视频。

MATCH 函数

VLOOKUP + MATCH

INDEX + MATCH

任务5　分分钟搞定工资条

任务导入

小许是财务部新入职员工,她的任务是制作这个月的公司员工工资条。她一个字段一个字段地录入,忙活了一天还没做完。制作工资条有什么窍门呢?

任务分析

每到发工资的前夕,一些负责的工作人员就会非常烦恼,制作工资条要花很多时间。其实,利用 VLOOKUP 函数可以方便地制作工资条。

本任务介绍工资条的制作方法。

任务实施

工资条的制作可以利用 VLOOKUP 函数,具体应用案例请观看视频。

分分钟搞定工资条

项目 7

人力资源应用——实用技巧

知识目标

（1）掌握让名字对齐的方法。

（2）掌握设置数据有效性的方法。

（3）掌握设置二级联动菜单的方法。

（4）掌握设置电子抽签的方法。

（5）掌握批量删除空行的方法。

（6）掌握文本数值快速分离的方法。

（7）掌握粘贴的多种方法。

技能目标

（1）具备对齐名字的能力。

（2）具备设置数据有效性的能力。

（3）具备设置二级联动菜单的能力。

（4）具备设置电子抽签的能力。

（5）具备批量删除空行的能力。

（6）具备分离文本数值的能力。

（7）具备多种粘贴操作的能力。

任务1　让姓名迅速对齐

任务导入

人事部的小李接到一个工作：将“员工信息表”中所有的“姓名”统一对齐格式。

任务分析

有的人姓名由三个字组成，有的人姓名由两个字组成。为了把不同的姓名对齐，往往使用插入空格的方法。实际上这种方法不好，它增加了“空格”字符，改变了姓名的值。那应该怎么做呢？本任务介绍让姓名迅速对齐的方法。

任务实施

应用“分散对齐（缩进）”功能，能够实现姓名的对齐。具体应用案例请观看视频。

让姓名迅速对齐

任务2　让数据规范起来

任务导入

人事部的小李接到一个工作：将“员工信息表”中所有的部门名称改为下拉菜单可选的形式，将联系方式设置为11位数字，录入错误时弹出提示消息。

任务分析

设置数据的有效性，有助于提高工作的效率，也可以防止出现录入错误的现象。

本任务介绍数据验证的设置方法。

任务实施

案例：将“员工信息表”中所有的部门名称改为下拉菜单形式，将联系方式设置为11位数字，录入错误时弹出提示消息。

一、将部门名称改为下拉菜单形式

打开“员工信息表”，选中部门名称所在单元格区域。单击“数据”选项卡→“数据工具”组→“数据验证”按钮，在弹出的下拉列表中选择“数据验证”选项。在打开的“数据验证”对话框中，选择“设置”选项卡，在“允许”下拉列表中，选择“序列”选项，勾选“提供下拉箭头”复选框，在“来源”框中输入各个部门名称，中间用英文逗号隔开。输入完毕后单击“确定”按钮，如图3－7－1所示。

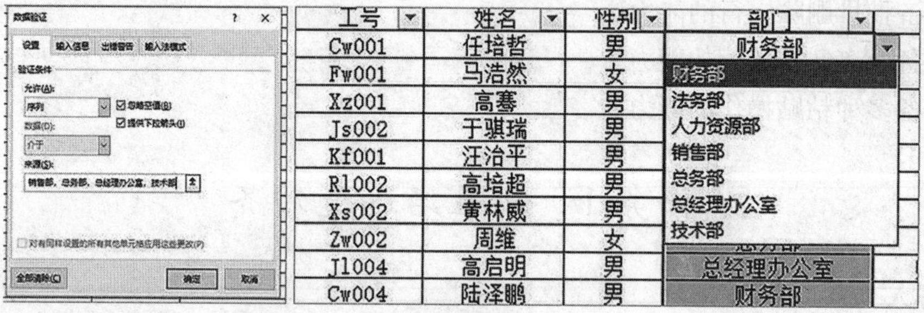

图3－7－1　部门名称改为下拉菜单形式

二、将联系方式设置为11位数字

选中联系方式所在单元格区域。单击“数据”选项卡→“数据工具”组→“数据验证”按钮，在弹出的下拉列表中选择“数据验证”选项。在打开的“数据验证”对话框中，选择“设置”选项卡，在“允许”下拉列表中选择“文本长度”选项，在“数据”下拉列表中选择“等于”选项，在“长度”框中输入“11”。输入完毕后单击“确定”按钮。

三、录入错误时弹出提示消息

在“数据验证”对话框中，选择“出错警告”选项卡，勾选“输入无效数据时显示出错警告”复选框；“样式”下拉列表中选择“停止”选项；在“标题”框中输入“位数不对”；在“错误信息”框中输入“手机号码应为11位”。单击“确定”按钮，如图3－7－2所示。

图 3-7-2 录入错误时弹出提示消息

数据验证的应用案例请观看视频。

让数据规范起来

任务3 高大上的二级联动菜单

任务导入

领导让人事部的小李将“员工信息表”的“部门”和“岗位”做成二级联动菜单。

任务分析

本任务介绍二级联动菜单的设置方法。

任务实施

在设计“岗位”下拉菜单的时候,把所有的岗位名称都放在同一个下拉菜单里面,选择起来是很麻烦的。如果将“岗位”与前一个“部门”字段对应起来,只显示已选择的部门中的岗位,将使选择变得简单起来。

二级联动菜单的应用案例请观看视频。

高大上的二级联动菜单

任务4　把公平交给电子抽签

任务导入

公司年底组织年会,有一个去海南度假旅游的机会,怎么能做到在所有员工中公平随机地抽取旅游名额呢?

任务分析

我们在日常工作中经常需要随机抽取一个名额或号码。

本任务介绍电子抽签的方法。

任务实施

利用 RAND 函数、INT 函数和 VLOOKUP 函数,可以实现电子抽签的功能。

电子抽签的应用案例请观看视频。

把公平交给电子抽签

任务5　批量删除空行

任务导入

人事部的小李接到一个工作:删除"员工信息表"中所有的空行。

任务分析

在日常工作中,为了使报表美观,经常需要在 Excel 2019 中处理删除空行的问题。

一行一行地删除太费时费力了,尤其是在数据表特别庞大的情况下。其实在 Excel 2019 中,有多种快速删除空行的方法。

本任务介绍批量删除空行的方法。

任务思路及步骤如图 3-7-3 所示。

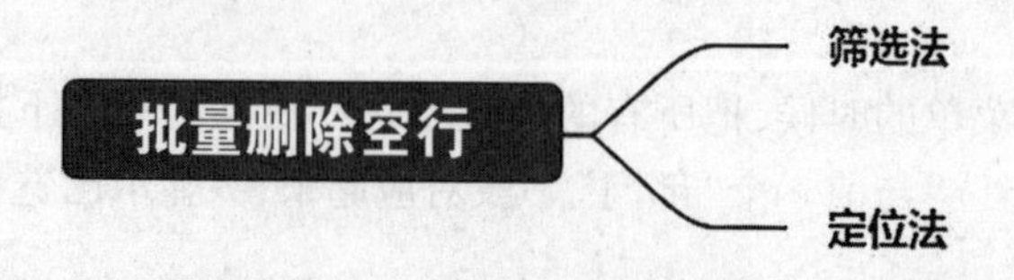

图 3-7-3　任务思路及步骤

任务实施

批量删除空行主要有以下 2 种方法。

一、筛选法

选中所有数据区域,单击"数据"选项卡→"排序和筛选"组→"筛选"按钮,工作表的第一行

将被添加筛选按钮。单击任何一列中的筛选按钮，在弹出的下拉列表中取消勾选“全选”选项，拉动右侧滑块勾选“空白”选项。单击“确定”按钮，所有的空白行就筛选出来了。选中空白行，一次性删除，然后再次单击第一行选中列的筛选按钮，在弹出的下拉列表中勾选“全选”选项，单击“确定”按钮即可。

二、定位法

选中所有数据区域，单击“开始”选项卡→“编辑”组→“查找和选择”按钮，在弹出的下拉列表中选择“定位条件”选项。在弹出的“定位条件”对话框中，单击“空值”单选按钮，单击“确定”按钮，所有的空值将被选中。用鼠标右键单击选中的空值，在弹出的快捷菜单中选择“删除”命令。在打开的“删除”对话框中，单击“整行”单选按钮，单击“确定”按钮。可以看到，所有空行已经被删除了。

任务6　文本、数值快速分离

任务导入

人事部的小李接到一个工作：将“员工信息表”的“姓名和工号”列快速分成“姓名”和“工号”两列。

任务分析

分列在 Excel 2019 中的应用非常广泛，许多复杂的操作通过分列都能够快速完成。

本任务介绍文本、数值快速分离的方法。

任务实施

案例：将“员工信息表”的“姓名和工号”列快速分成“姓名”和“工号”两列，如图 3－7－4 所示。

	A	B	C	D
1	序号	姓名和工号	工号	姓名
2	1	321548许磊		
3	2	144510王一凡		
4	3	2351214刘冬		
5	4	144520潘石强		
6	5	14430014刘攀栋		
7	6	1443056张子强		
8	7	1443078李东奇		
9	8	14430112贾优正		
10	9	14430132任子杰		
11	10	1443092赖铖阳		
12	11	1443090张琛茜		
13	12	14430141刘泽宇		
14	13	14430178赵嘉亮		

图 3－7－4　“姓名和工号”列

（1）在 C2 单元格中输入工号“321548”，在 D2 单元格中输入姓名“许磊”。

（2）将鼠标移动到 C2 单元格右下角，当光标变成黑色“＋”按钮时，向下拖动鼠标，在“填充选项”中选择“快速填充”单选按钮。同理，在 D2 单元格中选择“快速填充”单选按钮进行填充。填充完毕即完成了文本和数值的分离，如图 3－7－5 所示。

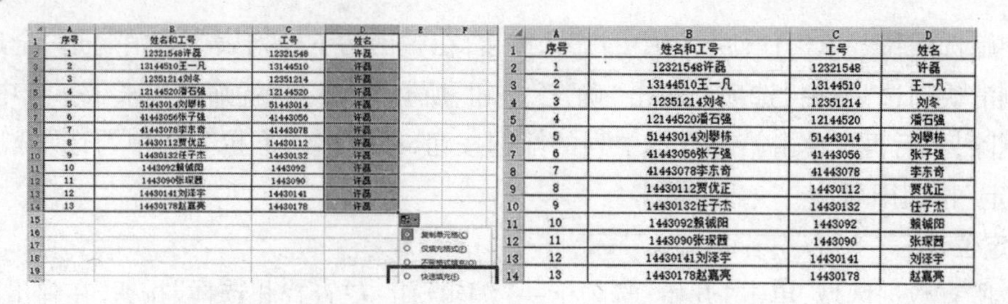

序号	姓名和工号	工号	姓名
1	12321548许磊	12321548	许磊
2	13144510王一凡	13144510	王一凡
3	12351214刘冬	12351214	刘冬
4	12144520潘石强	12144520	潘石强
5	51443014刘攀栋	51443014	刘攀栋
6	41443056张子强	41443056	张子强
7	41443078李东奇	41443078	李东奇
8	14430112贾优正	14430112	贾优正
9	14430132任子杰	14430132	任子杰
10	1443092赖铖阳	1443092	赖铖阳
11	1443090张琛磊	1443090	张琛磊
12	14430141刘泽宇	14430141	刘泽宇
13	14430178赵嘉亮	14430178	赵嘉亮

图 3-7-5　利用快速填充方法实现文本、数值快速分离

文本、数值快速分离的应用案例请观看视频。

文本、数值快速分离

任务 7　粘贴还有这种操作

任务导入

人事部的小李在对 Excel 2019 表格进行操作的时候，经常会用到粘贴操作。粘贴操作有很多技巧需要小李学习。

任务分析

在 Excel 2019 中，使用“Ctrl + V”组合键进行粘贴是我们最熟悉的技能，但是选择性粘贴具有比直接粘贴更加丰富的功能，一起来看看吧。

本任务介绍粘贴操作的方法。

任务实施

复制单元格或者单元格区域后，单击鼠标右键，在弹出的快捷菜单中把鼠标放到“选择性粘贴”的箭头处，会出现常用的粘贴选项，如图 3-7-6 所示。选择“选择性粘贴”命令，将弹出“选择性粘贴”对话框，此对话框中将显示所有的粘贴功能，如图 3-7-7 所示。

图 3-7-6　“选择性粘贴”快捷菜单

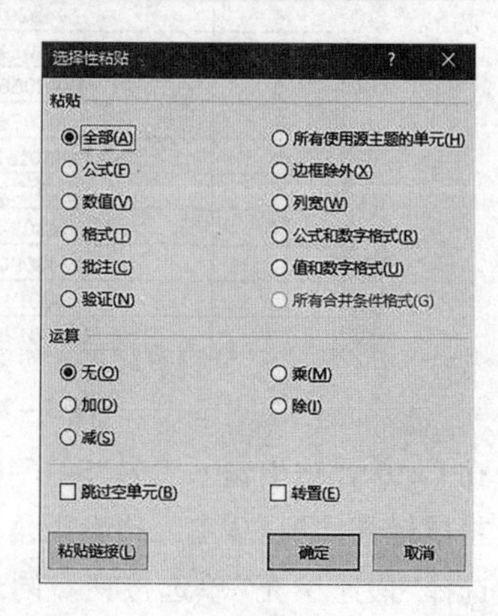

图 3-7-7　“选择性粘贴”对话框

一、快速复制批注、数据验证

应用场景：复制批注、数据验证的内容。

操作方法：复制包含批注或数据验证（数据有效性）的单元格时，用鼠标右键单击目标数据区域，在弹出的快捷菜单中选择“选择性粘贴”命令。在弹出的“选择性粘贴”对话框中单击“批注”或“验证”单选按钮，即可完成粘贴批注或数据验证的操作。

二、公式粘贴为纯数值

应用场景：有时希望公式计算的最终数据不再随着公式变化，因此需要将公式得到的结果转化为纯数值。

操作方法：复制希望转化为数值的公式，用鼠标右键单击目标数据区域，在弹出的快捷菜单中选择“值”选项。

三、将文本型数值转换成真正的数值

应用场景：有时输入 Excel 2019 中的数值是文本型数字（单元格左上角有个绿色的小三角符号），需要将文本型数值转换成真正的数值。

操作方法：复制任意一个空白单元格，用鼠标右键单击目标数据区域，在弹出的快捷菜单中选择“选择性粘贴”命令。在弹出的“选择性粘贴”对话框中，“运算”类型选择“加”，单击“确定”按钮。

四、一键将表格粘贴为图片

应用场景：固化表格中的内容，并粘贴为独立的整体，可以随意移动，更加方便排版。

操作方法：复制表格，用鼠标右键单击目标数据区域，在弹出的快捷菜单中选择“图片”选项。

五、灵活复制列宽

应用场景：粘贴一个表格，保留表格的“列宽”与原始表格完全一致。

操作方法：复制表格区域，用鼠标右键单击目标数据区域，在弹出的快捷菜单中选择“保留源列宽”命令。不管新的区域列宽是多少，也无论粘贴的数据有多少列，粘贴之后的数据区域和原始区域将保持一样的列宽。

六、超级行列转置

应用场景：在做表格转化时经常使用，可以将一行转化为一列、将一列转化为一行。

操作方法：复制表格区域，用鼠标右键单击目标数据区域，在弹出的快捷菜单中选择“转置”命令，将实现行列的转置。

七、粘贴为带链接的图片

应用场景：这是粘贴图片的升级版，不仅具备粘贴图片的所有好处，而且当源表修改后，带链接的图片上的数据也会同步发生变化。

操作方法：复制图片，用鼠标右键单击目标数据区域，在弹出的快捷菜单中选择“链接的图片”选项。

八、保留格式粘贴

应用场景：保留格式粘贴超级实用，在一定程度上可以代替格式刷，只粘贴格式，没有内容。

操作方法：复制带格式的数据区域，用鼠标右键单击目标数据区域，在弹出的快捷菜单中选择“格式”选项。

九、快速粘贴为引用区域

应用场景:将数值粘贴为引用,可以使粘贴后的数据随着源数据的变化而变化,不用函数而动态构建一组数据。

操作方法:复制单元格或单元格区域,用鼠标右键单击目标数据区域,在弹出的快捷菜单中选择“粘贴链接”命令。

十、粘贴运算

应用场景:在批量运算中,使复制的数据“加、减、乘、除”相同的数值。例如,需要将现有的数据全部加上25,操作方法如下。

操作方法:在一个空单元格中输入“25”并复制,用鼠标右键单击原始数字区域,在弹出的快捷菜单中选择“选择性粘贴”命令。在弹出的“选择性粘贴”对话框中,“运算”类型选择“加”,单击“确定”按钮。

十一、在图表中添加系列

应用场景:例如,已经做好了山东和广东的销售数据图表,现在需要添加另外一个省份的数据到图表中。

操作方法:复制要新增的数据区域,选中图表,单击“开始”选项卡→“剪贴板”组→“粘贴”按钮,在下拉列表中选择“选择性粘贴”选项,在弹出的对话框中按照需要进行设置。

粘贴操作的应用案例请观看视频。

粘贴还有这种操作

第四篇

PowerPoint 2019 演示文稿

项目 1

制作“项目方案汇报”幻灯片——PPT 基本操作

知识目标

（1）了解 PowerPoint 2019 的基本功能和运行环境。

（2）掌握 PowerPoint 2019 的启动和退出的方法。

（3）掌握演示文稿的创建、打开、关闭和保存的方法。

（4）掌握演示文稿视图的使用方法和幻灯片的基本操作，包括编辑版式、插入、移动、复制和删除。

（5）掌握幻灯片的基本制作方法，包括文本、图片、艺术字、形状、表格等插入及格式化。

（6）了解演示文稿的打包和打印的方法。

技能目标

（1）具备创建、打开、关闭和保存演示文稿的能力。

（2）具备熟练使用演示文稿 5 种视图的能力。

（3）具备编辑幻灯片版式、插入、移动、复制和删除幻灯片的能力。

（4）具备在幻灯片中插入文本、图片、艺术字、形状、表格等，并设置相应格式的能力。

（5）具备打包和打印演示文稿的能力。

任务 1　PPT 基本操作

任务导入

办公室的小李是新入职的“小白”，面对制作“女神节营销策划方案汇报 PPT”这份全新的工作任务，他焦虑万分，无从下手。办公室的王总安慰他说：“学习这件事永远不晚，PPT 基本操作很容易。”

任务分析

PowerPoint 2019 是 Microsoft Office 2019 办公套装软件中的一个重要组成部分，专门用于设计、制作信息展示等领域（如演讲、作报告、各种会议、产品演示、商业演示等）的各种电子演示文稿。PowerPoint 2019 比 PowerPoint 2016 新增了在线插入图标、新增过渡切换动画效果、墨迹书写等功能。

本任务介绍 PowerPoint 2019 软件的工作界面、视图模式，如何新建演示文稿以及如何选定、插入、删除和保存幻灯片，调整幻灯片的顺序。

任务思路及步骤如图 4－1－1 所示。

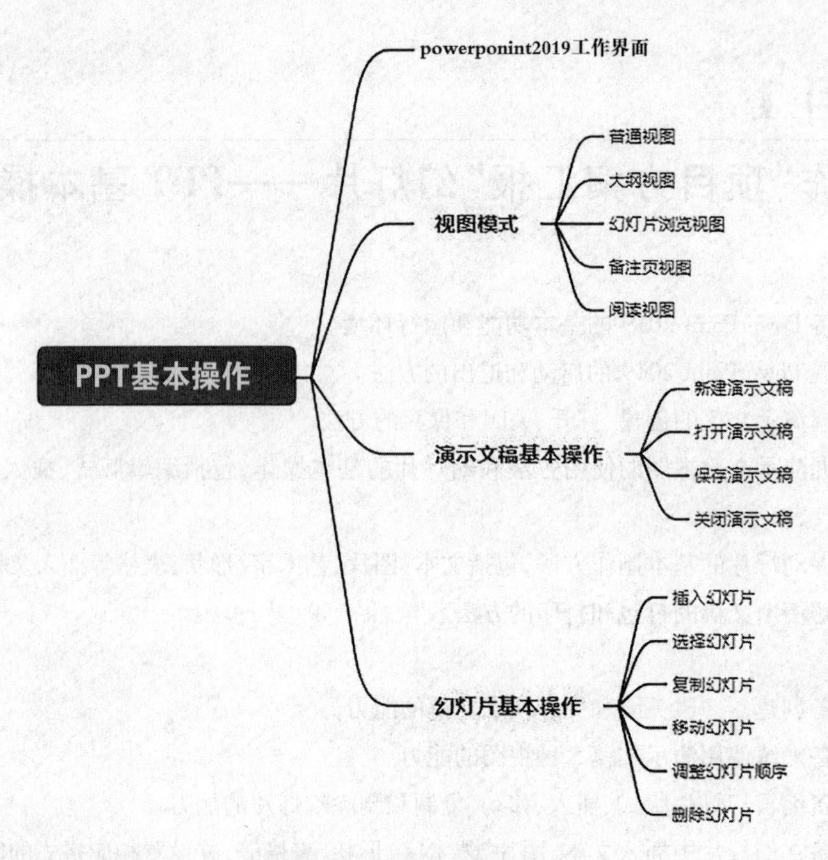

图 4－1－1　任务思路与步骤

任务实施

一、PowerPoint 2019 工作界面

PowerPoint 2019 工作界面由快速访问工具栏、标题栏、选项卡、缩略图区、编辑区、状态栏等组成，如图 4－1－2 和表 4－1－1 所示。

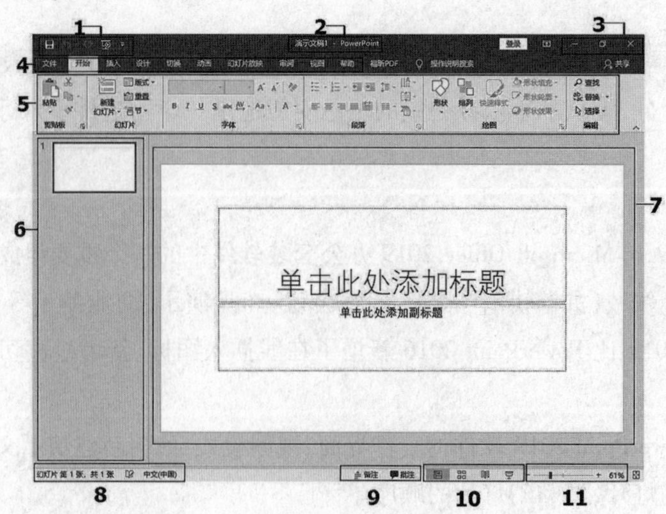

图 4－1－2　PowerPoint 2019 工作界面

表 4 -1 -1　PowerPoint 2019 工作界面组成

序号	名称	功能
1	快速访问工具栏	用于放置常用的按钮,如“保存”“撤销”“重复”等
2	标题栏	用于显示当前演示文稿的名称
3	控制按钮	对当前窗口进行最大化、最小化及关闭操作
4	选项卡	显示各个功能区的名称
5	功能区	包含大部分功能按钮,并分组显示,方便用户使用
6	缩略图区	用于显示演示文稿中每张幻灯片的序号和缩略图
7	编辑区	用于操作幻灯片
8	状态栏	用于显示幻灯片的页数
9	备注、批注按钮	用于为当前幻灯片添加备注、批注
10	视图按钮	用于切换各种幻灯片视图
11	显示比例	用于更改演示文稿的显示比例

二、视图模式

PowerPoint 2019 提供了 5 种视图模式,分别为普通视图、大纲视图、幻灯片浏览视图、备注页视图和阅读视图模式。用户可根据自己的阅读需要选择不同的视图模式。在“视图”选项卡的“演示文稿视图”组中可以进行 5 种视图的切换,如图 4 -1 -3 所示。

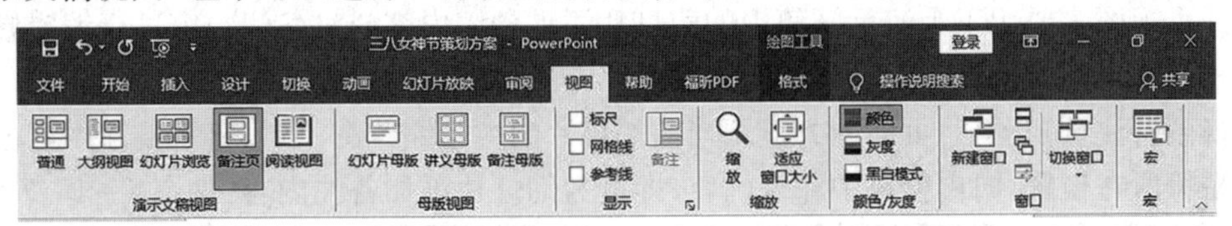

图 4 -1 -3　演示文稿的 5 种视图

1. 普通视图

普通视图是默认视图模式,包含缩略图区、幻灯片编辑区和备注区三个窗格。这些窗格让用户可以在同一位置编辑演示文稿的各种特性。拖动窗格边框可以调整各个窗格的大小。

在缩略图区,可以调整各幻灯片的前后顺序;在幻灯片编辑区,可以查看每张幻灯片中的文本外观,还可以在单张幻灯片中添加图形、影片和声音,创建超级链接以及添加动画;备注区使用户可以添加与观众共享的演说者备注或信息。普通视图如图 4 -1 -4 所示。

2. 大纲视图

大纲视图包含大纲区、幻灯片操作区和幻灯片备注区。在大纲区中显示演示文稿的文本内容和组织结构,不显示图形、图像、图表等对象。

在大纲视图下编辑演示文稿,可以调整各幻灯片的前后顺序;在一张幻灯片内可以调整标题的层次级别和前后次序;可以将某幻灯片的文本复制或移动到其他幻灯片中,大纲视图如图 4 -1 -5 所示。

图4－1－4　普通视图

图4－1－5　大纲视图

3. 幻灯片浏览视图

在幻灯片浏览视图中，可以在屏幕上同时看到演示文稿中的所有幻灯片，这些幻灯片以缩略图方式整齐地显示在同一窗口中。

在该视图中可以看到改变幻灯片的背景设计、配色方案或更换模板后文稿发生的整体变化，可以检查各个幻灯片是否前后协调、图标的位置是否合适等问题；同时在该视图中也可以添加、删除和移动幻灯片，调整前后顺序以及选择幻灯片之间的切换动画。幻灯片浏览视图如图4－1－6所示。

4. 备注页视图

备注页视图主要用于为演示文稿中的幻灯片添加备注内容或对备注内容进行编辑修改，在该视图模式下无法对幻灯片的内容进行编辑。

切换到备注页视图后，页面上方显示当前幻灯片的内容缩览图，下方显示备注内容占位符。单击占位符所在位置，向占位符中输入内容，即可为幻灯片添加备注内容，如图4－1－7所示。

图4－1－6　幻灯片浏览视图

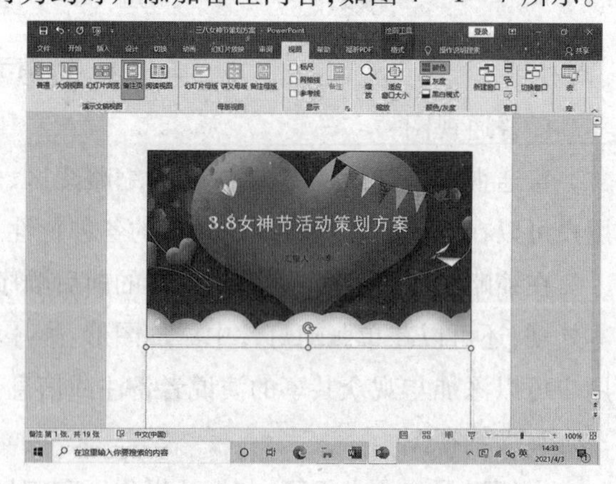

图4－1－7　备注页视图

5. 阅读视图

在创建演示文稿的任何时候，用户都可以通过单击“幻灯片放映”按钮启动幻灯片放映和预览演示文稿。

阅读视图在幻灯片放映视图中并不是显示单个的静止画面，而是以动态的形式显示演示文

稿中各个幻灯片。阅读视图是演示文稿的最后效果，所以当演示文稿创建完成时，可以利用该视图来检查，对不满意的地方及时进行修改。阅读视图如图 4－1－8 所示。

图 4－1－8　阅读视图

三、演示文稿基本操作

1. 创建演示文稿

创建演示文稿的 3 种常用方法如下。

（1）选择“开始”菜单→“PowerPoint”选项，如图 4－1－9 所示，将打开 PowerPoint 2019 软件。选择“空白演示文稿”选项，如图 4－1－10 所示，将创建一个空白演示文稿，如图 4－1－11 所示。

图 4－1－9　“开始”菜单

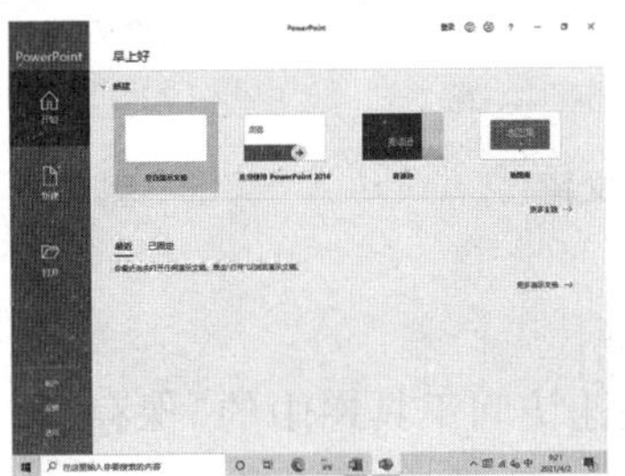

图 4－1－10　新建空白演示文稿

图 4－1－11　空白演示文稿

（2）双击桌面上的“PowerPoint”快捷图标，打开 PowerPoint 2019 软件并创建空白演示文稿，如图 4－1－12 所示。

（3）在桌面空白处单击鼠标右键，在弹出的快捷菜单中选择“新建”→“Microsoft PowerPoint 演示文稿”选项，如图 4－1－13 所示，将在桌面上创建一个名为“新建 Microsoft PowerPoint 演示文稿.pptx”的新文件，如图 4－1－14 所示。双击即可打开此演示文稿。

图 4－1－12

“PowerPoint”快捷图标

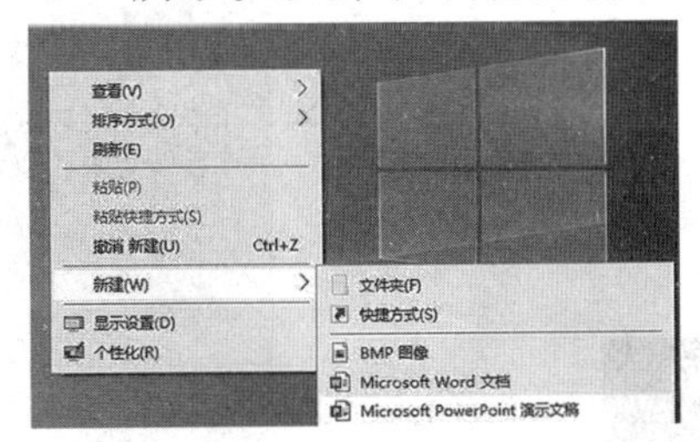

图 4－1－13　快捷菜单

图 4－1－14　新建演示文稿

2. 打开演示文稿

打开演示文稿的 2 种常用方法如下。

(1) 双击 PowerPoint 2019 演示文稿图标，将直接打开此演示文稿，如图 4－1－15 所示。

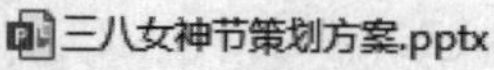

三八女神节策划方案.pptx

图 4－1－15　PowerPoint 2019 演示文稿图标

(2) 打开 PowerPoint 2019 软件，单击左侧窗格的“打开”按钮，然后单击中间窗格的“浏览”按钮，如图 4－1－16 所示，将打开“打开”对话框。

在“打开”对话框中选择需要打开的 PowerPoint 演示文稿，单击“打开”按钮即可打开此演示文稿，如图 4－1－17 所示。

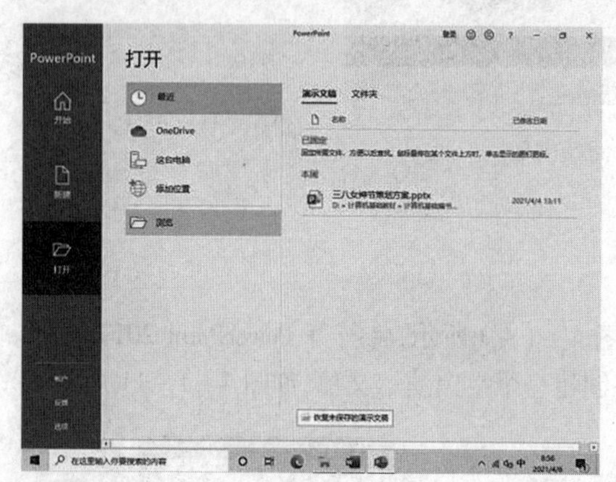

图 4－1－16　打开 PowerPoint 演示文稿

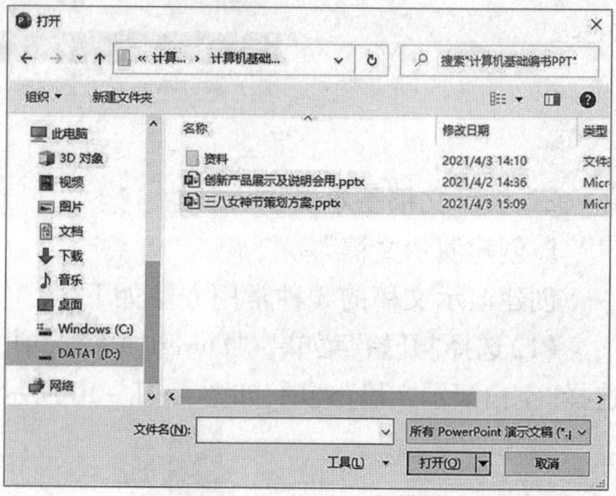

图 4－1－17　“打开”对话框

3. 保存演示文稿

保存演示文稿的 3 种常用方法如下。

(1) 单击演示文稿窗口左上角快速访问工具栏中的“保存”按钮，可保存当前演示文稿，如图 4－1－18 所示。

(2) 选择“文件”选项卡→“保存”命令，可保存当前演示文稿，如图 4－1－19 所示。

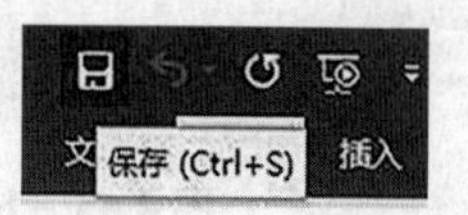

图 4－1－18　快速访问工具栏中的“保存”按钮

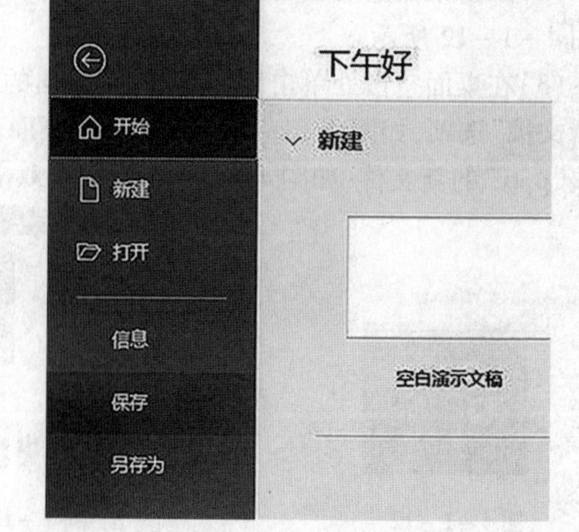

图 4－1－19　“保存”命令

注意：如果是已存在的演示文稿，单击"保存"按钮将演示文稿保存在原有位置；如果是新建演示文稿，将打开"另存为"窗口对演示文稿进行保存。

(3)选择"文件"选项卡→"另存为"命令，如图4－1－20所示。在"另存为"窗口中单击"浏览"按钮，打开"另存为"对话框，可将当前演示文稿保存在指定位置，如图4－1－21所示。

图4－1－20 "另存为"命令

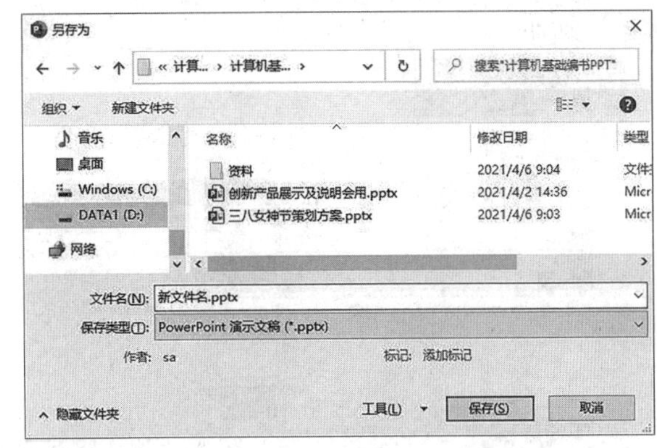

图4－1－21 "另存为"对话框

4. 关闭演示文稿

演示文稿关闭的4种常用方法如下。

(1)单击窗口右上角的"关闭"按钮，如图4－1－22所示。

(2)用鼠标右键单击演示文稿窗口顶部标题栏，在快捷菜单中选择"关闭"命令，如图4－1－23所示。

(3)单击要退出的演示文稿窗口，按"Alt＋F4"组合键。

(4)选择"文件"选项卡→"关闭"命令，如图4－1－24所示。

图4－1－22 窗口右上角的"关闭"按钮

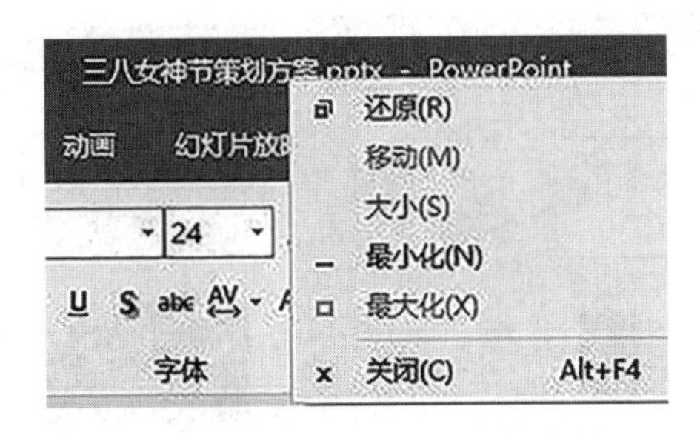

图4－1－23 快捷菜单中的"关闭"命令

图4－1－24 "文件"选项卡中的"关闭"命令

四、幻灯片基本操作

1. 插入幻灯片

幻灯片插入的3种常用方法如下。

(1)利用"新建幻灯片"命令插入新幻灯片

选择要插入幻灯片的位置，选择"开始"选项卡中的"新建幻灯片"命令，如图4－1－25所示，将插入一张新幻灯片。该幻灯片的版式可选，编号顺延，如图4－1－26所示。

（2）利用 Enter 键插入新幻灯片

选择要插入幻灯片的位置，按 Enter 键可以插入一张新幻灯片。

（3）利用鼠标右键插入新幻灯片

用鼠标右键单击两个幻灯片的中间位置，在弹出的菜单中选择“新建幻灯片”命令，如图 4－1－27 所示。

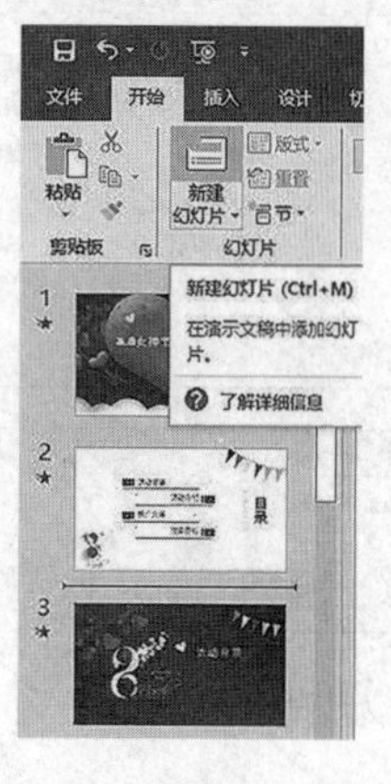

图 4－1－25 “新建幻灯片”命令

图 4－1－26 插入新幻灯片

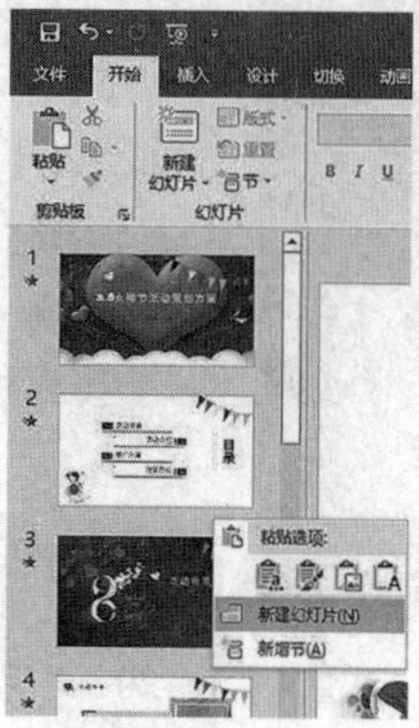

图 4－1－27 单击鼠标右键插入新幻灯片

2. 选择幻灯片

幻灯片选择的 4 种常用方法如下。

（1）选择单张幻灯片

单击第 2 张幻灯片，即可选定第 2 张幻灯片，如图 4－1－28 所示。

（2）选择多张不连续的幻灯片

选定一张幻灯片后，按住 Ctrl 键再依次单击要选择的其他幻灯片，即可选择多张不连续的幻灯片，如图 4－1－29 所示。

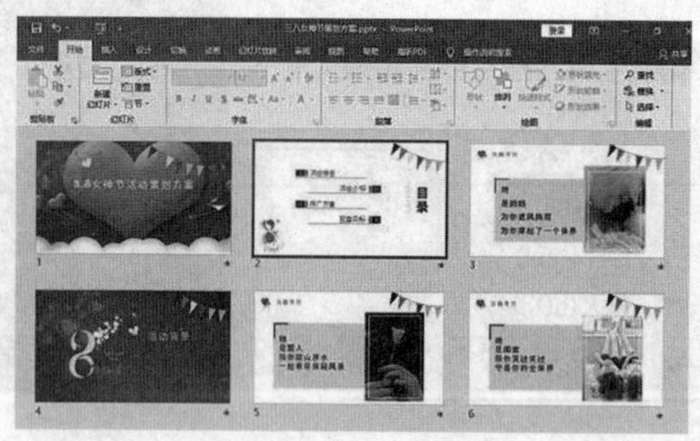

图 4－1－28 单击选中第 2 张幻灯片

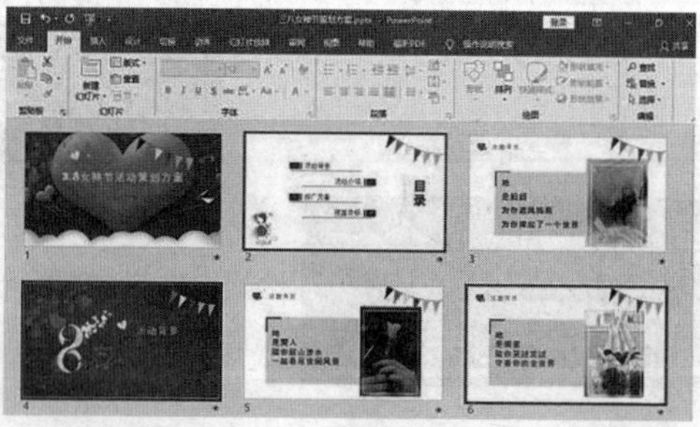

图 4－1－29 按住 Ctrl 键选中第 2,4,6 共 3 张幻灯片

（3）选择多张连续的幻灯片

选定一张幻灯片后，按住 Shift 键再单击要选择的最后一张幻灯片，即可选择多张连续的幻灯片，如图 4－1－30 所示。

（4）选择所有幻灯片

按“Ctrl + A”组合键即可选中所有幻灯片，如图 4－1－31 所示。

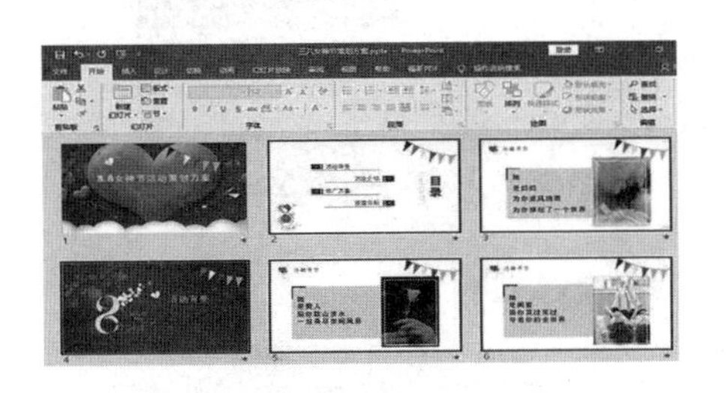

图 4－1－30　按住 Shift 键选中第 2～6 共 5 张幻灯片

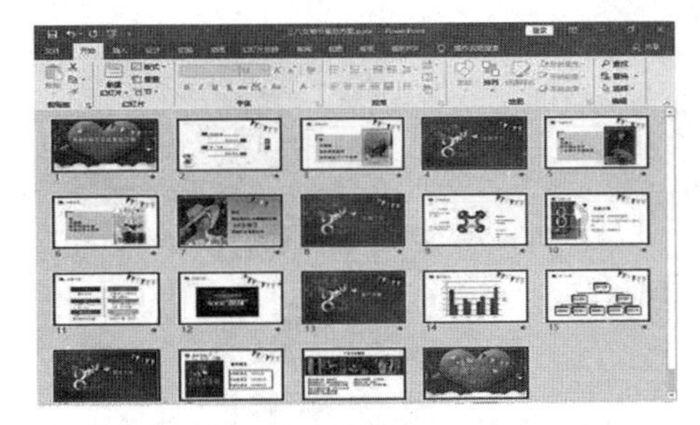

图 4－1－31　按"Ctrl＋A"组合键选中所有幻灯片

3. 复制幻灯片

复制幻灯片的 2 种常用方法如下。

(1) 用鼠标右键单击要复制的幻灯片，在弹出的快捷菜单中选择"复制"和"粘贴"命令，即可实现幻灯片的复制，如图 4－1－32～图 4－1－34 所示。

图 4－1－32　选择"复制"命令

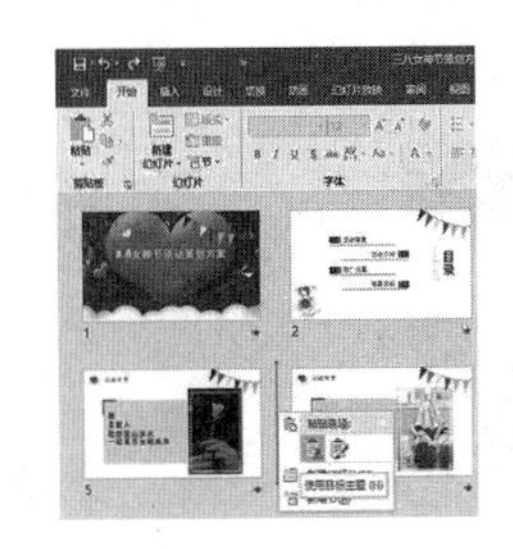

图 4－1－33　选择"粘贴"命令

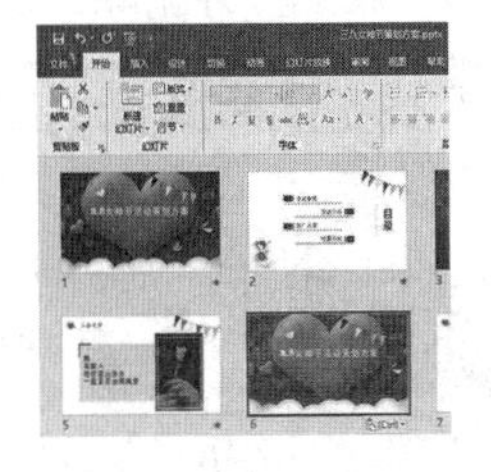

图 4－1－34　复制幻灯片完成

(2) 选中要复制的幻灯片，按"Ctrl＋C"组合键实现复制功能，按"Ctrl＋V"组合键实现粘贴功能。

4. 移动幻灯片

移动幻灯片的 2 种常用方法如下。

(1) 用鼠标右键单击要移动的幻灯片，在弹出的快捷菜单中选择"剪切"和"粘贴"命令，即可实现幻灯片的移动，如图 4－1－35～图 4－1－37 所示。

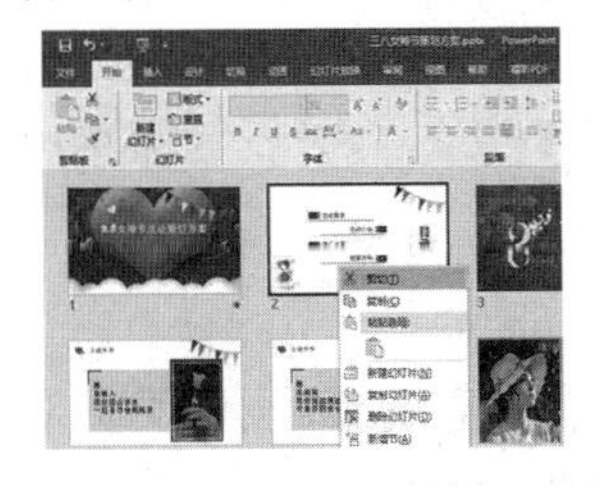

图 4－1－35　选择"剪切"命令

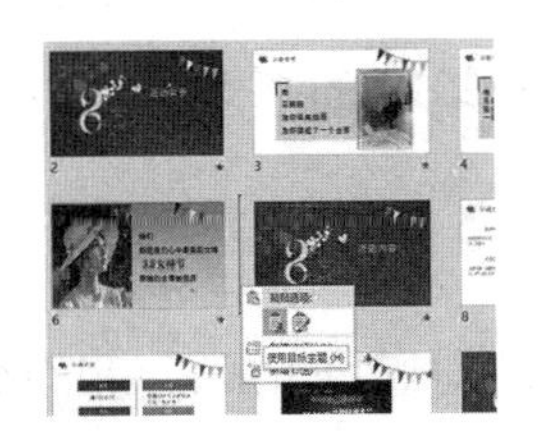

图 4－1－36　选择"粘贴"命令

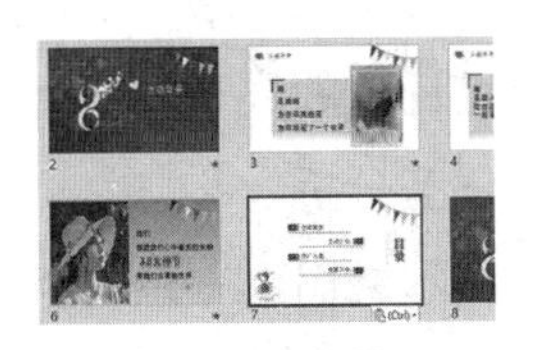

图 4－1－37　移动幻灯片完成

(2) 用鼠标选中要移动的幻灯片，拖动鼠标，将幻灯片移动到目标位置。

5. 调整幻灯片顺序

调整幻灯片顺序的 2 种常用方法如下。

(1) 拖动幻灯片到目标位置即可，如图 4－1－38 和图 4－1－39 所示。

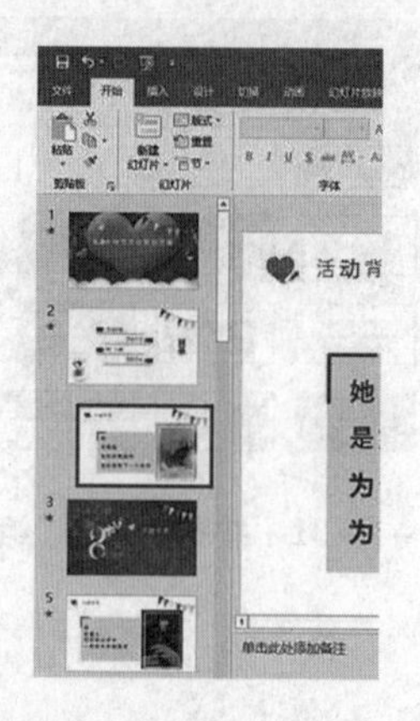

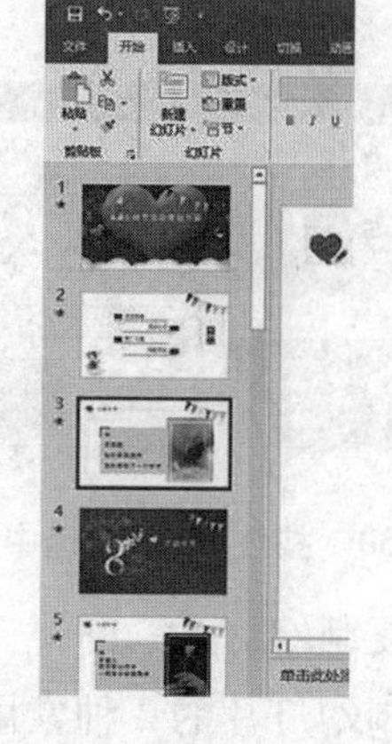

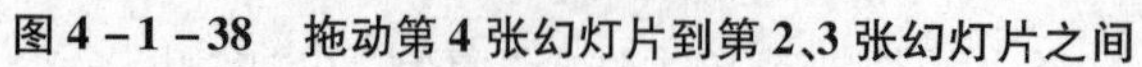
图 4-1-38　拖动第 4 张幻灯片到第 2、3 张幻灯片之间

图 4-1-39　幻灯片序号发生改变

(2)使用“剪切”和“粘贴”命令调整幻灯片的顺序。

6. 删除幻灯片

选定一张幻灯片,用鼠标右键单击该幻灯片,在弹出的快捷菜单中选择“删除幻灯片”命令或按 Delete 键,将删除幻灯片,如图 4-1-40 和图 4-1-41 所示。

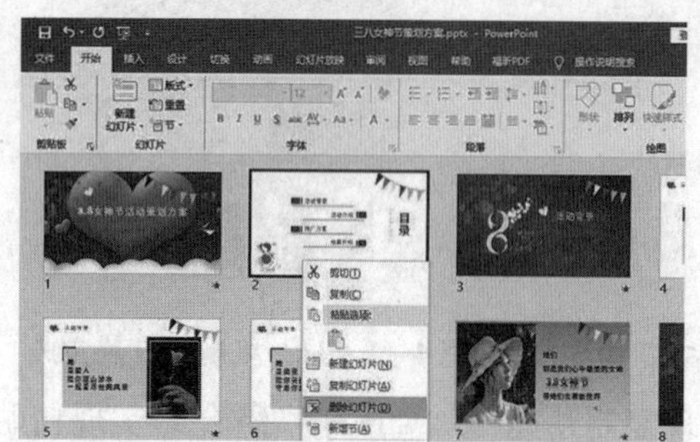
图 4-1-40　利用鼠标右键删除幻灯片

图 4-1-41　删除幻灯片完成

任务 2　文字编辑与排版

任务导入

办公室的小李了解了 PowerPoint 2019 的基本操作,接下来他要学习文字编辑与排版,我们一起见证他的成长吧。

任务分析

演示文稿由一系列组织在一起的幻灯片组成,每张幻灯片可以有独立的标题、说明文字、图片、声音、图像、表格、艺术字和组织结构图等元素。文字是最基本的构成要素。

本任务介绍处理文字的基本方法,包括输入和编辑文字,设置文本格式、分栏、项目符号和编号。

任务思路及步骤如图 4-1-42 所示。

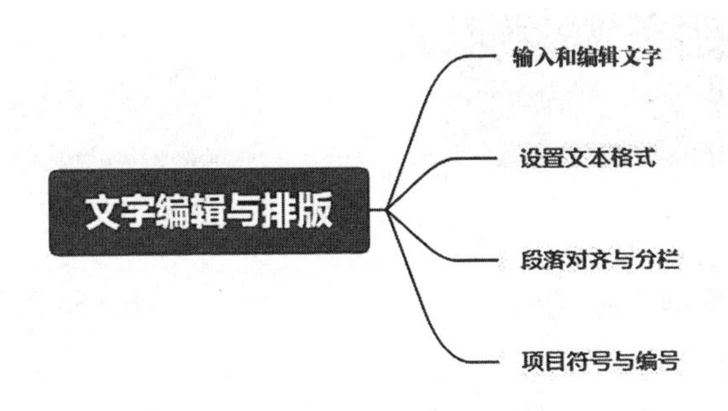

图 4－1－42　任务思路及步骤

任务实施

一、输入和编辑文字

1. 文本的添加

文本添加的 2 种常用方法如下。

(1)在占位符中添加文本

使用自动版式创建的新幻灯片中,有一些虚线方框,它们是各种对象(如幻灯片标题、文本、图表、表格、组织结构图和剪贴画)的占位符,其中幻灯片标题和文本的占位符内,可添加文字内容,如图 4－1－43 所示。

在标题幻灯片中的标题占位符中输入标题“3.8 女神节活动策划方案”,在副标题占位符中输入副标题“汇报人:小李”,如图 4－1－44 所示。

图 4－1－43　标题幻灯片中的文本占位符

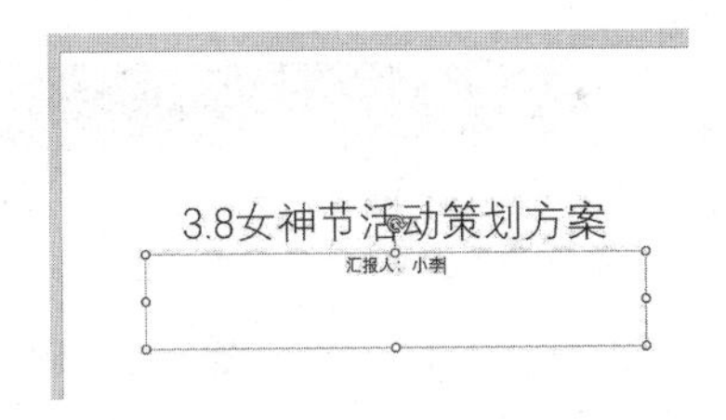

图 4－1－44　添加标题和副标题文本

(2)使用文本框添加文本

如果希望自己设置幻灯片的布局,在创建新幻灯片时选择空白幻灯片,或者在幻灯片的占位符之外添加文本,可以利用“插入”选项卡中的“文本框”下拉菜单,选择“绘制横排文本框”命令或者“竖排文本框”命令进行添加,如图 4－1－45 所示。

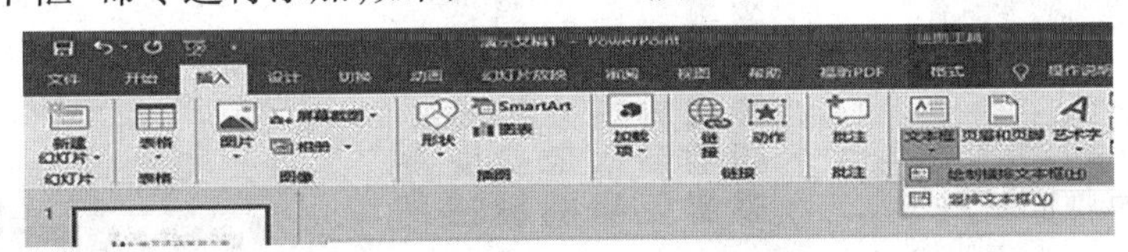

图 4－1－45　“插入”选项卡中的“文本框”按钮

选择“插入”选项卡→“文本框”下拉菜单→“绘制横排文本框”命令,在幻灯片的空白区域拖动鼠标绘制横排文本框,如图 4－1－46 所示;在横排文本框中录入文字“某某集团”,如图 4－1－47所示。

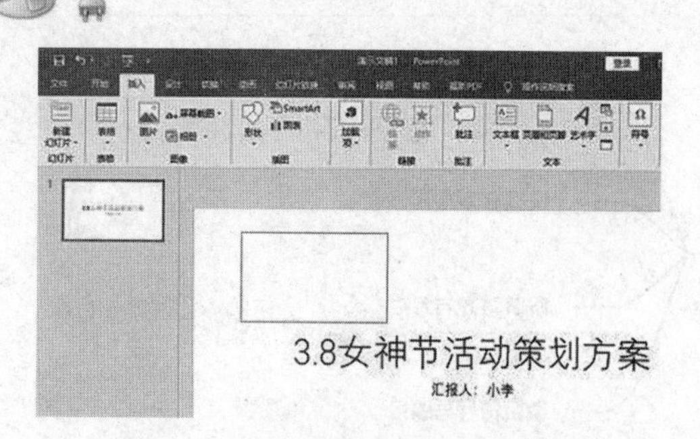

图 4-1-46　绘制横排文本框

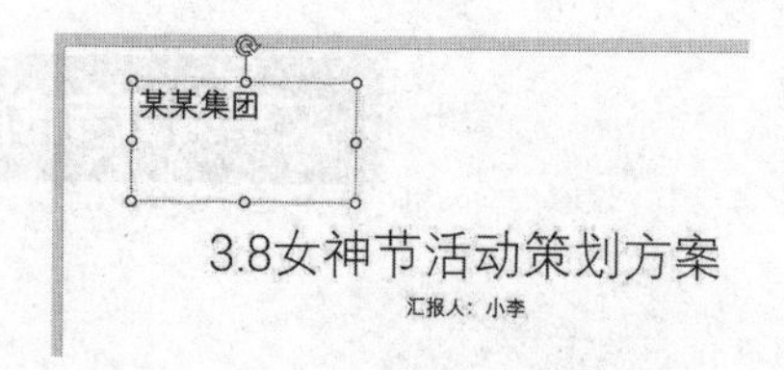

图 4-1-47　在横排文本框中添加文本

选择"插入"选项卡→"文本框"下拉菜单→"竖排文本框"命令，在幻灯片的空白区域拖动鼠标绘制竖排文本框，如图 4-1-48 所示；在竖排文本框中输入文字"第一版"，如图 4-1-49 所示。

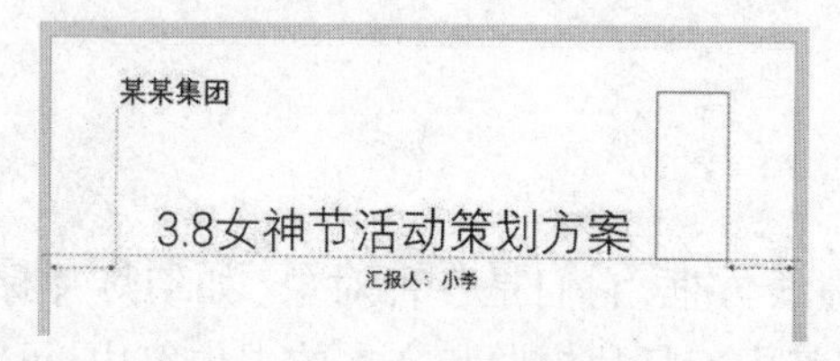

图 4-1-48　插入竖排文本框

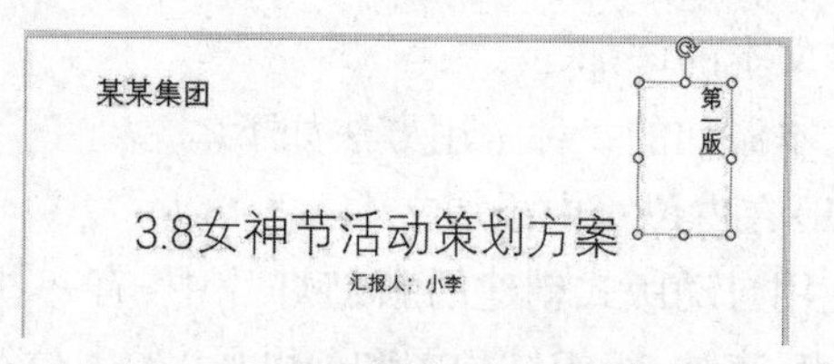

图 4-1-49　在竖排文本框中添加文本

可以给文本框设置不同效果。选中需要设置的文本框，在打开的"绘图工具-格式"选项卡的"形状样式"组对选中的文本框进行形状填充、形状轮廓、形状效果的修改，如图 4-1-50 所示。

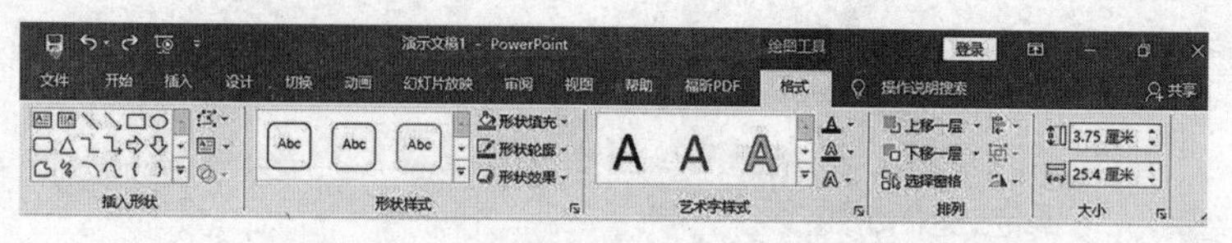

图 4-1-50　"绘图工具-格式"选项卡

选中标题文本框，选择"其他视觉样式"命令，如图 4-1-51 所示。

在下拉菜单中选中一种主题样式，如"彩色填充-橙色，强调颜色 2"，如图 4-1-52 所示。

添加了主题样式的文本框如图 4-1-53 所示。

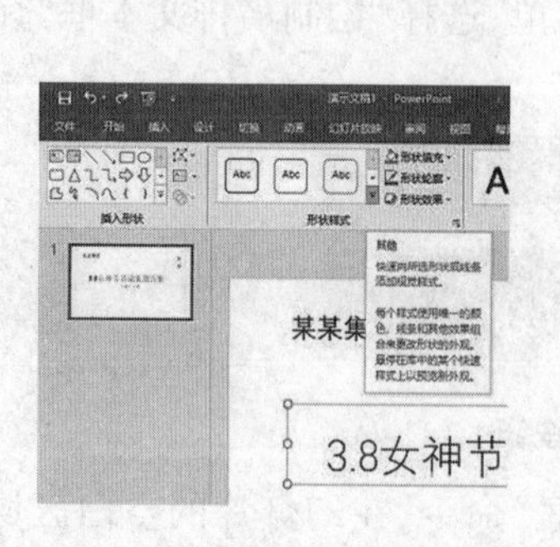

图 4-1-51　"其他视觉样式"命令

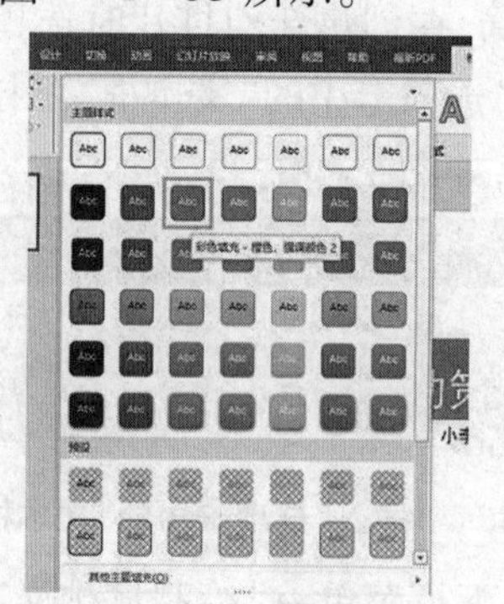

图 4-1-52　选择主题样式

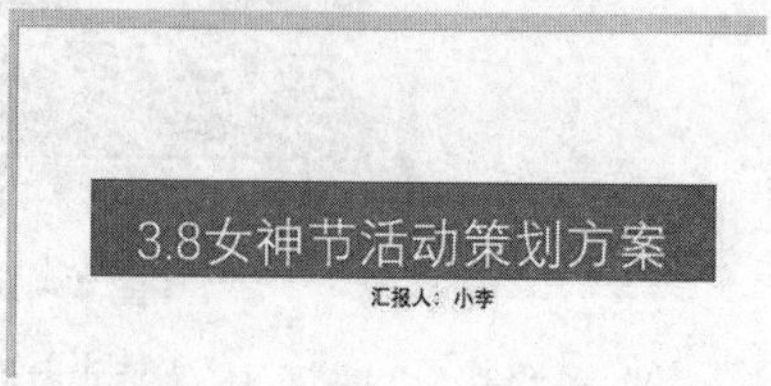

3.8女神节活动策划方案
汇报人：小李

图 4-1-53　添加了主题样式的文本框

可以设置形状填充为标准色、无填充、其他填充颜色、取色器、图片、渐变和纹理填充，为标

题添加“浅绿色”形状填充，如图 4 –1 –54 所示。

可以设置形状轮廓的颜色为标准色、无轮廓、其他轮廓颜色、取色器，设置线条粗细及虚线形，为标题添加“蓝色”形状轮廓，如图 4 –1 –55 所示。

可以设置形状效果为预设、阴影、映像、发光、柔化边缘、棱台、三维旋转，每一种效果的级联菜单中都有多种类型可供选择。为标题添加“棱台”的“斜面”效果，如图 4 –1 –56 所示。

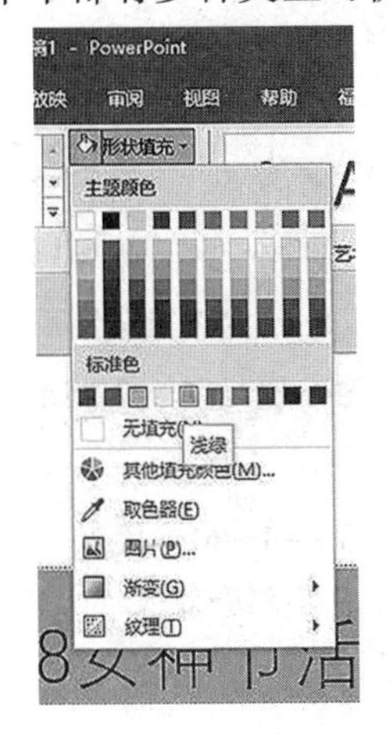

图 4 –1 –54 “形状填充”下拉菜单

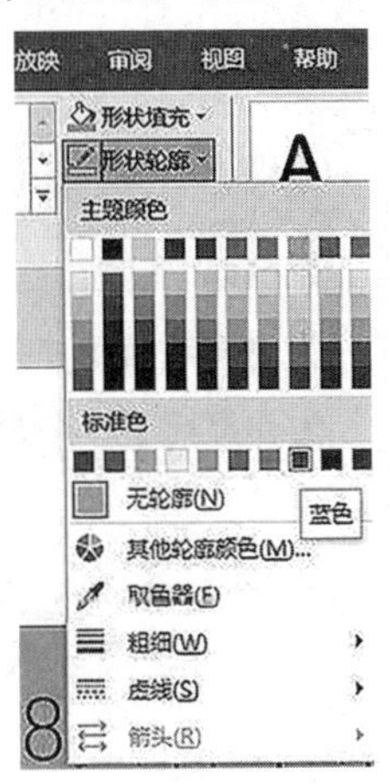

图 4 –1 –55 “形状轮廓”下拉菜单

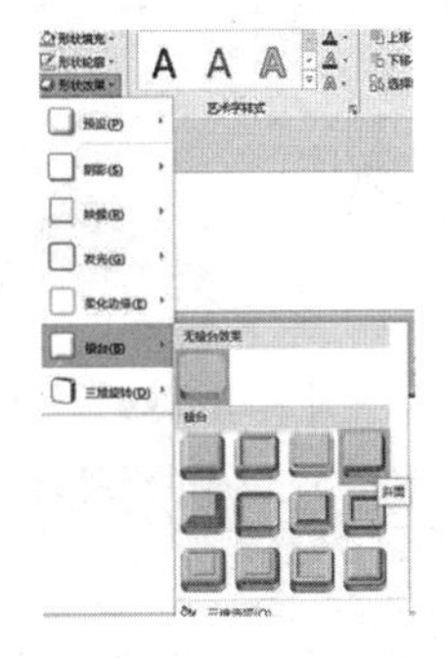

图 4 –1 –56 为标题添加“斜面”效果

2. 文本的编辑

文字输入完成后，要对输入的文本进行编辑，在进行文字编辑操作之前，必须选中要编辑的文本。有关文本的复制与删除及移动、查找与替换、撤销与重做等内容，在文字处理软件中有介绍，在此不再重复。在制作幻灯片的过程中，要熟练掌握，灵活使用。

在 PowerPoint 2019 中，在“开始”选项卡的“剪切板”组中包含“剪切”“复制”“粘贴”和“格式刷”命令，在“编辑”组中包含“查找”“替换”和“选择”命令，如图 4 –1 –57 所示。

二、设置文本格式

在 PowerPoint 2019 中，可以为文本设置各种属性，如字体、字号、字形、颜色和阴影等，使文本看起来更有条理、更整齐。此内容在文字处理软件中有介绍，在此不再重复。在建立幻灯片的过程中，要熟练掌握，灵活使用。

在 PowerPoint 2019 中，在“开始”选项卡的“字体”组中可以设置文本格式，或通过“字体”对话框设置文本格式，如图 4 –1 –58 所示。

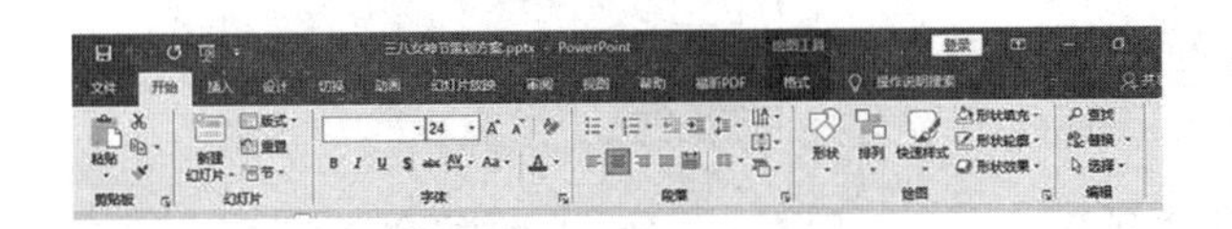

图 4 –1 –57 “开始”选项卡的“剪切板”组和“编辑”组

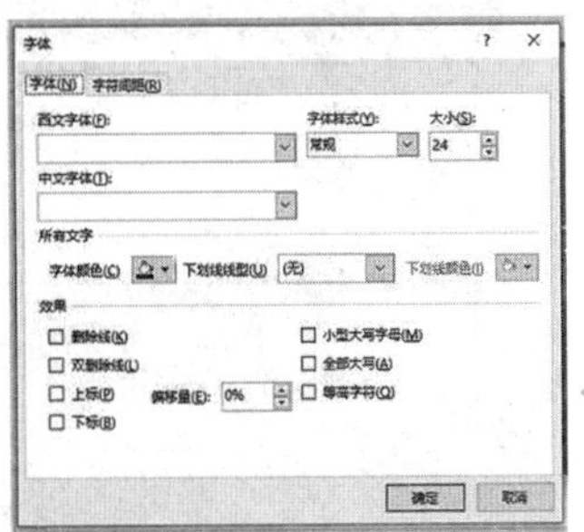

图 4 –1 –58 “字体”对话框

三、段落对齐与分栏

1. 段落对齐方式

段落对齐方式包括左对齐、居中对齐、右对齐、两端对齐和分散对齐。在“开始”选项卡“段落”组中可以进行段落对齐方式的设置，如图 4－1－59 所示。在文本框中输入文字，分别选择“左对齐”“右对齐”“居中”“两端对齐”“分散对齐”命令，段落对齐效果如图 4－1－60～图 4－1－64 所示。

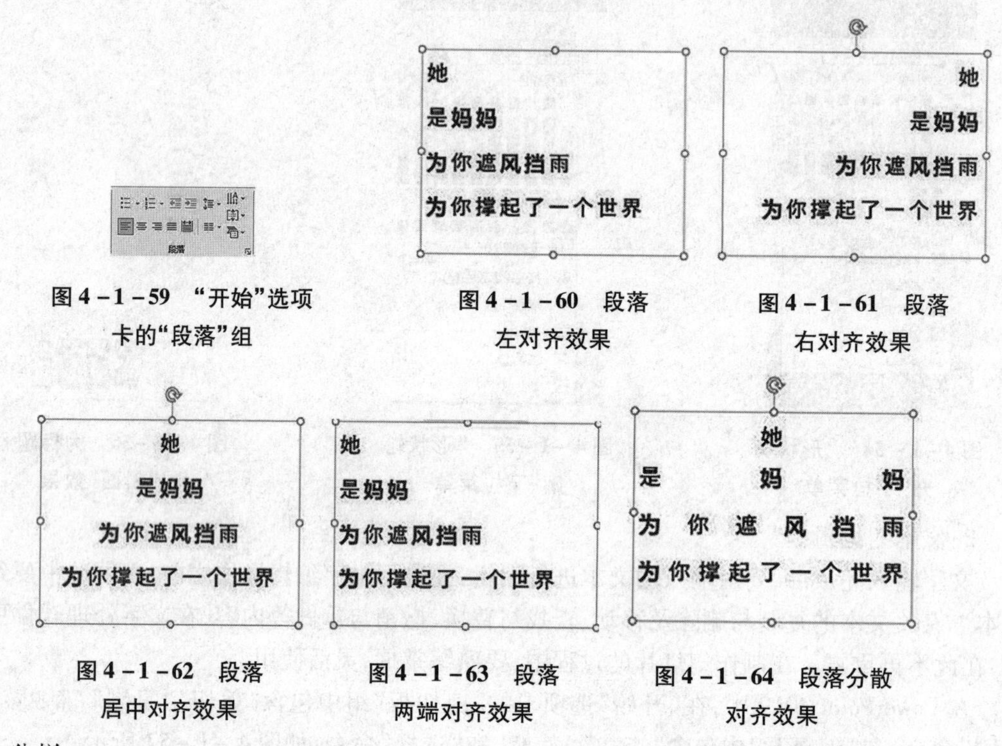

图 4－1－59 “开始”选项卡的“段落”组

图 4－1－60 段落左对齐效果

图 4－1－61 段落右对齐效果

图 4－1－62 段落居中对齐效果

图 4－1－63 段落两端对齐效果

图 4－1－64 段落分散对齐效果

2. 分栏

输入段落文字内容，选择“开始”选项卡→“段落”组→“分栏”下拉列表，如图 4－1－65 所示。

在“分栏”下拉列表中选择“两栏”命令，如图 4－1－66 所示。

段落文字被分成了两栏，如图 4－1－67 所示。

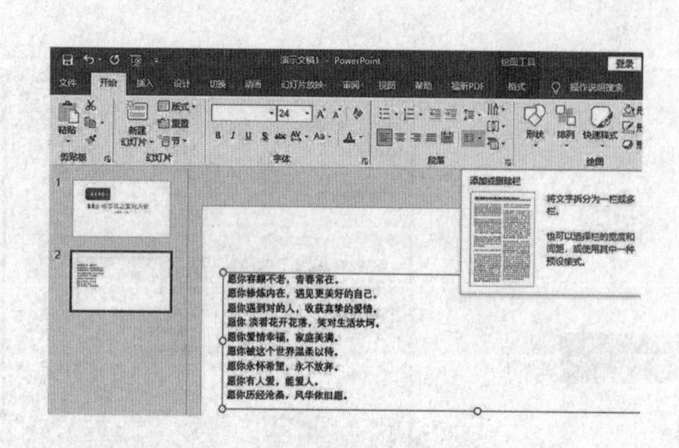

图 4－1－65 “段落”组的“分栏”下拉列表

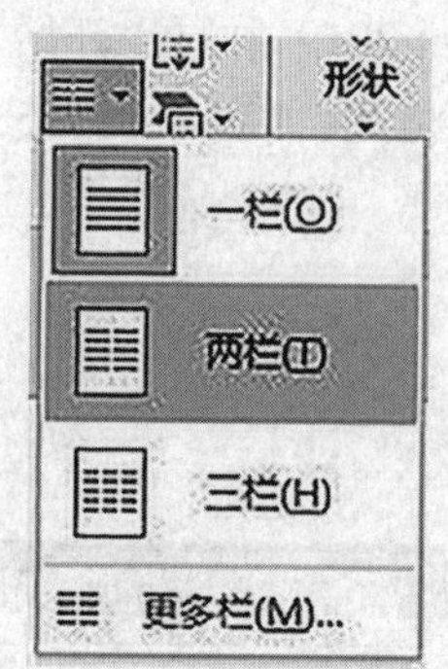

图 4－1－66 “两栏”命令

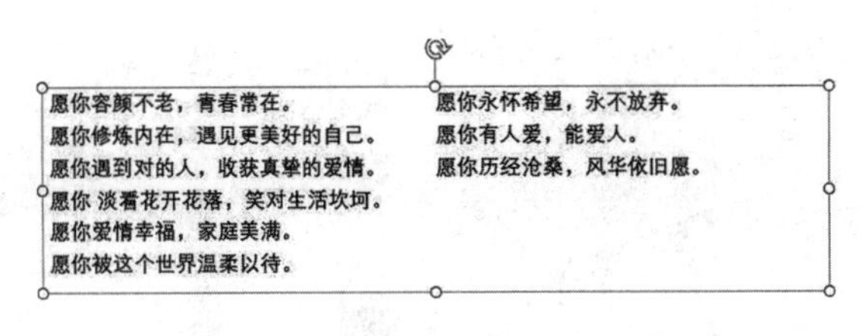

图 4-1-67 文字分两栏后的效果

在“分栏”下拉列表选择“更多栏”命令，如图 4-1-68 所示，将打开“栏”对话框。

在“栏”对话框中对“栏数”和“间距”进行设置，如图 4-1-69 所示。

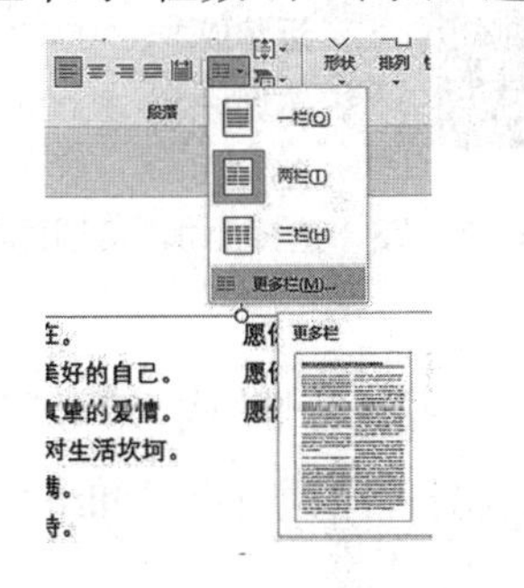

图 4-1-68 “更多栏”命令

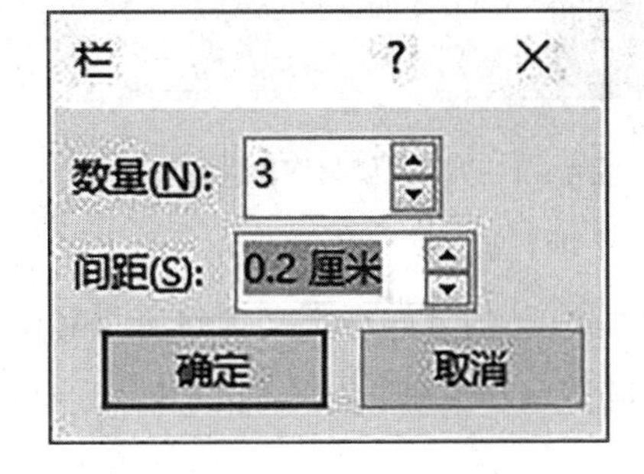

图 4-1-69 “栏”对话框

四、项目符号与编号

1. 项目符号

选中要添加项目符号的文本，在“开始”选项卡的“段落”组中单击“项目符号”按钮，在下拉列表中选择插入一种预制的符号，如图 4-1-70 所示。

插入完成后，每一段前面都有了一个项目符号，如图 4-1-71 所示。

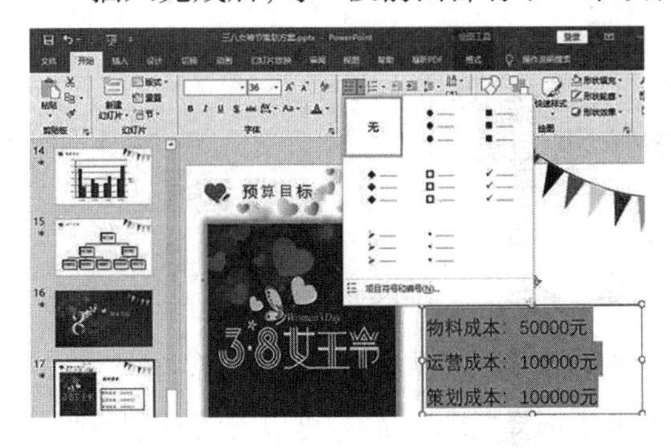

图 4-1-70 “项目符号”下拉列表

图 4-1-71 选择添加“箭头项目符号”

2. 编号

选中要添加编号的文本，在“开始”选项卡的“段落”组中单击“编号”按钮，在下拉列表中选择插入一种预制的编号，如图 4-1-72 所示。

插入完成后，每一段前面都有了一个编号，如图 4-1-73 所示。

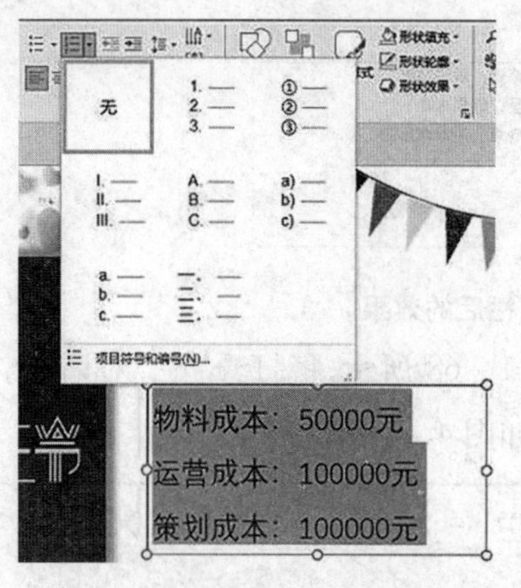

图 4-1-72 “编号”下拉列表

图 4-1-73 选择添加“带圆圈编号”

3. 自定义项目编号

可以根据自己的喜好自定义项目符号和编号。在“项目符号”或“编号”下拉列表中选择最下方的“项目符号和编号”命令，如图 4-1-74 所示，将打开“项目符号和编号”对话框，如图 4-1-75 所示。

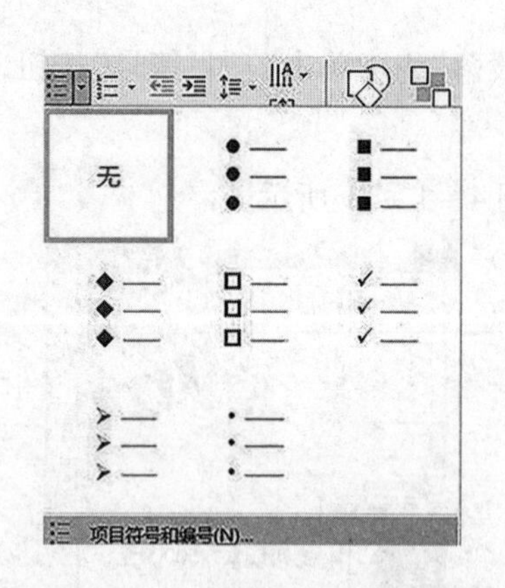

图 4-1-74 “项目符号和编号”命令

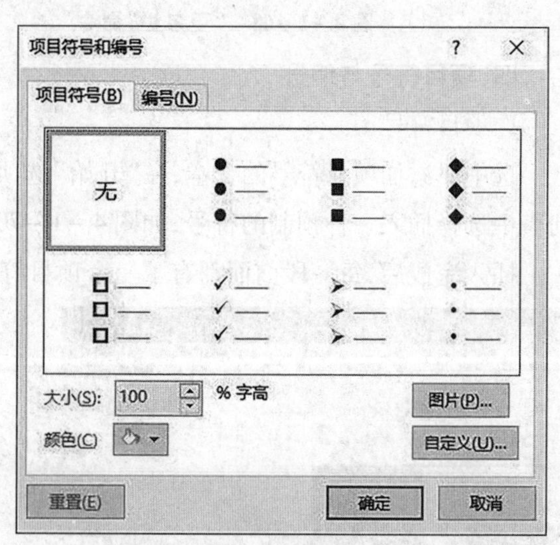

图 4-1-75 “项目符号和编号”对话框

在“项目符号和编号”对话框的“项目符号”选项卡中选择“图片”命令可以设置预制符号的颜色及大小，也可以选择来自文件的图片作为项目符号添加到段落前面，并设置图片的大小，如图 4-1-76 所示；在“编号”选项卡中可以设置编号的大小、颜色及起始编号，如图 4-1-77 所示。

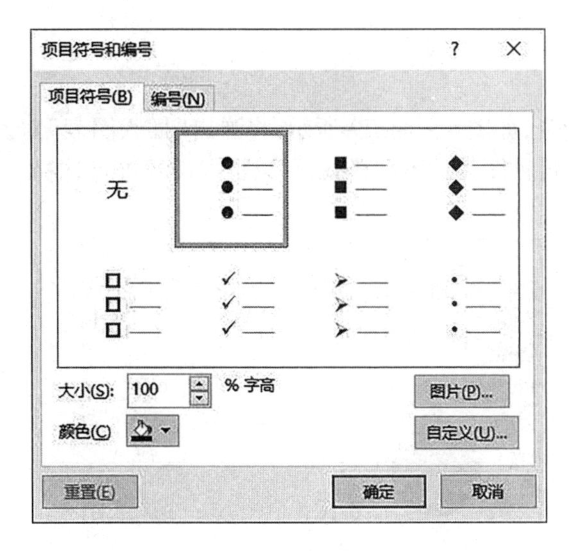

图 4-1-76 “项目符号”选项卡

图 4-1-77 “编号”选项卡

任务 3 插入选项卡

任务导入

办公室的小李已经将文字部分编辑完成,接下来他要插入更多的对象来丰富幻灯片的内容,让我们翘首以待吧!

任务分析

幻灯片中的对象包含很多类型,如图片、图表、图形、声音、视频等。

本任务介绍插入图表、图片、超链接、音频、视频、艺术字、形状及 SmartArt 图形的方法。

任务思路及步骤如图 4-1-78 所示。

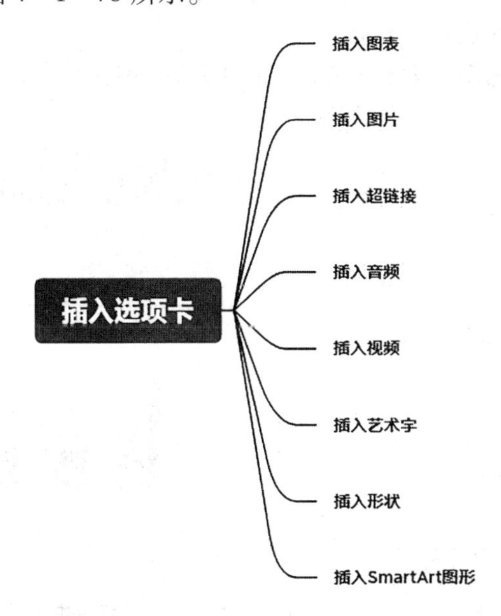

图 4-1-78 任务思路及步骤

任务实施

一、插入图表

选择“插入”选项卡→“插图”组→“图表”命令，如图 4－1－79 所示，将弹出“插入图表”对话框。对话框左侧列是图表的种类，窗口上方是每种图表的不同样式，可以根据需要进行选择。如图 4－1－80 所示。

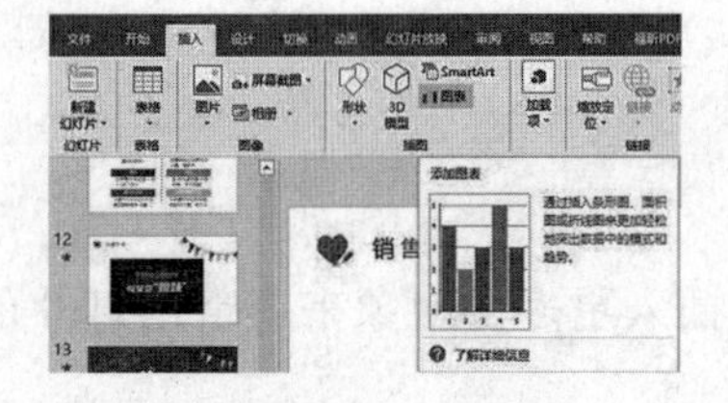

图 4－1－79　插入图表

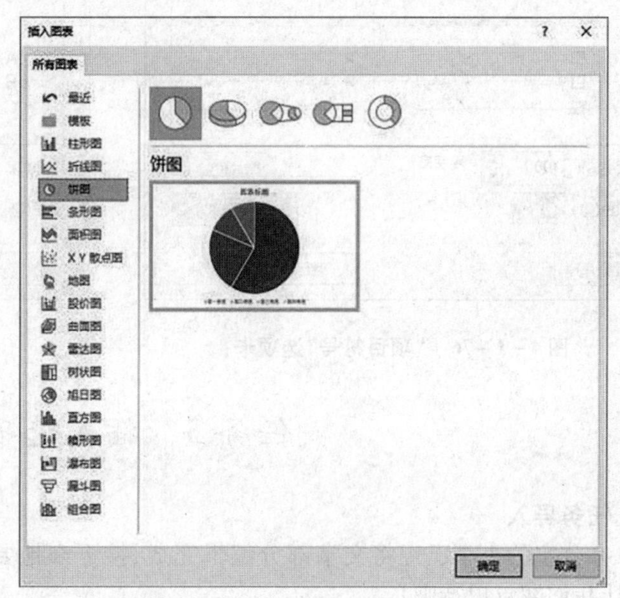

图 4－1－80　“插入图表”对话框

在“销售对比”幻灯片中，选择插入图表命令，打开“插入图表”对话框，选择“簇状柱形图”选项，如图 4－1－81 所示。

单击“确定”按钮之后，幻灯片中会出现对应的图表，还会打开 Excel 2019 窗口，如图4－1－82 所示。可以在 Excel 2019 窗口中修改图表的内容，如图 4－1－83 所示。修改完成后关闭 Excel 2019 窗口，幻灯片中的图表内容会随着 Excel 2019 数据的变化而变化。

将图表标题设为“历年线上线下销售对比图”，如图 4－1－84 所示。

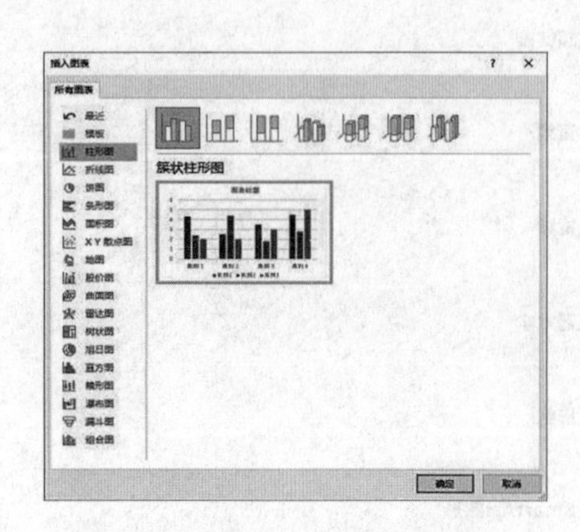

图 4－1－81　插入簇状柱形图

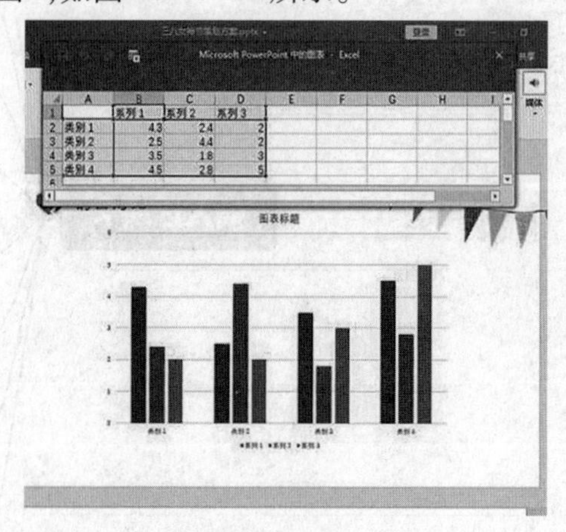

图 4－1－82　幻灯片中出现图表及 Excel 2019 窗口

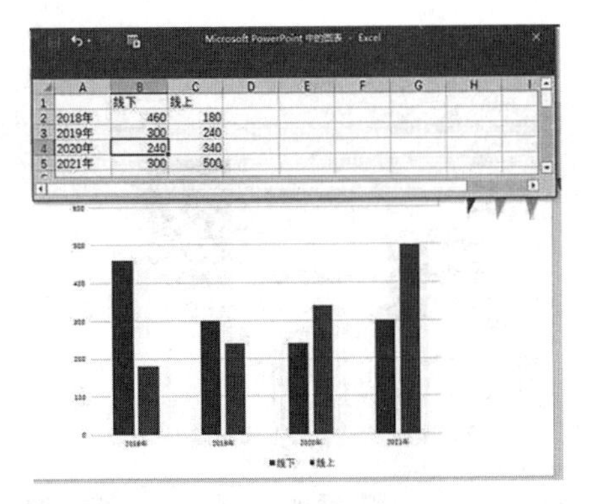

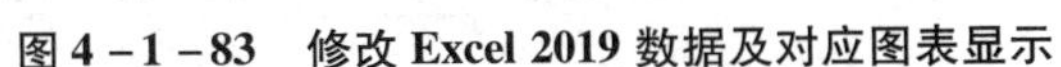

图 4－1－83　修改 Excel 2019 数据及对应图表显示

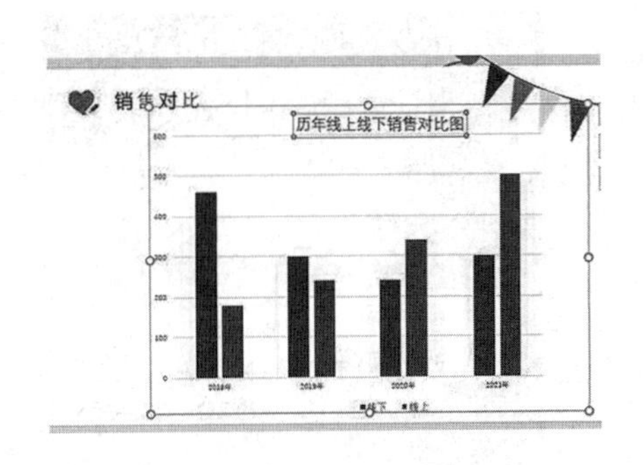

图 4－1－84　插入图表标题

选中插入的图表，如图 4－1－85 所示。在图标右侧将出现图表元素、图表样式、图表筛选器 3 个按钮，利用这三个按钮可以对已有图表进行修改，如图 4－1－86～4－1－88 所示。

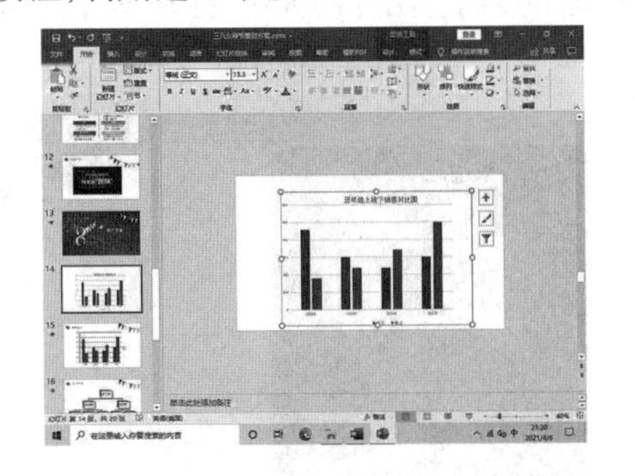

图 4－1－85　选中插入的图表

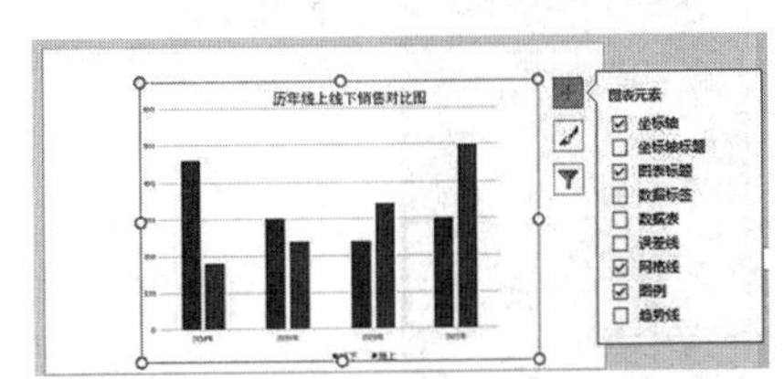

图 4－1－86　编辑图表元素

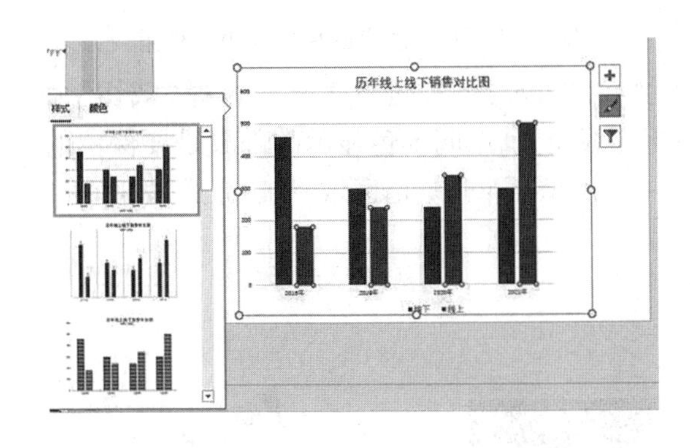

图 4－1－87　编辑图表样式及颜色

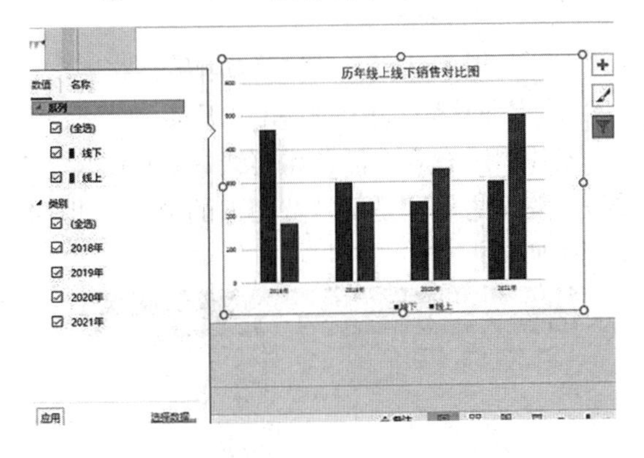

图 4－1－88　编辑图表数据

二、插入图片

选择“插入”选项卡→“图像”组→“图片”下拉列表中的“此设备”命令，如图 4－1－89 所示，将打开“插入图片”对话框。

在“插入图片”对话框中选择适合的图片路径及图片，选择“插入”命令，图片将插入幻灯片中，如图 4－1－90 和图 4－1－91 所示。

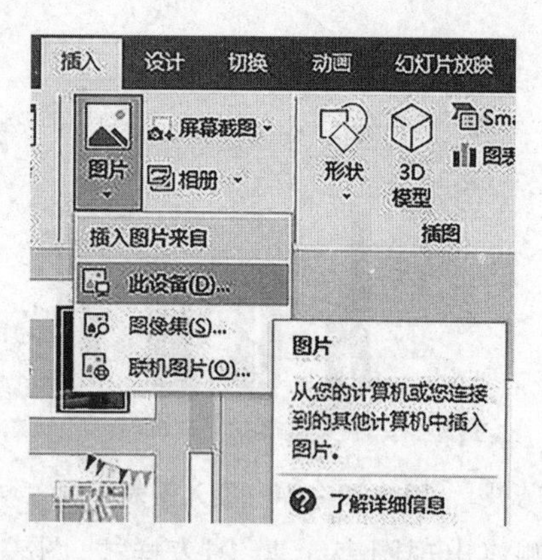

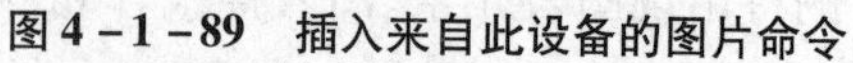
图 4－1－89　插入来自此设备的图片命令

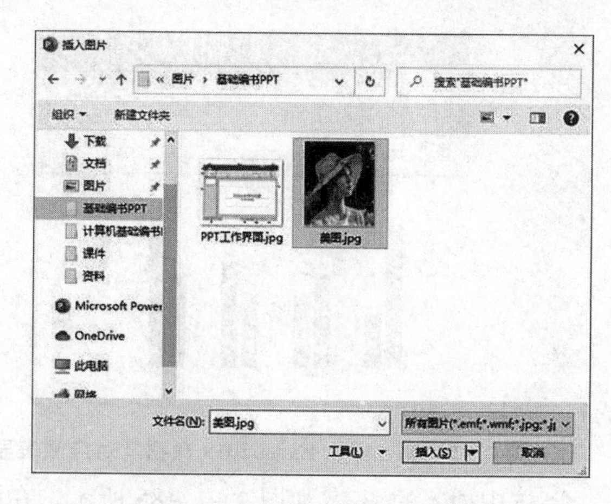

图 4－1－90　选择要插入的图片

选中插入的图片，图片四周出现 8 个节点，拖动节点调整图片的大小，拖动图片移到合适的位置，如图 4－1－92 所示。

图 4－1－91　插入图片完成

图 4－1－92　改变图片的大小和位置

选中图片后，会出现“图片工具”的“格式”选项卡，可以对图片进行美化。选择“裁切”命令，图片周围有 8 个黑色粗实线，拖动粗实线调整粗实线位置，中间实色显示的部分是要保留的部分，灰显的部分是要被裁切掉的部分，如图 4－1－93 所示。单击空白区域，裁切完成，如图 4－1－94 所示。

图 4－1－93　选择图片进行裁切

图 4－1－94　裁切完成

三、插入超链接

1. 插入超链接

选中要进行超链接的对象(如文字、图片、形状等),例如选中文字“返回首页”,选择“插入”选项卡→“链接”组→“链接”下拉列表→“插入超链接”命令,如图4－1－95所示,将弹出“插入超链接”对话框,如图4－1－96所示。

在“插入超链接”对话框中可选择链接到现有文件或网页、本文档中的位置、新建文档或电子邮件地址。例如选择“本文档中的位置”选项卡,选择第一张幻灯片,如图4－1－97所示,单击“确定”按钮后完成超链接的添加。

当鼠标进入文字时,显示超链接目标提示,如图4－1－98所示;放映幻灯片时,鼠标进入“返回首页”文字时将变成抓手形状,单击文字“返回首页”将跳转播放第一张幻灯片,如图4－1－99所示。

图4－1－95　“插入链接”命令

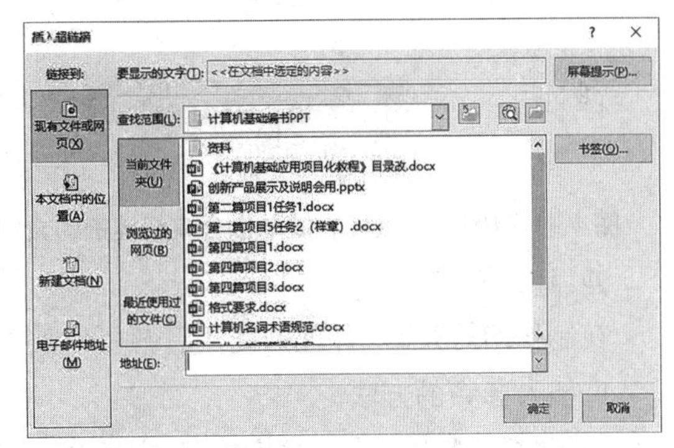

图4－1－96　“插入超链接”对话框

图4－1－97　选择超链接目标

图4－1－98　超链接效果

图4－1－99　幻灯片放映时的超链接显示

2. 删除超链接

用鼠标右键单击含有超链接的对象,在弹出的菜单中选择“删除超链接”命令。例如,用鼠标右键单击文字“返回首页”,在弹出的菜单中选择“删除超链接”命令,超链接删除完成,如图4－1－100所示。删除超链接后的文字如图4－1－101所示。

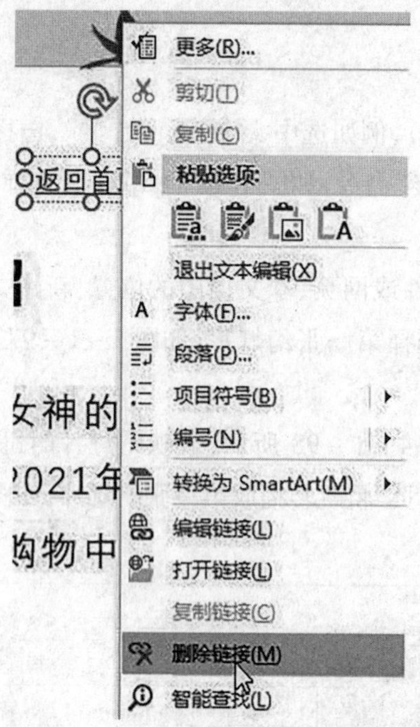

图 4-1-100　用鼠标右键单击含有超链接的文字

图 4-1-101　删除超链接后的文字显示

四、插入音频

在制作幻灯片时,合理的使用音频可以使 PowerPoint 2019 演示文稿更具表演力。

1. 插入音频的方法

选择"插入"选项卡→"媒体"下拉菜单→"音频"下拉菜单→"PC 上的音频"命令,如图 4-1-102 所示,将打开"插入音频"对话框。

在"插入音频"对话框中定位至音频的文件夹位置,选择要插入的音频,单击"插入"按钮,如图 4-1-103 所示。

图 4-1-102　插入音频

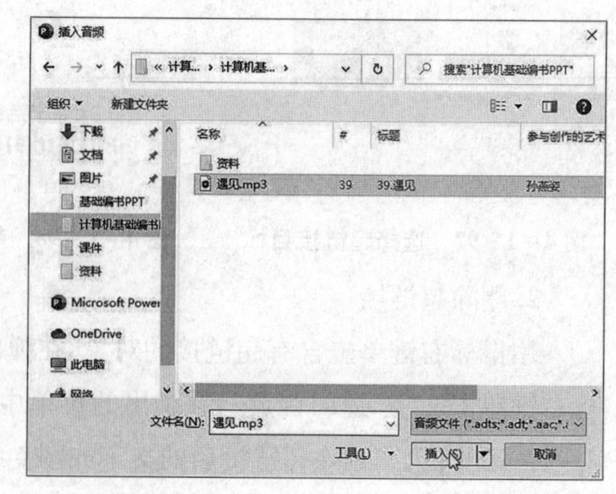

图 4-1-103　"插入音频"对话框

返回幻灯片,即可看到插入的音频对象,如图 4-1-104 所示。进入幻灯片放映模式后,单击小喇叭旁的播放图标,声音将进行播放,如图 4-1-105 所示。

图 4－1－104　插入音频图标

图 4－1－105　放映幻灯片时播放音频

2. 音频的播放

选中插入的音频对象图标，将打开音频工具的“格式”和“播放”选项卡，在“播放”选项卡中可以设置播放形式。例如选择“音频选项”组→“自动”命令并勾选“放映时隐藏”复选框，在进入幻灯片放映模式后，声音会被自动播放，且小喇叭图标也会被隐藏，如图 4－1－106 所示。

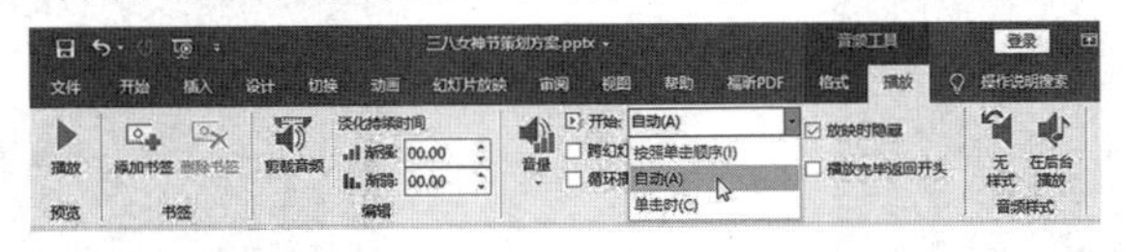

图 4－1－106　音频隐藏图标自动播放模式

在幻灯片内用鼠标右键单击插入的音频对象图标，在弹出的菜单里选择“样式”下拉列表→“在后台播放”命令，在进行幻灯片放映时，喇叭图标不会显示，音频会在后台循环播放，而且还可以跨幻灯片播放，如图 4－1－107 所示。

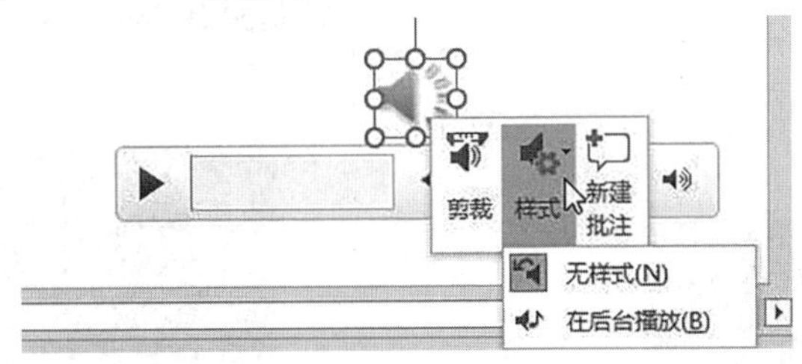

图 4－1－107　音频隐藏图标在后台播放模式

五、插入视频

1. 插入视频的方法

选择“插入”选项卡→“媒体”下拉菜单→“视频”下拉菜单→“PC 上的视频”命令，如图 4－1－108 所示，将打开“插入视频文件”对话框。

在“插入视频文件”对话框中定位至视频的文件夹位置，选择要插入的视频，单击“插入”按钮，如图 4－1－109 所示。

返回幻灯片，即可看到插入的视频对象。拖动视频周围的节点来调整视频的大小，如图

4－1－110所示；拖动视频到适当的位置，如图4－1－111所示。

单击“播放”按钮可预览视频的播放效果，如图4－1－112所示。进入幻灯片放映模式后，单击播放图标，视频将进行播放，如图4－1－113所示。

图4－1－108　插入视频

图4－1－109　“插入视频文件”对话框

图4－1－110　调整视频大小

图4－1－111　拖动视频位置

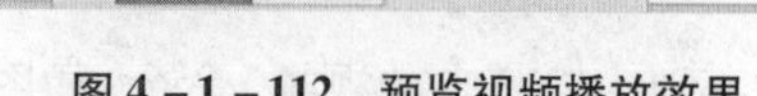

图4－1－112　预览视频播放效果

图4－1－113　放映幻灯片时播放视频

2. 视频的播放

选中插入的视频对象图标，将打开视频工具的“格式”和“播放”选项卡。在“播放”选项卡中可以设置播放形式。例如选择“视频选项”组→“自动”命令并勾选“循环播放，直到停止”复选框，在进入幻灯片放映模式后，视频将自动播放，且循环播放至本张幻灯片放映结束，如图

4－1－114所示。

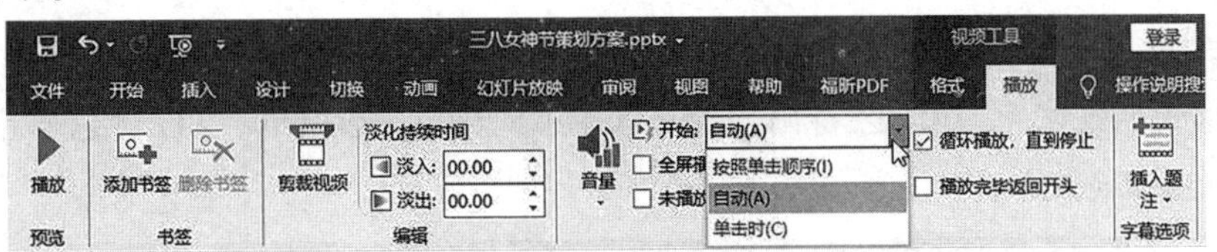

图 4－1－114 视频播放设置

六、插入艺术字

艺术字通常用于编排报头、广告、请柬及演示文稿标题等特殊位置，在演示文稿中一般用于制作幻灯片标题。插入艺术字后，可以改变其样式、大小、位置等。

1. 插入艺术字的方法

选择“插入”选项卡→“文本”按钮组→“艺术字”命令，如图 4－1－115 所示。

图 4－1－115 插入艺术字

在弹出的下拉列表中选择艺术字样式，每一个样式都有名字，例如选择第一行第二个“填充：蓝色，主题色 1；阴影”，如图 4－1－116 所示。

幻灯片中出现“请在此放置您的文字”，如图 4－1－117 所示。在此处输入需要的文字，例如“3.8 女神节活动策划方案”，如图 4－1－118 所示，艺术字插入完成。

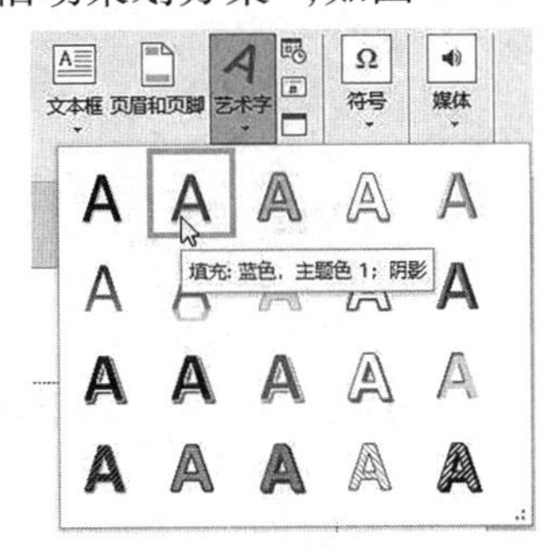

图 4－1－116 艺术字样式

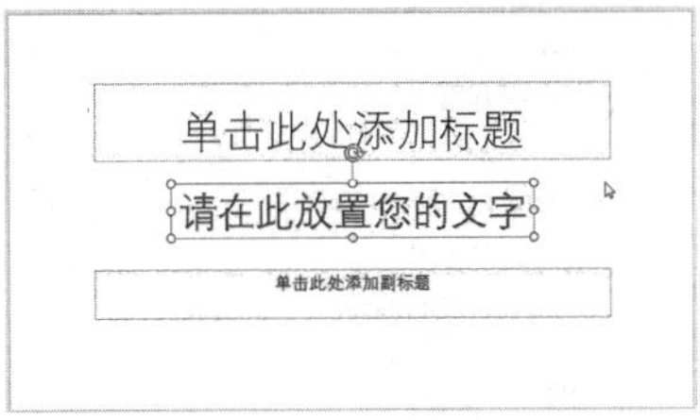

图 4－1－117 插入艺术字命令

删除原有标题文本框，艺术字作为标题，如图 4－1－119 所示。

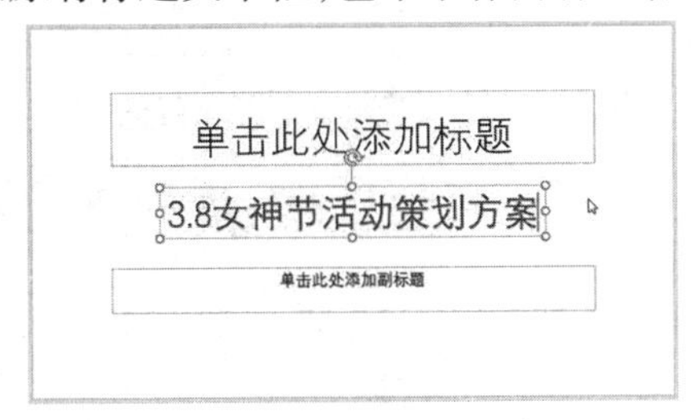

图 4－1－118 编辑艺术字内容

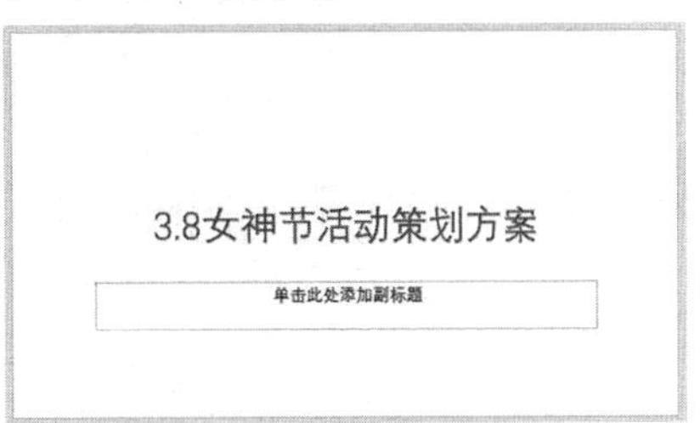

图 4－1－119 艺术字作为标题

2. 编辑艺术字

在“开始”选项卡→“字体”组中根据需要可以调整艺术字的字体、字号、颜色等。

选中要编辑的艺术字，功能区将出现绘图工具的“格式”选项卡，可以对艺术字进行编辑，如图4－1－120所示。

图4－1－120 “绘图工具”的“格式”选项卡

单击“格式”选项卡→“形状样式”组或“大小”组的折叠按钮，将在窗口右侧出现“设置形状格式”窗格，可以进行“填充与线条”“效果”和“大小与属性”的设置，如图4－1－121～图4－1－124所示。

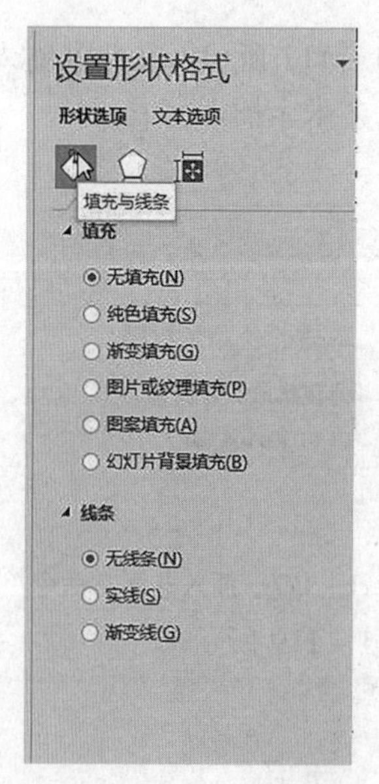

图4－1－121 填充与线条设置

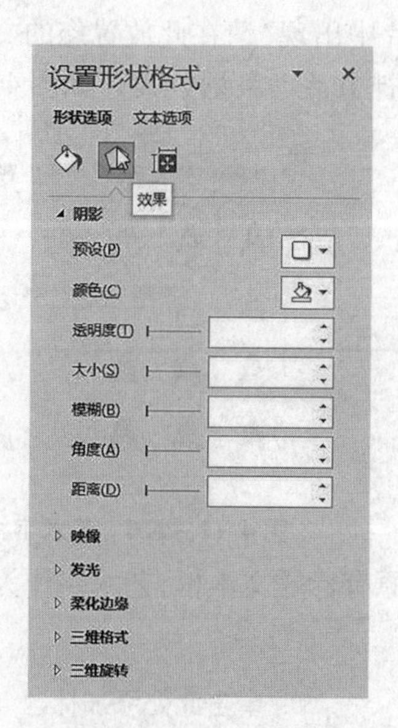

图4－1－122 效果设置

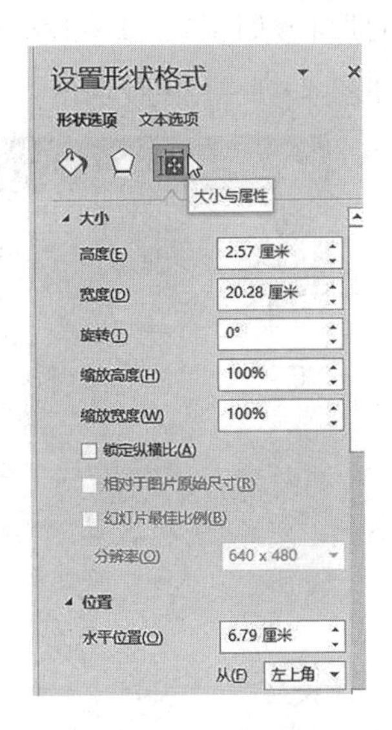

图 4 –1 –123　大小与属性设置 1

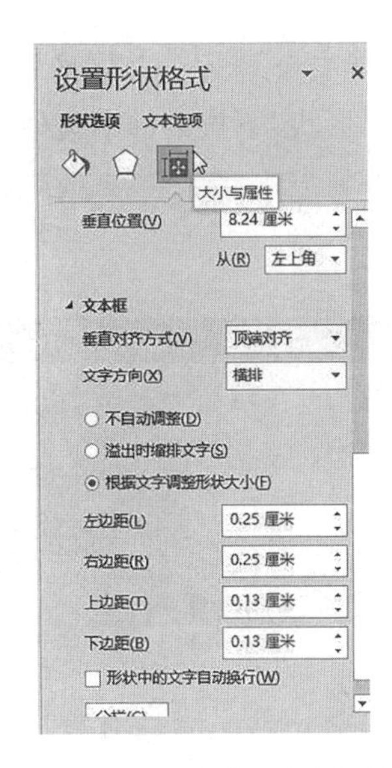

图 4 –1 –124　大小与属性设置 2

单击“格式”选项卡→“艺术字样式”组的折叠按钮，将在窗口右侧出现“设置形状格式”窗格，可以进行“文本填充与轮廓”“文字效果”和“文本框”的设置，如图 4 –1 –125 ~ 图 4 –1 –127 所示。

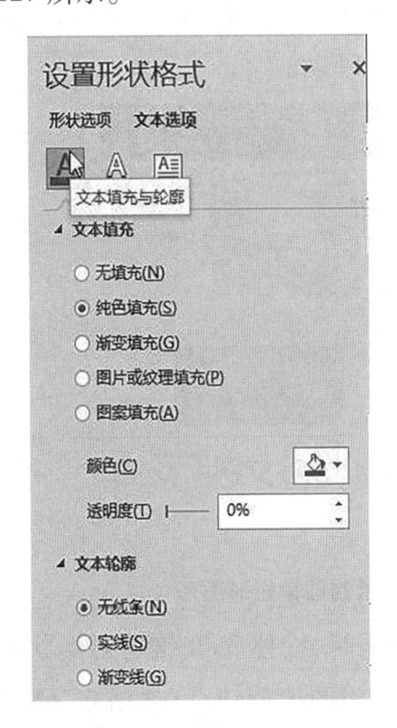

图 4 –1 –125　文本填充与轮廓设置

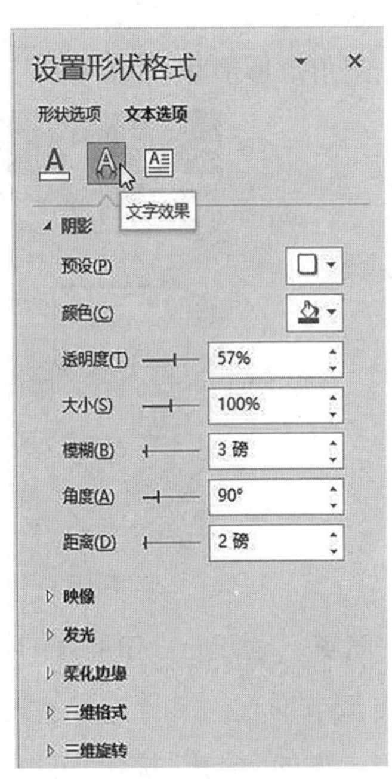

图 4 –1 –126　文字效果设置

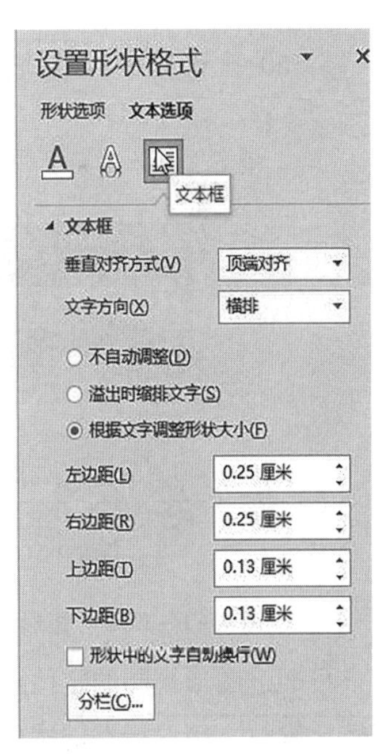

图 4 –1 –127　文本框设置

七、插入形状

在 PowerPoint 2019 中，根据需要可以绘制矩形、基本形状、箭头、公式形状、流程图、星与旗帜以及标注等不同类型的图形，并设置图形格式，也可在图形中输入文字。

在“开始”选项卡→“形状”下拉菜单中选择要绘制的形状，如图 4－1－128 所示；也可在“插入”选项卡→“形状”下拉菜单中选择要绘制的形状，如图 4－1－129 所示。

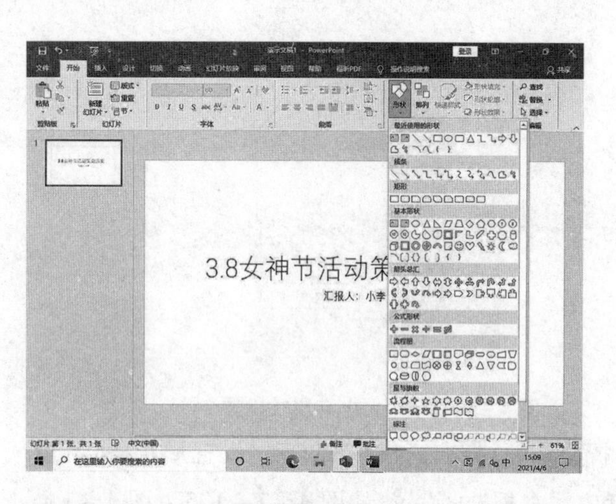

图 4－1－128 “开始”选项卡中的“形状”下拉菜单

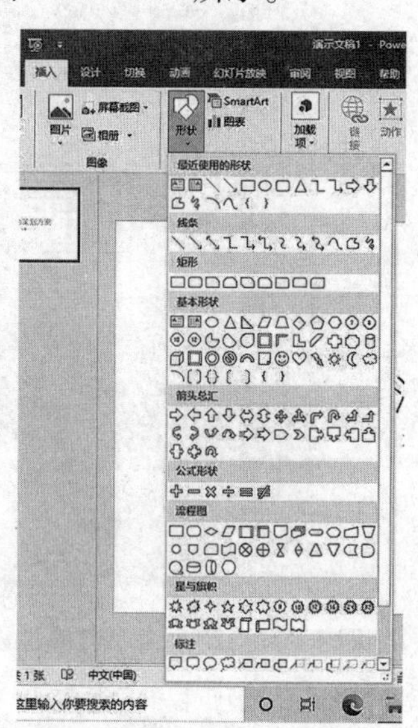

图 4－1－129 “插入”选项卡中的“形状”下拉菜单

在第一张标题幻灯片中，选择“插入”选项卡→“形状”下拉菜单→“矩形：圆角”选项，如图 4－1－130 所示。在空白区域插入圆角矩形形状，如图 4－1－131 所示。

图 4－1－130 “矩形：圆角”选项

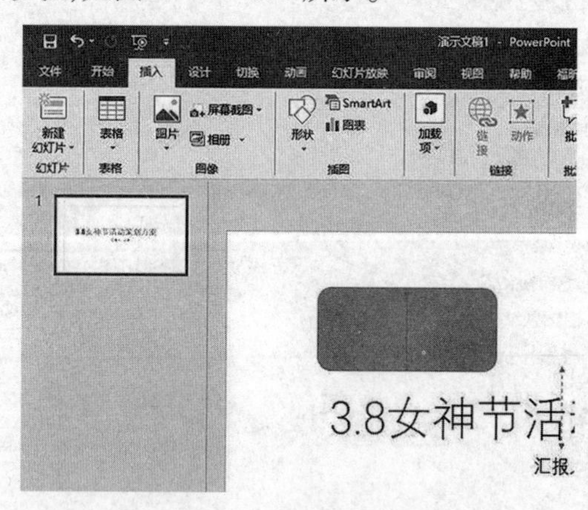

图 4－1－131 绘制圆角矩形图形

可通过图形周围的定位点随意调节形状。注意进行缩放的同时，按住 Shift 键可对形状进行等比缩放。用鼠标左键按住图形上方的“旋转”按钮，可以任意将图像旋转。在“格式”选项卡中，可以修改填充颜色、填充形状、填充效果以及精确设置大小、位置、排列方式等，如图 4－1－132 所示。

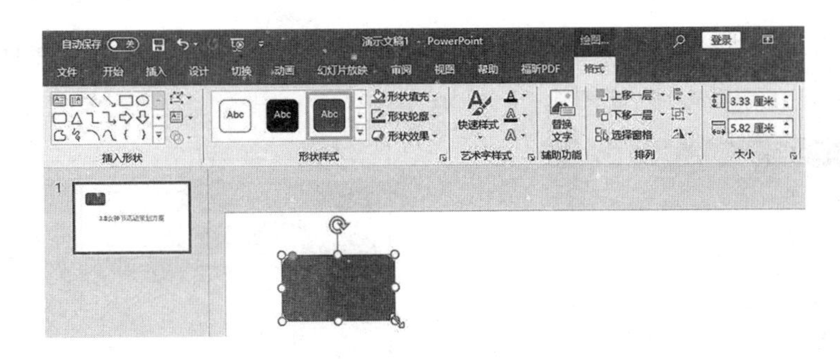

图 4－1－132　设置图形格式

单击鼠标右键选中的圆角矩形图形，在弹出的菜单中选择“编辑文字”命令，如图 4－1－133 所示。

向图形中添加“某某集团”文字，如图 4－1－134 所示。

图 4－1－133　“编辑文字”命令

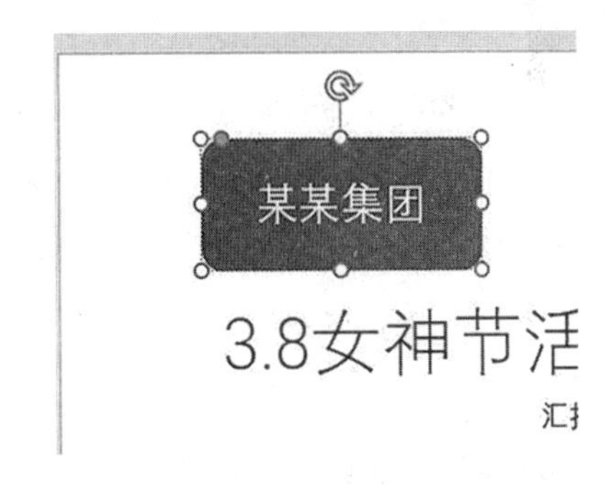

图 4－1－134　向图形中添加文字

八、插入 SmartArt 图形

为幻灯片插入 SmartArt 图形可以提高幻灯片的视觉效果，准确地表达出内容和想法。PowerPoint 2019 为用户提供了种类更加丰富的 SmartArt 图形，其中包括列表式、流程式、循环式、层次结构式、关系式、矩阵式等。用户在选择时，根据自身需要选择插入即可使用。

1. 插入 SmartArt 图形

选择“插入”选项卡→“插图”按钮组→“SmartArt”命令，如图 4－1－135 所示。

打开“选择 SmartArt 图形”对话框，在左侧的 SmartArt 图形类型列表中选择“层次结构”选项，然后在右侧的图形库内选择“层次结构”图标。此时对话框内会显示此 SmartArt 图形的详细介绍，最后单击“确定”按钮，如图 4－1－136 所示。

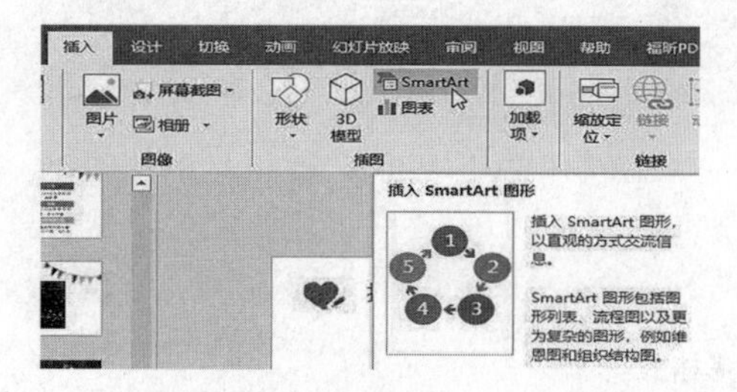

图 4－1－135　插入 SmartArt 图形

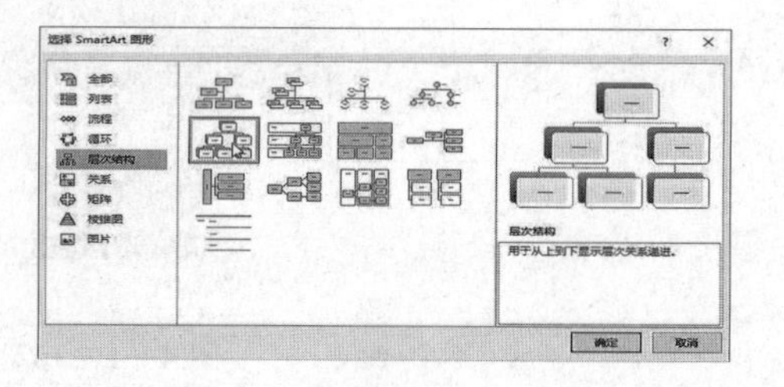

图 4－1－136　“选择 SmartArt 图形”对话框

可看到幻灯片内已插入 SmartArt 图形，根据需要调整其大小和位置，如图 4－1－137 所示。在文本占位符中输入文字或在 SmartArt 图形左侧的窗口中输入相应级别的文字，如图 4－1－138 所示。

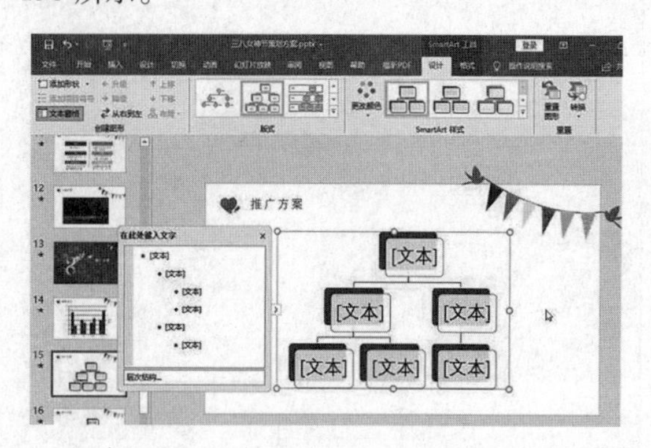

图 4－1－137　调整 SmartArt 图形的大小和位置

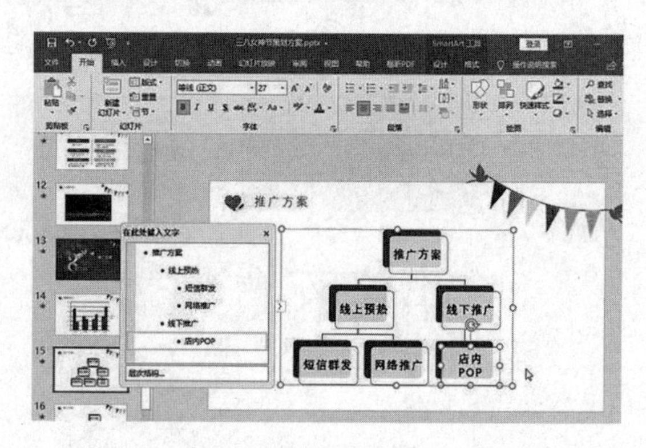

图 4－1－138　在 SmartArt 图形中输入文字

选中 SmartArt 图形中的“线上预热”图形，如图 4－1－139 所示。

选择“图片工具”的“设计”选项卡→“创建图形”组→“添加形状”下拉按钮→“在下面添加形状”命令，即可看到幻灯片内“线上预热”图形的下面添加了新的图形，如图 4－1－140 所示。

输入文字“微信推广”，如图 4－1－141 所示。

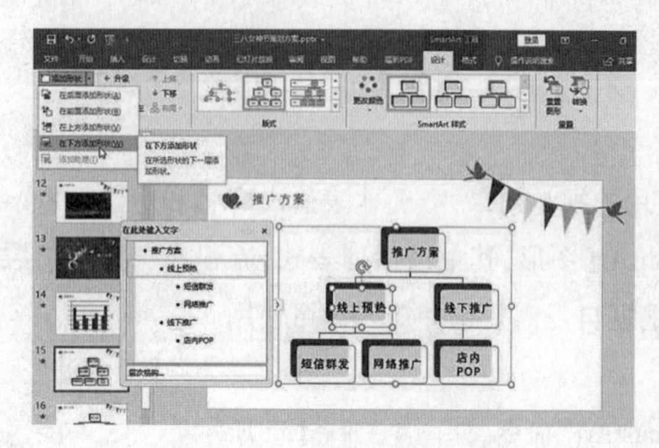

图 4－1－139　选中“线上预热”图形

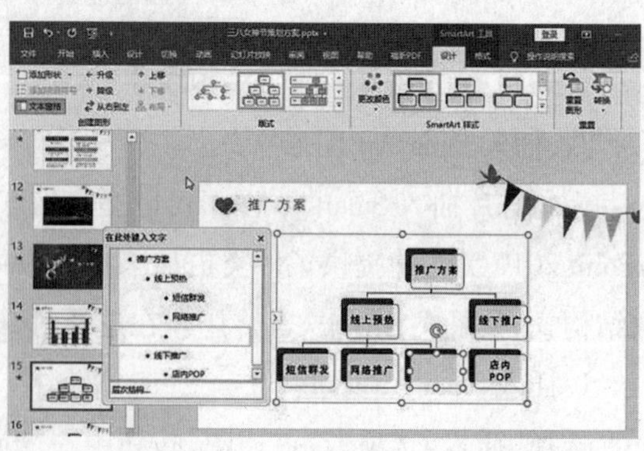

图 4－1－140　在“线上预热”图形下方添加新图形

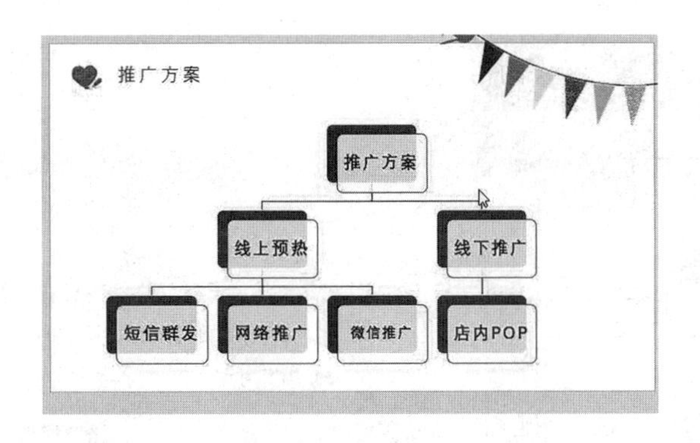

图 4－1－141　在新图形中输入“微信推广”文字

选中 SmartArt 图形中的“店内 POP”图形，如图 4－1－142 所示。

选择“图片工具”的“设计”选项卡→“创建图形”组→“添加形状”下拉按钮→“在后面添加形状”命令，即可看到幻灯片内“店内 POP”图形右侧添加了新的图形，如图 4－1－143 所示。

输入文字“室外广告”，如图 4－1－144 所示。

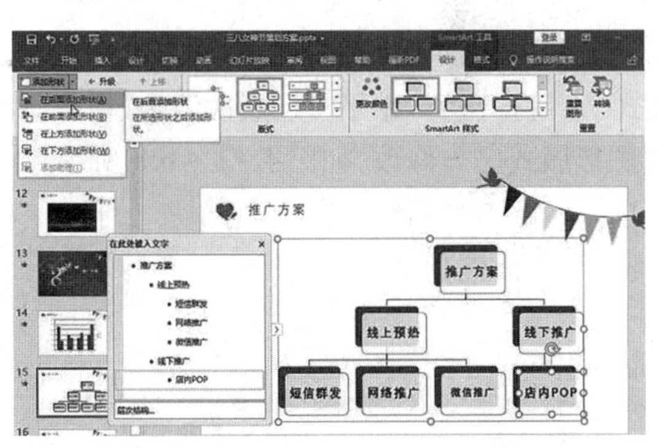

图 4－1－142　选中“店内 POP”图形

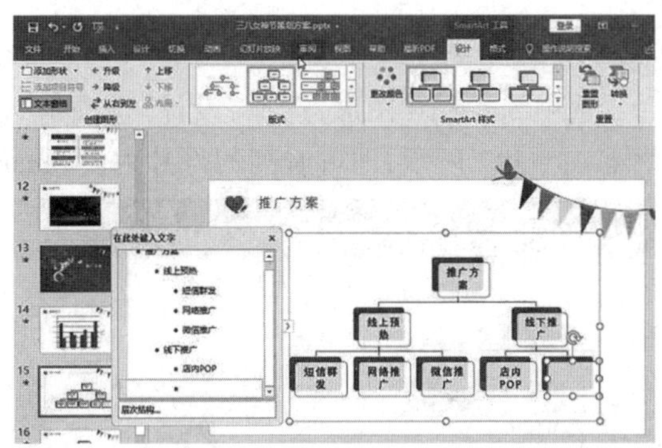

图 4－1－143　在“店内 POP”图形右侧添加新图形

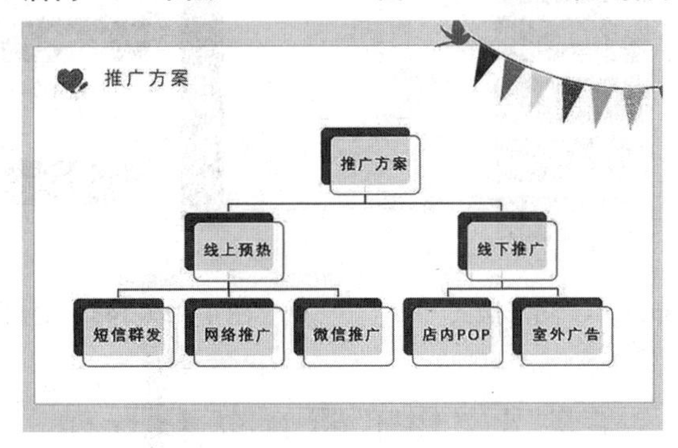

图 4－1－144　在新图形中输入“室外广告”文字

2. 设置 SmartArt 图形的样式

PowerPoint 2019 为用户提供的默认 SmartArt 图形都是单色调的，如果用户对此不满意，可以继续对其进行色彩、样式的设置，具体操作如下。

选中 SmartArt 图形，选择“设计”选项卡→“SmartArt 样式”组→“更改颜色”下拉按钮→“彩色－个性色”命令，如图 4－1－145 所示，即可看到幻灯片内的 SmartArt 图形颜色已被修改，如图 4－1－146 所示。

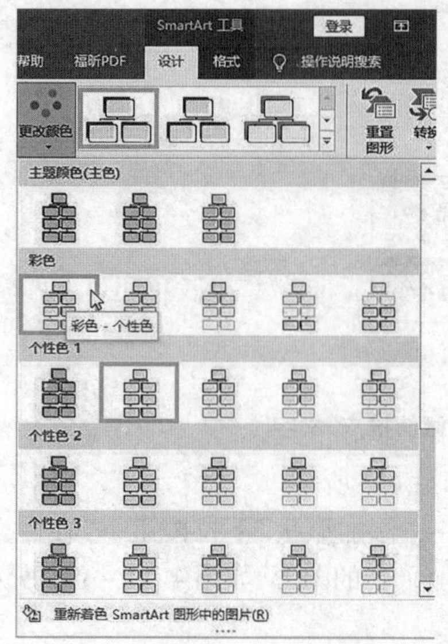

图 4 – 1 – 145　更改 SmartArt 图形颜色

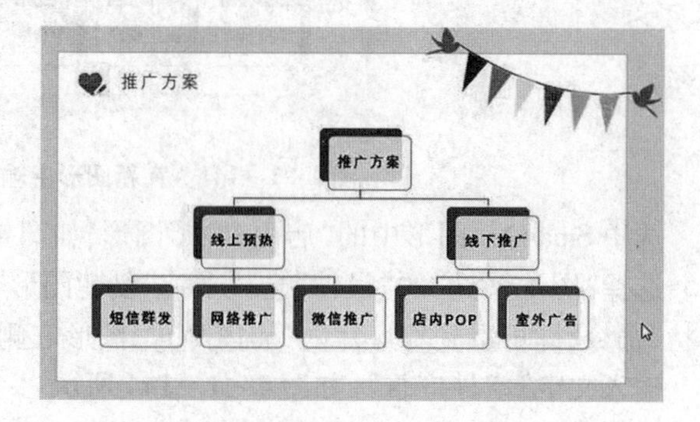

图 4 – 1 – 146　更改 SmartArt 图形颜色后

选中 SmartArt 图形，选择“设计”选项卡→“版式”下拉按钮→“水平多层层次结构”命令，如图 4 – 1 – 147 所示，即可看到幻灯片内的 SmartArt 图形版式已被修改，如图 4 – 1 – 148 所示。

图 4 – 1 – 147　更改 SmartArt 图形版式

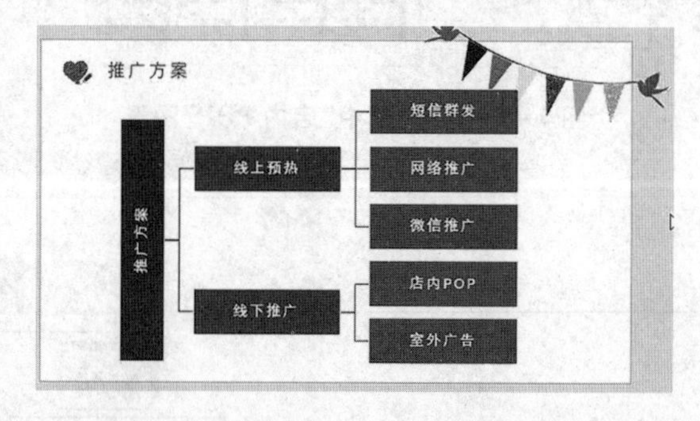

图 4 – 1 – 148　更改 SmartArt 图形版式后

任务 4　PPT 的打包和打印

任务导入

办公室的小李已做好了静态的幻灯片，他想将 PPT 打包，打印一份给主管审查，那么怎么打包比较方便呢？平时打印 PPT，系统默认是一页打印一张幻灯片，那么怎么打印成一页 6 张幻灯片或者一页多张幻灯片呢？

任务分析

在很多情况下，要将自己制作好的演示文稿复制到其他计算机上放映，打包的意义在于可

以把 PPT 中用到的视频、音频等文件一同复制到一个文件夹内,这样就可以复制到 U 盘中,保证在其他电脑上也可以正常播放幻灯片。

本任务介绍 PPT 打包和打印的方法。

任务思路及步骤如图 4 –1 –149 所示。

任务实施

一、PPT 的打包

选择“文件”命令,打开文件窗口。选择“导出”选项卡→“将演示文稿打包成 CD”选项→“打包成 CD”命令,如图 4 –1 –150 所示。

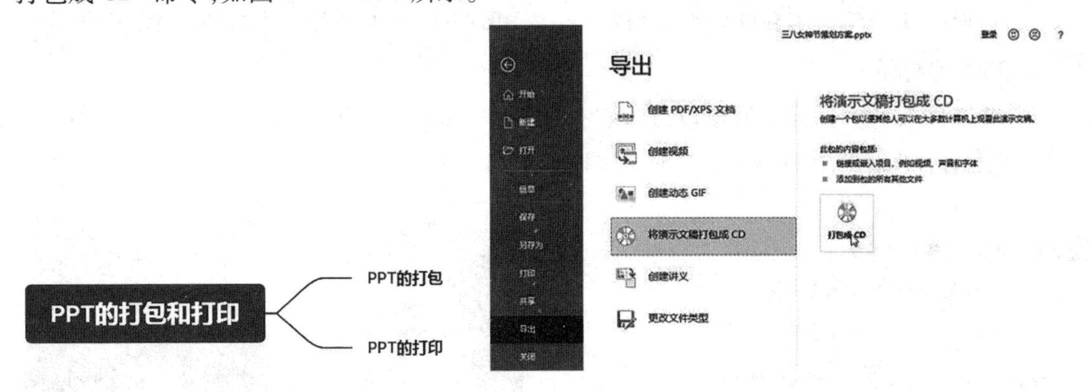

图 4 –1 –149　任务思路及步骤　　**图 4 –1 –150　“打包成 CD”命令**

打开“打包成 CD”对话框,单击“添加”按钮,如图 4 –1 –151 所示,将打开“添加文件”对话框。

在“添加文件”对话框中选择相应的文件,单击“添加”按钮,如图 4 –1 –152 所示。

选择的“媒体. mp4”和“遇见. mp3”两个文件已添加到“要复制的文件”列表框中,选择“复制到文件夹”命令,如图 4 –1 –153 所示,将打开“复制到文件夹”对话框。

在“复制到文件夹”对话框中更改文件夹的名称及位置,单击“确定”按钮,如图 4 –1 –154 所示。弹出已打包的 PPT 文件夹,如图 4 –1 –155 所示。

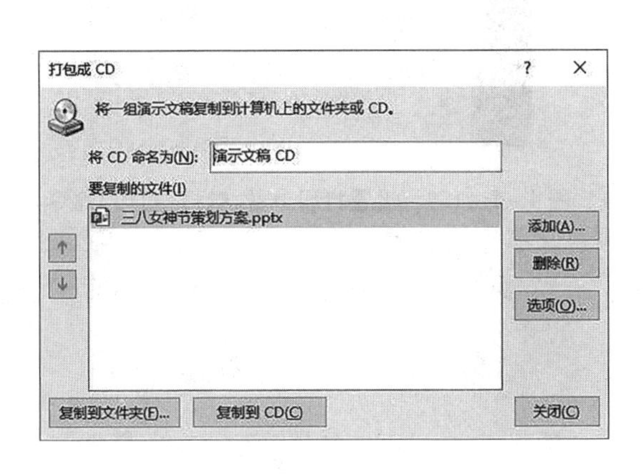

图 4 –1 –151　“打包成 CD”对话框

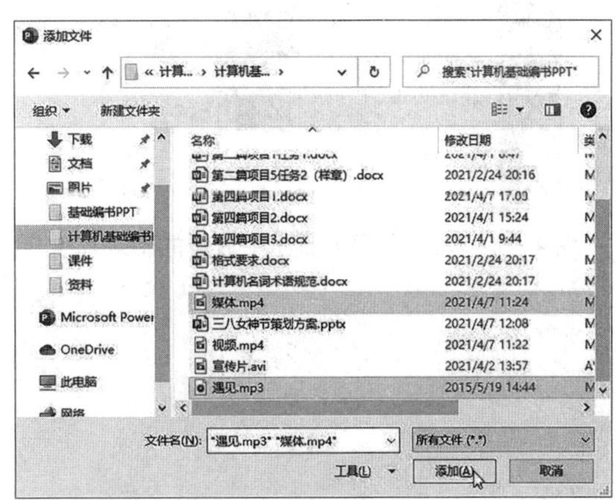

图 4 –1 –152　“添加文件”对话框

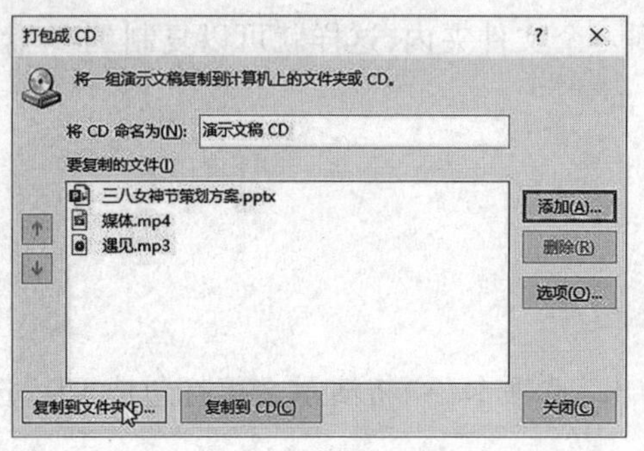

图 4-1-153 "打包成 CD"对话框

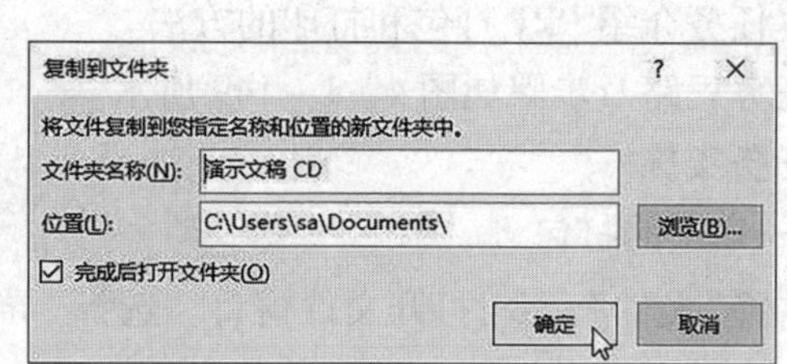

图 4-1-154 "复制到文件夹"对话框

二、PPT 的打印

选择"文件"命令,打开文件窗口,选择"打印"选项卡→"整页幻灯片"下拉菜单→"6 张水平放置的幻灯片"命令,如图 4-1-156 和图 4-1-157 所示。

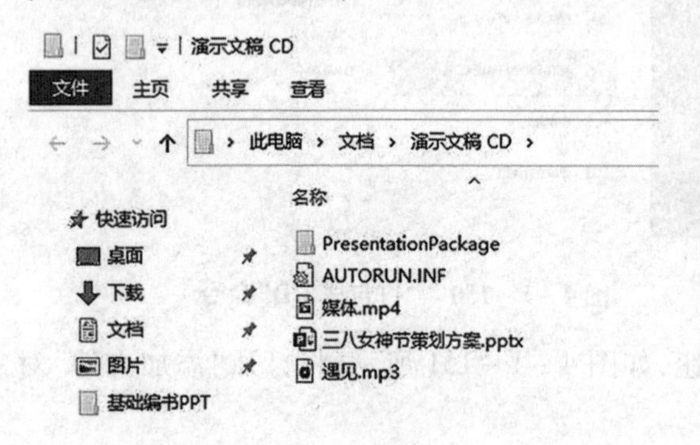

图 4-1-155 已打包的 PPT 文件夹

图 4-1-156 "打印"选项卡

查看每页内容,设置打印参数,选择"打印"命令即可打印,如图 4-1-158 所示。

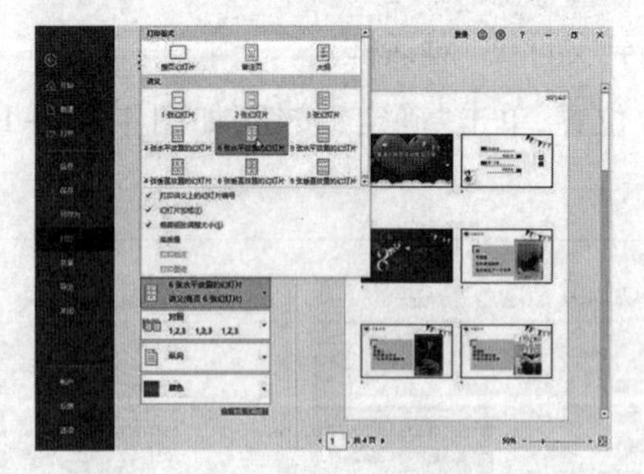

图 4-1-157 打印 6 张水平放置的幻灯片

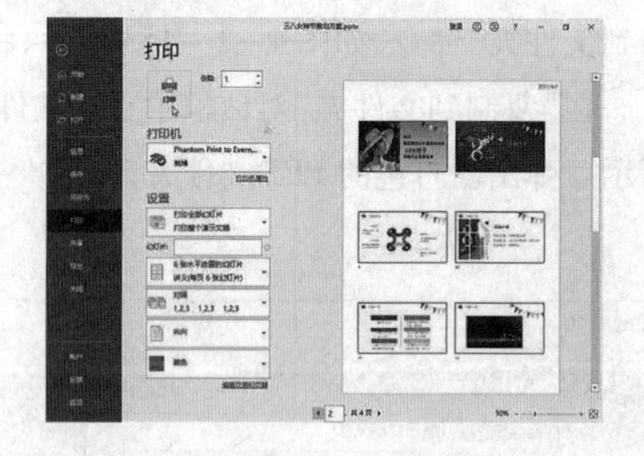

图 4-1-158 设置打印参数,选择"打印"命令

项目 2

制作“产品宣传与推广”幻灯片——PPT 美化

知识目标

(1)掌握演示文稿的主题选用方法。

(2)掌握幻灯片背景的设置方法。

(3)掌握演示文稿动画的设置方法。

(4)掌握演示文稿放映方式的设置方法。

(5)掌握幻灯片切换效果的设置方法。

技能目标

(1)具备对演示文稿选用主题的能力。

(2)具备设置幻灯片背景的能力。

(3)具备更改幻灯片版式的能力。

(4)具备设置演示文稿动画的能力。

(5)具备设置演示文稿放映方式的能力。

(6)具备设置演示文稿切换效果的能力。

任务 1　PPT 样式与版式

任务导入

面对 PPT 配色难看、排版混乱等常见问题,办公室的小李想进一步学习怎样对已有的“产品宣传与推广”幻灯片内容进行美化排版。

任务分析

通过对内容进行排版及美化,可以提升幻灯片的视觉效果。

本任务介绍 PPT 样式与排版的设置方法。

任务思路及步骤如图 4-2-1 所示。

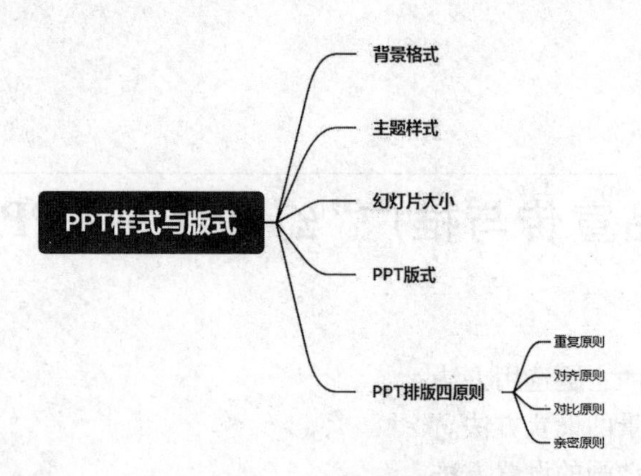

图4-2-1　任务思路及步骤

任务实施

一、背景格式

选择“设计”选项卡→“自定义”组→“设置背景格式”命令，如图4-2-2所示。

在窗体右侧打开“设置背景格式”对话框，单击“纯色填充”单选按钮，单击“颜色”下拉按钮，设置纯色“浅绿色”填充，如图4-2-3所示；调整其透明度为80%，如图4-2-4所示。

选择“应用到全部”命令，将此背景设置应用到所有幻灯片中。关闭“设置背景格式”对话框，幻灯片的背景格式设置效果如图4-2-5所示。

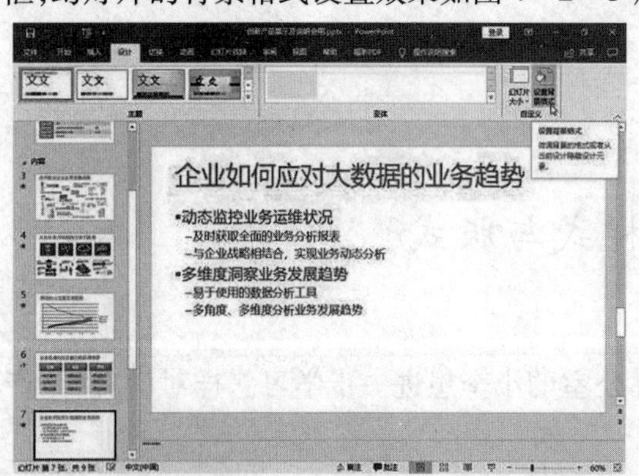

图4-2-2　“设置背景格式”命令

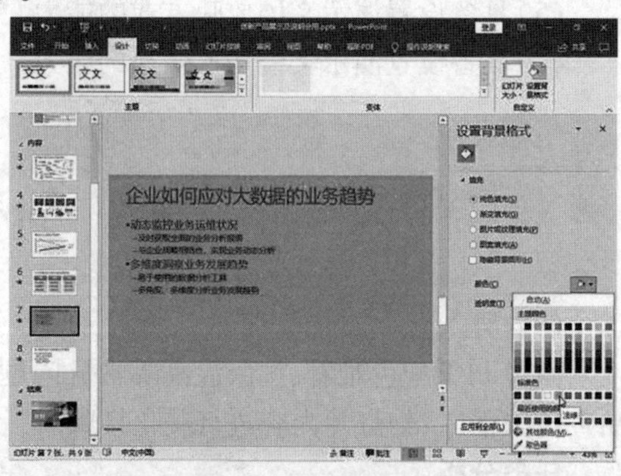

图4-2-3　设置纯色“浅绿色”填充

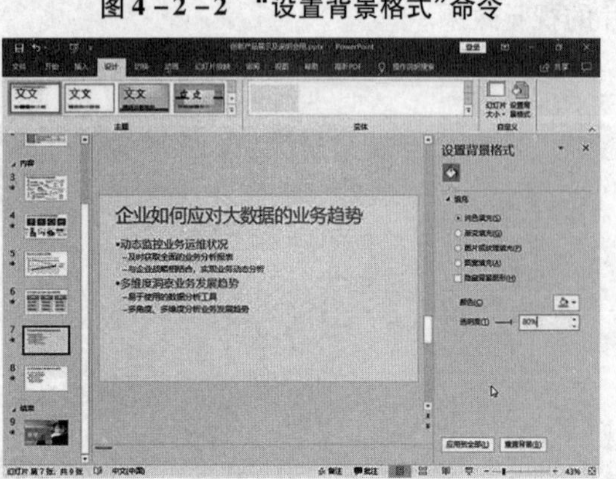

图4-2-4　设置透明度

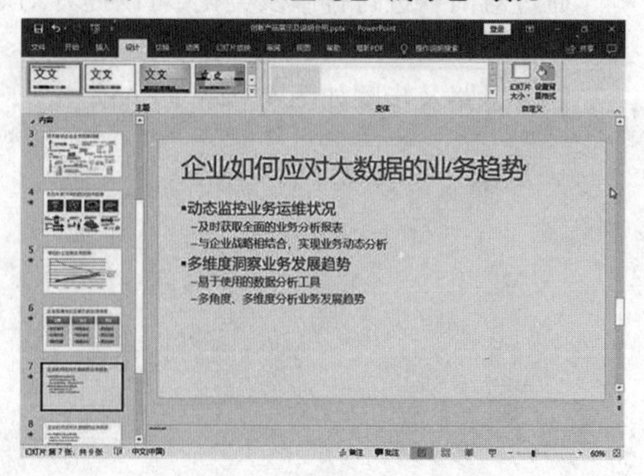

图4-2-5　背景格式设置效果

还可以给幻灯片设置渐变填充、图片、纹理填充、图案填充的背景,只需要在“设置背景格式”对话框中选择不同的选项即可。

二、主题样式、主题颜色和主题字体

1. 主题样式

为了帮助用户快速美化演示文稿,PowerPoint 2019 提供了许多主题样式,用户可以选择任意样式使用。

选择“设计”选项卡→“主题”组→“其他”命令,如图 4-2-6 所示。

在展开的主题样式库内选择样式,例如“平面”,如图 4-2-7 所示。

演示文稿应用了“平面”主题样式,效果如图 4-2-8 所示。

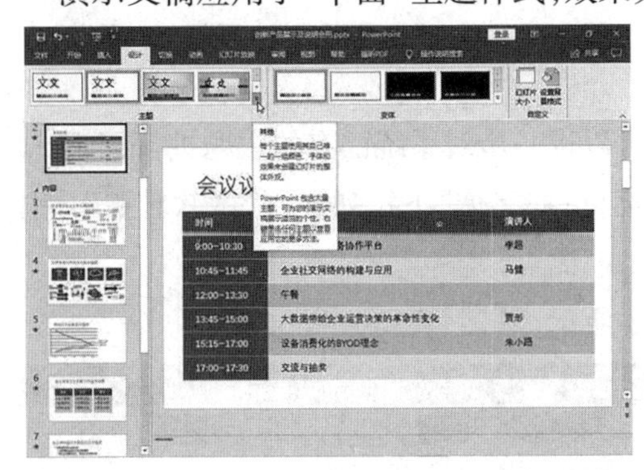

图 4-2-6 其他主题

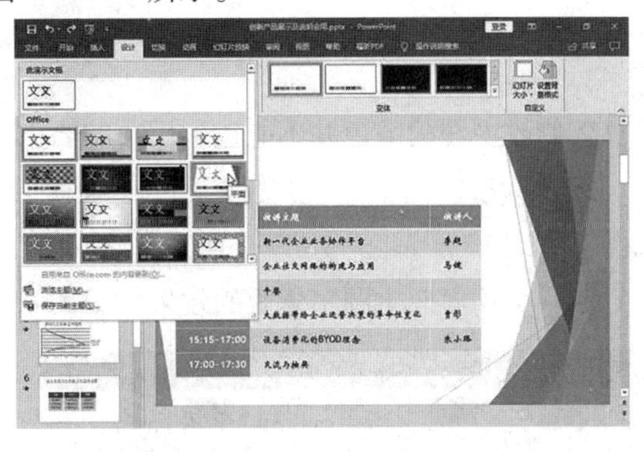

图 4-2-7 选择“平面”主题样式

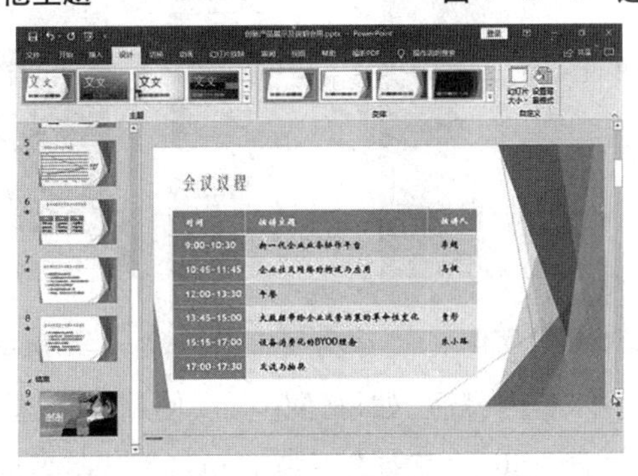

图 4-2-8 “平面”主题样式应用效果

2. 主题颜色

当用户对主题有其他要求时,可以对已有主题稍作修改或者重新编辑主题。

选择“设计”选项卡→“变体”组→“其他”命令,如图 4-2-9 所示。

在展开的菜单列表中选择“颜色”选项,在展开的颜色样式库内选择需要的颜色,例如“蓝色暖调”,如图 4-2-10 所示。

演示文稿“蓝色暖调”主题颜色的应用效果如图 4-2-11 所示。

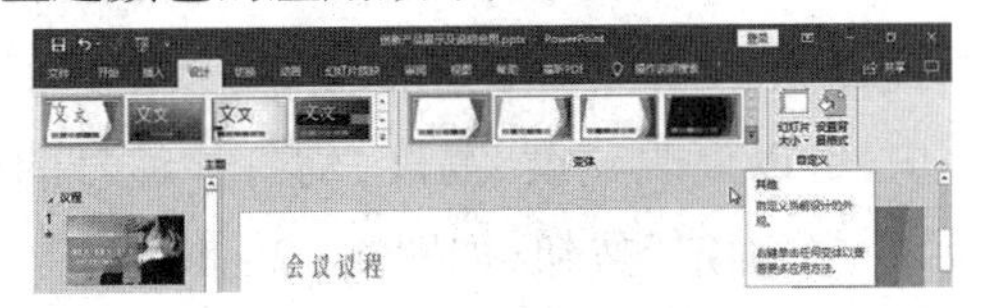

图 4-2-9 其他变体

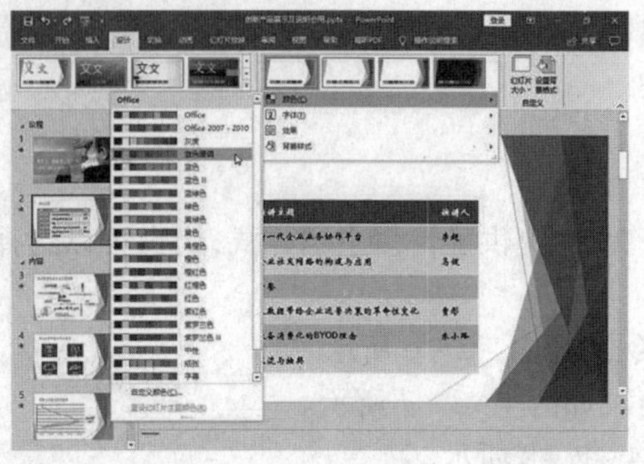

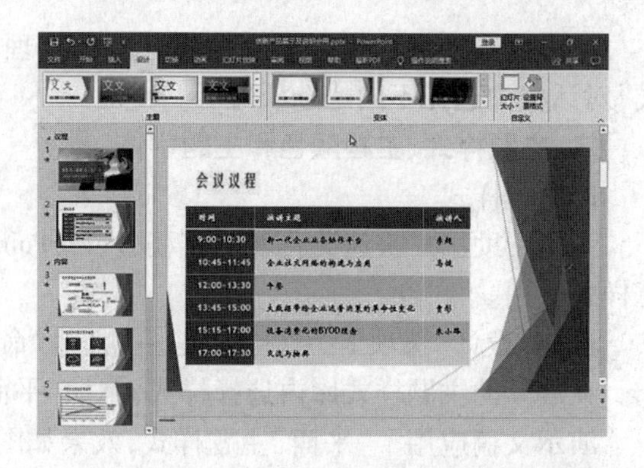

图 4－2－10　选择“蓝色暖调”主题颜色　　图 4－2－11　“蓝色暖调”主题颜色效果

3. 主题字体

仅修改主题的颜色并不能达到用户的要求，还可以进一步对系统已有的主题进行编辑。

选择“设计”选项卡→“变体”组→“其他”下拉菜单→“字体”下拉列表→“微软雅黑”字体，如图 4－2－12 所示。

演示文稿更改主题字体后的效果如图 4－2－13 所示。

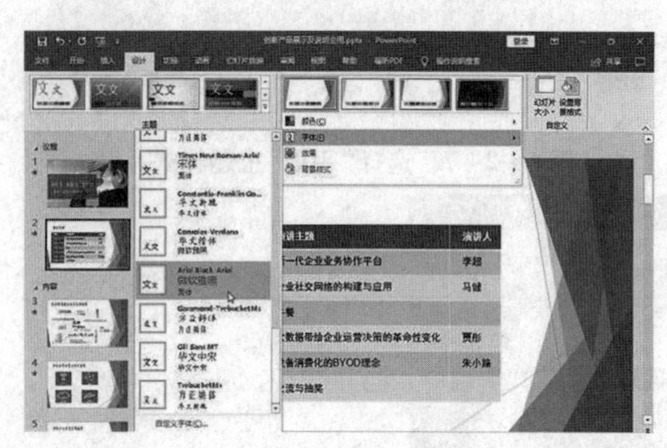

图 4－2－12　选择“微软雅黑”字体　　图 4－2－13　演示文稿更改主题字体后效果

当设置好主题的颜色、字体等内容后，如果还想再次使用此主题，可以保存此新建主题。

选择“设计”选项卡→“主题”组→“其他”下拉菜单→“保存当前主题”命令，打开“保存当前主题”对话框，定位至需要保存的位置，输入文件名，选择保存类型，然后单击“保存”按钮即可完成。

三、幻灯片大小

常见的幻灯片有两种大小，标准宽度“4:3”和“16:9”。还可以根据需求自定义设置幻灯片大小。

选择“设计”选项卡→“幻灯片大小”下拉菜单→“自定义幻灯片大小”命令，如图 4－2－14 所示，将弹出“幻灯片大小”对话框。

在“幻灯片大小”对话框中，可以更改宽度，高度，幻灯片编号的初始值及幻灯片、备注、讲义和大概的方向，更改完成后单击“确定”按钮，如图 4－2－15 所示。

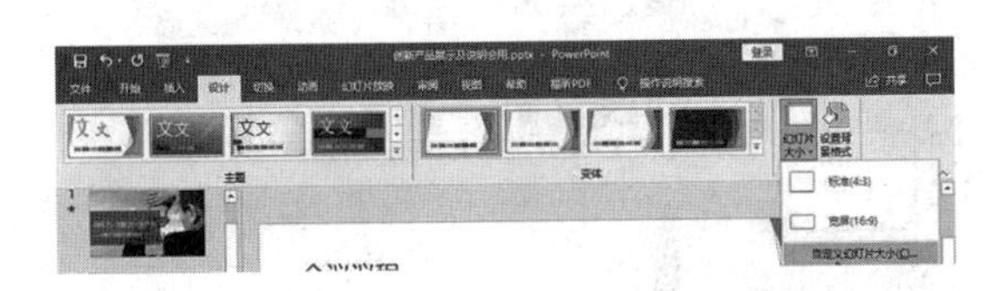

图 4－2－14　自定义幻灯片大小

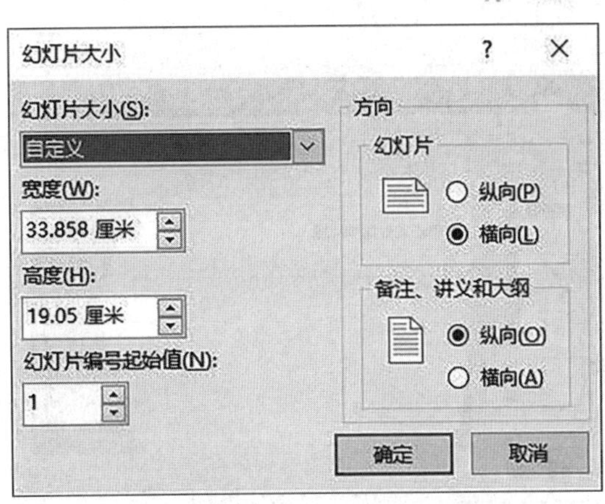

图 4－2－15　幻灯片大小对话框

四、PPT 版式

更改 PPT 版式的常用方式有 2 种。

1. 用鼠标右键单击幻灯片进行设置

在幻灯片缩略图窗格中，用鼠标右键单击要更改版式的幻灯片，在弹出的菜单里选择“版式”级联菜单，选择需要的版式，例如选择“竖排标题与文本”版式，如图 4－2－16 所示。

更改版式之后的幻灯片如图 4－2－17 所示。

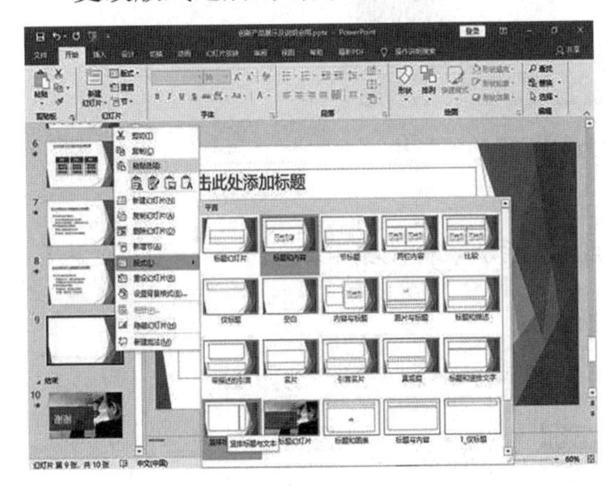

图 4－2－16　更改版式

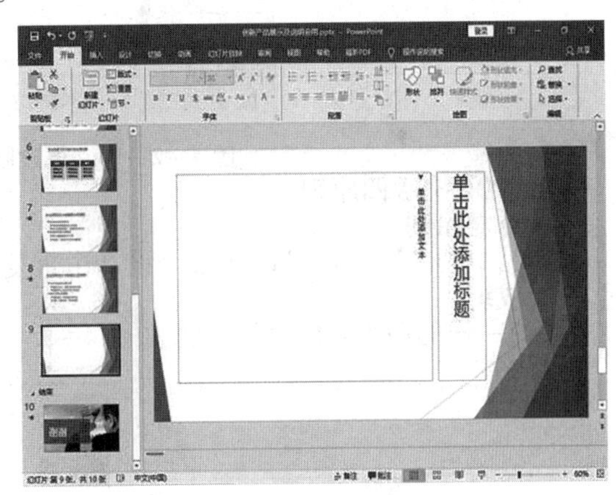

图 4－2－17　更改版式之后的幻灯片

2. 通过“开始”选项卡的“版式”下拉菜单进行设置

选择要更改版式的幻灯片，如图 4－2－18 所示。

单击“开始”选项卡→“版式”按钮，在弹出的菜单里选择需要的版式，例如选择“空白”版式，如图 4－2－19 所示。

更改版式为“空白”的幻灯片如图 4－2－20 所示。

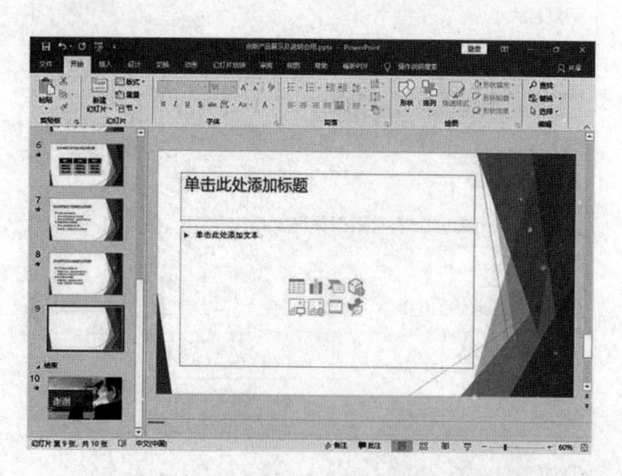

图 4-2-18　选择要更改版式的幻灯片

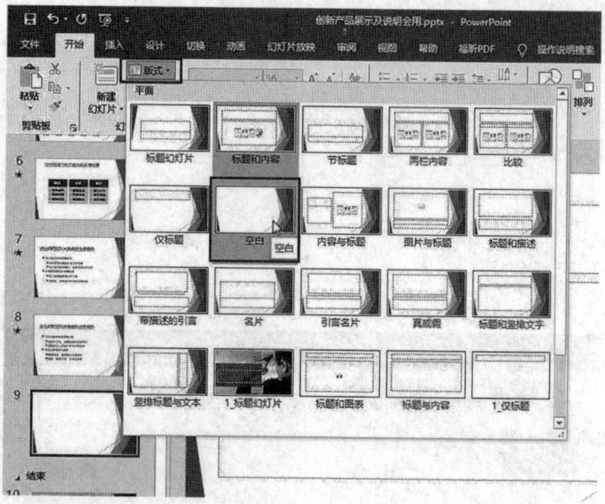

图 4-2-19　在“版式”下拉菜单中选择版式

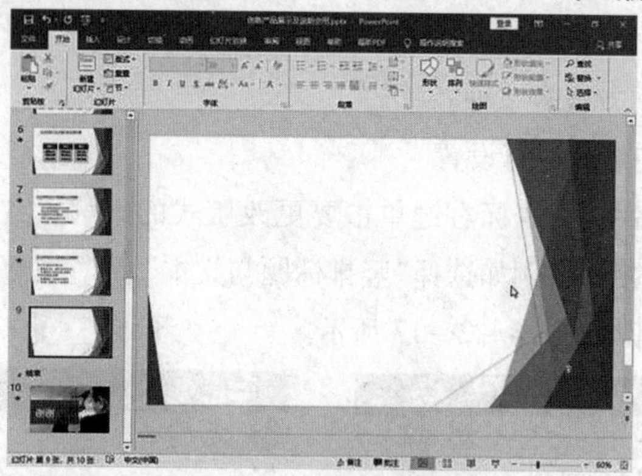

图 4-2-20　更改版式为“空白”的幻灯片

五、PPT 排版四原则

1. 重复原则

作品中的一些元素可以在整个设计中重复出现，可能是某种图案、颜色、文字、空间关系等，重复促成统一。

(1)一样的版面：体现统一性，如图 4-2-21 所示。

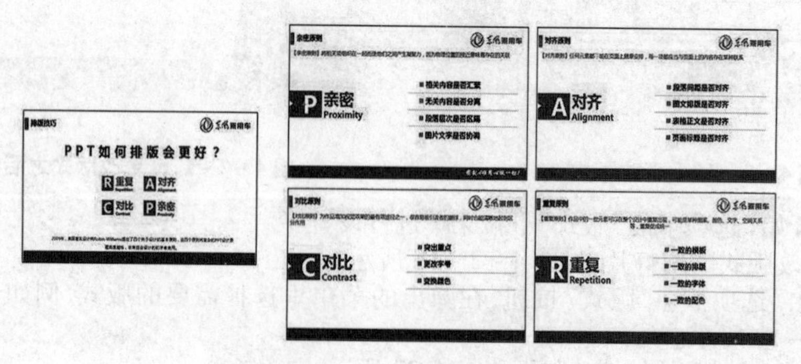

图 4-2-21　一样的版面

(2)一样的字体：体现一致性，如图 4-2-22 所示。

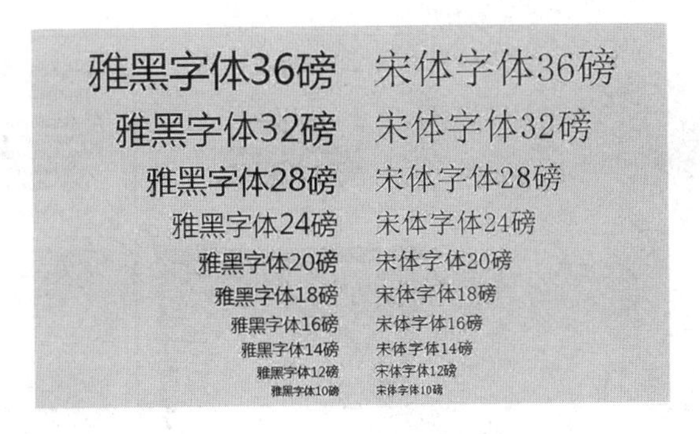

图 4-2-22　一样的字体

在排版时并没有标准的字号、字体、行间距，要考虑听众和演示场地，选择最合适的段落排版方式，如图 4-2-23 所示。

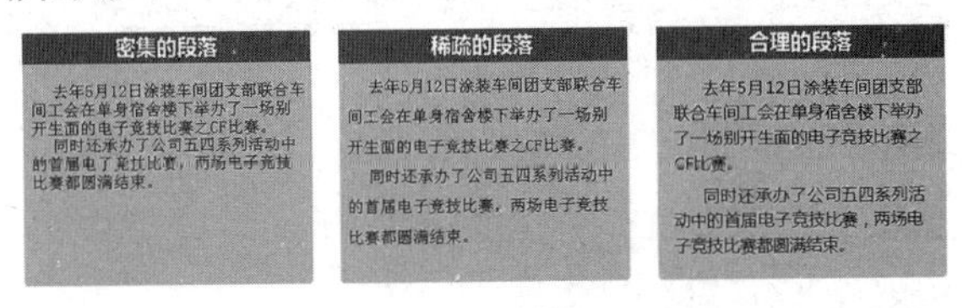

图 4-2-23　合理的段落排版

(3)一样的颜色：体现协调性。

使用暖色系作为 PPT 的主色时要非常慎重，因为暖色系的颜色非常容易引起视觉疲劳，但是暖色系又善于营造受众的视觉冲击，如图 4-2-24 所示。

图 4-2-24　热烈、活泼的暖色系

使用冷色系作为 PPT 的主色会让人比较舒服，但是冷色系易使人感到乏味，如图 4-2-25 所示，所以应搭配一些处于冷暖色过渡带中的颜色，如绿色，带来俏皮的效果。

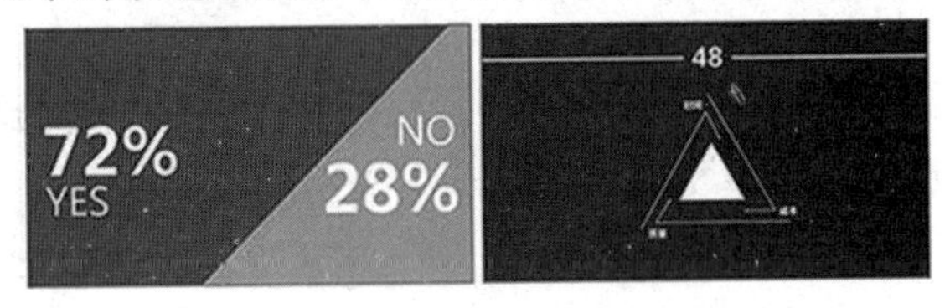

图 4-2-25　冷静、严肃、低调的冷色系

2. 对齐原则

任何元素都不能在页面上随意安排，每一项都应当与页面上的内容存在某种联系。

(1)文本对齐。选中要调整的文本框，单击“绘图工具”的“格式”选项卡→“大小”组折叠按钮，在弹出的“设置形状格式”对话框中调整“文本选项”的内容，如图 4-2-26 和图 4-2-27 所示。

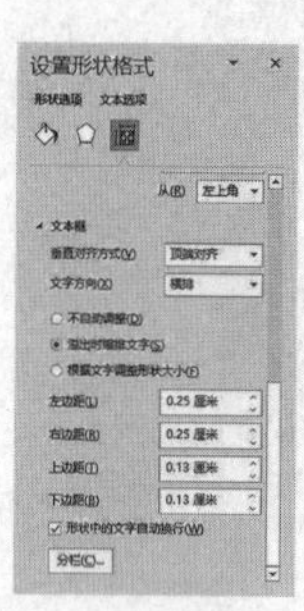

图 4－2－26　设置文本选项

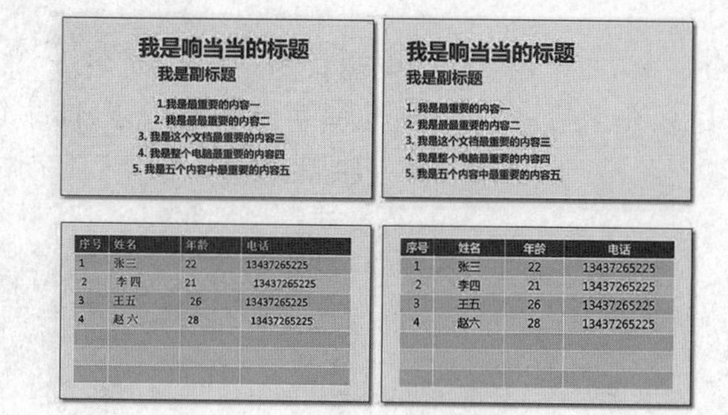

图 4－2－27　效果对比

(2)图文对齐。选中要调整的文本及图片对象,选择“绘图工具”的“格式”选项卡→“排列”组→“对齐对象”下拉按钮组→“对齐所选对象”命令,即可看到所选内容已对齐,如图 4－2－28 和图 4－2－29 所示。

图 4－2－28　“对齐所选对象”命令

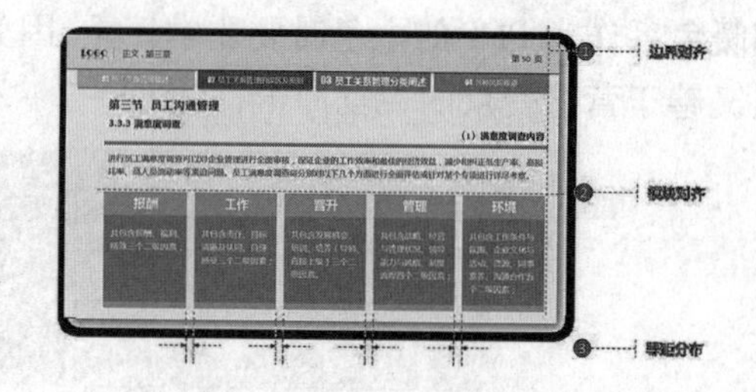

图 4－2－29　对齐样例

3. 对比原则

对比是为作品增加视觉效果的最有效途径之一,很容易吸引读者的眼球,同时也能清晰地起到区分作用。

(1)文字对比。实现对比的具体操作有加粗字体、加大字号、改变颜色、加下划线、更改背景等,如图 4－2－30 所示。

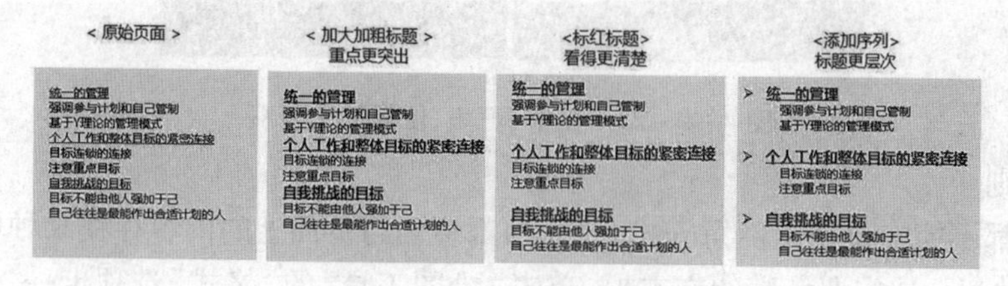

图 4－2－30　文字对比效果

(2)图表对比。在 PPT 中应尽量避免单一色块的图表或图示,可通过适当的色彩运用区别不同的内容,或者突出强调某个内容,如图 4－2－31 所示。

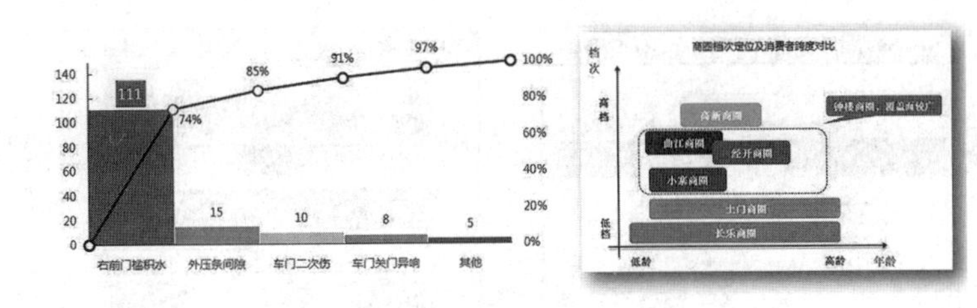

图 4－2－31　图表对比效果

4. 亲密原则

将相关项排列在一起而使它们之间产生凝聚力，因为物理位置的接近意味着存在关联。

（1）文字提炼

要写简单的完整句。文字提炼效果如图 4－2－32 和图 4－2－33 所示。

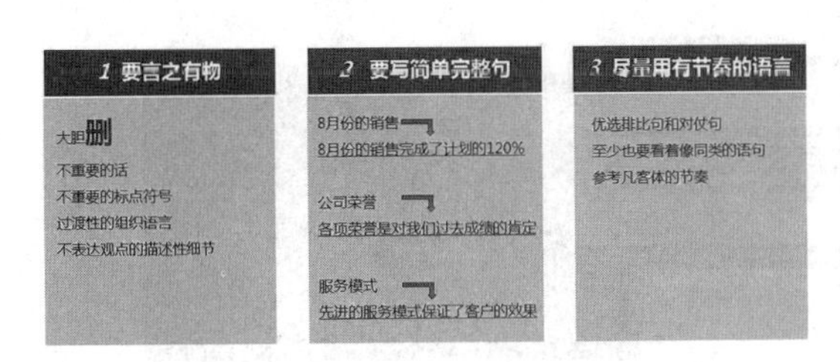

图 4－2－32　文字提炼准则　　图 4－2－33　文字提炼案例

（2）图文协调

字少时的排版：错落有致、突出重点，效果如图 4－2－34 所示。

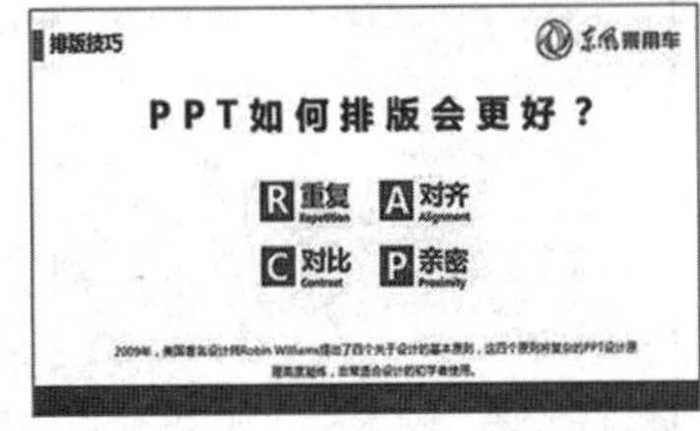

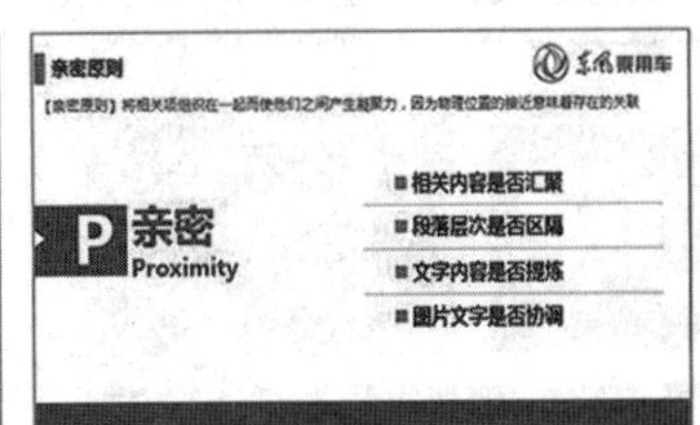

图 4－2－34　字少时的排版效果

字多时的排版：合理布局、规整匀称，效果如图 4－2－35 所示。

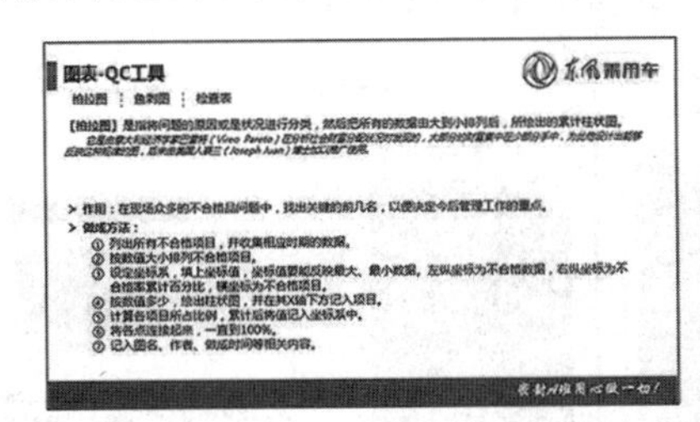

图 4－2－35　字多时的排版效果

无论字少、字多，尽可能进行图表化处理，效果如图 4－2－36 所示。

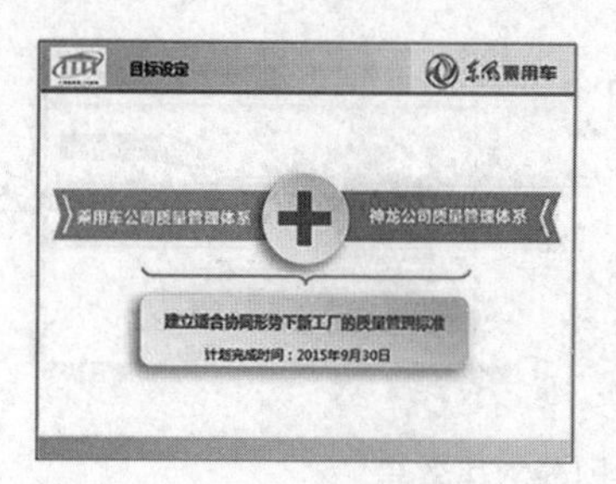

图 4－2－36　图表化处理效果

单图排版的要点：小图点缀、中图排列美、大图冲击力，效果如图 4－2－37 所示。

图 4－2－37　单图排版效果

两图排版的要点：并列或对称，效果如图 4－2－38 所示。

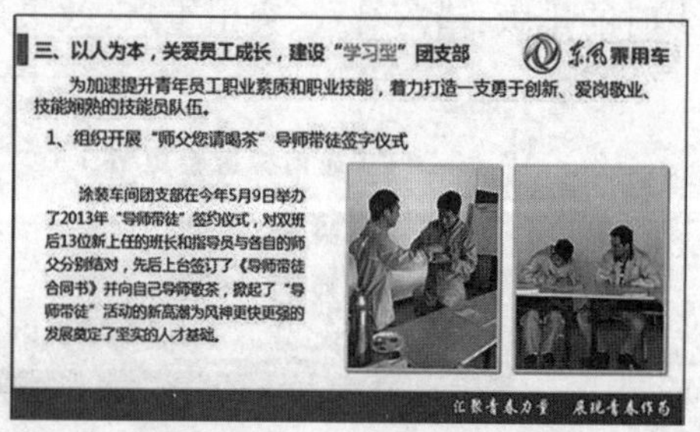

图 4－2－38　两图排版效果

多图排版的要点：讲究布局排列之美，效果如图 4－2－39 所示。

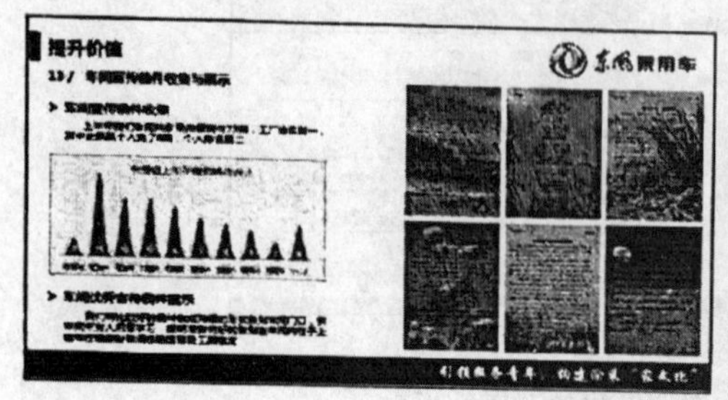

图 4－2－39　多图排版效果

任务2 你的 PPT 有多“色”

任务导入

办公室的小李需要对“产品宣传与推广”幻灯片进行美化。应如何选择适合的配色方案，凸显小李的业务能力呢？

任务分析

人们对幻灯片的感受首先来自颜色，然后才是形体。好的幻灯片不仅能够给观众带来愉悦的感受，还能吸引观众继续浏览，接下来让我们开启色彩之旅吧！

本任务介绍 PPT 的色彩搭配方法。

任务思路及步骤如图 4－2－40 所示。

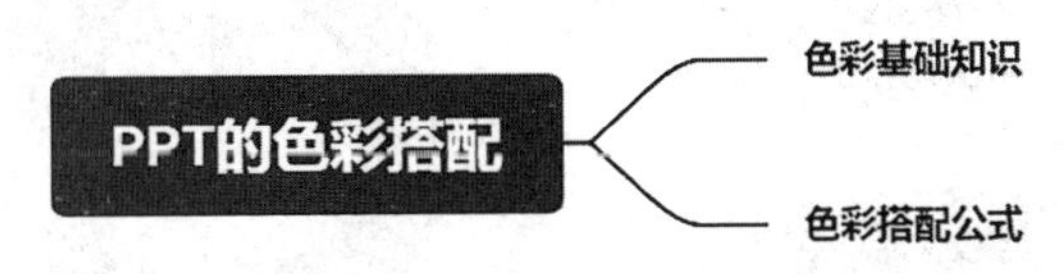

图 4－2－40 任务思路及步骤

任务实施

一、色彩基础知识

1. 颜色

颜色在设计和日常生活中起着至关重要的作用。艺术家和设计师已经遵循数百年的色彩理论，可以帮助我们在不同的条件下正确地去使用色彩。红、黄、蓝为三原色，红色和黄色混合会生成橙色，蓝色和黄色混合会生成绿色，红色和蓝色混合会生成紫色，如果把这些颜色继续混合会看到更多的颜色，这样就形成了色环，如图 4－2－41 所示。

2. 色相

色相就是色彩的相貌，色彩所呈现出来的质地面貌，如图 4－2－42 所示。

3. 饱和度

饱和度指的是颜色的鲜艳程度，也被称为色彩的纯度或彩度。饱和度决定了颜色是否显得更微妙或者显得更有活力，如图 4－2－42 所示。

4. 亮度

亮度是色彩的明亮程度，越亮越接近白色，越暗越接近黑色，如图 4－2－42 所示。

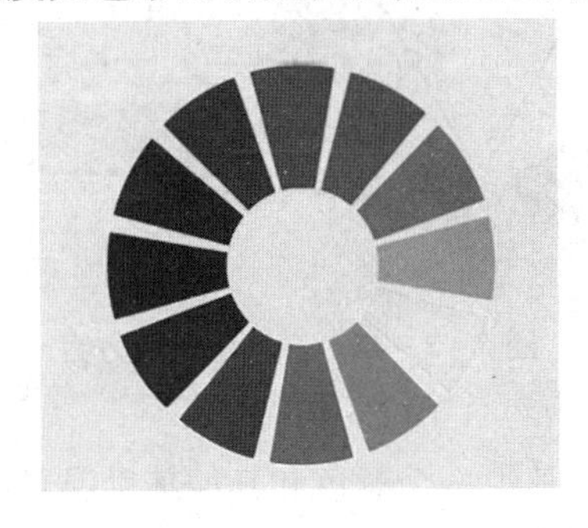

图 4－2－41 色环

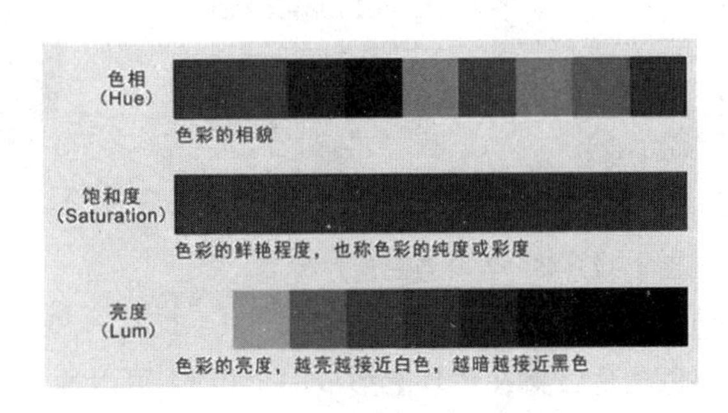

图 4－2－42 色相、饱和度和亮度

二、色彩搭配公式

1. 单色

单色配色方案的最大好处是不会出现色彩不和谐的问题。因为单色仅仅使用一款颜色或者是色调，只需要在色环上挑选一个点，并使用饱和度和亮度的知识来创造它更加丰富的变化。例如：选择了一个红色，然后降低它的亮度以后，可以得到四种颜色，如图 4-2-43 所示。

2. 相似色

相似色的搭配是使用色环上彼此相邻的颜色，比如现在看到的红色和橙色、蓝色和绿色，如图 4-2-44 所示。不要害怕色彩搭配不好，大胆地去尝试，去创造更多的色彩方案。

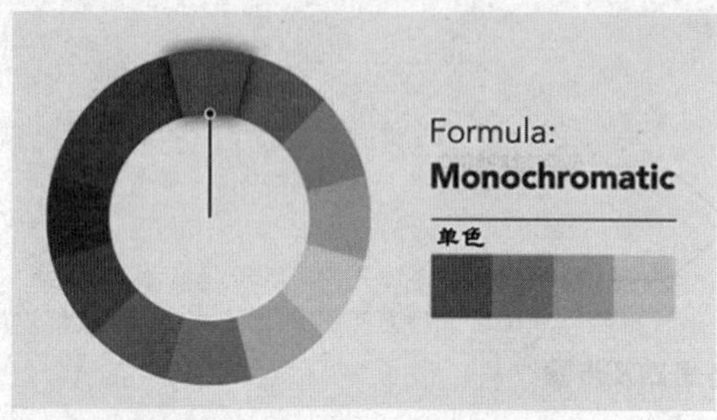

图 4-2-43　单色配色方案

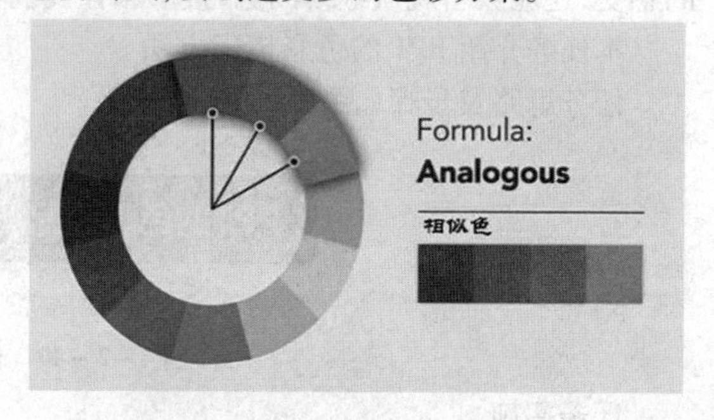

图 4-2-44　相似色配色方案

3. 互补色

互补色是彼此在色环上相对的颜色，比如蓝色和橙色、红色和绿色。为了避免互补色配色方案过于简单，可以通过加入一些更浅、更深或者是不同饱和度的颜色，让它变得更加丰富纷呈。互补色配色方案还可以使用相对颜色两侧的配色。互补色除了能够提升画面的色彩对比外，还能够带来一些非常有趣的视觉效果，如图 4-2-45 所示。

4. 三角色

三角色配色方案采用的是三种均匀分布的颜色，在色环上形成了一个完美的三角形。这种组合的效果往往是非常惊人的，尤其是当主色调和辅助色调合理运用的时候，如图 4-2-46 所示。

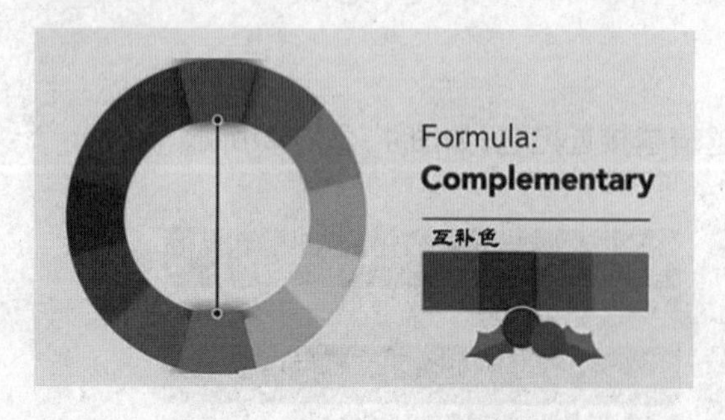

图 4-2-45　互补色配色方案

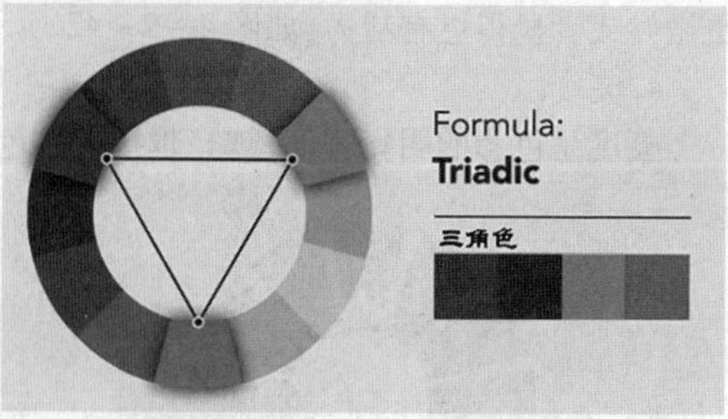

Formula:
Triadic
三角色

图 4-2-46　三角色配色方案

5. 矩形色

矩形色配色方案在色环上形成一个矩形，可以通过将其中一个颜色和其他辅助颜色采用面积对比的方法，来调节色彩之间的面积关系，如图 4-2-47 所示。

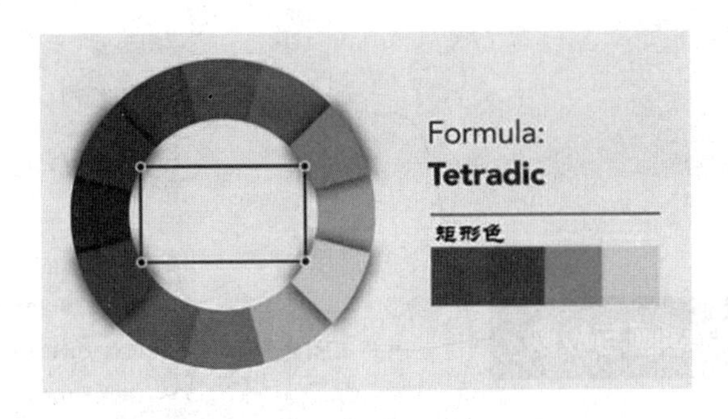

图 4-2-47 矩形色配色方案

6. 其他准则

当遇到颜色搭配特别刺眼的时候，一个简单的方法就是把色调调下来。选择一种颜色，并尝试调整其亮度、暗度和饱和度，有时候一点点变化就能够满足需求。对画面的整个需求，设计的配色方案应该是清晰易懂的，有的时候意味着不要过多地使用大量的颜色。黑白灰这种颜色可以帮助平衡画面，所以在方案中熟练地加入一些黑白灰的色调，往往能使方案脱颖而出，如图 4-2-48 所示。

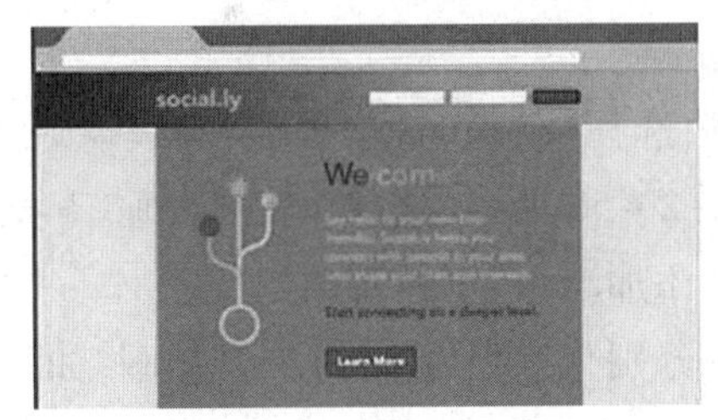

图 4-2-48 黑白灰的使用效果对比

每种色彩都会发出一个信息，重要的是考虑到项目的主色调，并选择一个合理的配色方案。例如明亮的颜色往往能够带来有趣的，或者具有现代感的氛围；低饱和度的颜色搭配往往受到商业公司的青睐。颜色无处不在，不要畏惧搭配颜色，记住色彩搭配的理论，很快你就会成为色彩搭配的高手。

任务 3 PPT 动画与放映

任务导入

办公室的小李做好了幻灯片的排版，怎样让幻灯片播放起来更流畅、更活泼呢？

任务分析

当看到优美的动画时，有可能你会想，这是不是用视频软件做出来的呢？实际上很多动画是可以用 PPT 做出来的。当为幻灯片中的某个对象添加了多个动画效果之后，可能需要对动画效果的播放顺序进行调整。

本任务介绍 PPT 动画与放映的设置方法。

任务思路及步骤如图 4-2-49 所示。

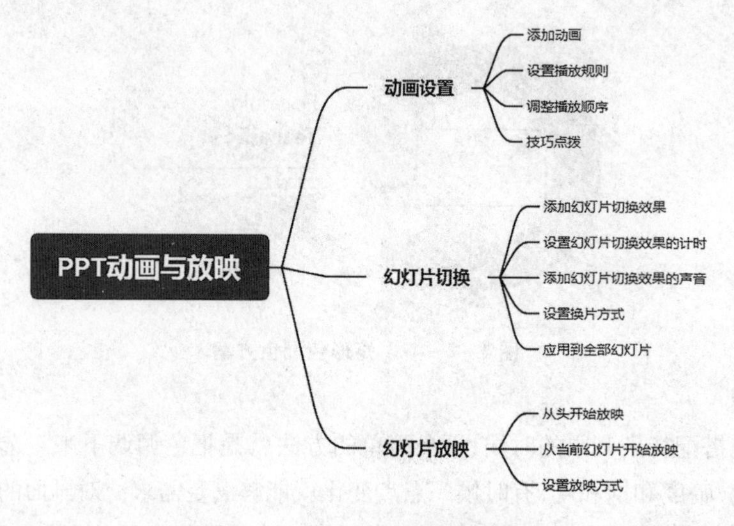

图 4-2-49　任务思路及步骤

任务实施

一、动画设置

1. 添加动画

选中要设置动画的对象,以“移动”图片为例,选择“动画”选项卡→“高级动画”组→“添加动画”下拉菜单→“进入”→“弹跳”命令,如图 4-2-50 所示;选择“添加动画”下拉菜单→“强调”→“陀螺旋”命令,如图 4-2-51 所示;选择“添加动画”下拉菜单→“退出”→“擦除”命令,如图 4-2-52 所示;在图片左侧显示 1、2 和 3,分别代表已添加的 3 个动画,如图 4-2-53 所示。

图 4-2-50　添加进入弹跳动画

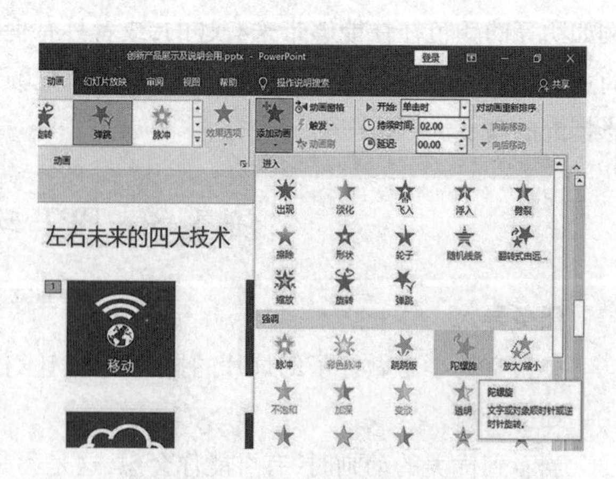

图 4-2-51　添加陀螺旋动画

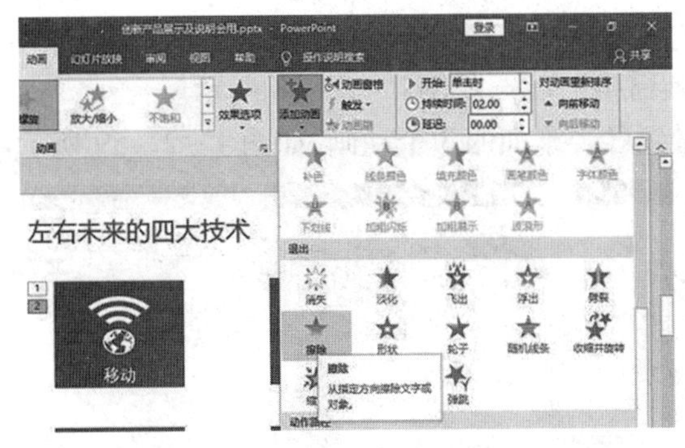

图 4－2－52　添加退出擦除动画

图 4－2－53　已添加 3 个动画的图片

2. 设置播放规则

选中代表动画顺序的数字“1”，选择“动画”选项卡→“计时”组→“开始”下拉菜单→“单击时”命令，设置动画的开始时间；此外，还有“与上一动画同时”和“上一动画之后”两种选择，如图 4－2－54 和图 4－2－55 所示。

图 4－2－54　设置动画“单击时”开始

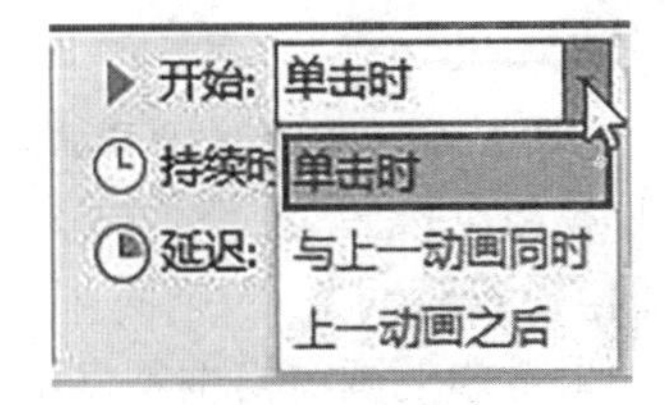

图 4－2－55　动画开始时间的选项

在“动画”选项卡→“计时”组→“持续时间”文本框中将动画的持续时间调整为 3 秒，指定动画的长度，如图 4－2－56 所示。

在“动画”选项卡→“计时”组→“延迟”文本框中将动画的延迟时间调整为 0.25 秒，即单击鼠标 0.25 秒后播放动画，如图 4－2－57 所示。

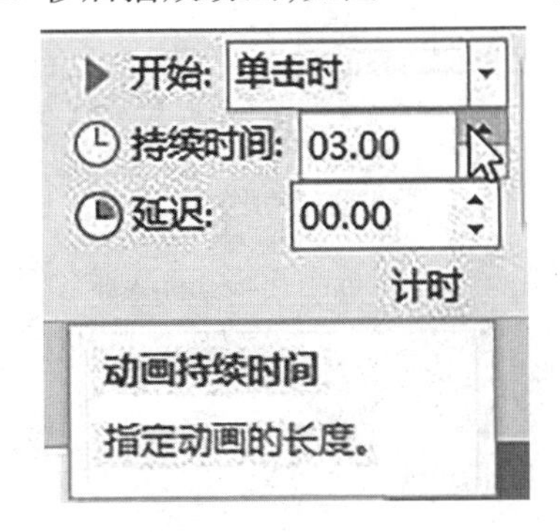

图 4－2－56　动画持续时间的调整

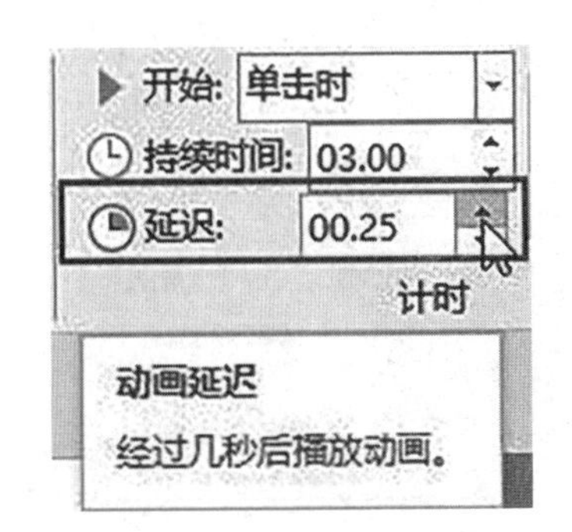

图 4－2－57　动画延迟播放时间的调整

3. 调整播放顺序

选择“动画”选项卡→“高级动画”组→“动画窗格”命令，如图 4 – 2 – 58 所示。

在窗口右侧打开“动画窗格”对话框，可以看到已经添加的 3 个动画，如图 4 – 2 – 59 所示。

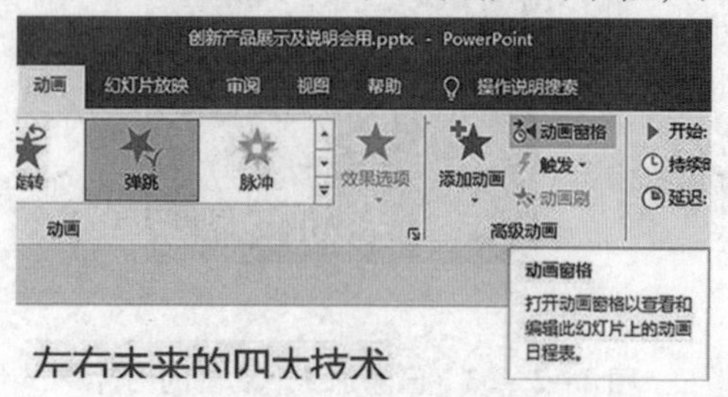

图 4 – 2 – 58 “动画窗格”命令

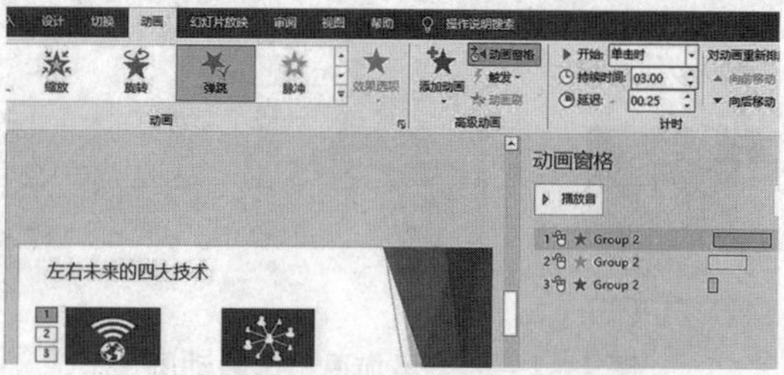

图 4 – 2 – 59 “动画窗格”对话框

选中代表动画顺序的数字“1”，在“动画窗格”对话框中单击下三角按钮，将第 1 个弹跳动画向下移动变成第 2 个动画，如图 4 – 2 – 60 和图 4 – 2 – 61 所示。也可以单击上三角按钮将动画顺序向前移动 1 位。

图 4 – 2 – 60 向后移动动画顺序

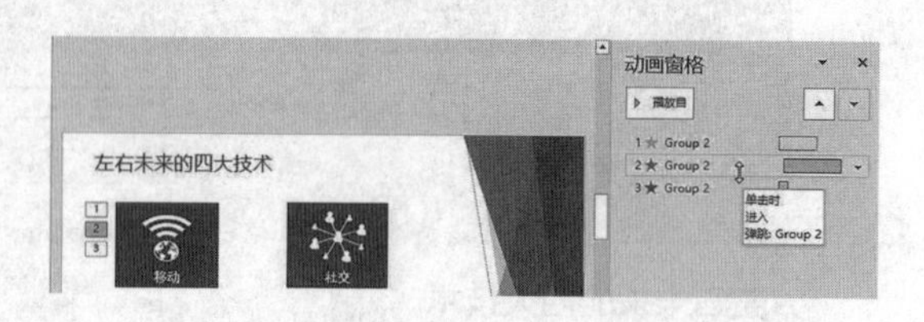

图 4 – 2 – 61 进入弹跳动画调整为第 2 个动画

4. 技巧点拨

(1) 设置时间条

如果希望动画窗格中不显示时间条，可以在窗格中选择一个动画，单击其右侧出现的下三角按钮，在下拉列表中选择“隐藏高级日程表”命令，如图 4 – 2 – 62 所示。

反之，当高级日程表被隐藏时，选择“显示高级日程表”命令可以使其重新显示，如图 4 – 2 – 63 所示。

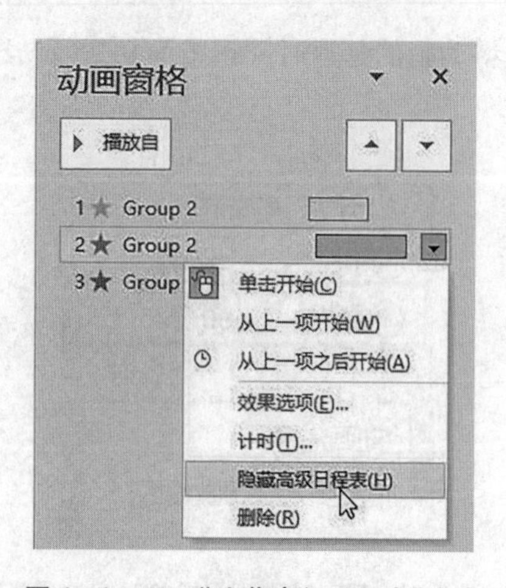

图 4 – 2 – 62 “隐藏高级日程表”命令

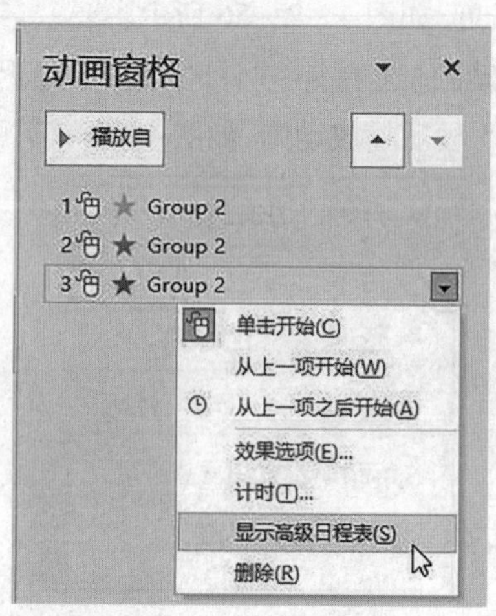

图 4 – 2 – 63 “显示高级日程表”命令

(2)设置动画效果

在动画窗格的动画列表中单击某个动画选项右侧的下三角按钮,在下拉列表中选择“效果选项”命令,如图 4 -2 -64 所示,将打开该动画的设置对话框。

在“效果”选项卡中可以对动画的效果进行设置,如图 4 -2 -65 所示。

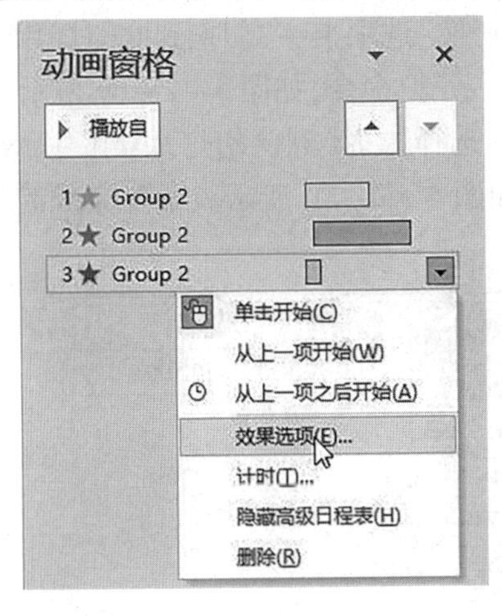

图 4 -2 -64　选择“效果选项”选项

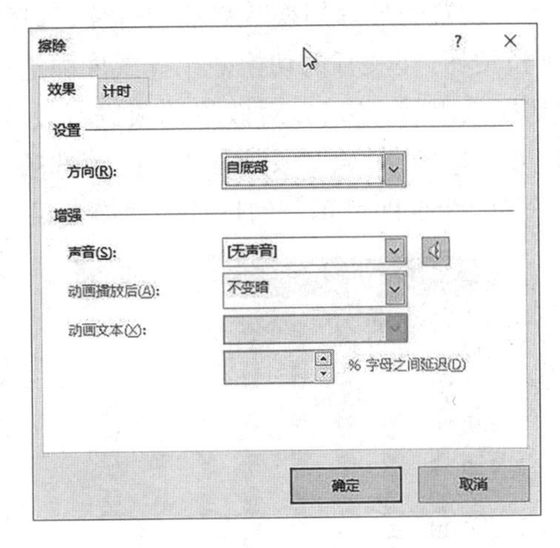

图 4 -2 -65　设置动画效果

(3)设置动画计时

在动画窗格的动画列表中单击某个动画选项右侧的下三角按钮,在下拉列表中选择“计时”命令,如图 4 -2 -66 所示,将打开该动画的设置对话框。

在“计时”选项卡中对动画的计时选项进行设置,如图 4 -2 -67 所示。

(4)删除动画

在动画窗格的动画列表中单击某个动画选项右侧的下三角按钮,在下拉列表中选择“删除”命令,可以删除选中的动画,如图 4 -2 -68 所示。

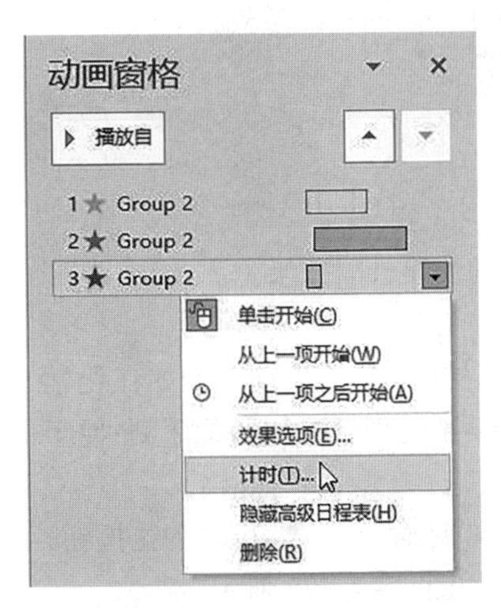

图 4 -2 -66　选择“计时”选项

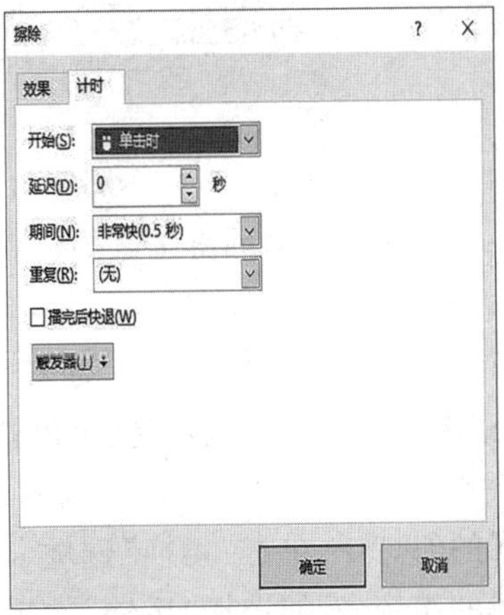

图 4 -2 -67　“计时”选项卡

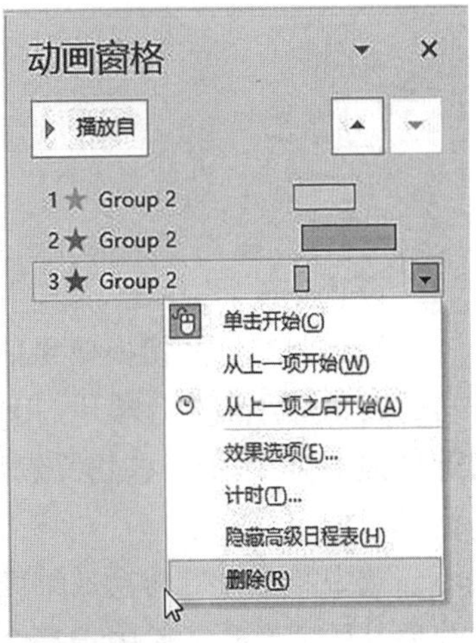

图 4 -2 -68　删除动画

二、幻灯片切换

在 PowerPoint 2019 中可以设置从一张幻灯片换到另外一张幻灯片的切换效果,还可以对切换的方向、声音、速度等进行适当的调整。

1. 添加幻灯片切换效果

PowerPoint 2019 为用户提供了大量的切换效果，包括细微、华丽、动态内容三大类型，每个大类型下又分为十几种不同的效果供用户选择。

选中需要设置幻灯片切换效果的幻灯片，选择“切换”选项卡→“切换到此幻灯片”组→“切换效果”下拉按钮，在展开的切换效果样式库内选择“平滑”命令，如图 4-2-69 所示。

设置切换效果后，还可以对效果选项进行设置。选择“切换到此幻灯片”组→“效果选项”下拉按钮，可以选择“对象”“文字”“字符”等选项，如图 4-2-70 所示。设置完成后，选择“预览”组→“预览”命令即可预览幻灯片的切换效果。

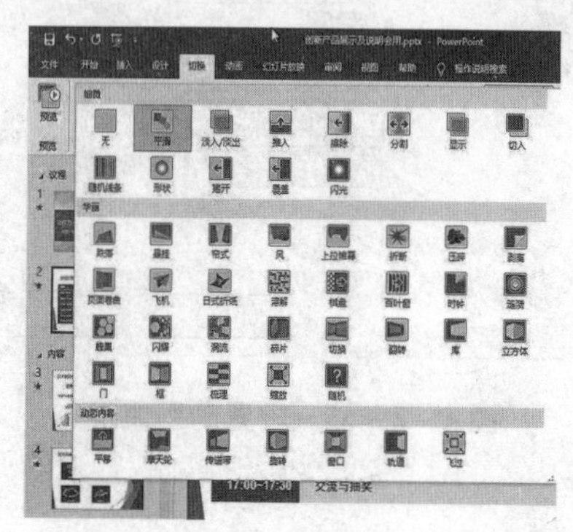

图 4-2-69 设置“平滑”切换效果

图 4-2-70 设置切换效果选项

2. 设置幻灯片切换效果的计时

选中需要设置切换效果计时的幻灯片，在“切换”选项卡→“计时”组→“持续时间”文本框内输入计时数值指定切换的时间长度，如图 4-2-71 所示。

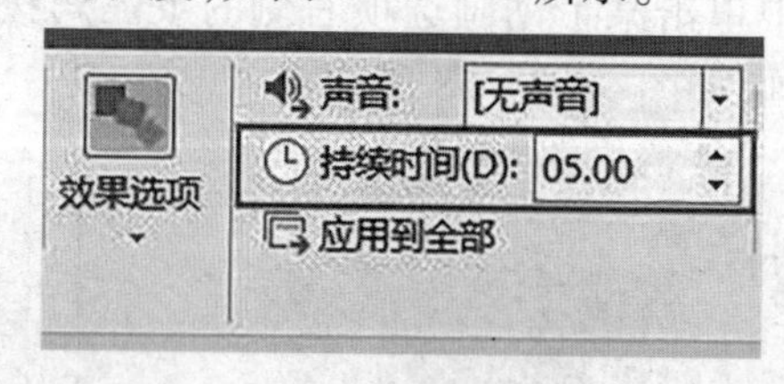

图 4-2-71 设置幻灯片切换效果的计时

设置完成后，单击“预览”组→“预览”按钮即可预览幻灯片的切换计时效果。

3. 添加幻灯片切换效果的声音

在幻灯片切换过程中，用户可以为其添加效果声音，使其表达更加鲜活生动。例如在化学课件演示时，添加一些物品爆炸或者两物质反应的声音，可以让学生的理解更加形象深刻，便于记忆。

选中需要设置切换效果声音的幻灯片，单击“切换”选项卡→“计时”组→“声音”下拉按钮，在展开的声音样式库中选择合适的声音，例如选择“风铃”效果，如图 4-2-72 所示。

设置完成后，单击“预览”组内的“预览”按钮即可预览幻灯片的切换效果及声音。

如果样式库中没有需要的声音，可以单击样式库列表内的“其他声音”按钮，在当前电脑中查找已经下载好的音频文件，如图 4-2-73 所示。

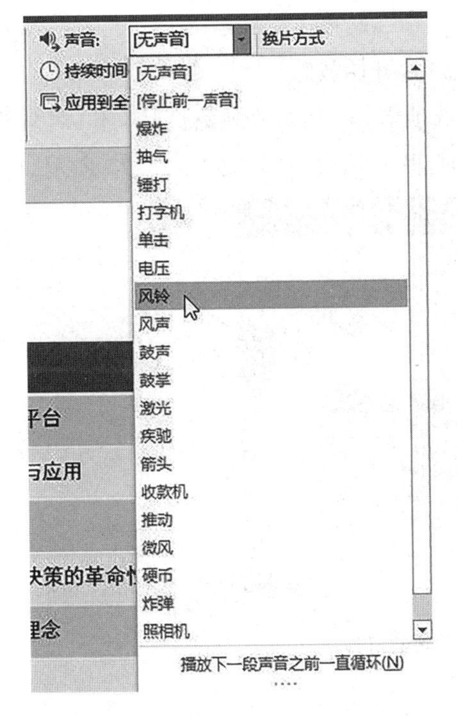

图 4－2－72 添加切换效果的声音

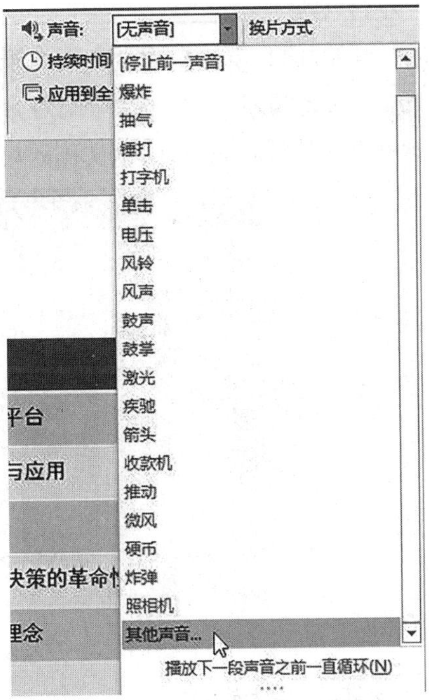

图 4－2－73 添加切换效果的本地音频文件

4. 设置换片方式

勾选“切换”选项卡→“计时”组→“单击鼠标时”复选框，实现幻灯片手动切换，如图 4－2－74 所示。

勾选“切换”选项卡→“计时”组→“设置自动换片时间”复选框，调整幻灯片播放时间，实现幻灯片自动计时切换，如图 4－2－75 所示。

图 4－2－74 手动切换幻灯片

图 4－2－75 自动切换幻灯片

5. 应用到全部幻灯片

选择“切换”选项卡→“计时”组→“应用到全部”命令，可将当前的幻灯片切换方式、效果选项及时间、声音等设置应用到全部幻灯片切换中，如图 4－2－76 所示。

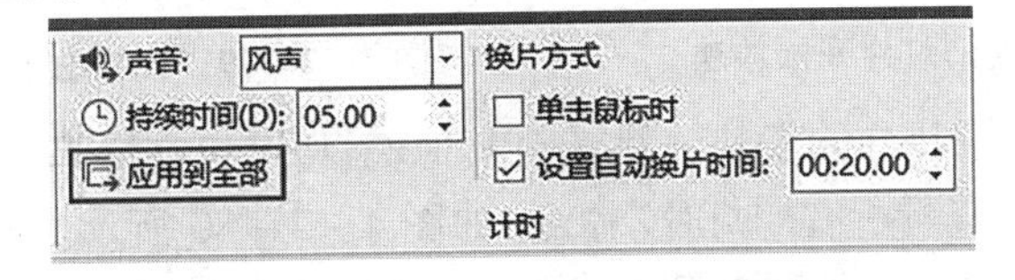

图 4－2－76 “应用到全部”命令

三、幻灯片放映

幻灯片的放映有以下两种方法。

1. 从头开始放映

设置从头开始放映，就是从演示文稿的第一张幻灯片开始放映。

打开 PowerPoint 2019 文件，选择“幻灯片放映”选项卡→“开始放映幻灯片”组→“从头开始”命令，即可进入放映状态，从演示文稿的第一张幻灯片开始放映，如图 4－2－77 所示。

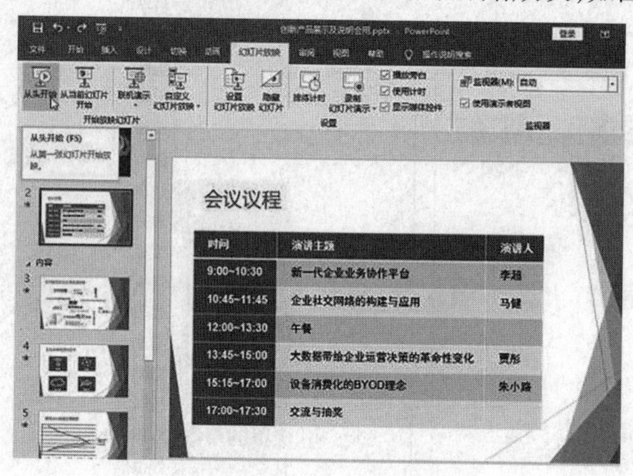

图 4－2－77　从头开始放映幻灯片

2. 从当前幻灯片开始放映

设置从当前幻灯片开始放映，就是从选中的幻灯片开始放映。

打开 PowerPoint 2019 文件，选择“幻灯片放映”选项卡→“开始放映幻灯片”组→“从当前幻灯片开始”命令，即可进行放映状态，从当前幻灯片开始放映，如图 4－2－78 所示。

在幻灯片的浏览过程中，可以根据实际需要控制幻灯片的跳转，选择窗口右下方的“幻灯片放映”命令进入放映状态，如图 4－2－79 所示。

图 4－2－78　从当前幻灯片开始放映

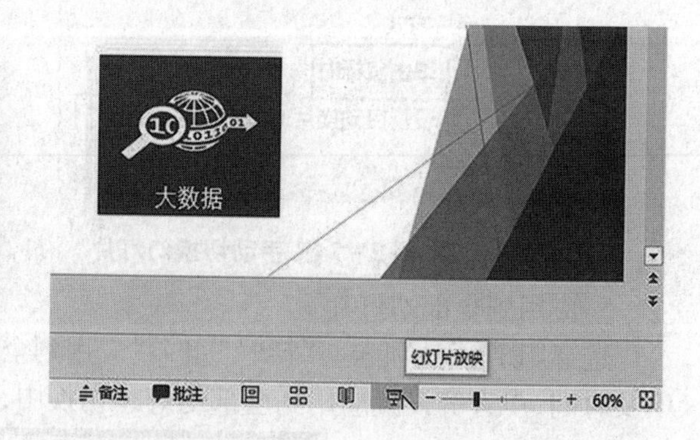

图 4－2－79　窗口右下方的“幻灯片放映”命令

在放映幻灯片时，如果用户需要快速跳转至其他幻灯片，可在屏幕上单击鼠标右键，然后在弹出的快捷菜单中选择“查看所有幻灯片”命令，如图 4－2－80 所示。此时系统将在屏幕内显示所有幻灯片的缩略图，单击需要跳转到的幻灯片即可，如图 4－2－81 所示。

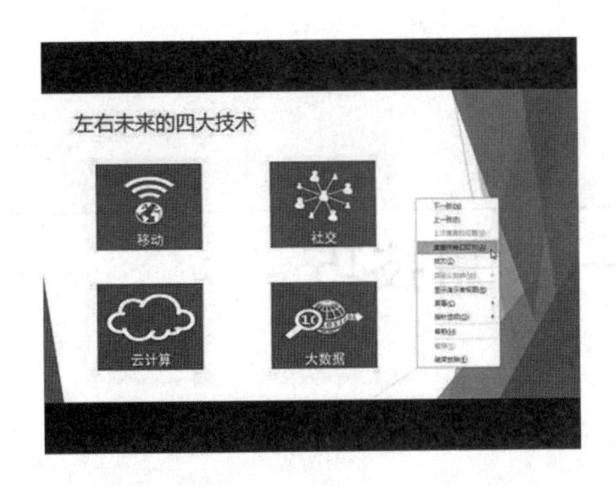

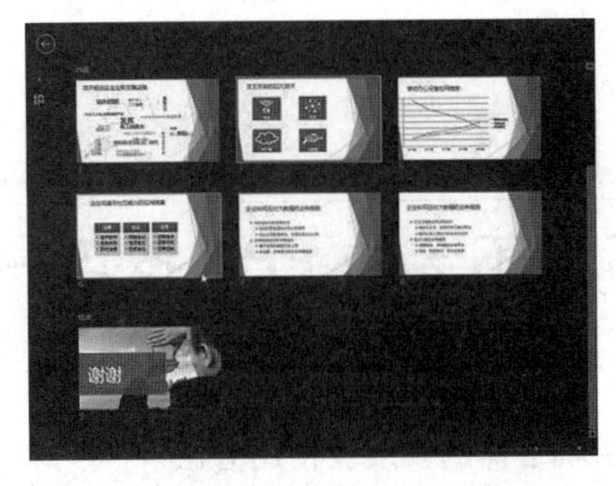

图 4－2－80　放映时右击菜单　　图 4－2－81　放映时切换到任意幻灯片

3. 设置放映方式

选择“幻灯片放映”选项卡→“设置”组→“设置幻灯片放映”命令，在弹出的“设置放映方式”对话框中可以选择放映方式为“演讲者放映”“观众自行浏览”或者“在展台浏览”，可以选择放映幻灯片的“全部”、首尾幻灯片编号或者自定义放映的名称，如图 4－2－82 所示。

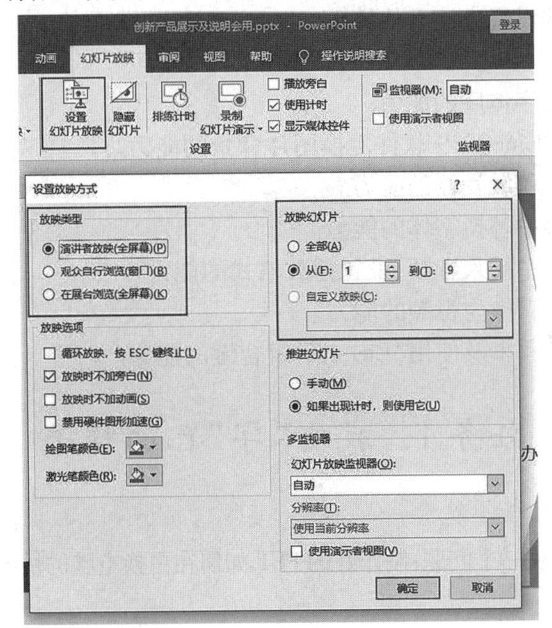

图 4－2－82　设置放映方式

项目 3

不得不会的 PPT 技巧——实用技巧

知识目标

(1)了解字体的安装及使用方法。

(2)掌握在 PowerPoint 2019 软件中删除图片背景的方法。

(3)了解演示文稿触发器的使用方法。

(4)掌握在演示文稿中字体的替换方法。

(5)掌握在演示文稿中插入音频及格式化的方法。

(6)掌握将演示文稿转换为视频的方法。

(7)了解保存频率的设置方法及快捷键。

技能目标

(1)具备安装及使用字体库的能力。

(2)具备利用 PowerPoint 2019 软件更换图片背景的能力。

(3)具备使用演示文稿触发器的能力。

(4)具备在演示文稿中替换字体的能力。

(5)具备在演示文稿中插入音频、设置播放格式的能力。

(6)具备将演示文稿转换为视频的能力。

(7)具备设置保存的频率及使用"Ctrl + S"组合键的能力。

任务 1　我要"字"己的样子

任务导入

帮助办公室的小李解决一个问题:制作好的 PPT 如何在更换电脑的情况下依然保持字体不变?

任务分析

字体是需要安装才能够使用的,而其他电脑中如果没有安装这种字体,字体效果是无法显示的,所以当小李高高兴兴地拿着自己做好的 PPT 在别人的电脑在播放时,就出现了字体无法正常显示的问题。

本任务介绍保证字体正常显示的 3 种方法。

任务思路及步骤如图 4 – 3 – 1 所示。

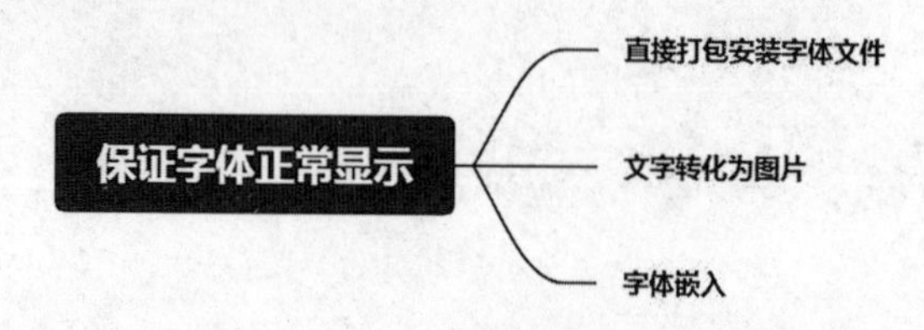

图 4 – 3 – 1　任务思路及步骤

任务实施

一、直接打包安装字体文件

将字体与 PowerPoint 2019 文档放在同一个文件夹下，更换电脑时将本文件夹一同复制过去，双击打开字体文件，单击安装即可，在字体下拉列表中即可使用已安装的字体。

二、文字转化为图片

选中需要转化为图片的文字的文本框，单击鼠标右键选择"复制"命令。在 PPT 空白处单击鼠标右键，在弹出的菜单中选择"粘贴"选项中的"图片"命令，删除源文本框即可。字体转化为图片后就出现了图片格式选项。

三、字体嵌入

选择"文件"命令，在弹出的窗体中选择"选项"命令，在弹出的对话框左侧选择"保存"命令，向下滚动鼠标，勾选"将字体嵌入文件"复选框，默认选择的是"仅嵌入演示文稿中使用的字符"选项，单击"确定"按钮即可。

注意：选择"仅嵌入演示文稿中使用的字符"选项可减小文件大小，但影响再次编辑本演示文稿。选择"嵌入所有字符"选项后，文件较大，但其他人可再次编辑本演示文稿。

我要"字"已的样子

任务 2　证件照秒换背景

任务导入

办公室的小李要报名参加人力资源证书考试。今天是报名最后一天，需要上传红色背景的照片，可是她只有蓝色背景的照片，没有 Photoshop 软件，应如何处理照片？

任务分析

可以利用 PowerPoint 2019 软件轻松解决替换背景的问题。

本任务介绍更换证件照背景的方法。

任务思路及步骤如图 4－3－2 所示。

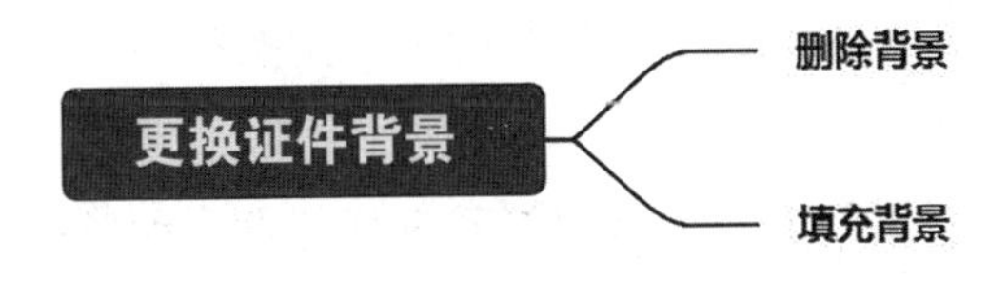

图 4－3－2　任务思路及步骤

任务实施

一、删除背景

把需要替换背景的证件照插入 PPT，选择这张证件照，会出现"图片工具"的"格式"选项卡，选择"调整"组→"删除背景"命令，调整一下，被屏蔽的区域就是背景区域，人像主体部分就已经被抠出来了,单击保存更改,整个人像被保存下来了。

二、填充背景

证件照秒换背景

选择"开始"选项卡→"绘图"组→"形状填充"下拉按钮,选择要替换的颜色,证件照的背景就被替换成所选颜色。

任务3 一切动画听指挥

任务导入

领导让小李实现一个功能:单击 PPT 页面中产品图片的对应位置,就能显示相应的产品文字介绍。小李又犯了难。

任务分析

之前学习 PPT 的时候,PPT 动画无论是鼠标单击还是自动播放都是按照一定的顺序进行的,那么能不能让 PPT 的动画听指挥,点哪个播放哪个呢? PPT 触发器能解决这个问题。

本任务介绍 PPT 触发器的使用方法。

任务思路及步骤如图 4-3-3 所示。

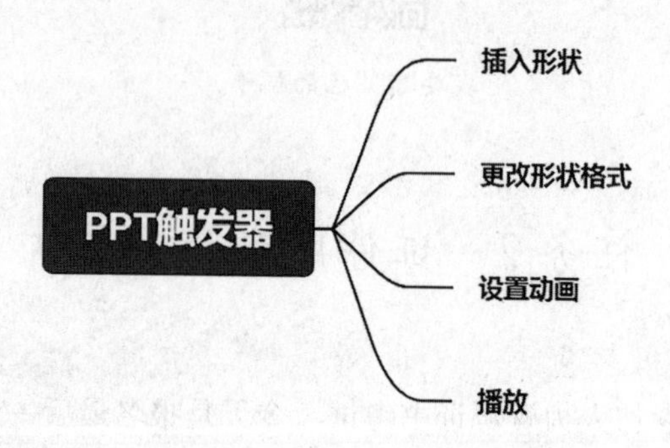

图 4-3-3 任务思路及步骤

任务实施

PPT 触发器就是通过单击按钮(一张图片、一个形状、一段文字或者一个文本框等)来控制执行 PPT 页面中已经设定好的操作,可以播放一段音乐、一段视频、一部影片或者一个动画等。

触发器有两个元素,一个是要触发的动画,另外一个是按钮。

一、插入形状(即触发条件)

单击"插入"选项卡→"插图"组→"形状"按钮,选择任意一种形状均可,将形状绘制在鼠标触发点位置。

二、更改形状格式

为了防止矩形遮挡原有图片,将矩形的填充透明度设置为 100%。选中矩形,选择"图片工具"的"格式"选项卡→"形状样式"组的折叠按钮,窗体右侧出现"设置形状格式"任务窗格,将填充透明度设置为 100%。

三、设置动画(即触发结果)

选中指引图形,添加任意动画即可。单击“效果选项”折叠按钮,在弹出的“飞入”对话框中单击“计时”选项卡中的“触发器”按钮,单击“单击下列对象启动效果”单选按钮,在下拉菜单中选择需要项。

四、播放

播放幻灯片时,将鼠标移动到图形上,鼠标就变成了小手的形状,单击即出现指引标识。

一切动画听指挥

任务4 风一样地改字体

任务导入

公司新员工培训手册共有1 000多页,都是宋体字,需要全部改成“微软雅黑”字体。小李需要熬夜改字体吗?

任务分析

修改成百上千页PPT的字体,人们会认为这是一个天大的工程,那么如何完成这个天大的工程呢?可以用字体替换功能来解决这个问题。

本任务介绍批量修改字体的方法。

任务实施

选择“开始”选项卡→“编辑”组→“替换字体”命令,在弹出的替换字体对话框中,“替换”选择“宋体”,“替换为”选择“微软雅黑”,单击“替换”按钮完成替换。这样就快速地将整个PPT中的字体由宋体换成了微软雅黑。

风一样地改字体

任务5 MUSIC! MUSIC!

任务导入

公司要举行电影首映式,需要在使用PPT介绍时插入多首背景音乐,并自动切换。小李该如何做呢?

任务分析

在PPT操作中,可以在多个幻灯片中播放一段音频,这样就解决了在幻灯片中插入背景音乐的问题。

本任务介绍在PPT中插入多首背景音乐的方法。

任务思路及步骤如图 4 –3 –4 所示。

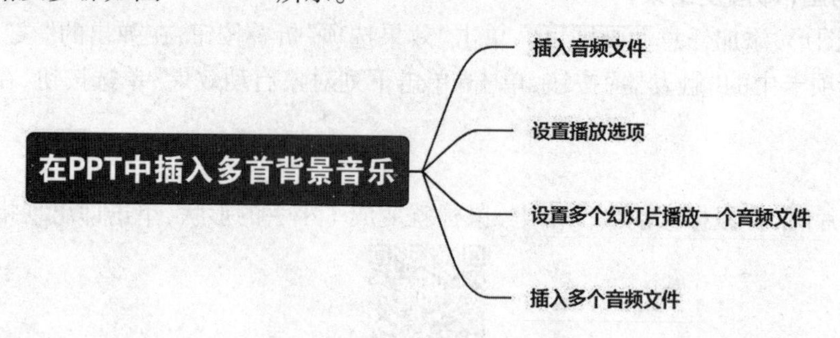

图 4 –3 –4　任务思路及步骤

任务实施

为了防止可能出现的链接问题,在向 PPT 中添加音频文件之前,最好先将音频文件存放在演示文稿所在的文件夹中。

一、插入音频文件

选择“插入”选项卡→“媒体”下拉菜单→“音频”下拉菜单→“PC 上的音频”命令,会出现“插入音频”对话框,选择需要的音频文件。

二、设置播放选项

在弹出的“音频工具”的“播放”选项卡中可以设置播放的启动方式、是否“跨幻灯片播放”、是否“循环播放,直到停止”、是否“放映时隐藏”控制图标以及是否“播完返回开头”等播放选项。

三、设置多个幻灯片播放一个音频文件

选择“动画”选项卡→“高级动画”组→“动画窗格”命令,屏幕右侧出现“动画窗格”任务栏。用鼠标右键单击动画窗格,选择“效果选项”命令,在弹出的“播放音频”对话框中选择“效果”选项卡,在“停止播放”栏目下选择需要项,在相应位置输入(或选择)需要的幻灯片数量,单击“确定”按钮。这样插入的音频文件就会在所选择的 PPT 区域中播放了。

四、插入多个音频文件

选择需要插入新背景音乐的页面,按照前面插入背景音乐的步骤插入新的背景音乐。按照此步骤可以在一个 PPT 文档中插入多个背景音乐。

MUSIC! MUSIC!

任务 6　打造非主流视频

任务导入

公司举行年会需要播放一段视频,祝大家新春快乐,但是没人会用视频剪辑软件。如何利用 PPT 来解决这个问题呢?

任务分析

不使用视频软件怎么生成视频呢？其实这很简单，可以利用 PPT 的创建视频功能来解决这个问题。

本任务介绍利用 PPT 创建视频的方法。

任务实施

单击“文件”按钮，在弹出的窗口中选择“导出”→“创建视频”命令。可以更改视频分辨率和切换时间，单击“创建视频”按钮，弹出“另存为”对话框。在“另存为”对话框中选择保存路径，修改保存类型，单击“保存”按钮，完成视频的创建。

可以打开生成的视频文件，播放测试一下。

打造非主流视频

任务 7　PPT 的三根“救命稻草”

任务导入

办公室的小李辛辛苦苦、加班加点做的文档，因为系统崩溃而没有保存。碰到这种情况，小李万念俱灰。人事部的薇总安慰他说，PPT 里有三根“救命稻草”，可以把损失降到最低。

任务分析

在工作当中经常会遇到小李这样的情况，若要把损失降到最低，需要用到 PPT 的三根“救命稻草”，分别是增加撤销的步数、保存自动恢复信息间隔时间、终极“Ctrl + S”组合键保存。

本任务介绍 PPT 的三根“救命稻草”。

任务思路及步骤如图 4 – 3 – 5 所示。

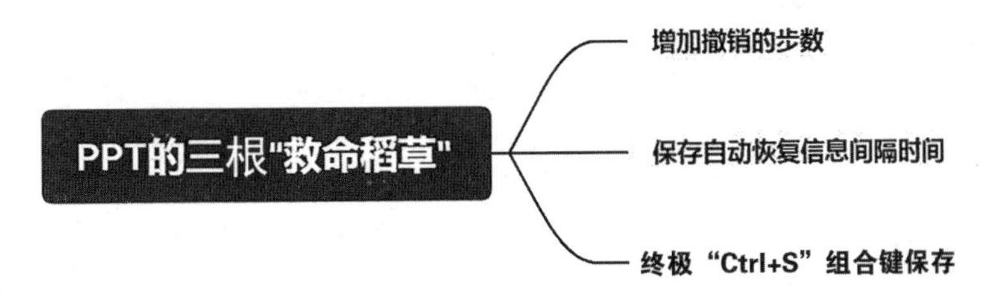

图 4 – 3 – 5　PPT 的三根“救命稻草”

任务实施

一、增加撤销的步数

选择“文件”→“选项”命令，在弹出的“选项”对话框中选择“高级”选项卡，找到“最多可取消操作数”选项，默认是 20 步，最大值是 150 步，按照需求进行设置。

二、保存自动恢复信息间隔时间

在忘记了手动保存，且系统崩溃的情况下，如何保存 PPT？可使用 PPT 的第二根“救命稻草”:设置按照自动的间隔时间进行保存。

在“选项”对话框中选择“保存”选项卡,找到“保存自动恢复信息间隔时间”选项,默认是10分钟,可以改成2分钟甚至1分钟,保存间隔越短,保存的次数就越多,如果碰到意外情况,那么损失就越少。

三、终极“Ctrl + S”组合键保存

如果实在不放心,请记住随时按“Ctrl + S”组合键进行保存,以防万一。

PPT 的三根“救命稻草”

第五篇

Internet 的应用

项目 1

搜集产品调研资料——Edge 浏览器

知识目标

(1)掌握浏览器的基本概念。

(2)掌握浏览器的基本功能。

(3)掌握浏览器的基本操作。

(4)掌握浏览器的设置方法。

技能目标

(1)具备打开和关闭浏览器的能力。

(2)具备浏览网页、搜索信息的能力。

(3)具备保存网页信息的能力。

(4)具备设置浏览器参数的能力。

任务 1 浏览器的基本操作

任务导入

领导让小孙调研产品,搜集产品资料。这就需要小孙在 Internet 上进行资料的搜索。为了快速搜索相关内容,小孙需要认真学习浏览器的基本操作。

任务分析

浏览器是用来检索、展示以及传递 Web 信息资源的应用程序。Web 信息资源由统一资源标识符来标记,它可以是一个网页、一张图片、一段视频或者任何在 Web 上所呈现的内容。使用者可以借助超级链接,通过浏览器浏览互相关联的信息。

目前国内使用量较大的网页浏览器有谷歌浏览器(Google Chrome)、火狐浏览器(Firefox)、Microsoft Edge 浏览器、IE 浏览器、QQ 浏览器、搜狗浏览器、360 浏览器等。

本任务介绍 Microsoft Edge 浏览器的搜索功能。

任务思路及步骤如图 5-1-1 所示。

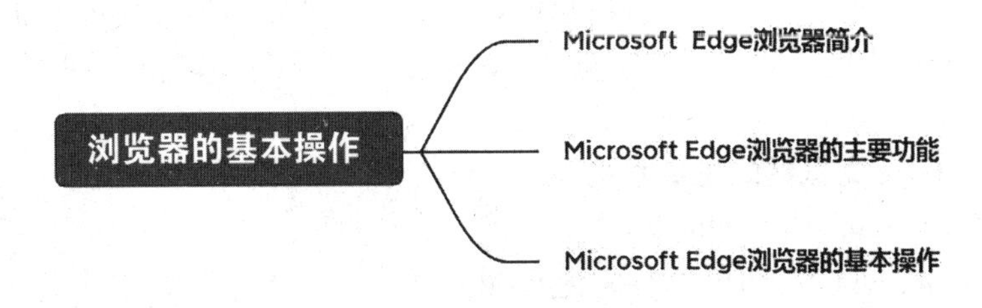

图 5-1-1 任务思路及步骤

任务实施

一、Microsoft Edge 浏览器简介

Microsoft Edge 浏览器是一款 Windows 10 操作系统官方内置的浏览器。Microsoft Edge 浏览器比 IE 浏览器功能更强大,它集成了 Contana 等新功能,交互界面更加简洁,增加了对火狐浏览器和 Chrome 浏览器插件的支持。

Microsoft Edge 浏览器窗口结构如图 5-1-2 所示。

图 5-1-2 Microsoft Edge 浏览器窗口结构

(1)搜索/地址栏:用于输入需要搜索的内容或网站的地址。Microsoft Edge 浏览器通过识别地址栏中的信息,正确连接用户要访问的内容。如要登录“百度”网站,只需在地址栏中输入百度的网址“http://www.baidu.com”,然后按 Enter 键或单击地址栏右侧的按钮即可。

(2)标签页:Microsoft Edge 浏览器使用多标签页浏览方式,以标签页的方式打开网站的页面,每个标签页独立运行。

(3)页面窗口:页面窗口是 Microsoft Edge 浏览器的主窗口,访问的网页内容在此显示。页面中有些文字或对象具有超链接属性,当鼠标指针放上去之后会变成小手形状,单击,浏览器会自动跳转到该链接指向的网址;单击鼠标右键,则会弹出快捷菜单,可以从中选择要执行的操作命令。

(4)状态栏:状态栏实时显示当前的操作和下载 Web 页面的进度情况。正在打开网页时,还会显示网站打开的进度。状态栏在浏览网页时处于隐藏状态,加载网页或登录链接时才显示在窗口左下角。

二、Microsoft Edge 浏览器的主要功能

(1)支持内置 Cortana 语音功能。

(2)内置阅读器(可打开 PDF 文件)、笔记和分享功能。

(3)支持现代浏览器功能,比如扩展。

(4)在地址栏中实现搜索功能。

(5)“中心”将用户所有的内容存于一处,包括收藏夹、阅读列表、浏览历史记录和当前的下载。

(6)能够直接在网页上记笔记、书写、涂鸦和突出显示。

三、Microsoft Edge 浏览器的基本操作

1. 打开 Microsoft Edge 浏览器

打开 Microsoft Edge 浏览器的常用方法有以下 2 种。

(1)双击桌面上的 Microsoft Edge 浏览器快捷方式,如图 5－1－3 所示,将打开 Microsoft Edge 浏览器。

图 5－1－3 Microsoft Edge 浏览器快捷方式

(2)选择“开始”菜单的应用程序列表中的“Microsoft Edge”命令,将打开 Microsoft Edge 浏览器。

2. 关闭 Microsoft Edge 浏览器

单击 Microsoft Edge 浏览器窗口右上角的“关闭”按钮,或按“Ctrl + F4”组合键,将关闭 Microsoft Edge 浏览器。

3. 移动 Microsoft Edge 浏览器窗口

在窗口处于常态化情况下,用鼠标右键单击窗口标题栏,在快捷菜单中选择“移动”命令,即可用鼠标拖动 Microsoft Edge 浏览器窗口到目标位置,如图 5－1－4 所示;或者在窗口标题栏位置直接按住鼠标左键对窗口进行拖动,也可达到移动窗的口目的。

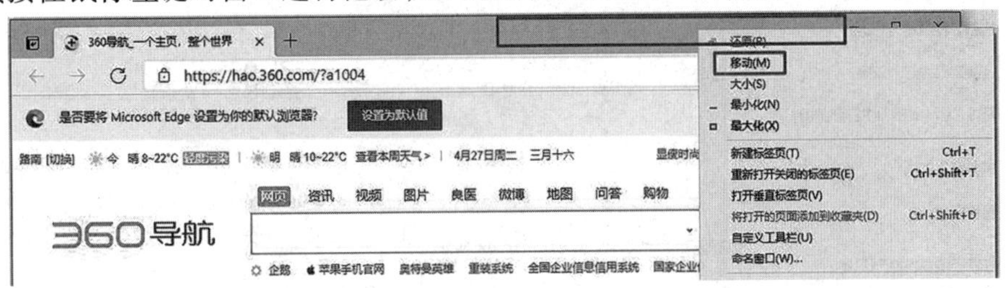

图 5－1－4 移动 Microsoft Edge 浏览器窗口

4. 打开网页

在 Microsoft Edge 浏览器窗口的地址栏中输入目标网址,如“www. baidu. com”,按 Enter 键进行确认,即可打开网页。

也可在地址栏中输入“百度”关键字,按 Enter 键,在搜索页面选择目标网站,如图 5－1－5 所示,即可打开网页。

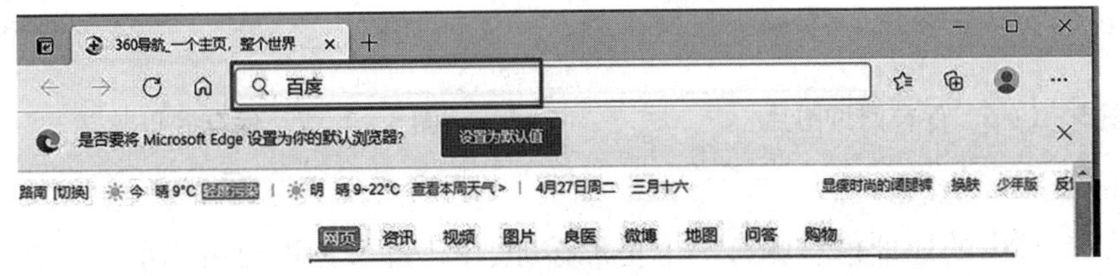

图 5－1－5 在地址栏中输入“百度”

5. 保存、打印网页

在 Microsoft Edge 浏览器中，为了保持窗口页面简洁，将常见的菜单栏放置在地址栏右侧的“…”按钮中。这里包含了新建标签页、新建窗口、收藏夹、历史记录、下载、集锦、扩展、打印等常用工具功能。

(1)保存网页

在需要保存的标签页窗口，单击窗口右侧的“…”按钮，在弹出的菜单中选择“更多工具”→“将页面另存为”命令，在弹出的对话框中更改网页保存路径以及网页名称，单击“确定”按钮即可完成网页保存操作。

(2) 保存网页上的图片

如需保存网页中的某一图片，则在选定图片上单击鼠标右键，在弹出的快捷菜单中选择“将图像另存为”命令，如图 5 - 1 - 6 所示。在弹出的对话框中选择保存路径、更改保存的文件名称及保存类型。

(3)保存网页上的链接

如需保存网页中的某一链接，则在选定链接上单击鼠标右键，在弹出的快捷菜单中选择“将链接另存为”命令，如图 5 - 1 - 7 所示。在弹出的对话框中选择保存路径、更改保存的文件名称及保存类型。

(4)打印网页

单击窗口右侧的“…”按钮，在弹出的菜单中选择“打印”命令，在弹出的对话框中设置打印选项，单击“打印”按钮即可，选择“取消”命令将放弃此次打印操作。

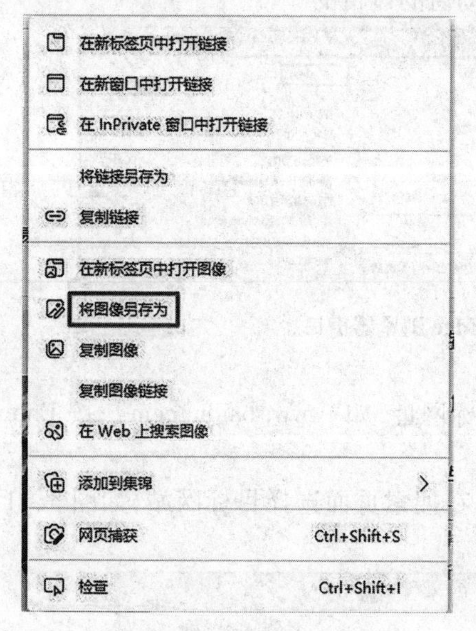

图 5 - 1 - 6　保存网页图片

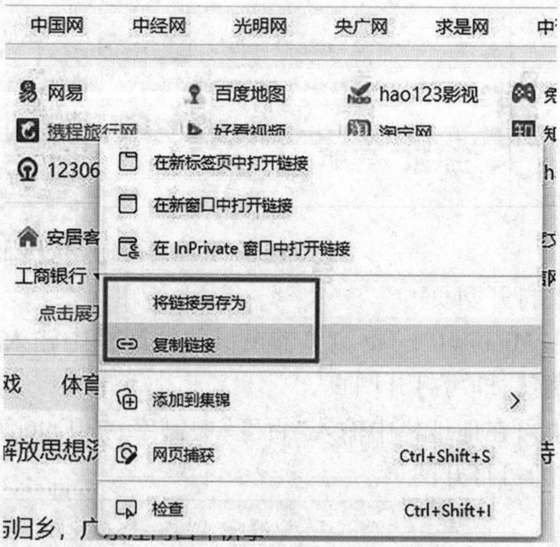

图 5 - 1 - 7　保存网页链接

6. 收藏网页

在当前标签页中的地址栏右侧有一个星形按钮，单击此按钮即可将当前网页链接保存至收藏夹中，便于以后顺利打开此链接，如图 5 - 1 - 8 所示。

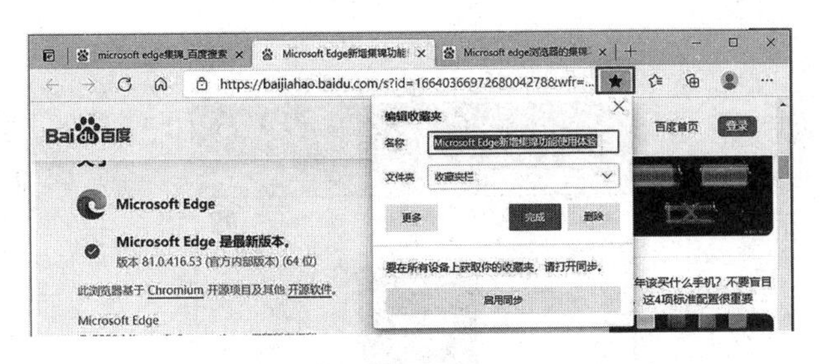

图 5-1-8 收藏网页链接

7. 集锦操作

Microsoft Edge 浏览器的集锦比收藏夹功能强大之处在于,集锦不仅可以保存网站链接,还可以保存图片、文字等内容。如果收藏夹相当于一个 TXT 文本文件,那么集锦就相当于是一个 Word 文件。

(1)创建集锦

创建新集锦的步骤如下。

单击 Microsoft Edge 浏览器右上角的“…”按钮,选择“集锦”命令,将打开集锦功能,如图 5-1-9 所示。

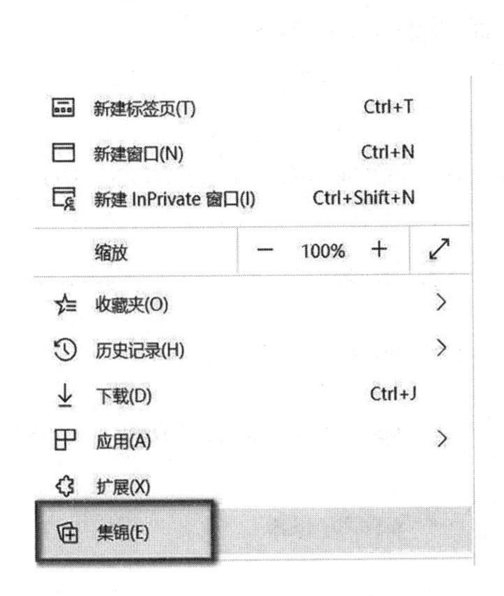

图 5-1-9 打开浏览器 Microsoft Edge 的集锦功能和启用新集锦

选择“启用新集锦”命令,将创建一个新的集锦,类似于新建了一个收藏夹。

在此窗口中,可以选择添加当前页面,也可以拖动图片以及所选文本来创建集锦。

(2)删除集锦

如果不想要已保存的集锦,选中要删除的集锦选框,单击集锦右上角的垃圾桶图标,删除即可,如图 5-1-10 所示。

图 5-1-10 删除集锦

任务 2 Microsoft Edge 浏览器的设置

任务导入

为了满足个性化需求,小孙想对 Microsoft Edge 浏览器进行更多功能设置,他应如何操作?

任务分析

Microsoft Edge 浏览器的设置包括设置 Microsoft Edge 浏览器的外观、默认主页、清除 Microsoft Edge 浏览器缓存和历史纪录、默认浏览器、设置设备共享等。

本任务介绍 Microsoft Edge 浏览器的设置方法。

任务思路及步骤如图 5-1-11 所示。

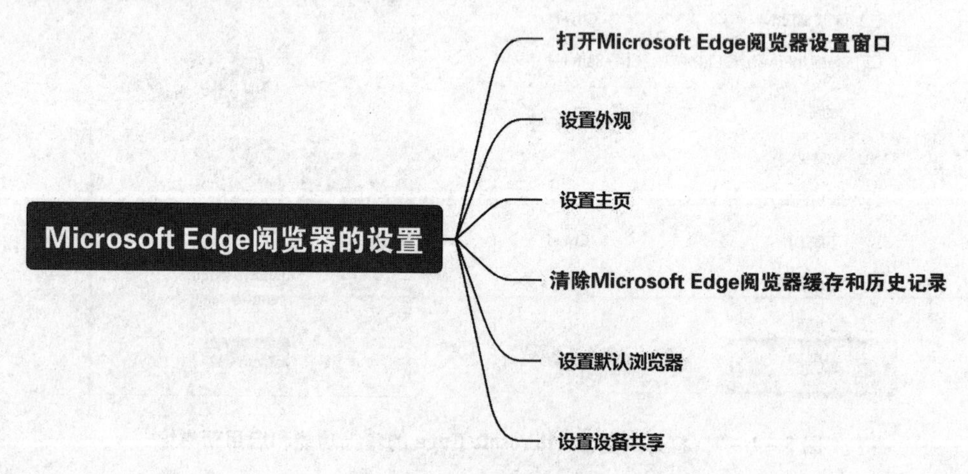

图 5-1-11 Microsoft Edge 浏览器的设置

任务实施

一、打开 Microsoft Edge 浏览器设置窗口

单击 Microsoft Edge 浏览器右上角的“…”按钮,在弹出的菜单中选择“设置”命令,将打开 Microsoft Edge 浏览器“设置”窗口。在 Microsoft Edge 浏览器“设置”窗口中,可以设置 Microsoft Edge 浏览器的用户信息、外观、首选页面、不同设备浏览器信息同步等内容。

二、设置外观

选择 Microsoft Edge 浏览器“设置”窗口的“外观”命令。在打开的“外观”窗口中,可以对

Microsoft Edge 浏览器的主题、工具栏、上下文菜单、字体等内容进行设定。

改变 Microsoft Edge 浏览器的主题颜色，也就是标题栏的颜色，系统默认有"浅色"和"深色"2 种。

可以根据自身操作习惯设定工具栏中显示的工具按钮，包括显示收藏夹栏、收藏夹按钮、下载按钮、历史按钮、集锦按钮、网页捕获按钮、共享按钮、反馈按钮。

三、设置主页

选择 Microsoft Edge 浏览器"设置"窗口的"启动时"命令。在打开的"启动时"窗口中，单击"打开新标签页"单选按钮，单击"添加新页面"按钮，在弹出的对话框中输入要设置为主页的网页地址，单击"确定"按钮完成设置。Microsoft Edge 浏览器支持多个首页。

四、清除 Microsoft Edge 浏览器缓存和历史纪录

选择 Microsoft Edge 浏览器"设置"窗口的"隐私、搜索和服务"命令。在打开的"隐私、搜索和服务"窗口中，单击"选择要清除的内容"按钮，如图 5－1－12 所示。在弹出的对话框中选择要清除的内容及浏览时间，单击"立即清除"按钮完成设置。

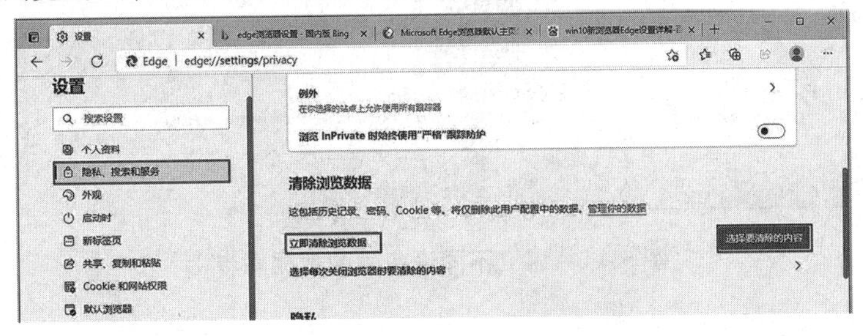

图 5－1－12 "隐私、搜索和服务"窗口

五、设置默认浏览器

选择 Microsoft Edge 浏览器"设置"窗口的"默认浏览器"命令。在打开的"默认浏览器"窗口中，单击"设为默认值"按钮，可以将 Microsoft Edge 浏览器设置为默认浏览器。

当前部分网站仍限定使用 IE 浏览器。在"让 Internet Explorer 在 Microsoft Edge 中打开网站"右侧的下拉列表中选择"仅不兼容的网站（推荐）"选项，可以解决 Microsoft Edge 浏览器和 IE 浏览器的兼容问题，如图 5－1－13 所示。

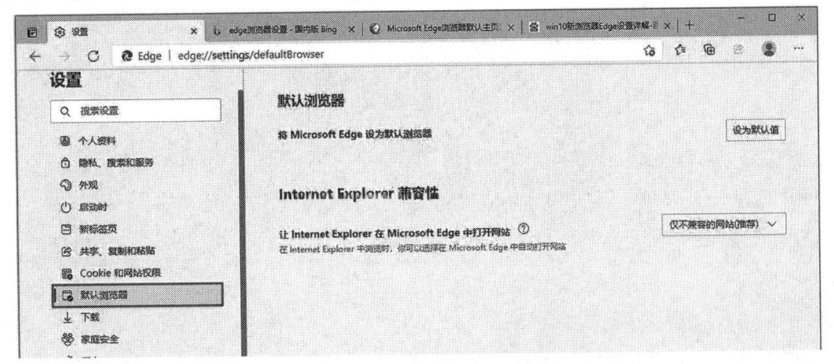

图 5－1－13 "默认浏览器"窗口

六、设置设备共享

Microsoft Edge 浏览器可以在所有支持的 Windows、MAC OS、IOS 和 Android 版本上使用。登录 Microsoft Edge 并打开同步功能，以便在电脑、手机和其他设备上查看同步信息。同步信息

有密码、收藏夹、集锦和其他保存的数据。具体步骤如图 5 - 1 - 14 所示。

(1)单击窗口工具栏中的“用户配置”按钮,登录 Microsoft Edge。

(2)选择 Microsoft Edge 浏览器“设置”窗口的“手机和其他设备”命令。在打开的“设置手机和其他设备”窗口中单击“登录以同步”按钮,即可实现不同设备之间的数据同步。

图 5 - 1 - 14　不同设备间的数据同步

项目 2
通过电子邮件与客户沟通——Outlook 应用

知识目标

(1)掌握 Outlook 邮件客户端的设置方法。

(2)掌握电子邮件编辑与发送的方法。

(3)掌握电子邮件接收与回复的方法。

技能目标

(1)具备设置 Outlook 邮件客户端的能力。

(2)具备编辑与发送电子邮件的能力。

(3)具备接收与回复电子邮件的能力。

任务 1 Outlook 邮件客户端的设置

任务导入

小孙想使用 Outlook 电子邮件客户端给同事发邮件,现在需要他对 Outlook 客户端进行相关设置。

任务分析

电子邮件是一种用电子手段提供信息交换的通信方式,是 Internet 上应用最广泛的服务。通过网络的电子邮件系统,用户可以以非常低廉的价格(不管发送到哪里,都只需负担网费)、非常快速的方式(在几秒钟之内可以发送到世界上任何指定的目的地)与世界上任何一个角落的网络用户联系。

电子邮件可以是文字、图像、声音、视频、二进制文件(程序、数据库、字处理文件)等多种形式。电子邮件的存在极大地方便了人与人之间的沟通与交流。

与传统的邮件一样,要发信给某人,必须知道这个人的地址,要接收电子邮件,必须有一个电了邮箱。

电子邮箱地址分为两部分:用户名和域名,它们之间用“@”隔开。

电子邮箱地址的格式为:用户名@域名。

其中用户名代表收件人的账号,账号由用户拟定并提供给 Internet 服务商(ISP);域名则是接收邮件的计算机的主机名和邮件服务器的域名;分隔符“@”的英文读作“at”,含义是“在……地方”。

在大多数电脑上,电子邮件系统使用用户的账户名作为电子邮箱的地址。例如,用户在 126 网站上申请上网,规定自己的用户名为 liwei,126 网站的邮件服务器的域名地址为 126.

com，这样用户的电子邮箱地址为 liwei@ 126. com。

Outlook 不是电子邮箱的提供者，它是微软公司出品的一款电子邮件客户端，使用它收发电子邮件十分方便。在某个网站注册了自己的电子邮箱后，可以在 Outlook 邮件客户端设置电子邮箱的服务器地址、账号和密码，利用 Outlook 邮件客户端实现邮件的收、发、写操作。

本任务介绍 Outlook 邮件客户端的设置方法。

任务思路及步骤如图 5 -2 -1 所示。

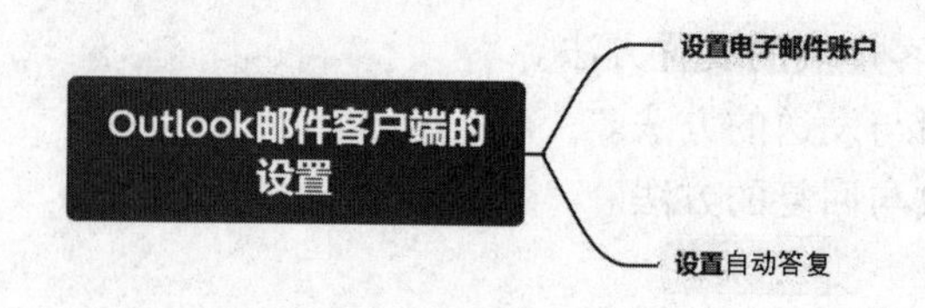

图 5 -2 -1　任务思路及步骤

任务实施

一、设置电子邮件账户

（1）通过桌面图标或在“开始”菜单的应用程序列表中选择 Outlook，运行客户端。初次使用 Outlook 时，可以利用“设置向导”设置电子邮件账户。也可以通过 Outlook 窗口的“文件”菜单中的“账户设置”命令设置电子邮件账户，如图 5 -2 -2 所示。Outlook 可以自动配置多个电子邮件账户。

（2）进入账户设置界面，选择“电子邮件”选项卡中的“新建(N)…”选项，将 Outlook 设置为连接到某个电子邮件账户，如图 5 -2 -3 所示。这里勾选“让我手动设置我的账户”复选框可以进行邮箱的手动设置环节。单击“连接”按钮会弹出要求输入电子邮箱密码的对话框，输入要连接的电子邮箱密码，输入成功后会弹出信息确认框，如图 5 -2 -4 所示。

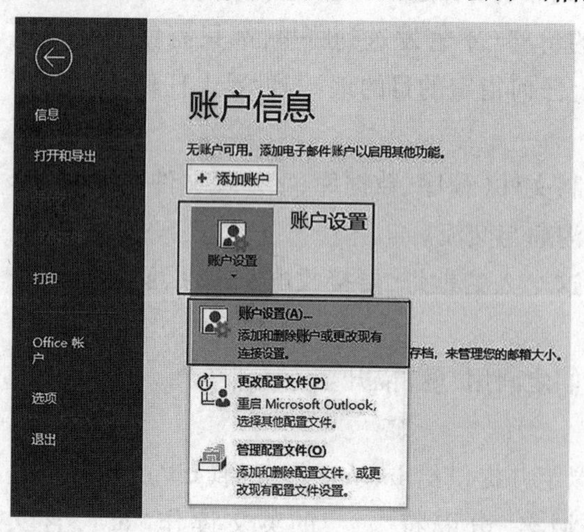

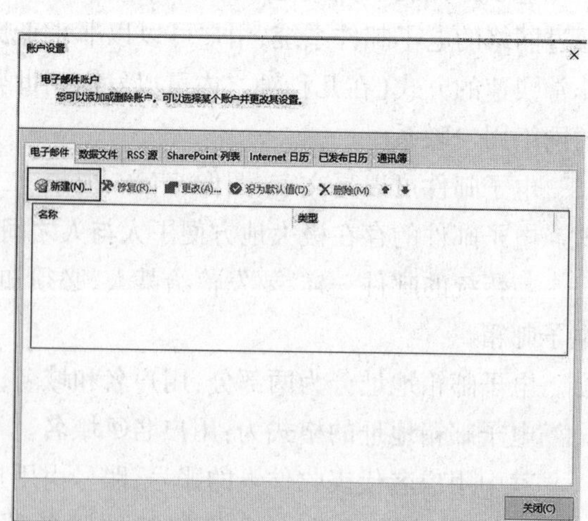

图 5 -2 -2　Outlook“文件”菜单中的“账户设置”界面

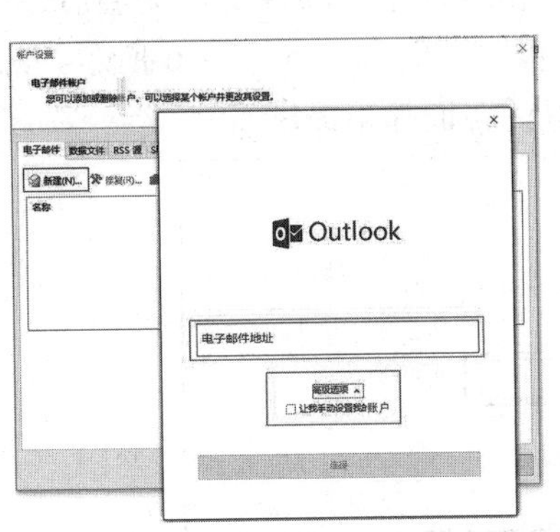

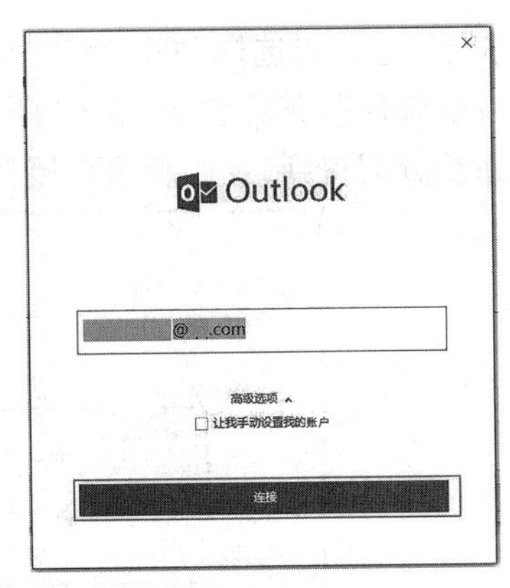

图 5－2－3　Outlook 账户设置界面

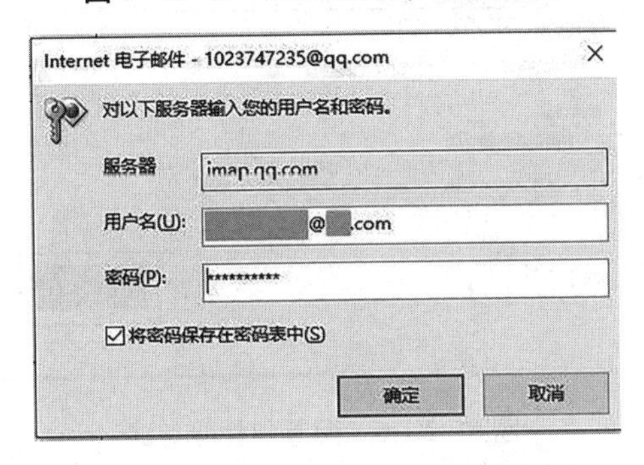

图 5－2－4　连接电子邮件邮箱信息确认对话框

(3)手动设置电子邮箱。在“高级设置”窗口中选择账户邮件协议类型,常用账户邮件协议类型主要有 POP、IMAP 等,如图 5－2－5 所示。此时,目标邮箱必须开启相对应类型的通信协议,如 POP 或者 IMAP,才能进行配置。

POP 的全称是 Post Office Protocol ,即邮局协议,用于电子邮件的接收,它使用 TCP 的 110 端口,现在常用的是第 3 版,所以简称为 POP3。POP3 仍采用 Client/Server 工作模式。

IMAP 是 Internet Message Access Protocol 的缩写,是一种用于邮箱访问的协议,使用 IMAP 可以在客户端管理服务器端的邮箱,它与 POP 不同,邮件是保留在服务器上而不是下载到本地。

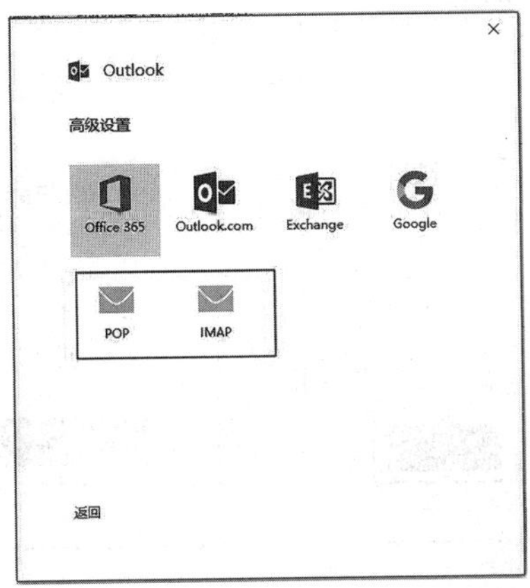

图 5－2－5　选择账户邮件协议类型

(4)配置邮箱信息。以选择 POP 为例,选择相应的账户邮件协议类型后,在弹出的对话框中设置接收和发送邮件服务器地址,单击“下一步”按钮,如图 5-2-6 所示。邮件服务器地址可以通过邮箱系统查询得到,企业邮箱直接打电话咨询邮箱提供商。

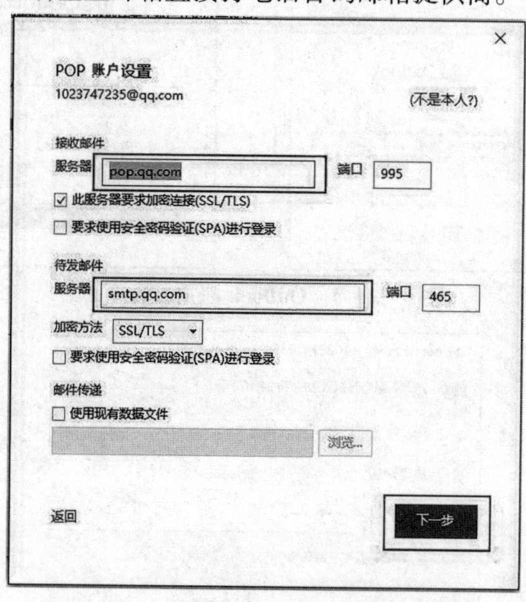

图 5-2-6　配置邮件服务器

(5)设置账户密码。在弹出的对话框中输入电子邮箱密码,用于与邮件系统进行配对连接,如图 5-2-7 所示。这里的密码是由邮件系统发送的开启 POP、IMAP 服务提供的授权码,可以在邮箱系统中查找,然后单击“连接”按钮,连接成功后会显示“已成功添加账户”对话框,如图 5-2-8 所示。

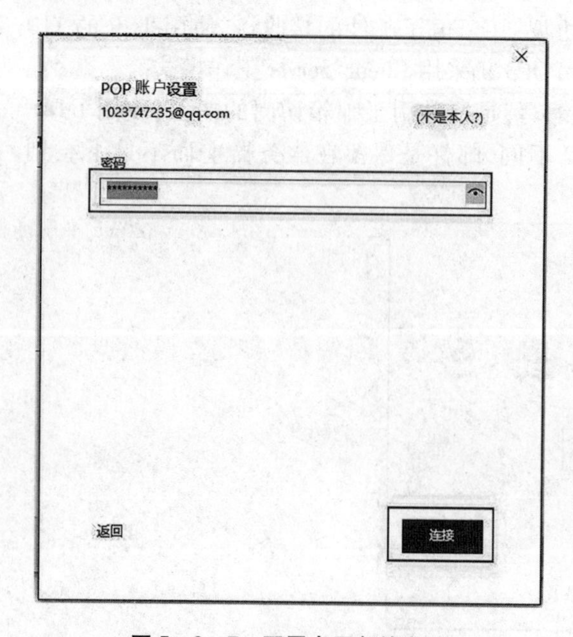

图 5-2-7　配置电子邮箱密码

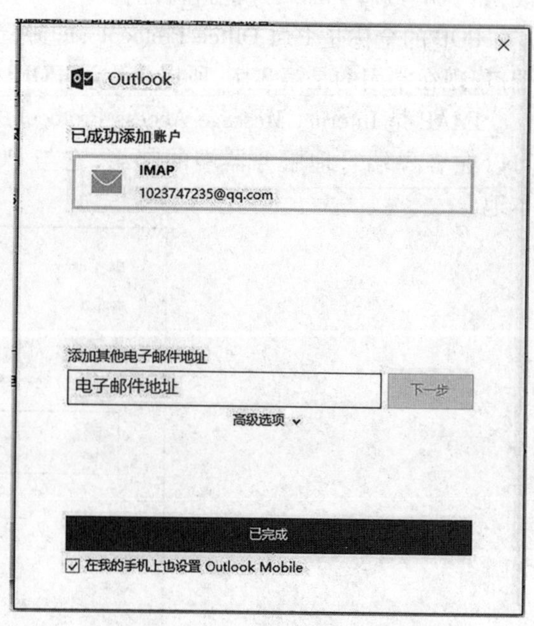

图 5-2-8　成功配置电子邮箱

(6)账户设置成功,进入 Outlook 后,会收到一份测试邮件,如图 5-2-9 所示。

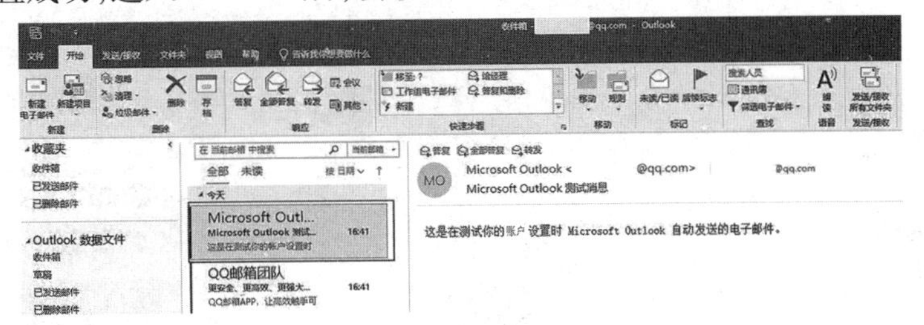

图 5-2-9　测试邮件示例

二、设置自动答复

(1)新建一个邮件,编写好设置自动回复的格式,如图 5-2-10 所示,并且保存 Outlook 模块文件,如图 5-2-11 所示。

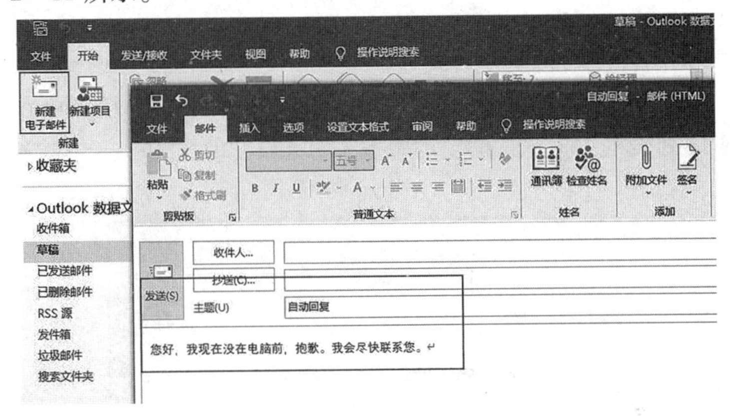

图 5-2-10　编写自动回复邮件

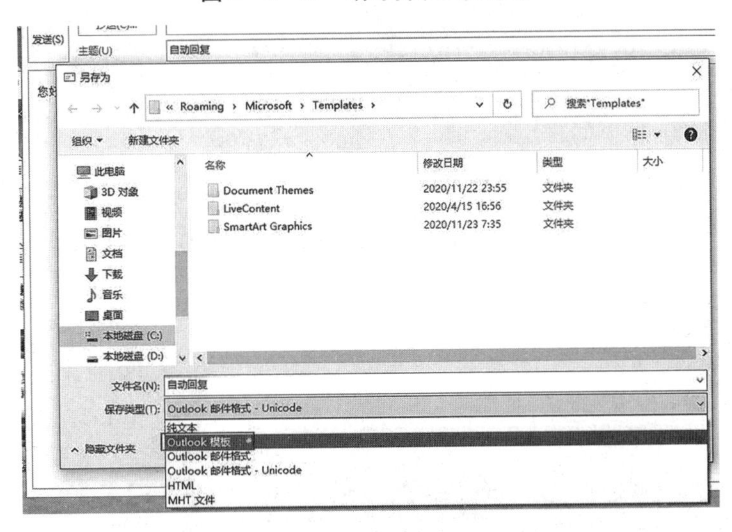

图 5-2-11　保存为 Outlook 模板文件

(2)选择“文件”→“信息”→“规则和通知”选项,如图 5-2-12 所示。

(3)在“规则和通知”窗口选择“新建规则”命令,在规则向导窗口选择“对我接收的邮件应用规则”选项,如图 5-2-13 所示。单击“下一步”按钮。

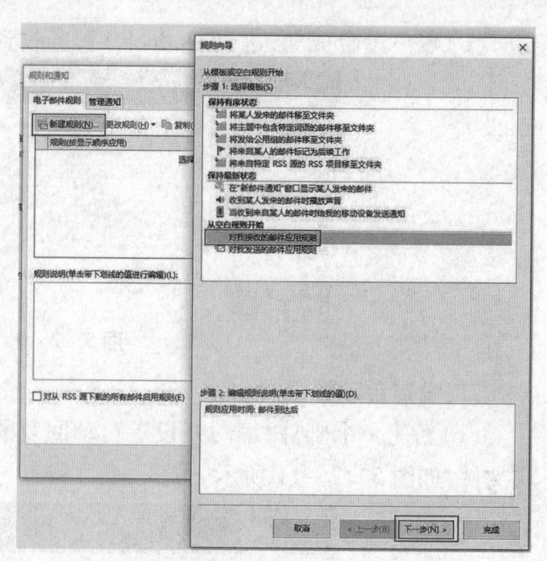

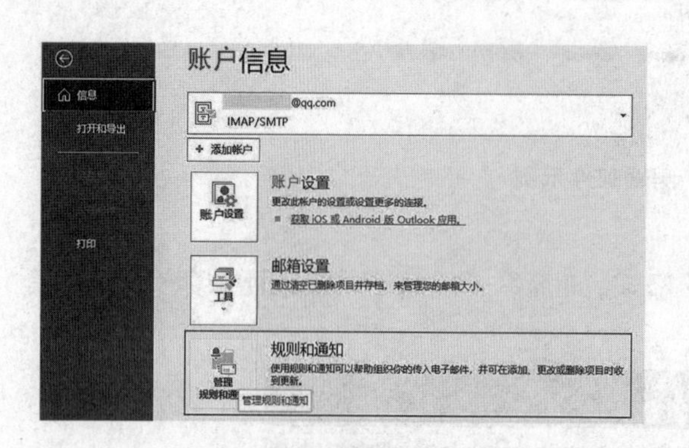

图 5-2-12 “规则和通知”选项

图 5-2-13 “对我接收的邮件应用规则”

(4)在“步骤 1”列表框中勾选“是自动答复”复选框，单击“下一步”按钮，如图 5-2-14 所示。

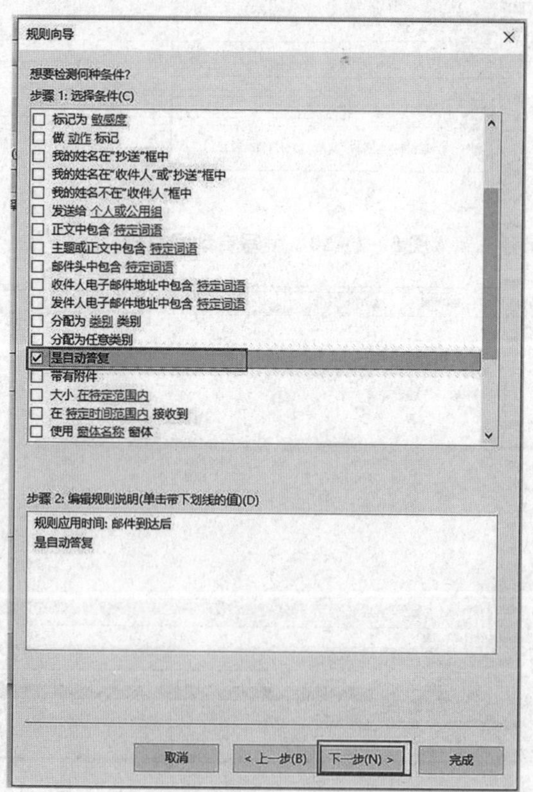

图 5-2-14 勾选“是自动答复”复选框

(5)找到并且勾选“用特定模板答复”复选框，单击下面的特定模块。找到刚刚保存的模板，并且打开，如图 5-2-15 所示。单击“下一步”按钮，可以设置例外条件。最后设置一下规

则的名字,单击“完成”按钮即可,如图 5－2－16 所示。

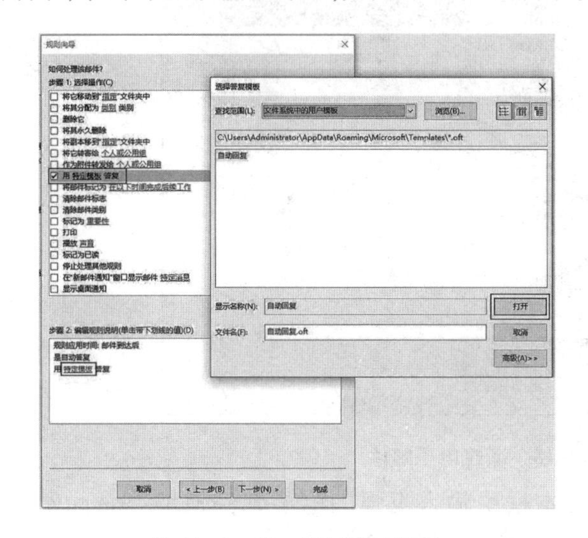

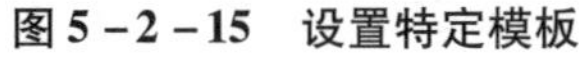

图 5－2－15　设置特定模板

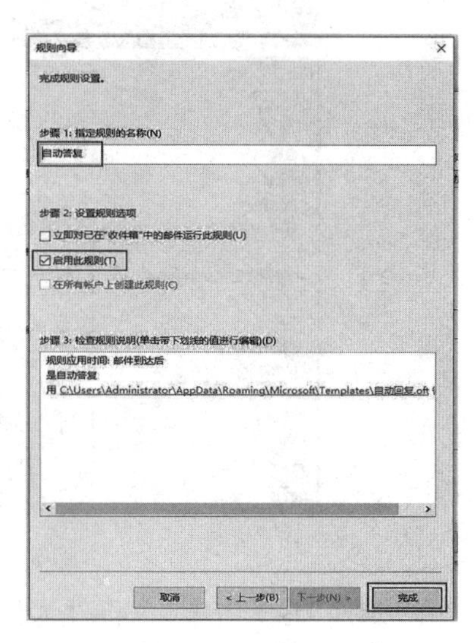

图 5－2－16　设定规则名称

任务 2　电子邮件的编辑与发送

任务导入

小孙要向部门经理王强发送一个电子邮件,并将桌面上的一个 Word 2019 文档“plan. doc”作为附件一起发出,同时抄送总经理刘杨先生。他该如何操作才能成功发送邮件呢?

任务分析

利用 Outlook 可以创建新邮件,并通过网站服务器联机发送电子邮件。

本任务介绍电子邮件的编辑与发送的方法。

任务思路及步骤如图 5－2－17 所示。

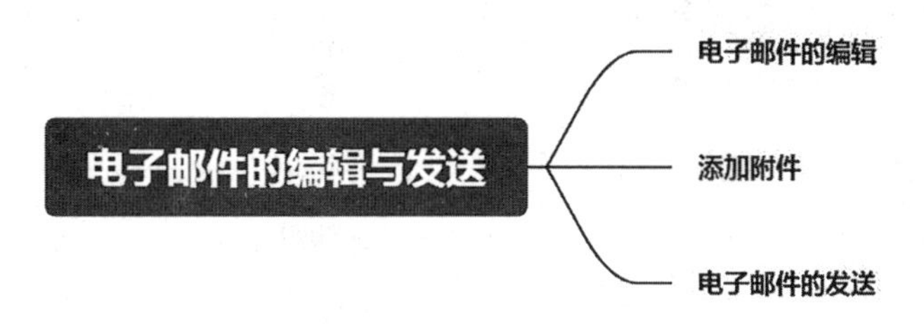

图 5－2－17　任务思路及步骤

任务实施

电子邮件的编辑与发送的步骤如下。

一、电子邮件的编辑

(1)单击桌面上的“Outlook”快捷方式或在“开始”菜单的应用程序列表中找到 Outlook 程序,启动 Outlook 客户端。

(2)单击“开始”选项卡→“新建”组→“新建电子邮件”按钮,如图 5－2－18 所示,打开“邮件”窗口。

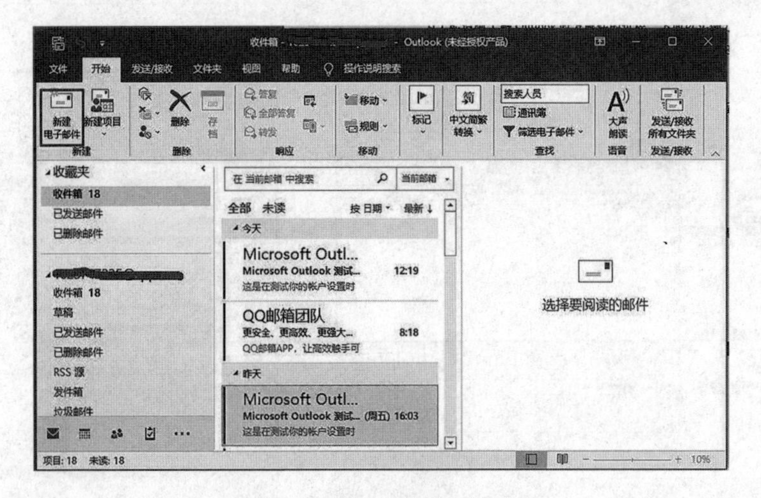

图 5－2－18　新建电子邮件

(3)在“邮件”窗口中,在“收件人”文本框中输入王强的电子邮件地址“wangq@ bj163. com”;在“抄送”文本框中输入刘杨的电子邮件地址“liuy@ 263. net. cn”;在“主题”文本框中输入“工作计划”;在窗口中央空白的编辑区域内输入邮件的主体内容“发去全年工作计划草案,请审阅。具体计划见附件。”。

二、添加附件

单击“邮件”窗口→“添加”组→“附加文件”按钮,将弹出“插入附件”对话框。在“插入附件”对话框中选择文件“plan. doc”,单击“插入”按钮返回“邮件”窗口,如图 5－2－19 所示。

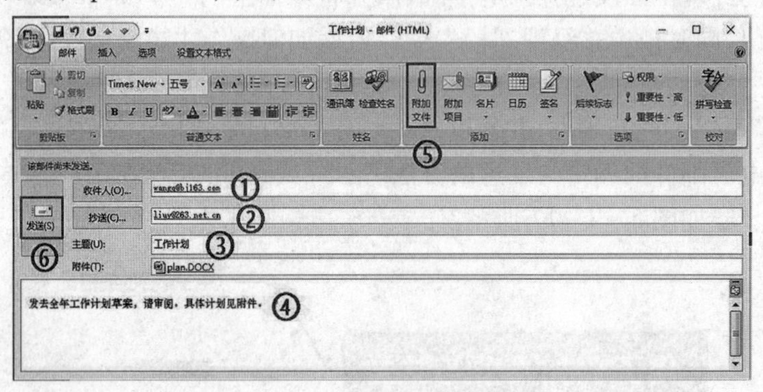

图 5－2－19　添加电子邮件附件

三、电子邮件的发送

单击“邮件”窗口→“发送”按钮,完成电子邮件的发送。

任务 3　电子邮件的接收与回复

任务导入

小孙需要接收来自 QQ 团队的邮件,并回复该邮件,同时以“通知”为主题,转发给同事小刘。他该如何操作?

任务分析

打开 Outlook，Outlook 便自动与注册的电子邮箱服务器联机工作，接收电子邮件。Outlook 可以方便地回复、转发电子邮件，并通过电子邮箱服务器联机发送。接收到的电子邮件可以脱机阅览。Outlook 在接收电子邮件时，会自动把发信人的电子邮件地址存入“通讯簿”，供以后调用。

本任务介绍电子邮件的接收与回复的方法。

任务思路及步骤如图 5－2－20 所示。

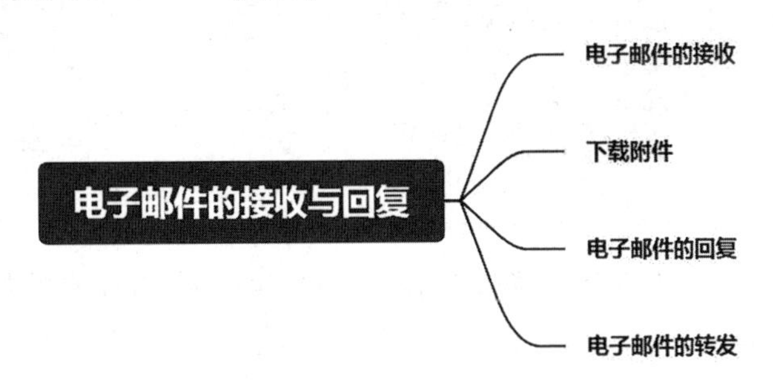

图 5－2－20　任务思路及步骤

任务实施

电子邮件的接收与回复的步骤如下。

一、电子邮件的接收

（1）启动 Outlook 客户端。

（2）单击“发送/接收”选项卡→“发送和接收”组→“发送/接收所有文件夹”按钮，将接收邮件。邮件接收完毕后，将在当前窗口中显示一封新邮件，如图 5－2－21 所示。

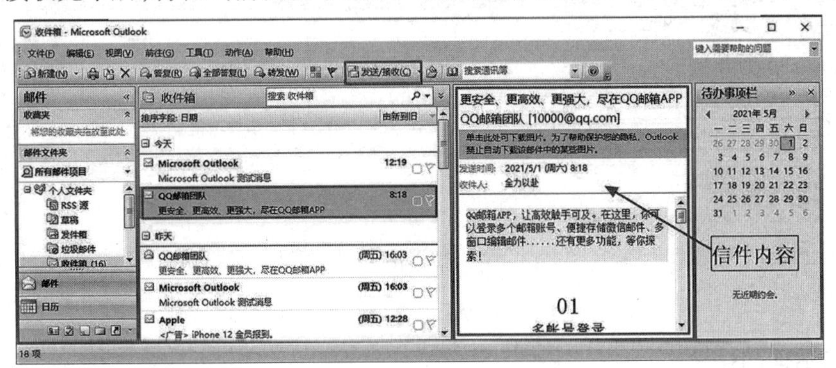

图 5－2－21　接收电子邮件

二、下载附件

如果接收的电子邮件包含附件，可以用以下方法下载附件。

（1）用鼠标右键单击电子邮件的附件或单击附件右侧的“☑”，在弹出的快捷菜单中选择“另存为”命令。在弹出的“保存附件”对话框中，可以选择附件保存的路径，并对附件进行命名。单击“保存”按钮完成附件的下载，如图 5－2－22 所示。

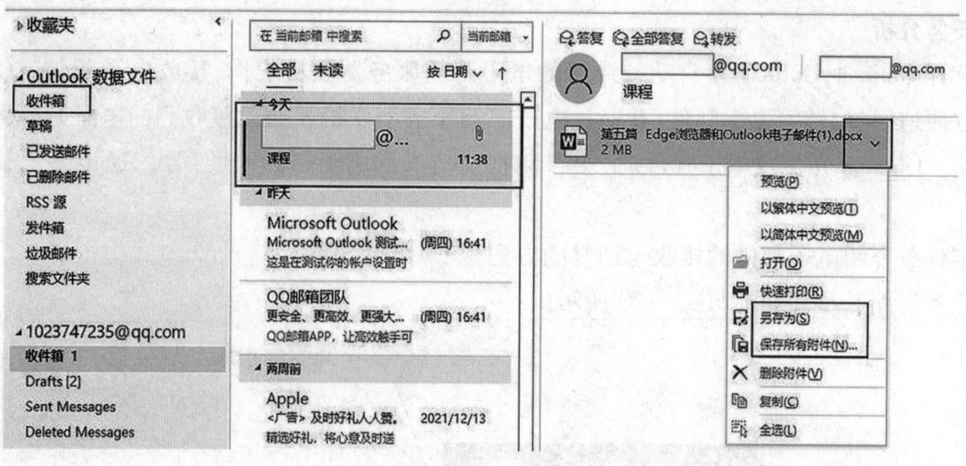

图 5－2－22　下载附件

（2）在快捷菜单中选择“保存所有附件”命令，即可一次性保存所有的邮件附件。

三、电子邮件的回复

（1）接收新邮件后，单击新邮件，在右侧“阅读窗格”中显示邮件的具体内容。单击“答复”按钮，弹出“答复邮件”窗口。

（2）在“答复邮件”窗口中，在“邮件内容”区域输入“来信收到，你所通知之事以知悉。谢谢！”，单击“发送”按钮完成电子邮件的回复，如图 5－2－23 所示。

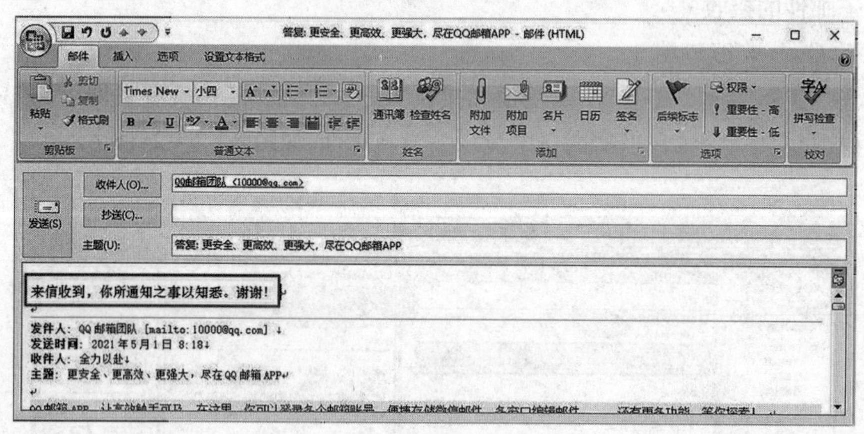

图 5－2－23　答复电子邮件

四、电子邮件的转发

（1）接收新邮件后，单击新邮件，在右侧“阅读窗格”中显示邮件的具体内容。单击“转发”按钮，弹出“转发邮件”窗口。

（2）在“转发邮件”窗口中，在“收件人”文本框中输入小刘的电子邮件地址“DkLiu9968@163. com”；在“主题”文本框中输入“通知”。单击“发送”按钮完成电子邮件的转发，如图 5－2－24 所示。

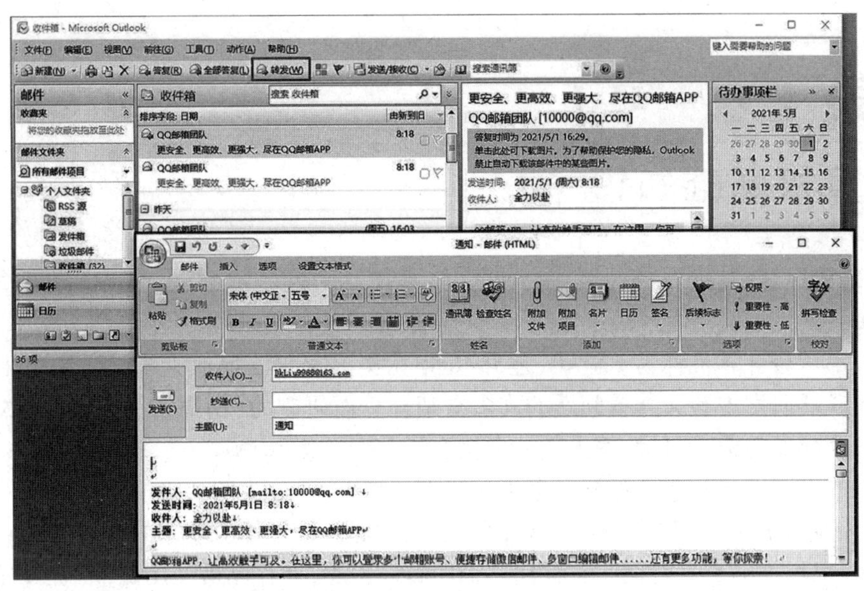

图 5-2-24　转发电子邮件

附录 1

计算机基础知识

一、计算机概述

1. 计算机的发展简史

世界上第一台计算机称为 ENIAC,是 1946 年在美国宾夕法尼亚大学被研制出来的。它是为了解决新武器研发中有关弹道问题的许多复杂计算而研制的(由需求引发)。它的诞生为人类开辟了一个崭新的信息时代,使人类社会发生了巨变。

计算机的发展按照构成计算机的电子元器件来划分,共分为四个阶段。

(1)第一代(1946—1958 年)电子管计算机。在该阶段,计算机使用的主要逻辑元件是电子管,故该阶段也称为电子管时代。主存储器采用磁鼓磁芯,外存储器使用磁带。在软件方面,用机器语言和汇编语言编写程序。这个时期的计算机体积庞大、运算速度低(一般每秒几千次到几万次)、成本高、可靠性差、内存容量小。

(2)第二代(1959—1964 年)晶体管计算机。在该阶段,计算机使用的主要逻辑元件是晶体管。主存储器采用磁芯,外存储器使用磁带和磁盘。在软件方面,开始使用管理程序,后期使用操作系统并出现了高级程序设计语言。这个时期的计算机应用扩展到数据处理、自动控制等方面。计算机的运行速度已提高到每秒几十万次,体积大大减小,可靠性和内存容量也有较大的提高。

(3)第三代(1965—1970 年)集成电路计算机。这个时期的计算机用中小规模集成电路代替了分立元件,用半导体存储器代替了磁芯存储器,外存储器使用磁盘。在软件方面,操作系统进一步完善,高级语言数量增多。计算机的运行速度也提高到每秒几十万次到几百万次,可靠性和存储容量进一步提高,外部设备种类繁多,计算机和通信密切结合起来,广泛地应用到科学计算、数据处理、事务管理、工业控制等领域。

(4)第四代(1971 年以后)大规模和超大规模集成电路计算机。这个时期计算机的主要逻辑元件是大规模和超大规模集成电路,该阶段一般称为大规模集成电路时代。存储器采用半导体存储器,外存储器采用大容量的软、硬磁盘,并开始引入光盘。在软件方面,操作系统不断发展和完善。计算机的发展进入了以计算机网络为特征的时代。计算机的运行速度可达到每秒上千万次到万亿次,计算机的存储容量和可靠性又有了很大提高,功能更加完备。这个时期计算机的类型除了小型、中型、大型机外,开始向巨型机和微型机(个人计算机)两个方面发展,计算机开始进入人类社会的各个领域。

2. 计算机的特点和应用领域

1)计算机的主要特点

(1)运算速度快。

随着半导体技术和计算机技术的发展,计算机的运算速度已经从最初的每秒几千次发展到每秒几百万次、几千万次,甚至每秒几万亿次。

(2)精确度高。

计算机的精确度主要表现为数据表示的位数,一般称为字长。字长越长精度越高。微型计算机字长一般有 8 位、16 位、32 位、64 位等。

(3)具有记忆和逻辑判断能力。

计算机不仅能进行计算,而且可以把原始数据、中间结果、运算指令等信息存储起来,供使用者调用。这是电子计算机与其他计算装置的一个重要区别。

(4)程序运行自动化。

使用者在把程序送入计算机后,计算机就在程序的控制下自动完成全部运算并输出运算结果,不需要人的干预。

2)计算机的应用领域

当前,计算机的应用范围已渗透到科研、生产、军事、教学、金融、交通、农业、林业、地质勘探、气象预报、邮电通信等各行各业,并且深入文化、娱乐和家庭生活等各个领域,其影响涉及社会生活的各个方面。计算机的应用几乎包括人类的一切领域。根据应用特点,可以将计算机的应用领域归纳为以下几大类。

(1)科学计算。

科学计算也称为数值计算,通常指用于完成科学研究和工程技术中提出的数学问题的计算。

(2)数据处理。

数据处理也称为非数值计算,是指对大量的数据进行加工处理(如统计分析、合并、分类等)。数据处理是现代化管理的基础。它不仅应用于处理日常的事务,而且能支持科学的管理和企事业计算机辅助管理与决策。

(3)计算机控制(实时控制)。

利用计算机对工业生产过程或装置的运行过程进行状态检测并实施自动控制,不仅可以大大提高控制的自动化水平,而且可以提高控制的及时性和准确性,从而改善劳动条件、提高产品质量及合格率。

(4)计算机辅助设计。

计算机辅助设计(简称 CAD),就是用计算机帮助设计人员进行设计。采用计算机辅助设计后,不但减少了设计人员的工作量,提高了设计的速度,更重要的是提高了设计的质量。

(5)人工智能。

人工智能(简称 AI)是指用计算机模拟人类某些智力行为的理论、技术和应用。人工智能是计算机应用的一个新的领域,这方面的研究和应用正处于发展阶段,在医疗诊断、定理证明、语言翻译、机器人等方面已有了显著的成效。

(6)多媒体技术应用、嵌入式应用、网络应用等。

人们把文本、音频、视频、动画、图形和图像等各种媒体综合起来,构成了多媒体。在医疗、教育、商业、银行、保险、行政管理、军事、工业、广播和出版等领域中,多媒体的应用发展很快。

随着网络技术的发展,计算机的应用进一步深入社会的各行各业,通过高速信息网络实现数据与信息的查询、高速通信服务(电子邮件、电视电话、电视会议、文档传输)、电子教育、电子娱乐、电子购物(通过网络选看商品、办理购物手续、质量投诉等)、远程医疗和会诊、交通信息管理等。

二、计算机系统的组成

1. 计算机系统的组成原理

计算机本质上是一种能按照程序对各种数据和信息进行自动加工和处理的电子设备。计算机依靠硬件和软件的协同工作来执行给定的工作任务。

一个完整的计算机系统由硬件系统和软件系统两大部分组成。

现代计算机是冯·诺依曼型计算机,其主要特点如下。

(1)采用二进制数的形式表示数据和指令。

(2)将指令和数据存放在存储器中,计算机自动地逐条取出指令和数据进行分析、处理和执行,即存储程序的计算机工作原理设计思想。存储程序是指把解决问题的程序和需要加工处理的原始数据存入存储器,这是计算机能够自动、连续工作的先决条件。

(3)计算机硬件由控制器、运算器、存储器、输入设备和输出设备五大部分组成,如附图 1－1 所示。

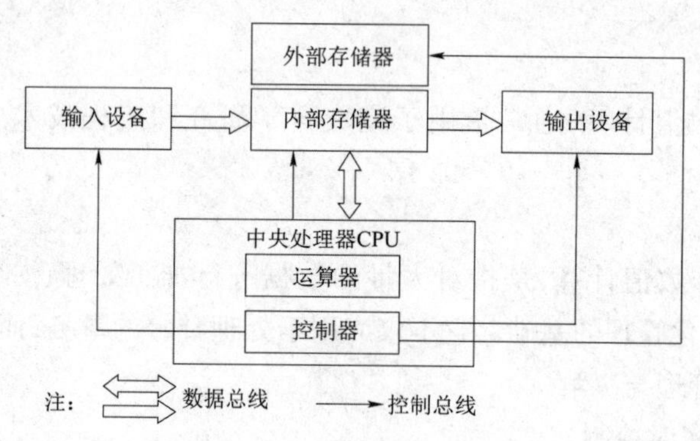

附图 1－1　计算机基本结构

1)计算机的硬件系统

硬件系统是构成计算机系统的物理实体或物理装置,是计算机工作的物质基础。硬件系统包括组成计算机的各种部件和外部设备。

(1)运算器。

运算器负责数据的算术运算和逻辑运算,是对数据进行加工和处理的主要部件。构成运算器的核心部件是加法器。

(2)控制器。

控制器是计算机的神经中枢和指挥中心,负责统一指挥和协调计算机各部分有条不紊地工作,能根据事先编制好的程序控制计算机各部分执行指令,完成一定的功能。

运算器与控制器组成计算机的中央处理单元(Central Processing Unit,CPU)。在微型计算机中,一般是把运算器和控制器集成在一片半导体芯片上,制成大规模集成电路。因此,CPU 常常又被称为微处理器。

(3)存储器。

存储器是计算机的记忆部件,负责存储程序和数据,并根据命令提取这些程序和数据。存储器通常分为内存储器和外存储器两部分。

①内存储器简称内存,可以与 CPU、输入设备和输出设备直接交换或传递信息。内存一般采用半导体存储器制成。其工作方式有写入和读出两种。写入是向存储器存入数据的过程;读

出是把数据从存储器取出的过程。

②外存储器简称外存,主要用来存放用户所需的大量信息。外存容量大,存取速度慢,信息可长久保存。常用的外存有软磁盘、硬磁盘、磁带机和光盘等。

(4)输入设备。

输入设备是计算机从外部获得信息的设备,其作用是把程序和数据信息转换为计算机中的电信号,存入计算机。常用的输入设备有键盘、鼠标、光笔、扫描仪等。

(5)输出设备。

输出设备是将计算机内的信息以文字、数据、图形等人们能够识别的方式打印或显示出来的设备。常用的输出设备有显示器、打印机等。

外存储器、输入设备、输出设备等组成计算机的外部设备,简称外设。

2)计算机的软件系统

硬件和软件结合起来构成计算机系统。硬件是软件工作的基础,计算机必须配置相应的软件才能应用于各个领域,人们通过软件控制计算机各种部件和设备的运行。

软件系统是指计算机系统所使用的各种程序及其文档的集合。从广义上讲,软件是指为运行、维护、管理和应用计算机所编制的所有程序和数据的总和。计算机软件一般可分为系统软件和应用软件两大类,每一类又有若干种类型。

(1)系统软件。

系统软件是管理、监控和维护计算机各种资源,使其充分发挥作用,提高工作效率及方便用户的各种程序的集合。系统软件是构成微机系统的必备软件,在购置微机系统时应根据用户需求进行配置。系统软件主要包括以下几个方面。

①操作系统 。

操作系统是控制和管理计算机硬件、软件和数据等资源,方便用户有效地使用计算机的程序集合,是任何计算机都不可缺少的软件。操作系统大致包括五个管理功能:进程与处理机调度、作业管理、存储管理、设备管理、文件管理。根据侧重面和设计思想的不同,操作系统的结构和内容存在很大差别。对于功能比较完善的操作系统,应当具备上述五个部分。

操作系统一般可分为单用户操作系统、多道批处理系统、分时系统、实时系统、网络操作系统、分布式操作系统等。目前常见的操作系统有 Windows、Linux、UNIX、Mac OS 等。

②各种程序设计语言的处理程序。

语言处理程序是用来对各种程序设计语言编写的程序进行翻译,使之产生计算机可以直接执行的目标程序(用二进制代码表示的程序)的各种程序的集合。

③服务程序。

服务程序又称为实用程序,是支持和维护计算机正常处理工作的一种系统软件,执行专门的服务性功能,为用户开发程序和使用计算机提供了方便,如装配连接程序 Link、系统维护程序 PC Tools。

④数据库管理系统。

数据是指计算机能够识别的数字、字符、图形、声音、视频、动画等信息。对这些数据进行分类、修改、查询、排序等处理的软件称为数据库管理系统。比较常见的数据库管理系统有 Oracle、MySQL、Microsoft SQL Server、DB2、Access 等。其主要功能是建立、删除、维护数据库及对数据库中的数据进行各种操作。

(2)应用软件。

应用软件是为计算机在特定领域中的应用而开发的专用软件。应用软件分为通用软件和专用软件两类。应用软件包括的范围是极其广泛的,哪里有计算机应用,哪里就有应用软件,如办公应用软件 Office、WPS,平面设计软件 PhotoShop、Illustrator,网页设计软件 HBuilder、Dreamwerver,计算机辅助设计软件 AutoCAD 等。

3)计算机的基本工作原理

(1)计算机自动计算或处理的过程实际上是执行程序的过程,即计算机是由程序控制的。程序是由人预先编制并存储在计算机里的。

(2)计算机程序是一系列指令的有序集合。执行程序的过程实际上是依次逐条执行指令的过程。

(3)指令的执行是由计算机硬件实现的。CPU 从内存中读出一条指令,然后送到 CPU 内的运算器执行,再读取下一条指令,再执行……每一条指令的实现都经过读取指令、分析指令和执行指令三个步骤,并为取下一条指令做好准备。CPU 不断读取指令、分析指令和执行指令,这就是程序执行的过程。

2. 微型计算机的主要技术指标

1)字长

字长是指计算机能直接处理的二进制数据的位数,字长直接关系到计算机的功能、用途和应用范围,是计算机的一个重要技术指标。首先,字长决定了计算机运算的精度,字长越长,运算精度越高;其次,字长决定了计算机的寻址能力,字长越长,存放数据的存储单元越多,寻找地址的能力越强。不同计算机系统的字长是不同的。

2)存储器容量

存储器容量用于表示计算机存储信息的多少。内存容量决定了可运行的程序大小和程序运行效率;外存容量决定了整机系统存取数据、文件和记录的能力。

3)时钟频率(主频)

时钟周期是 CPU 工作的最小时间单位,其倒数为时钟频率。时钟频率又称为主频,它在很大程度上决定了计算机的运算速度。时钟频率的单位是兆赫兹(MHz)。各种微处理器的时钟频率不同。时钟频率越高,运算速度越快。

4)运算速度

运算速度是指计算机每秒的运算次数。微型计算机一般用主频来表示运算速度。运算速度用来衡量计算机进行数值计算或信息处理的快慢程度,用计算机在 1 秒钟内所能完成的运算次数来表示,度量单位是“次/秒”。

5)存取周期

存储器完成一次读(或写)信息所需要的时间称为存储器的存取时间。连续两次读(或写)所需的最短时间间隔,称为存储器的存储周期。存取周期越短,则存取速度越快。

此外,微型计算机经常用到的技术指标还有兼容性、可靠性等。评价微型计算机系统性能应考虑其综合性能、价格。

3. 微型计算机系统的基本硬件组成

以微处理器芯片为核心,加上存储器芯片和输入/输出接口芯片等部件,组成微型计算机,简称微机。只用一片大规模或超大规模集成电路构成的微机,又称为单片微型计算机,简称单

片机。外部设备通过接口与微型计算机连接。计算机硬件系统组成如附图 1－2 所示。

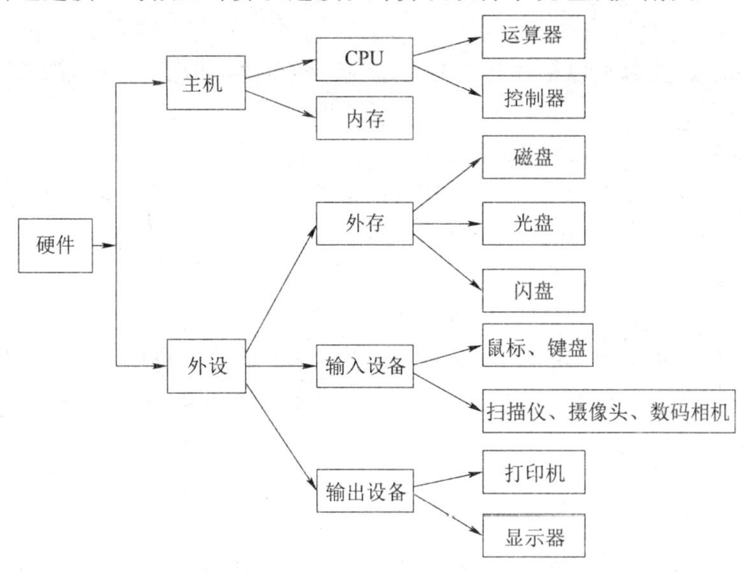

附图 1－2　计算机硬件系统组成

微型计算机从结构上分析,以 CPU 为中心,再配置上 RAM、ROM、输入/输出接口和总线便构成了整机。

1)系统主板

系统主板又称为母板,是安装在机箱内的一块多层印制电路板,装有微型计算机的主要部件,通过这块电路板将微型计算机的主要功能部件组装到一起。

2)接口电路

输入/输出接口电路也称为 I/O(Input /Output)电路,即通常所说的适配器、适配卡或接口卡。它是微型计算机外部设备交换信息的桥梁。

(1)接口电路的结构:一般由寄存器组、专用存储器和控制电路几部分组成。当前的控制指令、通信数据以及外部设备的状态信息等分别存放在专用存储器或寄存器组中。

(2)接口电路的连接:所有外部设备都通过各自的接口电路连接到微型计算机的系统总线。

(3)接口电路的通信方式:分为并行通信和串行通信。并行通信是将数据各位同时传送;串行通信则使数据一位一位地按顺序传送。

3)外存

(1)硬盘:容量大、速度快,其容量是微型计算机的主要指标之一。微型计算机的硬磁盘(硬盘机)通常固定安装在机箱内。大型机的硬磁盘则常有单独的机柜。硬磁盘是计算机系统中最重要的一种外存储器。目前的计算机包括微型计算机在内一般至少配备一台硬盘机,在硬盘里保存着计算机系统工作必不可少的程序和重要数据。

(2)光盘:多媒体计算机系统存放软件、文档和数据库信息的载体。磁盘驱动器通过磁盘驱动器接口连接到系统主板上。光盘存储器(简称“光盘”)是利用激光原理存储和读取信息的媒介。光盘片是由塑料覆盖的一层铝薄膜,通过铝膜上极细微的凹坑记录信息。市场上最常见的光盘是 5 英寸的只读光盘,称为 CD－ROM。除了 CD－ROM 之外,还有一种一次性写入(CD

-Recordable)的光盘,实际上是一种出厂时未写入信息的空白光盘,一旦写入,就不能再更改其内容而只能读出了,它用来保存不做修改的永久性档案材料非常合适。还有一种可擦重写式(CD-Erasable)光盘,就是可以多次写入的光盘。这种光盘类似磁盘,但需要特殊的驱动器,驱动器和盘片的价格较高。

(3)U盘(闪盘、优盘):一种使用USB接口的无须物理驱动器的微型高容量移动存储产品,通过USB接口与计算机连接,实现即插即用。U盘体积小,传输速度快,小巧方便携带,但容量有限(如8GB、16GB)。目前U盘主要采用USB 2.0和3.0两种接口,理论传输速度分别为480 Mb/s和5.0 Gb/s。

4)显示器

显示器是计算机与用户的桥梁,是计算机的窗口。它能将计算机内部的数据转换为各种直观的图形、图像和字符,将各种工作状态和运算结果、编辑的文件、程序和图形等显示出来。计算机的显示系统由两部分组成:一是显示器,二是显卡。通过显示适配卡连接显示器与系统主板。

5)打印机

打印机是典型的输出设备。目前主流打印机有针式、喷墨、激光打印机三种。针式打印机便宜,适合打印宽幅纸、单纸、层叠纸、筒纸、蜡纸等,但速度慢、噪声大、清晰度差;喷墨打印机适合家庭使用,机器便宜,但墨盒贵,易消耗;激光打印机贵,但速度快、清晰度高。

6)键盘

键盘是最基本的输入设备,主要用于输入数据、文本、程序和命令,但不适合图形操作。

7)鼠标

鼠标是一种屏幕标定装置。尤其在图形处理软件的支持下,鼠标在屏幕上进行图形处理比键盘方便得多。操作时只要在屏幕特定的位置上用鼠标器选定一下,该操作即可执行。鼠标已成为必不可少的输入设备。

有线鼠标有两种:机械式和光电式。机械式鼠标采用其下面滚动的小球在桌面上移动,使屏幕上的光标随着移动,这种鼠标便宜,但易沾灰尘,影响移动速度,要经常清洗,已逐渐被淘汰;光电式鼠标通过接收其下面光源发出的反射光,并将反射光转换为移动信号送给计算机,使屏幕光标随着移动,光电式鼠标的性能优于机械式鼠标。无线鼠标是指无线缆直接连接到主机的鼠标,它采用无线技术与计算机通信。

8)音箱

音箱是计算机多媒体常用外设之一。计算机专用音箱的最大特点就是具有防磁性能,这也正是其与普通音箱的重要区别。由于计算机音箱所用的扬声器采用了“无磁”设计,所以可以避免普通音箱中的扬声器永久磁铁对传统的CRT显示器造成磁化而导致光栅变形、色彩失真(严重时还会使显示屏幕出现磁化),延长了显示器的使用寿命。但是,目前主流的LED显示器不受磁化影响。

9)其他外设

扫描仪(Scanner)是一种高精度的光电一体化的高科技产品,它是将各种形式的图像信息输入计算机的重要工具,是继键盘和鼠标之后的第三代计算机输入设备。它是功能极强大的一种输入设备。人们通常将扫描仪用于计算机图像的输入,而图像这种信息形式是一种信息量最大的形式。从最直接的图片、照片、胶片到各类图纸图形以及各类文稿都可以用扫描仪输入计算机进而实现对这些图像形式的信息的处理、管理、使用、存储、输出等。

摄像头是一种数字视频的输入设备。摄像头又分为内置和外接摄像头。外接摄像头主要是通过主机上的摄像头接口与摄像头相连,实现拍照的功能。一般来说,一个型号的摄像头可能会对应同一个品牌同一系列的某几款相机,但不可能兼容不同品牌的产品。

数码相机是一种能够进行拍摄,并通过内部处理把拍摄到的景物转换成以数字格式存放的图像的照相机。数码相机可以直接连接到计算机、手机、电视机或者打印机。由于图像是内部处理的,所以使用者可以马上检查图像是否正确,而且可以立刻打印出来或通过电子邮件发送出去。

调制解调器(Modem)是计算机与电话线之间进行信号转换的装置,由调制器和解调器两部分组成。调制器是把计算机的数字信号(如文件等)调制成可在电话线上传输的声音信号的装置。在接收端,解调器再把声音信号转换成计算机能接收的数字信号。通过调制解调器和电话线就可以实现计算机之间的数据通信。

三、多媒体技术

多媒体技术是指把文字、图形图像、动画、音频、视频等各种媒体通过计算机进行数字化的采集、获取、加工处理、存储和传播而综合为一体的技术。

多媒体技术涉及信息数字化处理技术、数据压缩和编码技术、高性能大容量存储技术、多媒体网络通信技术、多媒体系统软硬件核心技术、多媒体同步技术、超文本超媒体技术等,其中信息数字化处理技术是基本技术,数据压缩和编码技术是核心技术。

多媒体技术处理的感觉媒体信息类型有以下几种:信息、图形图像、动画、音频信息、视频信息等。

近年来,多媒体技术得到迅速发展,多媒体系统的应用更以极强的渗透力进入人类生活的各个领域,如游戏、教育、档案、图书、娱乐、艺术、股票债券、金融交易、建筑设计、家庭、通信等。在教育领域,多媒体技术主要应用于形象教学、模拟展示,如电子教案、形象教学、模拟交互过程、网络多媒体教学、仿真工艺过程等。在商业广告方面,多媒体技术主要应用于特技合成、大型演示,如影视商业广告、公共招贴广告、大型显示屏广告、平面印刷广告等。在影视娱乐业,多媒体技术主要应用于电影特技、变形效果,如电视/电影/卡通混编特技、演艺界 MTV 特技制作、三维成像模拟特技、仿真游戏、赌博游戏等。在医疗领域,多媒体技术主要应用于远程诊断、远程手术,如网络多媒体技术、网络远程诊断、网络远程操作手术等。在旅游行业,多媒体技术主要应用于景点介绍,如风光重现、风土人情介绍、服务项目等。人工智能模拟方面,多媒体技术主要应用于生物、人类智能模拟,如生物形态模拟、生物智能模拟、人类行为智能模拟等。

四、计算机病毒

计算机病毒(Computer Virus)是编制者在计算机程序中插入的破坏计算机功能或者数据的能影响计算机使用,能自我复制的一组计算机指令或者程序代码。计算机病毒是人为制造的,有破坏性,又有传染性和潜伏性的,对计算机信息或系统起破坏作用的程序。它不是独立存在的,而是隐蔽在其他可执行的程序之中。

计算机病毒按存在的媒体分类可分为引导型病毒、文件型病毒和混合型病毒三种;按链接方式分类可分为源码型病毒、嵌入型病毒和操作系统型病毒三种;按计算机病毒攻击的系统分类分为攻击 DOS 系统病毒、攻击 Windows 系统病毒、攻击 UNIX 系统的病毒等。如今的计算机病毒正在不断地推陈出新,其中包括一些独特的新型病毒暂时无法按照常规的类型进行分类,如互联网病毒、电子邮件病毒等。

计算机病毒有自己的传输模式和不同的传输路径。计算机病毒传输方式有三种主要类型。

(1)通过移动存储设备进行病毒传播:如 U 盘、光盘、移动硬盘等都可以是传播病毒的路径。

(2)通过网络传播:网页、电子邮件、网络应用程序等都可以是计算机病毒网络传播的途径,特别是近年来互联网迅速发展,计算机病毒的传播速度越来越快,范围也在逐步扩大。

(3)利用计算机系统和应用软件的弱点传播:近年来,越来越多的计算机病毒利用应用系统和软件应用的缺陷进行传播。

任何病毒只要侵入系统,都会对系统及应用程序产生程度不同的影响。轻者会降低计算机工作效率,占用系统资源,重者可导致数据丢失、系统崩溃。

计算机中毒的症状很多,凡是计算机不正常工作都有可能与病毒有关。计算机染上病毒后,如果没有发作,是很难觉察到的。但病毒发作时很容易从以下症状感觉出来:工作很不正常;莫名其妙地死机;突然重新启动或无法启动;程序不能运行;磁盘坏簇莫名其妙地增多;磁盘空间变小;系统启动变慢;数据和程序丢失;出现异常的声音、音乐或一些无意义的画面问候语等;正常的外设使用异常,如打印出现问题、键盘输入的字符与屏幕显示不一致等;异常要求用户输入口令。

计算机病毒无时无刻不在关注着计算机,时时刻刻准备发出攻击,但计算机病毒也不是不可控制的,可以通过下面几个方面来减少计算机病毒对计算机带来的破坏。

(1)培养良好的上网习惯,安装最新的杀毒软件,每天升级杀毒软件病毒库,定时对计算机进行病毒查杀。上网时要开启杀毒软件的全部监控功能。

(2)不要执行从网络下载后未经杀毒处理的软件、不要随便浏览或登录陌生的网站。现在有很多非法网站被植入恶意的代码,一旦被用户打开,即会将木马或其他病毒植入用户的计算机。

(3)培养自觉的信息安全意识。在使用移动存储设备时,尽可能不要共享这些设备,因为移动存储是计算机病毒攻击的目标。在对信息安全要求比较高的场所,应将计算机上面的 USB 接口封闭,同时,有条件的情况下应该做到专机专用。

(4)用 Windows Update 功能打全系统补丁,同时,将应用软件升级到最新版本,避免病毒以木马的方式入侵系统或者通过其他应用软件漏洞进行传播。

五、计算机网络

计算机网络是指将地理位置不同的具有独立功能的多台计算机及其外部设备,通过通信线路连接起来,在网络操作系统、网络管理软件及网络通信协议的管理和协调下,实现资源共享和信息传递的计算机系统。

自从计算机网络出现以后,它的发展速度与应用的广泛程度十分惊人。纵观计算机网络的发展,其大致经历了以下四个阶段。

(1)第一阶段:诞生阶段。

20 世纪 60 年代中期之前的第一代计算机网络是以单个计算机为中心的远程连机系统。其典型应用是由一台计算机和全美范围内 2 000 多个终端组成的飞机订票系统,终端是一台计算机的外围设备,包括显示器和键盘,无 CPU 和内存。

(2)第二阶段:形成阶段。

20 世纪 60 年代中期—70 年代的第二代计算机网络以多个主机通过通信线路互连起来,为

用户提供服务。该阶段的计算机网络兴起于20世纪60年代后期，典型代表是美国国防部高级研究计划局协助开发的ARPANET。

(3)第三阶段：互连互通阶段。

20世纪70年代末—90年代的第三代计算机网络是具有统一的网络体系结构并遵守国际标准的开放式和标准化的网络。ARPANET兴起后，计算机网络发展迅猛，各大计算机公司相继推出自己的网络体系结构及实现这些结构的软、硬件产品。由于没有统一的标准，不同厂商的产品互连很困难，人们迫切需要一种开放性的标准化实用网络环境，于是产生了两种国际通用的最重要的体系结构，即TCP/IP体系结构和国际标准化组织的OSI体系结构。

(4)第四阶段：高速网络技术阶段。

20世纪90年代至今，由于局域网技术发展成熟，出现了光纤及高速网络技术，整个网络就像一个对用户透明的大型计算机系统，发展为以Internet为代表的互联网。

Internet中的标准协议是TCP/IP(Transmission Control Protocol/Internet Protocol)。

TCP/IP的中文全称为传输控制协议/互联网协议。它是ARPA于1977—1979年推出的一种网络体系结构和协议规范，规范Internet上所有计算机互连时的传输、解释、执行、互操作，解决计算机系统的互连、互通、操作性，是被公认的网络通信协议的国际工业标准。凭借其实现成本低、在多平台间通信安全可靠以及可路由性等优势迅速发展，并成为Internet标准协议。

TCP/IP是由一组具有专业用途的多个子协议组合而成的，这些子协议包括TCP、IP、UDP、ARP、ICMP等。除TCP/IP外，常用的网络协议还有PPP、SLIP等。其中TCP位于传输层，向应用层提供面向连接的服务，在进行通信之前，通信双方必须先建立连接，然后才能进行通信，通信结束后，终止该连接。TCP确保网上所发送的数据报可以完整地被接收，一旦数据报丢失或破坏，则由TCP负责将丢失或破坏的数据报重新传输一次，实现数据的可靠传输。IP位于网际层，定义了网际层数据报的格式、传输规则和该层的地址格式，提供了源计算机和目的计算机之间点到点的通信。它主要关心数据如何经过由一个或多个路由器相连接的网络到达目的主机，即路由选择。

附录 2

前沿信息技术

一、云计算

云计算(Cloud Computing)是分布式计算技术的一种,指的是通过网络“云”将巨大的数据计算处理程序分解成无数个小程序,然后通过多部服务器组成的系统处理和分析这些小程序并将结果返回给用户。云计算早期,简单地说,就是简单的分布式计算,解决任务分发,并进行计算结果的合并。因此,云计算又称为网格计算。通过这项技术,可以在很短的时间内(几秒钟)完成对数以万计的数据的处理,从而实现强大的网络服务。

1956 年,ChristopherStrachey 发表了一篇有关虚拟化的论文,正式提出了虚拟化的概念。虚拟化是今天云计算基础架构的核心,是云计算发展的基础。而后随着网络技术的发展,逐渐孕育了云计算的萌芽。

2006 年 8 月 9 日,谷歌公司首席执行官埃里克·施密特(Eric Schmidt)在搜索引擎大会(SESSanJose 2006)首次提出“云计算”的概念。这是云计算发展史上这一概念第一次正式地被提出,有着巨大的历史意义。

2007 年以来,云计算成为计算机领域最令人关注的话题之一,也成为大型企业、互联网建设着力研究的重要方向。因为云计算的提出,互联网技术和 IT 服务出现了新的模式,引发了一场变革。

2008 年,微软公司发布其公共云计算平台(Windows Azure Platform),由此拉开了微软公司的云计算大幕。

2009 年 1 月,阿里软件在江苏南京建立首个“电子商务云计算中心”。同年 11 月,中国移动云计算平台“大云”计划启动。到现阶段,云计算已经发展到较为成熟的阶段。

2019 年 8 月 17 日,北京互联网法院发布《互联网技术司法应用白皮书》。在发布会上,北京互联网法院互联网技术司法应用中心揭牌成立。

1. 云计算的优势与特点

云计算的可贵之处在于高灵活性、可扩展性和高性比等,与传统的网络应用模式相比,其具有如下优势与特点。

1)虚拟化技术

虚拟化突破了时间、空间的界限,是云计算最为显著的特点。虚拟化技术包括应用虚拟和资源虚拟两种。物理平台与应用部署的环境在空间上是没有任何联系的,正是通过虚拟平台对相应终端操作完成数据备份、迁移和扩展等。

2)动态可扩展

云计算具有高效的运算能力。在原有服务器的基础上增加云计算功能,能够使计算速度迅速提高,最终实现动态扩展虚拟化,达到对应用进行扩展的目的。

3)按需部署

计算机包含许多应用、程序软件等,不同的应用对应的数据资源库不同,所以用户运行不同的应用需要较强的计算能力对资源进行部署,而云计算平台能够根据用户的需求快速配备计算能力及资源。

4)灵活性高

目前市场上大多数 IT 资源,软、硬件都支持虚拟化,比如存储网络,操作系统和软、硬件开发等。虚拟化要素统一放在云系统资源虚拟池中进行管理,可见云计算的兼容性非常强,不仅可以兼容低配置机器、不同厂商的硬件产品,还能够使外设获得更高的性能计算。

5)可靠性高

服务器故障不会影响计算与应用的正常运行。因为单点服务器出现故障可以通过虚拟化技术将分布在不同物理服务器中的应用进行恢复或利用动态扩展功能部署新的服务器进行计算。

6)性价比高

将资源放在虚拟资源池中统一管理,在一定程度上优化了物理资源,用户不再需要昂贵、存储空间大的主机,可以选择相对廉价的 PC 组成云。这一方面减少了费用,另一方面计算性能不逊于大型主机。

7)可扩展性

用户可以利用应用软件的快速部署功能,简单快捷地将自身所需的已有业务以及新业务进行扩展。例如,计算机云计算系统中出现设备的故障,对于用户来说,无论是在计算机层面上,还是在具体运用上均不会受到阻碍。可以利用云计算具有的动态扩展功能来对其他服务器开展有效扩展。这样就能够确保任务得以有序完成。

2. 云计算的应用

云计算有以下应用。

1)搜索引擎

通过云端共享数据资源,在任何时刻都可以在搜索引擎上搜索任何想要的资源。

2)电子邮箱

在云计算技术和网络技术的推动下,电子邮箱成为社会生活中的一部分,只要在网络环境下,就可以实现实时的邮件收发。

3)存储云

存储云又称云存储,是一个以数据存储和管理为核心的云计算系统。用户可以将本地的资源上传至云端,可以在任何地方连入互联网来获取云上的资源。存储云向用户提供了存储容器服务、备份服务、归档服务和记录管理服务等,大大方便了使用者对资源的管理。

4)医疗云

医疗云,是指在云计算、移动技术、多媒体、4G 通信、大数据以及物联网等新技术的基础上,结合医疗技术,使用云计算创建医疗健康服务云平台,实现医疗资源的共享和医疗范围的扩大。

医院的预约挂号、电子病历、医保等都是云计算与医疗领域结合的产物,医疗云还具有数据安全、信息共享、动态扩展、布局全国的优势。

5)金融云

金融云,是指利用云计算的模型,将信息、金融和服务等功能分散到庞大的分支机构构成的互联网"云"中,旨在为银行、保险和基金等金融机构提供互联网处理和运行服务,同时共享互联网资源,从而解决现有问题并且达到高效、低成本的目标。阿里巴巴、苏宁、腾讯等都推出了金融云服务。

6)教育云

教育云将所需要的任何教育硬件资源虚拟化,然后将其传入互联网,为教育机构和学生老师提供一个方便快捷的平台。慕课(MOOC)是指大规模开放的在线课程,是教育云的一种应用。

二、大数据

大数据(Big Data)是指无法在一定时间范围内用常规软件工具进行捕捉、管理和处理的数据集合,是需要新处理模式才能具有更强的决策力、洞察发现力和流程优化能力的海量、高增长率和多样化的信息资产。麦肯锡全球研究所认为大数据是一种规模大到在获取、存储、管理、分析方面大大超出了传统数据库软件工具能力范围的数据集合,具有海量的数据规模、快速的数据流转、多样的数据类型和较低的价值密度四大特征。

从技术上看,大数据与云计算的关系就像一枚硬币的正、反面一样密不可分。大数据必然无法用单台的计算机进行处理,必须采用分布式架构。它的特色在于对海量数据进行分布式数据挖掘。适用于大数据的技术,包括大规模并行处理(MPP)数据库、数据挖掘、分布式文件系统、分布式数据库、云计算平台、互联网和可扩展的存储系统。

企业组织利用相关数据和分析可以帮助它们降低成本、提高效率、开发新产品、做出更明智的业务决策等。例如,通过结合大数据和高性能的分析,下面这些对企业有益的情况都可能发生。

(1)及时解析故障、问题和缺陷的根源,每年可能为企业节省数十亿美元。

(2)为成千上万的快递车辆规划实时交通路线,躲避拥堵。

(3)分析所有 SKU,以利润最大化为目标来定价和清理库存。

(4)根据客户的购买习惯,推送其可能感兴趣的优惠信息。

(5)从大量客户中快速识别金牌客户。

(6)使用点击流分析和数据挖掘来规避欺诈行为。

大数据技术的战略意义不在于掌握庞大的数据信息,而在于对这些含有意义的数据进行专业化处理。换而言之,如果把大数据比作一种产业,那么这种产业实现盈利的关键,在于提高对数据的"加工能力",通过"加工"实现数据的"增值"。大数据发展呈现以下几种趋势。

(1)数据的资源化。资源化,是指大数据成为企业和社会关注的重要战略资源,并已成为人们关注的新焦点。因此,企业必须提前制定大数据营销战略计划,抢占市场先机。

(2)与云计算的深度结合。大数据离不开云处理,云处理为大数据提供了弹性可拓展的基

础设备，是产生大数据的平台之一。物联网、移动互联网等新兴计算形态，也将一齐助力大数据革命，让大数据营销发挥更大的影响力。

(3)科学理论的突破。大数据很有可能是新一轮的技术革命，随之兴起的数据挖掘、机器学习和人工智能等相关技术，可能改变数据世界里的很多算法和基础理论，实现科学技术上的突破。

(4)数据科学和数据联盟的成立。未来，数据科学将成为一门专门的学科，被越来越多的人所认知。基于数据这个基础平台，将建立起跨领域的数据共享平台，数据共享将扩展到企业层面，并成为未来产业的核心一环。

(5)数据泄露泛滥。未来几年数据泄露事件的增长率也许会达到100%，除非数据在其源头就能够得到安全保障。所有企业，无论规模大小，都需要重新审视今天的安全定义。

(6)数据管理成为核心竞争力。当"数据资产是企业核心资产"的概念深入人心之后，企业对于数据管理便有了更清晰的界定，将数据管理作为企业核心竞争力，持续发展，进行战略性规划与运用数据资产，成为企业数据管理的核心。

(7)数据质量是商业智能(BI)成功的关键。采用自助式商业智能工具进行大数据处理的企业将会脱颖而出。想要成功，企业需要理解原始数据与数据分析之间的差距，从而消除低质量数据并通过商业智能获得更佳决策。

(8)数据生态系统复合化程度加强。大数据的世界不只是一个单一的、巨大的计算机网络，而是一个由大量活动构件与多元参与者元素所构成的生态系统，终端设备提供商、基础设施提供商、网络服务提供商、网络接入服务提供商、数据服务使能者、数据服务提供商、触点服务、数据服务零售商等一系列参与者共同构建的生态系统。

三、物联网

物联网(Internet Of Things，IOT)是指通过各种信息传感器、射频识别技术、全球定位系统、红外感应器、激光扫描器等各种装置与技术，实时采集任何需要监控、连接、互动的物体或过程，采集其声、光、热、电、力学、化 学、生物、位置等各种需要的信息，通过各类可能的网络接入，实现物与物、物与人的泛在连接，实现对物品和过程的智能化感知、识别和管理。它是一个基于互联网、传统电信网等的信息承载体，让所有能够被独立寻址的普通物理对象互连互通的网络。简单地说，物联网就是物物相连的互联网，物联网的核心和基础仍然是互联网，是在互联网的基础上延伸和扩展的网络，其用户端延伸和扩展到了任何物品与物品之间，并在它们之间进行信息交换和通信。

物联网的概念最早出现于比尔·盖茨于1995年出版的《未来之路》一书。在《未来之路》中，比尔·盖茨已经提及物联网的概念，只是当时受限于无线网络、硬件及传感设备的发展，并未引起世人的重视 。1998年，美国麻省理工学院创造性地提出了当时被称作EPC系统的物联网的构想 。1999年，美国Auto－ID首先提出物联网的概念，它主要建立在物品编码、RFID技术和互联网的基础上。过去在中国，物联网被称为传感网。中国科学院早在1999年就启动了传感网的研究，并已取得了一些科研成果，建立了一些适用的传感网。同年，在美国召开的移动计算和网络国际会议中，人们提出"传感网是下一个世纪人类面临的又一个发展机遇"。2003

年，美国《技术评论》提出传感网络技术将是未来改变人们生活的十大技术之首。2005 年 11 月 17 日，在突尼斯举行的信息社会世界峰会(WSIS)上，国际电信联盟(ITU)发布了《ITU 互联网报告 2005：物联网》，正式提出了物联网的概念。该报告指出，无所不在的物联网通信时代即将来临，世界上所有的物体——从轮胎到牙刷、从房屋到纸巾——都可以通过 Internet 主动进行信息交换。射频识别技术(RFID)、传感器技术、纳米技术、智能嵌入技术将得到更加广泛的应用。

从通信对象和过程来看，物与物、人与物之间的信息交互是物联网的核心。物联网的基本特征可概括为整体感知、可靠传输和智能处理。整体感知就是可以利用射频识别、二维码、智能传感器等感知设备感知获取物体的各类信息。可靠传输是指通过对互联网、无线网络的融合，将物体的信息实时、准确地传送，以便信息交流、分享。智能处理是指使用各种智能技术，对感知和传送的数据、信息进行分析处理，实现监测与控制的智能化。

根据物联网的以上特征，结合信息科学的观点，围绕信息的流动过程，可以归纳出物联网处理信息的功能如下。

(1)获取信息的功能。主要是信息的感知、识别。信息的感知是指对事物属性状态及其变化方式的知觉和敏感；信息的识别指能把所感受到的事物状态用一定方式表示出来。

(2)传送信息的功能。主要是信息发送、传输、接收等环节，最后把获取的事物状态信息及其变化的方式从时间(或空间)上的一点传送到另一点，这就是常说的通信过程。

(3)处理信息的功能。是指信息的加工过程，利用已有的信息或感知的信息产生新的信息，实际是制定决策的过程。

(4)施效信息的功能。指信息最终发挥效用的过程，它有很多表现形式，比较重要的是通过调节对象事物的状态及其变换方式，始终使对象处于预先设计的状态 。

四、区块链

区块链是一个共享数据库，存储于其中的数据或信息具有“不可伪造”“全程留痕”“可以追溯”“公开透明”“集体维护”等特征。基于这些特征，区块链技术奠定了坚实的“信任”基础，创造了可靠的“合作”机制，具有广阔的应用前景。

区块链是由一串使用密码学方法产生的数据块组成的，每个区块都包含上一个区块的哈希值(Hash)，从创始区块(Genesis Block)开始连接到当前区块，形成块链。每个区块都确保按照时间顺序在上一个区块之后产生，否则前一个区块的哈希值是未知的。

区块链起源于比特币。2008 年 11 月 1 日，一位自称中本聪(Satoshi Nakamoto)的人发表了《比特币：一种点对点的电子现金系统》一文，阐述了基于 P2P 网络技术、加密技术、时间戳技术等的电子现金系统的构架理念，这标志着比特币的诞生。两个月后，理论步入实践。2009 年 1 月 3 日，第一个序号为 0 的创世区块诞生。2009 年 1 月 9 日，出现序号为 1 的区块，并与序号为 0 的创世区块相连接形成了链，这标志着区块链的诞生。

区块链技术是众多加密数字货币的核心，包括比特币、以太坊、莱特币、狗狗币等。维护区块链的方式有工作量证明(Proof－Of－Work)、权益证明(Proof－Of－Stake)等。

一般来说，区块链系统由数据层、网络层、共识层、激励层、合约层和应用层组成。其中，数据层封装了底层数据区块以及相关的数据加密和时间戳等基础数据和基本算法；网络层则包括

分布式组网机制、数据传播机制和数据验证机制等；共识层主要封装网络节点的各类共识算法；激励层将经济因素集成到区块链技术体系中，主要包括经济激励的发行机制和分配机制等；合约层主要封装各类脚本、算法和智能合约，是区块链可编程特性的基础；应用层则封装了区块链的各种应用场景和案例。该模型中，基于时间戳的链式区块结构、分布式节点的共识机制、基于共识算力的经济激励和灵活可编程的智能合约是区块链技术最具代表性的创新点。

区块链技术主要应用于以下几个领域。

1. 金融领域

区块链在国际汇兑、信用证、股权登记和证券交易等金融领域有着潜在的巨大应用价值。将区块链技术应用在金融行业中，能够省去第三方中介环节，实现点对点的直接对接，从而在大大降低成本的同时快速完成支付交易。

2. 物联网和物流领域

区块链也可以与物联网和物流领域天然结合。通过区块链可以降低物流成本，追溯物品的生产和运送过程，并且提高供应链管理的效率。该领域被认为是区块链一个很有前景的应用方向。

3. 公共服务领域

区块链在公共管理、能源、交通等领域都与民众的生产生活息息相关，这些领域的中心化特质带来了一些问题，可以用区块链来改造。区块链提供的去中心化的完全分布式 DNS 服务通过网络中各个节点之间的点对点数据传输服务就能实现域名的查询和解析，可用于确保某个重要的基础设施的操作系统和固件没有被篡改，可以监控软件的状态和完整性，发现不良的篡改，并确保使用物联网技术的系统所传输的数据没用经过篡改。

4. 数字版权领域

通过区块链技术，可以对作品进行鉴权，证明文字、视频、音频等作品的存在，保证权属的真实性、唯一性。作品在区块链上被确权后，后续交易都会进行实时记录，实现数字版权全生命周期管理，也可作为司法取证中的技术性保障。

5. 保险领域

在保险理赔方面，保险机构负责资金归集、投资、理赔，往往管理和运营成本较高。通过智能合约的应用，既无须投保人申请，也无须保险公司批准，只要触发理赔条件，实现保单自动理赔即可。

6. 公益领域

区块链上存储的数据，可靠性高且不可篡改，天然适用于社会公益场景。公益流程中的相关信息，如捐赠项目、募集明细、资金流向、受助人反馈等，均可以存放于区块链上，并且有条件地进行透明公开公示，方便社会监督。

五、5G 技术

第五代移动通信技术（5th Generation Mobile Communication Technology，5G）是新一代宽带移动通信技术，也是 4G（LTE－A、WiMax）、3G（UMTS、LTE）和 2G（GSM）系统的延伸。5G 的性能目标是提高数据速率、减少延迟、节省能源、降低成本、提高系统容量和进行大规模设备连接。

5G 移动网络与早期的 2G、3G 和 4G 移动网络一样是数字蜂窝网络，在这种网络中，供应商覆盖的服务区域被划分为许多被称为蜂窝的小地理区域。表示声音和图像的模拟信号在手机中被数字化,由模数转换器转换并作为比特流传输。蜂窝中的所有5G无线设备通过无线电波与蜂窝中的本地天线阵和低功率自动收发器(发射机和接收机)进行通信。收发器从公共频率池分配频道,这些频道在地理上分离的蜂窝中可以重复使用。本地天线通过高带宽光纤或无线回程连接与电话网络和互联网连接。与现有的手机一样,当用户从一个蜂窝穿越到另一个蜂窝时,他们的移动设备将自动"切换"到新蜂窝中的天线。

5G网络的性能指标如下。

(1)峰值速率达到10~20Gb/s,可满足高清视频、虚拟现实等大数据量传输。

(2)空中接口时延低至1ms,可满足自动驾驶、远程医疗等实时应用。

(3)具备百万连接/平方公里的设备连接能力,可满足物联网通信。

(4)频谱效率比LTE提升3倍以上。

(5)在连续广域覆盖和高移动性下,用户体验速率达到100Mb/s。

(6)流量密度达到10Mb/(s·m^2)以上。

(7)移动性支持500km/h的高速移动。

国际电信联盟ITU召开的ITU-RWP5D第22次会议确定了未来的5G具有以下三大主要的应用场景。

(1)增强型移动宽带。

(2)超高可靠与低延迟的通信。

(3)大规模机器类通信。

5G作为一种新型移动通信网络,不仅要解决人与人的通信,为用户提供增强现实、虚拟现实、超高清(3D)视频等更加身临其境的极致业务体验,更要解决人与物、物与物通信的物联网问题。具体包括Gbps移动宽带数据接入、语音通话、智慧家庭、智能建筑、智能家居、移动医疗、智慧城市、三维立体视频、超高清晰度视频、云工作、云娱乐、增强现实、行业自动化、紧急任务应用、自动驾驶汽车、车联网、工业控制、环境监测等应用。最终,5G将渗透到各行业、各领域,成为支撑经济社会数字化、网络化、智能化转型的关键新型基础设施。

六、人工智能

人工智能(Artificial Intelligence,AI)是研究、开发用于模拟、延伸和扩展人的智能的理论、方法、技术及应用系统的一门新的技术科学。

人工智能是计算机科学的一个分支,20世纪70年代以来被称为世界三大尖端技术(空间技术、能源技术、人工智能)之一,也被认为是21世纪三大尖端技术(基因工程、纳米科学、人工智能)之一。这是因为近30年来它获得了迅速的发展,在很多学科领域都获得了广泛应用,并取得了丰硕的成果。

人工智能已逐步成为一个独立的学科分支,无论在理论上还是在实践上都已自成一个系统。它企图了解智能的实质,并生产一种新的能以与人类智能相似的方式做出反应的智能机器。该领域的研究包括机器人、语言识别、图像识别、自然语言处理和专家系统等。人工智能从诞生以来,理论和技术日益成熟,应用领域也不断扩大,可以设想,未来人工智能带来的科技产品,将会是人类智慧的“容器”。人工智能可以对人的意识、思维的信息过程进行模拟。人工智能不是人的智能,但它能像人那样思考,也可能超过人的智能。

人工智能是研究使用计算机模拟人的某些思维过程和智能行为(如学习、推理、思考、规划等)的学科,主要包括计算机实现智能的原理、制造类似人脑智能的计算机,以使计算机实现更高层次的应用。人工智能涉及计算机科学、心理学、哲学和语言学等学科。其范围已远远超出了计算机科学的范畴。人工智能与思维科学的关系是实践和理论的关系,人工智能是处于思维科学的技术应用层次,是它的一个应用分支。从思维观点看,人工智能不仅限于逻辑思维,要考虑形象思维、灵感思维才能促进人工智能的突破性的发展。数学常被认为是多种学科的基础科学,数学已进入语言、思维领域,人工智能学科必须借用数学工具。数学与人工智能将互相促进而更快地发展。

人工智能对人们的经济生活有以下影响。

(1)人工智能对自然科学的影响。对于需要使用数学计算工具解决问题的学科,人工智能带来的帮助不言而喻。更重要的是,人工智能反过来有助于人类最终认识自身智能的形成。

(2)人工智能对经济的影响。专家系统深入各行各业,带来巨大的宏观效益。人工智能也促进了计算机网络工业的发展,同时也带来了劳务就业问题。人工智能能够代替人类进行各种技术工作和脑力劳动,会造成社会结构的剧烈变化。

(3)人工智能对社会的影响。人工智能为人类文化生活提供了新的模式。现有的游戏将逐步发展为更高智能的交互式文化娱乐手段。如今,游戏中的人工智能应用已经深入各大游戏制造商的开发进程。

人工智能是超前研究,需要用未来的眼光开展现代的科研,因此很可能触及伦理底线。对于科学研究可能涉及的敏感问题,需要针对可能产生的冲突进行及早预防,而不是等到所产生的矛盾不可解决的时候才想办法化解。